国家职业资格培训教材
技能型人才培训用书

钳工（技师、高级技师）

第2版

国家职业资格培训教材编审委员会　组编

胡家富　徐　彬　主编

机械工业出版社

本教材是依据《国家职业技能标准 装配钳工》(技师、高级技师)的知识要求和技能要求,按照岗位培训的原则编写的。本教材主要内容包括:装配零件加工工艺分析,机械装配工艺分析,高速、精密和大型机械的装配调整,精密量仪与材料分析基础,机器运行时的振动和噪声,典型金属切削机床的装配、空运行及负荷试验,作业指导的基本方法与指导实例,生产与质量管理基础知识与应用实例。每章前有培训学习目标,章末有复习思考题,书末附有与之配套的试题库和答案,以便于企业培训、考核鉴定和读者自查自测。

本教材既可作为各级职业技能培训机构、企业职业培训部门的考前培训教材,又可作为读者考前复习用书,还可以作为职业技术院校、技工院校的相关专业课教材。

图书在版编目(CIP)数据

钳工:技师、高级技师/胡家富,徐彬主编 . —2 版 . —北京:机械工业出版社,2012.5(2025.9 重印)

国家职业资格培训教材 . 技能型人才培训用书

ISBN 978-7-111-38259-1

Ⅰ.①钳… Ⅱ.①胡…②徐… Ⅲ.①钳工—技术培训—教材 Ⅳ.①TG9

中国版本图书馆 CIP 数据核字(2012)第 088707 号

机械工业出版社(北京市百万庄大街 22 号 邮政编码 100037)
策划编辑:赵磊磊 责任编辑:赵磊磊 张振勇
版式设计:霍永明 责任校对:樊钟英
封面设计:饶 薇 责任印制:常天培
河北虎彩印刷有限公司印刷
2025 年 9 月第 2 版第 11 次印刷
169mm×239mm・22.75 印张・400 千字
标准书号:ISBN 978-7-111-38259-1
定价:38.00 元

凡购本书,如有缺页、倒页、脱页,由本社发行部调换

电话服务 网络服务
客服电话:010-88361066 机 工 官 网:www.cmpbook.com
　　　　　010-88379833 机 工 官 博:weibo.com/cmp1952
　　　　　010-68326294 金 书 网:www.golden-book.com
封底无防伪标均为盗版 机工教育服务网:www.cmpedu.com

国家职业资格培训教材(第2版)编审委员会

主　　　任　王瑞祥
副　主　任　李　奇　郝广发　杨仁江　施　斌
委　　　员　(按姓氏笔画排序)
　　　　　　王兆晶　王昌庚　田力飞　田常礼　刘云龙
　　　　　　刘书芳　刘亚琴　李双双　李春明　李俊玲
　　　　　　李家柱　李晓明　李超群　李援瑛　吴茂林
　　　　　　张安宁　张吉国　张凯良　张敬柱　陈建民
　　　　　　周新模　杨君伟　杨柳青　周立雪　段书民
　　　　　　荆宏智　柳吉荣　徐　斌
总　策　划　荆宏智　李俊玲　张敬柱
本书主编　　胡家富　徐　彬
本书参编　　曾国樑　纪长坤
本书主审　　黄涛勋

第2版 序

在"十五"末期,为贯彻落实"全国职业教育工作会议"和"全国再就业会议"精神,加快培养一大批高素质的技能型人才,机械工业出版社精心策划了与原劳动和社会保障部《国家职业标准》配套的《国家职业资格培训教材》。这套教材涵盖41个职业工种,共172种,有十几个省、自治区、直辖市相关行业200多名工程技术人员、教师、技师和高级技师等从事技能培训和鉴定的专家参加编写。教材出版后,以其兼顾岗位培训和鉴定培训需要,理论、技能、题库合一,便于自检自测,受到全国各级培训、鉴定部门和广大技术工人的欢迎,基本满足了培训、鉴定和读者自学的需要,在"十一五"期间为培养技能人才发挥了重要作用,本套教材也因此成为国家职业资格鉴定考证培训及企业员工培训的品牌教材。

2010年,《国家中长期人才发展规划纲要(2010—2020年)》、《国家中长期教育改革和发展规划纲要(2010—2020年)》、《关于加强职业培训促就业的意见》相继颁布和出台,2012年1月,国务院批转了七部委联合制定的《促进就业规划(2011—2015年)》,在这些规划和意见中,都重点阐述了加大职业技能培训力度、加快技能人才培养的重要意义,以及相应的配套政策和措施。为适应这一新形势,同时也鉴于第1版教材所涉及的许多知识、技术、工艺、标准等已发生了变化的实际情况,我们经过深入调研,并在充分听取了广大读者和业界专家意见的基础上,决定对已经出版的《国家职业资格培训教材》进行修订。本次修订,仍以原有的大部分作者为班底,并保持原有的"以技能为主线,理论、技能、题库合一"的编写模式,重点在以下几个方面进行了改进:

1. 新增紧缺职业工种——为满足社会需求,又开发了一批近几年比较紧缺的以及新增的职业工种教材,使本套教材覆盖的职业工种更加广泛。

2. 紧跟国家职业标准——按照最新颁布的《国家职业技能标准》或《国家职业标准》规定的工作内容和技能要求重新整合、补充和完善内容,以涵盖职业标准中所要求的知识点和技能点。

3. 提炼重点知识技能——在内容的选择上,以"够用"为原则,提炼应重点掌握的必需的专业知识和技能,删减了不必要的理论知识,使内容更加精练。

4. 补充更新技术内容——紧密结合最新技术发展,删除了陈旧过时的内容,补充了新的内容。

第2版 序

5. 同步最新技术标准——对原教材中按旧的技术标准编写的内容进行更新,所有内容均与最新的技术标准同步。

6. 精选技能鉴定题库——按鉴定要求精选了职业技能鉴定试题,试题贴近教材、贴近国家试题库的考点,更具典型性、代表性、通用性和实用性。

7. 配备免费电子教案——为方便培训教学,我们为本套教材开发配备了配套的电子教案,免费赠送给选用本套教材的机构和教师。

8. 配备操作实景光盘——根据读者需要,部分教材配备了操作实景光盘。

一言概之,经过精心修订,第2版教材在保留了第1版精华的同时,内容更加精练、可靠、实用,针对性更强,更能满足社会需求和读者需要。全套教材既可作为各级职业技能鉴定培训机构、企业培训部门的考前培训教材,又可作为读者考前复习和自测使用的复习用书,也可供职业技能鉴定部门在鉴定命题时参考,还可作为职业技术院校、技工院校、各种短训班的专业课教材。

在本套教材的调研、策划、编写过程中,曾经得到许多企业、鉴定培训机构有关领导、专家的大力支持和帮助,在此表示衷心的感谢!

虽然我们已经尽了最大努力,但教材中仍难免存在不足之处,恳请专家和广大读者批评指正。

国家职业资格培训教材第2版编审委员会

第1版　序一

当前和今后一个时期，是我国全面建设小康社会、开创中国特色社会主义事业新局面的重要战略机遇期。建设小康社会需要科技创新，离不开技能人才。"全国人才工作会议"、"全国职教工作会议"都强调要把"提高技术工人素质、培养高技能人才"作为重要任务来抓。当今世界，谁掌握了先进的科学技术并拥有大量技术娴熟、手艺高超的技能人才，谁就能生产出高质量的产品，创出自己的名牌；谁就能在激烈的市场竞争中立于不败之地。我国有近一亿技术工人，他们是社会物质财富的直接创造者。技术工人的劳动，是科技成果转化为生产力的关键环节，是经济发展的重要基础。

科学技术是财富，操作技能也是财富，而且是重要的财富。中华全国总工会始终把提高劳动者素质作为一项重要任务，在职工中开展的"当好主力军，建功'十一五'，和谐奔小康"竞赛中，全国各级工会特别是各级工会职工技协组织注重加强职工技能开发，实施群众性经济技术创新工程，坚持从行业和企业实际出发，广泛开展岗位练兵、技术比赛、技术革新、技术协作等活动，不断提高职工的技术技能和操作水平，涌现出一大批掌握高超技能的能工巧匠。他们以自己的勤劳和智慧，在推动企业技术进步，促进产品更新换代和升级中发挥了积极的作用。

欣闻机械工业出版社配合新的《国家职业标准》为技术工人编写了这套涵盖41个职业的172种"国家职业资格培训教材"。这套教材由全国各地技能培训和考评专家编写，具有权威性和代表性；将理论与技能有机结合，并紧紧围绕《国家职业标准》的知识点和技能鉴定点编写，实用性、针对性强，既有必备的理论和技能知识，又有考核鉴定的理论和技能题库及答案，编排科学，便于培训和检测。

这套教材的出版非常及时，为培养技能型人才做了一件大好事，我相信这套教材一定会为我们培养更多更好的高技能人才做出贡献！

（李永安　中国职工技术协会常务副会长）

第1版　序二

为贯彻"全国职业教育工作会议"和"全国再就业会议"精神，全面推进技能振兴计划和高技能人才培养工程，加快培养一大批高素质的技能型人才，我们精心策划了这套与劳动和社会保障部最新颁布的《国家职业标准》配套的《国家职业资格培训教材》。

进入21世纪，我国制造业在世界上所占的比重越来越大，随着我国逐渐成为"世界制造业中心"进程的加快，制造业的主力军——技能人才，尤其是高级技能人才的严重缺乏已成为制约我国制造业快速发展的瓶颈，高级蓝领出现断层的消息屡屡见诸报端。据统计，我国技术工人中高级以上技工只占3.5%，与发达国家40%的比例相去甚远。为此，国务院先后召开了"全国职业教育工作会议"和"全国再就业会议"，提出了"三年50万新技师的培养计划"，强调各地、各行业、各企业、各职业院校等要大力开展职业技术培训，以培训促就业，全面提高技术工人的素质。

技术工人密集的机械行业历来高度重视技术工人的职业技能培训工作，尤其是技术工人培训教材的基础建设工作，并在几十年的实践中积累了丰富的教材建设经验。作为机械行业的专业出版社，机械工业出版社在"七五"、"八五"、"九五"期间，先后组织编写出版了"机械工人技术理论培训教材"149种，"机械工人操作技能培训教材"85种，"机械工人职业技能培训教材"66种，"机械工业技师考评培训教材"22种，以及配套的习题集、试题库和各种辅导性教材约800种，基本满足了机械行业技术工人培训的需要。这些教材以其针对性、实用性强，覆盖面广，层次齐备，成龙配套等特点，受到全国各级培训、鉴定和考工部门及技术工人的欢迎。

2000年以来，我国相继颁布了《中华人民共和国职业分类大典》和新的《国家职业标准》，其中对我国职业技术工人的工种、等级、职业的活动范围、工作内容、技能要求和知识水平等根据实际需要进行了重新界定，将国家职业资格分为5个等级：初级（5级）、中级（4级）、高级（3级）、技师（2级）、高级技师（1级）。为与新的《国家职业标准》配套，更好地满足当前各级职业培训和技术工人考工取证的需要，我们精心策划编写了这套《国家职业资格培训教材》。

这套教材是依据劳动和社会保障部最新颁布的《国家职业标准》编写的，

为满足各级培训考工部门和广大读者的需要,这次共编写了41个职业172种教材。在职业选择上,除机电行业通用职业外,还选择了建筑、汽车、家电等其他相近行业的热门职业。每个职业按《国家职业标准》规定的工作内容和技能要求编写初级、中级、高级、技师(含高级技师)四本教材,各等级合理衔接、步步提升,为高技能人才培养搭建了科学的阶梯型培训架构。为满足实际培训的需要,对多工种共同需求的基础知识我们还分别编写了《机械制图》、《机械基础》、《电工常识》、《电工基础》、《建筑装饰识图》等近20种公共基础教材。

在编写原则上,依据《国家职业标准》又不拘泥于《国家职业标准》是我们这套教材的创新。为满足沿海制造业发达地区对技能人才细分市场的需要,我们对模具、制冷、电梯等社会需求量大又已单独培训和考核的职业,从相应的职业标准中剥离出来单独编写了针对性较强的培训教材。

为满足培训、鉴定、考工和读者自学的需要,在编写时我们考虑了教材的配套性。教材的章首有培训要点、章末配复习思考题,书末有与之配套的试题库和答案,以及便于自检自测的理论和技能模拟试卷,同时还根据需求为20多种教材配制了VCD光盘。

为扩大教材的覆盖面和体现教材的权威性,我们组织了上海、江苏、广东、广西、北京、山东、吉林、河北、四川、内蒙古等地相关行业从事技能培训和考工的200多名专家、工程技术人员、教师、技师和高级技师参加编写。

这套教材在编写过程中力求突出"新"字,做到"知识新、工艺新、技术新、设备新、标准新";增强实用性,重在教会读者掌握必需的专业知识和技能,是企业培训部门、各级职业技能鉴定培训机构、再就业和农民工培训机构的理想教材,也可作为技工学校、职业高中、各种短训班的专业课教材。

在这套教材的调研、策划、编写过程中,曾经得到广东省职业技能鉴定中心、上海市职业技能鉴定中心、江苏省机械工业联合会、中国第一汽车集团公司以及北京、上海、广东、广西、江苏、山东、河北、内蒙古等地许多企业和技工学校的有关领导、专家、工程技术人员、教师、技师和高级技师的大力支持和帮助,在此谨向为本套教材的策划、编写和出版付出艰辛劳动的全体人员表示衷心的感谢!

教材中难免存在不足之处,诚恳希望从事职业教育的专家和广大读者不吝赐教,提出批评指正。我们真诚希望与您携手,共同打造职业培训教材的精品。

国家职业资格培训教材编审委员会

前言

随着社会主义市场经济的发展,各行各业对人才的需求也更为迫切。一个企业不但要有高素质的管理人才和科技人才,更要有高素质的一线技术工人。企业有了技术过硬、技艺精湛的操作技能人才,才能确保产品的加工质量,才能有较高的劳动生产率和低的物资消耗,使企业获得较好的经济效益。同时技能人才是支持企业不断推出新品种去占领市场,在市场中处于领先地位的重要因素。为此我们于2007年编写了钳工(技师、高级技师)一书,以满足广大钳工学习的需要,帮助他们提高相关理论知识水平和技能操作水平。该书自2007年出版以来,得到了广大读者的广泛关注和热情支持,全国各地很多读者纷纷通过电话、信函、E-mail等形式向我们提出很多宝贵的意见和建议。

但是随着时间的推移,钳工技术不断发展,新的国家标准和行业技术标准也相继颁布和实施,而且为了进一步提高技术工人的职业素质,中华人民共和国人力资源和社会保障部制定了新的《国家职业技能标准 装配钳工》(2009年修订),为此我们对第1版教材进行了修订。本教材依据新标准中规定的钳工技师及高级技师必须掌握的理论知识和操作技能,以"实用、够用"为宗旨,按照岗位培训需要编写。在修订过程中,删除了陈旧过时的内容,补充更新了新的技术内容,对旧的国家标准和技术标准进行了更新,并且参照读者提出的意见和建议对相应内容进行了重新编写。

本教材主要内容包括:机械装配工艺分析,高速、精密和大型机械的装配调整,精密量仪与材料分析基础,机器运行时的振动和噪声,典型金属切削机床的装配、空运行及负荷试验,作业指导的基本方法与指导实例,生产与质量管理基础知识与应用实例。本教材既可作为各级职业技能鉴定培训机构、企业培训部门的考前培训教材,又可作为读者考前复习用书,还可作为职业技术院校、技工院校的专业课教材。

本教材由胡家富、徐彬任主编,曾国櫟、纪长坤参加编写,黄涛勋主审。

由于时间仓促,以及编者的水平有限,修订后的内容仍难免存在不足之处,欢迎广大读者批评指正,在此表示衷心的感谢。

编 者

目录

第 2 版序
第 1 版序一
第 1 版序二
前言

第一章　装配零件加工工艺分析 ………………………………………………………… 1
　第一节　高精度刮削与研磨工艺分析 ………………………………………………… 1
　　一、组合导轨刮削及其精度检测方法 ……………………………………………… 1
　　二、提高研磨精度的方法 …………………………………………………………… 3
　　三、研具制备的基本方法与示例 …………………………………………………… 6
　第二节　先进加工工艺与刀具材料应用 ……………………………………………… 8
　　一、数控机床的操作与编程基础 …………………………………………………… 8
　　二、特种加工设备的操作与应用 …………………………………………………… 12
　　三、先进刀具材料及其应用 ………………………………………………………… 15
　复习思考题 ……………………………………………………………………………… 16

第二章　机械装配工艺分析 …………………………………………………………… 17
　第一节　装配工艺文件的编制 ………………………………………………………… 17
　　一、数控设备的测绘及装配图的绘制方法 ………………………………………… 17
　　二、夹具设计制造方法 ……………………………………………………………… 24
　　三、CAD 基础与应用示例 …………………………………………………………… 29
　　四、装配工艺文件编制方法与示例 ………………………………………………… 31
　第二节　各种生产类型装配工作的基础知识 ………………………………………… 35
　　一、概述 ……………………………………………………………………………… 35
　　二、各种生产类型装配工作的特点 ………………………………………………… 35
　　三、装配工作的内容 ………………………………………………………………… 36
　　四、装配精度的概念 ………………………………………………………………… 39
　　五、装配尺寸链的应用 ……………………………………………………………… 40
　第三节　精密部件的装配工艺 ………………………………………………………… 49

一、静压导轨和塑料导轨的装配调整 …………………………………………… 49
　　二、滚珠丝杠副的装配调整 ……………………………………………………… 53
　　三、数控车床主轴组件的装配调整 ……………………………………………… 59
　　　复习思考题 ………………………………………………………………………… 68

第三章　高速、精密和大型机械的装配调整 ……………………………………… 69
第一节　高速机械的装配调整 ……………………………………………………… 69
　　一、转子 …………………………………………………………………………… 69
　　二、轴承 …………………………………………………………………………… 73
　　三、联轴器 ………………………………………………………………………… 76
　　四、轴系找中 ……………………………………………………………………… 78
　　五、润滑 …………………………………………………………………………… 83
　　六、试运转 ………………………………………………………………………… 84
第二节　精密机械的装配调整 ……………………………………………………… 85
　　一、传动链的误差 ………………………………………………………………… 85
　　二、提高传动链精度的方法 ……………………………………………………… 88
　　三、精密机床蜗杆副的修整工艺 ………………………………………………… 91
　　四、精密机床床身导轨的修整 …………………………………………………… 98
第三节　大型机械设备的装配调整 ………………………………………………… 101
　　一、大型机床多段拼接床身的修整工艺 ………………………………………… 102
　　二、大型机床立柱的安装工艺 …………………………………………………… 107
　　三、大型机床蜗杆蜗条的修整 …………………………………………………… 108
　　复习思考题 ………………………………………………………………………… 111

第四章　精密量仪与材料分析基础 ………………………………………………… 112
第一节　精密量仪的结构原理简介 ………………………………………………… 112
　　一、常用精密量仪的结构原理 …………………………………………………… 112
　　二、数控三坐标测量机的结构原理 ……………………………………………… 116
　　三、数控激光扫描仪的结构原理 ………………………………………………… 118
第二节　精密量仪在装配检测中的应用 …………………………………………… 120
　　一、经纬仪应用示例 ……………………………………………………………… 120
　　二、数控三坐标测量机应用示例 ………………………………………………… 122
　　三、激光干涉仪及其功能应用 …………………………………………………… 125
第三节　材料分析方法 ……………………………………………………………… 126
　　一、材料金相分析 ………………………………………………………………… 126

二、材料光谱分析 ······ 127
三、材料化学成分分析 ······ 127
复习思考题 ······ 128

第五章 机器运行时的振动和噪声 ······ 129
第一节 振动的概述 ······ 129
一、旋转机械的振动 ······ 130
二、振动的基本特性 ······ 130
三、机床的振动 ······ 133
第二节 旋转机械的振动标准 ······ 135
一、轴承振动的评定标准 ······ 135
二、轴振动的评定标准 ······ 138
第三节 振动测量 ······ 138
一、测量轴承振动 ······ 138
二、测量轴振动 ······ 140
三、频谱分析的概念 ······ 141
第四节 油膜振荡 ······ 142
一、油膜振荡的过程及危害 ······ 142
二、油膜振荡的频谱图 ······ 142
三、轴承工作的稳定性 ······ 143
第五节 噪声 ······ 144
一、声压和声压级 ······ 144
二、噪声的测量 ······ 145
三、降低噪声的途径 ······ 148
第六节 变形 ······ 150
一、变形的种类 ······ 150
二、变形的原因 ······ 153
三、减少变形的方法 ······ 154
复习思考题 ······ 154

第六章 典型金属切削机床的装配、空运行及负荷试验 ······ 156
第一节 T4163型坐标镗床的装配与调整 ······ 156
一、T4163型坐标镗床的组成、主要参数与传动系统 ······ 156
二、T4163型坐标镗床主要部件的装配与调整 ······ 162
三、T4163型坐标镗床的空运转试验 ······ 181

四、T4163型坐标镗床的工作精度检验 …………………………………… 182
　　五、T4163型坐标镗床的几何精度检验 …………………………………… 183
　　六、T4163型坐标镗床常见故障及其消除方法 …………………………… 184
　第二节　Y7131型齿轮磨床的装配与调整 ………………………………… 187
　　一、Y7131型齿轮磨床的组成、主要参数与传动系统 …………………… 187
　　二、Y7131型齿轮磨床主要部件的装配与调整 …………………………… 192
　　三、Y7131型齿轮磨床的空运转试验 ……………………………………… 208
　　四、Y7131型齿轮磨床的工作精度检验 …………………………………… 209
　　五、Y7131型齿轮磨床的几何精度检验 …………………………………… 210
　　六、Y7131型齿轮磨床加工精度超差原因分析及其消除方法…………… 210
　复习思考题 …………………………………………………………………… 216

第七章　作业指导的基本方法与指导实例 ………………………………… 218
　第一节　作业指导讲义编撰的基本知识 …………………………………… 218
　　一、作业指导讲义的基本要求 ……………………………………………… 218
　　二、作业指导讲义的基本组成及其作用 …………………………………… 219
　　三、作业指导讲义的编撰要点 ……………………………………………… 220
　　四、作业指导讲义的使用和修订 …………………………………………… 221
　第二节　作业指导必备的专业知识 ………………………………………… 222
　　一、作业指导的目的、作用和基本方法 …………………………………… 222
　　二、作业指导的准备工作 …………………………………………………… 223
　　三、作业指导的效果评价和分析方法 ……………………………………… 224
　第三节　万能分度头划线应用与装配作业指导 …………………………… 226
　　一、万能分度头划线应用与装配作业指导准备 …………………………… 226
　　二、万能分度头划线应用与装配作业指导过程 …………………………… 228
　　三、作业质量检验和指导评价 ……………………………………………… 234
　第四节　典型铣床主轴、工作台装配调整作业指导 ……………………… 234
　　一、铣床装配调整作业指导准备 …………………………………………… 234
　　二、铣床装配调整作业指导步骤 …………………………………………… 235
　　三、铣床装配调整作业指导质量检验 ……………………………………… 241
　第五节　机床床身精度检测作业指导 ……………………………………… 241
　　一、机床床身精度检测作业指导准备 ……………………………………… 241
　　二、机床床身导轨检测作业指导过程 ……………………………………… 242
　　三、机床床身导轨检测作业数据处理与指导质量评价 …………………… 247
　复习思考题 …………………………………………………………………… 250

第八章 生产与质量管理基础知识与应用实例 251
第一节 质量管理 251
一、机械制造业质量管理标准 251
二、质量管理与分析控制方法及其应用 254
第二节 生产管理 260
一、5S 与生产现场管理 260
二、生产计划与调度管理 263
三、工时定额与生产成本管理 265
复习思考题 269

试题库 270
知识要求试题 270
一、判断题　试题（270）　答案（331）
二、选择题　试题（274）　答案（331）
三、简答题　试题（286）　答案（332）
四、计算题　试题（287）　答案（335）

技能要求试题 289
一、制作三角合套 289
二、制作燕尾样板镶配件 291
三、内方变位配 292
四、桥形对配 294
五、六方四组合 296
六、六方 V 形组合制作 299
七、圆弧角度四组合制作 303
八、形腔滑配（高级技师） 307
九、燕尾组合件制作（高级技师） 311
十、测具制作（高级技师） 314
十一、扇形板组合件制作（高级技师） 318
十二、模腔镶块制作（高级技师） 320
十三、数控机床精度与功能检验（高级技师） 322
十四、作业指导能力与生产管理能力考核 325

模拟试卷样例 327
试题（327）　答案（339）

第一章

装配零件加工工艺分析

培训学习目标 掌握高精度刮削与研磨的工艺分析方法和研具制备的基本方法，熟悉先进刀具材料的种类和应用方法，了解数控机床和特种加工设备的操作和应用方法。

◆◆◆ 第一节 高精度刮削与研磨工艺分析

一、组合导轨刮削及其精度检测方法

1. 提高组合导轨刮削精度的基本方法

（1）提高校准工具（研具）的精度 组合导轨刮削需要使用高精度的研具进行研点操作，研具的精度直接影响刮削加工的精度。因此，精密机床的组合导轨需要制作高精度的专用校准工具（研具）。制作专用研具时，应根据组合导轨的形状和精度要求进行设计制造，也可以进行成对制造，即按机床滑板的研具和机床床身导轨的研具成套设计制造，然后用于机床组合导轨的刮削研点操作。制作研具应注意制造研具所用材料的质量与时效处理，导轨研具的长度，用于研点工作面的刮点精度和形位精度，研具的刚性和重量等设计制作要点。

（2）正确使用校准工具研点 组合导轨的校准工具在使用过程中，尽可能与滑板的移动方式相同，以使导轨刮削研点的显点符合导轨与滑板的相对运动状态。同时精密导轨的研点作业与导轨所处的位置有一定的影响，因此滑板的研点作业可将研具置于滑板下进行。

（3）正确选择刮削基准 根据刮削基准的选择原则，刮削组合导轨时，应

选择工艺规定的测量基准,对于有 V、平组合的精密机床导轨,通常选择 V 形导轨为刮削基准,对于 V、V 组合的导轨,通常以凸 V 导轨为基准进行刮削。

(4)采用合理的支承方式 滑板刮削一般采用全贴伏支承方法,也可采用专用工具进行支承,尽可能避免滑板导轨因支承不当引起的变形,影响滑板导轨的接触精度。机床床身采用三点支承或多点支承方法,尽可能与机床安装时的支承方式相同。

(5)应用高精度加工的基本原则 高精度刮削加工需要应用创造性加工、微量切除、稳定加工和测量技术装置高于加工精度等四项原则。如在刮削中应注意刮削余量的控制,精刮的余量等;刮削时应排除来自工艺系统的各种影响因素。

(6)应用刮削精度补偿法 精度补偿法有误差补偿法和局部载荷补偿法。

1)误差补偿是根据零部件精度变化规律和较长时间内收集到的经验数据,或事先测得的实际误差值,按需要在刮削精度上给予一个补偿值,并合理规定工件的误差方向或增值公差值,以消除误差本身的影响。刮削组合导轨时应注意导轨的弯曲变形的补偿;大型精密机床导轨的支承应与装配安装时的支承一致;要选择采光较好、恒温、恒湿、净化、防振与隔振以及地基坚实的工作环境;根据温差控制刮削精度误差,合理确定测量的最佳时间等。

2)局部载荷补偿法是在刮削时采用配重法,对被刮工件局部承受较大载荷引起的精度变化预先予以补偿,配重物安装的位置和重量应与载荷部件的安装位置和重量一致,刮削精密机床床身组合导轨时的局部载荷补偿法示意图如图 1-1 所示。

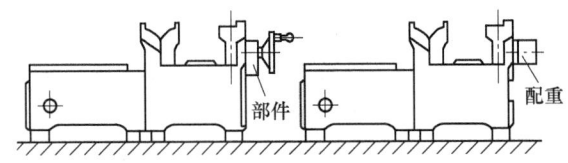

图 1-1 局部载荷补偿法示意图

2. 组合导轨刮削精度的检测方法

(1)研点检测的注意事项 应用专用成套研具应注意边角部位的毛刺对研点的影响,微小的毛刺都可能引起研点误差。精密机床导轨精刮使用的显示剂应略稀一些,注意显示剂与涂抹工具的清洁度,涂在刮削表面上的显示剂应薄而匀,以使显点细小,便于提高刮削精度。使用研具推磨显点时应注意用力适当、均匀。采用配刮方式的可以在对研后再检测研点。

(2)几何精度检测的作业要点 精密机床组合导轨的几何精度检验应采用

光学平直仪、激光干涉仪等高精度的检测仪器，检测应首先检测基准导轨的几何精度，然后检测导轨其他部位的平面。检测前应注意调整机床床身的水平精度。使用光学平直仪检测机床导轨的直线度应掌握以下要点：

1）熟悉光学平直仪的原理，其光学系统如图 1-2b 所示，光学平直仪是根据自准直仪原理制成的，由本体、望远镜、反射镜组成，属于双分划板式自准直仪的一种。在光源前的十字丝分划板 12 上刻有透明的十字丝。在目镜 8 下采用一块固定分划板 10 和一块活动分划板 9。在固定分划板 10 上刻有"分"的刻度，在活动分划板 9 上则有一条用来对准十字丝影像的刻线。转动测微螺杆 7 就可使活动分划板 9 移动。当活动分划板 9 上的刻线对准十字丝影像的中心时，就可从目镜 8 中读出"分"值，而从读数鼓筒 6 上可以读出"秒"值。即读数鼓筒 6 上的一个分度，相当于反射镜法线对光轴偏角 $1''$（0.005mm/m）。

2）使用光学平直仪检验机床导轨表面的直线度，实质上是测定反射镜在工件表面前后各个位置的角度偏差，从而推算出工件表面与理想直线之间的偏差情况。测量作业要点：

① 用光学平直仪 1 检验时，如图 1-2a 所示，在反射镜 2 的下面一般加一块支承板（俗称桥板）3，支承板 3 的长度通常有两种：即 $L = 100$mm 和 $L = 200$mm。

② 哈尔滨量具刃具厂生产的光学平直仪，当反射镜支承长度 $L = 200$mm 时，微动鼓轮的刻度值为 $1\mu m$，相当于反射镜的倾角变化为 $1''$，若支承长度为 100mm，则微动鼓轮的刻度值为 $0.5\mu m$。

③ 反射镜的移动有两个要求：一要保证精确地沿直线移动；二要保证其严格按支承板长度的首尾衔接移动，否则就会引起附加的角度误差。为了保证这两个要求，侧面应有定位直尺作定位。

④ 检测时应在分段上做好标记。每次移动都应沿直尺定位面和分段标记衔接移动，并记下各个位置的倾斜度。

(3) 表面粗糙度的检测　表面粗糙度的检测应采用表面粗糙度检测仪进行检测，检测时注意测头、检测表面及仪器检测基准面的清洁度，重复检测部位的数据显示应注意数据的一致性。

二、提高研磨精度的方法

(1) 熟悉研磨加工工艺的相关因素　研磨加工与加工方式、研具、磨粒、切削液、加工参数和加工环境等因素相关，为了提高研磨加工精度，应熟悉和掌握各相关因素的具体项目及其内容（表1-1）。

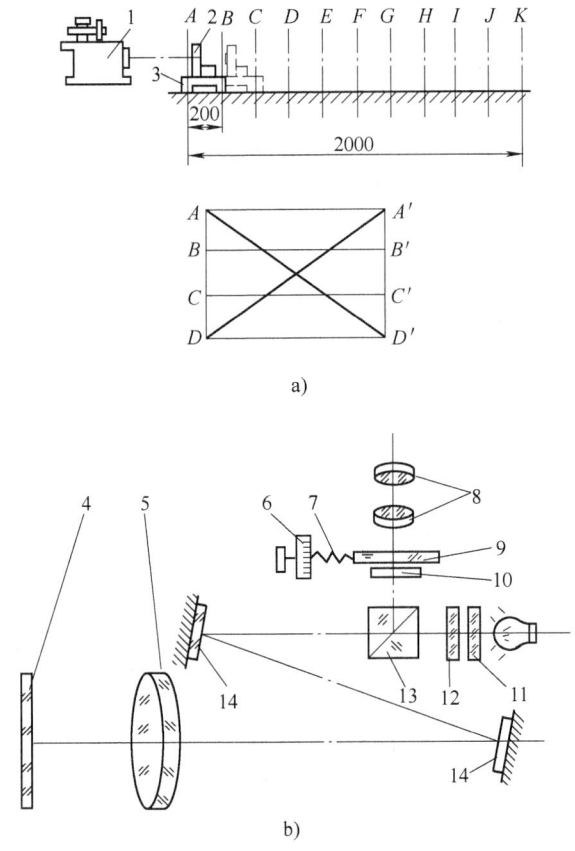

图 1-2 光学平直仪及其应用

a）检测示意 b）光学系统

1—光学平直仪 2—反射镜 3—支承板 4、14—反射镜 5—物镜 6—读数鼓筒
7—测微螺杆 8—目镜 9、10、12—分划板 11—滤光片 13—分光棱镜

表 1-1 研磨加工工艺各相关要素及其内容

项 目		内 容
加工方式	驱动方式	手动、机动、数控
	运动形式	回转、往复
	加工表面数	单面、双面
研具	材料	硬质（淬火钢、铸铁），软质（木材、聚氨脂）
	表面状态	平滑、沟槽、孔穴
	形状	平面、圆柱面、球面、成形面

(续)

项	目	内 容
磨粒	材料种类	金属氧化物、金属碳化物、氮化物、硼化物
	粒度	数十微米至 0.01μm
	材质	硬度、韧性
切削液	种类	油性、水性
	作用	冷却、润滑、活性（化学作用）
加工参数	相对速度	1～100m/min
	压力	0.001～3MPa
	加工时间	视加工材料、磨粒材料及粒度、加工表面质量、加工余量等而定
加工环境	温度	(20±1)℃
	相对湿度	40%～60%
	净化	1000～100 级

（2）掌握典型零件的精密研磨工艺

1）高精度平面研磨工艺要点。选用研具表面形式时应考虑研磨的轨迹、所选用的磨料类型和研磨性质，如精研应选用不开槽的研具；使用研磨膏研磨应选用阿基米德螺旋槽的研磨圆盘等。注意控制研磨工艺参数：压力和速度，通常研磨硬材料比研磨软材料压力高，粗研比精研压力高，湿研比干研压力高。一般的研磨采用较高压力、较慢速度进行粗研，采用较低压力、较高速度进行精研。平板精密研磨可采用多种研磨方法和研磨轨迹；量块精密研磨时应进行多次的粗研和半精研，最后留 0.1mm 进行精研。对于精密 V 形架和正弦规等的研磨，应注意控制主要精度部位的研具和研磨方法，制备专用的研具进行精研，检测时应采用高精度等级的检测手段和测量器具。

2）高精度内孔研磨工艺要点。高精度内孔研磨时，研棒一般可进行调节，安装研棒时应使研棒轴线与机床回转轴线同轴。机床主轴的转速一般在 100～200r/min 范围内，研磨过程中应注意工件与研棒的径向摆动间隙并及时进行调整，当工件内孔的孔径、圆柱度或锥度达到基本要求后，应采用手工精研磨，进一步提高被研孔的精度和表面质量。锥孔研磨后用锥度塞规着色或用特制记号笔画 3 条素线进行检验，以保证接触面分布均匀，圆锥度和表面粗糙度达到规定要求。

（3）合理应用先进的研磨工艺　新型的精密和超精密研磨工艺包括磁性研磨工艺、研抛工艺、电解研磨、超声研磨、滚动研磨、磨石研磨等。其中研磨和抛光复合加工是超精加工的新型加工工艺，将工件置于恒温液体中进行研抛称为液中研抛；利用黏弹性物质作介质，混以磨粒而形成半流体磨料流反复挤压被加工表面的精密加工方法称为挤压研抛；超精研抛是一种具有均匀复杂运动轨迹的超精加工工艺，可获得极高的加工精度和表面质量。

三、研具制备的基本方法与示例

(1) 研具的基本要求　研具是用于涂敷或嵌入磨料的载体，同时又是研磨的成形工具，研具本身工作型面的几何精度会影响工件的研磨精度，对研具的主要要求为：

1) 研具材料的硬度一般比工件材料的硬度低，硬度的一致性好，材料组织均匀致密、无杂质、异物、裂纹和缺陷，并有一定的磨料嵌入性和浸含性。

2) 研具结构合理，具有良好的刚性、几何精度的保持性和耐磨性。

3) 研具的工作表面应具有较高的几何精度。

4) 排屑性和散热性好。

(2) 研具的常用材料与适用范围　常用研具的材料可参见表1-2。

表1-2　常用研具的材料及其适用范围

材　料	性能与要求	用　途
灰铸铁	120～160HBW，金相组织以铁素体为主，可适当增加珠光体比例，用石墨球化及磷共晶等办法提高使用性能	用于湿式研磨平板
高磷铸铁	160～200HBW，以均匀细小的珠光体（70%～85%）为基体，可提高平板的使用性能	用于干式研磨平板及嵌砂平板
10、20 低碳钢	强度较高	用于铸铁研具强度不足时，如M5以下螺纹孔，$d<8mm$ 小孔及窄槽等的研磨
黄铜、纯铜	磨粒易嵌入，研磨工效高，但强度低，不能承受过大的压力，耐磨性差，加工表面的表面粗糙度值高	用于余量大的工件粗研及青铜件和小孔研磨
木材	要求木质紧密、细致、纹理平直、无节疤、虫伤	用于研磨铜或其他软金属
沥青	磨粒易嵌入，不能承受大的压力	用于玻璃、水晶、电子元件等的精研与镜面研磨
玻璃	脆性大，一般要求厚度为10mm，并经450℃退火处理	用于精研，并配用氧化铬研磨膏，可获得良好的研磨效果

(3) 研具制作的基本方法

1) 根据工件的材料选用合适的研具材料。

2) 按工件的结构形式确定研具的结构形式和尺寸规格。专用研具的制备也可参考通用研具的结构形式。

3) 按一般机械零件的加工方法进行外形加工，平面研具开槽的加工需要加工研具工作面上各种形式的槽。外圆柱面研具开口式的加工需要加工剖分槽和螺孔等。整体式内圆柱面研具应在圆柱面上加工螺旋槽，可调式研棒锥度与研磨套的配合锥度为 1:50～1:20，锥套的外径比工件小 0.01～0.02mm，大端壁厚为被研孔径的 0.125～0.8，研具长度为被研表面长度的 0.7～1.5。

4) 研具的工作表面应经过精加工，具有较高的几何精度和表面质量。

5) 平面研具表面压砂工序的步骤见表1-3。

表1-3 研具压砂工序

序 号	工序名称	说 明
1	涂硬脂酸	用煤油清洗擦净研具，涂抹一层硬脂酸
2	倒砂，抹匀及凉干	将浸泡好的液态研磨剂摇晃均匀，并倒在研具表面，抹匀、晾干
3	滴加液态润滑剂	滴加适量煤油，把晾干的研磨粉调匀呈粘糊状，然后将另一块研具合上，开始嵌压砂
4	嵌压砂	按"8"字形运动推研研具，并经常调转上研具的方向，一般需 3～5 遍，才能使磨粒均匀嵌入并有一定深度
5	擦净	取下上研具，用脱脂棉擦净研具表面
6	试块检查	用与被研工件材料相同的试块，在研具表面直线往复推研几下。当试块推研时切削速度很快，且表面研磨条纹细密均匀，则说明研具表面嵌砂多而均匀，即可正式使用

(4) 研具制备示例 如图 1-3 所示为深孔研磨的专用研棒，专用研棒的锥度心轴 4 有前后两部分：前半部分安装开有轴向通槽的弹性研套 3，其直径 ϕd 用调节螺母 2 调节，调节后用锁紧螺母 1 锁紧。后半部分在外圆周上开有四条斜槽，内嵌四块楔形板 5，调节螺母 7、8 可使楔形板 5 前后移动，从而使固定在楔形板 5 槽内的导向块 6 径向移动，达到导向直径 $\phi d'$ 的要求，调节好后用螺母 9 锁紧。导向块材料用夹布胶木或白桦木，具有一定的弹性。接头 10 用于研棒与深孔油压头的钻杆用螺纹联接。该专用研具的制备应注意以下要点：

1) 前端研套与锥度心轴的锥度配合为 1:50～1:20，配合部位的接触面应经过磨削精加工。

2) 后端的四条斜槽应在圆周上均匀分布，并与楔形板滑配，四块楔板的轴向移动应保证径向调节量相同。

3）锁紧、调节和联接用的螺纹配合应达到精度要求，保证调节灵活，锁紧、联接可靠的要求。

4）心轴的加工应达到螺纹、圆锥面、圆柱面同轴度的要求。

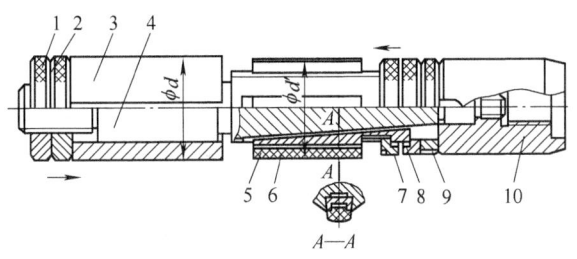

图 1-3　研磨液压缸内孔的专用研棒
1、9—锁紧螺母　2、7、8—调节螺母　3—弹性研套
4—心轴　5—楔形板　6—导向块　10—接头

第二节　先进加工工艺与刀具材料应用

一、数控机床的操作与编程基础

1. 数控机床及其操作规程

（1）数控机床（Numerical Control Machine Tools）　数控机床是指采用数字形式信息控制的机床。凡是用数字化的代码将零件加工过程中所需的各种操作和步骤以及刀具与工件之间的相对位移量等记录在程序介质上，送入计算机或数控系统，经过译码、运算及处理，控制机床的刀具与工件的相对运动，加工出所需要工件的一类机床称为数控机床。国际上相关组织对数控机床下的定义是：数控机床是一个装有程序控制系统的机床。该系统能够逻辑地处理具有使用号码或其他符号编码指令规定的程序。简而言之，用数字化信息控制的自动控制技术称为数字控制技术；用数控技术控制的机床，或者说装备了数控系统的机床，称为数控机床。

（2）数控机床的操作方法　数控金属切削机床的操作规程涵盖了数控车床、数控铣床的操作规程，具体作业要求见表 1-4。

第一章 装配零件加工工艺分析

表1-4 数控金属切削加工机床的操作规程

序 号	操作规程说明
1	机床通电后,检查各开关、按钮和按键是否正常、灵活,机床有无异常现象
2	检查电压、气压、油压是否正常,有手动润滑的部位要先进行手动润滑
3	各坐标点手动回机床参考点,若某一坐标轴在回参考点前已在零位,必须先将该轴移动至离参考点一段距离后,再手动回参考点
4	在进行工作台回转交换时,台面上、护罩上、导轨上不得有异物
5	机床空运行应在15min以上,使机床达到热平衡状态
6	程序输入后,应认真核对,保证无误,其中包括对代码、指令、地址、数值、正负号、小数点及语法的查对
7	按工艺规程安装和找正夹具
8	正确测量和计算工件坐标系,并对所得结果进行验证和验算
9	将工件坐标系输入到偏置页面,并对坐标、坐标值、正负号、小数点进行认真核对
10	未装工件以前,空运行一次程序,看程序能否顺利执行,刀具长度选取和夹具安装是否合理,有无超程现象
11	刀具补偿值(刀长、半径)输入偏置页面后,要对刀补号、补偿值、正负号、小数点进行认真核对
12	装夹工件时要注意螺钉压板是否与刀具发生干涉,检查零件毛坯和尺寸是否有超长现象
13	检查各刀头的安装方向和旋转方向是否符合程序要求
14	查看各刀杆前后部位的形状和尺寸是否符合程序要求
15	镗刀头尾部露出刀杆的直径部分,必须小于刀尖露出刀杆的直径部分
16	检查每把刀柄在主轴孔中是否都能拉紧
17	无论是首次加工的零件,还是周期性重复加工的零件,首件都必须对照图样工艺、程序和刀具调整卡,进行逐段程序的试切
18	单段程序试切时,快速倍率开关必须在最低挡
19	每把刀首次使用时,必须验证其实际长度与所给刀补值是否相符
20	在程序运行中,要观察数控系统上的坐标显示,可了解目前刀具运动点在机床坐标系和工件坐标系中的位置。了解程序段的位移量,还剩多少位移量等
21	程序运行中要观察数控系统上的存储器和缓冲寄存器显示,查看正在执行的程序段、状态指令和下一个程序段的内容
22	在程序运行中要重点观察数控系统上的主程序和子程序,了解正在执行的主程序内容
23	在试切进刀时,在刀具运行至工件表面30~50mm处,必须在进给保持下,验证Z轴剩余坐标值和X、Y轴坐标值与图样是否一致

（续）

序号	操作规程说明
24	对一些有试切要求的刀具，采用"渐近"方法。如镗一小段长度，检验合格后，再镗到整个长度。使用刀具半径补偿功能的刀具数据，可由小到大，边试切边修改
25	试切和加工中，刃磨刀具和更换刀具后，一定要重新测量刀长并修改刀补值和刀补号
26	程序检索时应注意光标所指位置是否合理、准确，并观察刀具与机床运动方向坐标是否正确
27	程序修改后，对修改部分一定要仔细计算和认真核对
28	用手轮进给和手动连续进给操作时，必须检查各种开关所选择的位置是否正确，辨清正负方向，认准按键，然后再进行操作
29	全批零件加工完成后，应核对刀具号、刀补值，使用程序、偏置页面、调整卡及工艺中的刀具号、刀补值完全一致
30	从刀库中卸下刀具，按调整卡或程序清理编号入库
31	卸下夹具，某些夹具应记录安装位置及分位，并作出记录存档
32	清扫机床并将各坐标轴停在中间位置

2. 数控程序组成与编制方法

（1）数控程序及其组成

1）数控程序。把零件的加工工艺路线、工艺参数、刀具的运动轨迹、位移量、切削参数（主轴转速、进给量、背吃刀量等）以及辅助功能（换刀、主轴正反转、切削液开关等）按照数控机床规定的指令代码及程序格式编写成的加工程序称为数控程序。

2）数控程序的组成。一个完整的程序由程序号、程序内容和程序结束符构成。

① 程序号。为便于程序检索，程序开头应有程序号，程序号可理解为零件程序的编号，并表示该程序的开始。程序号常用字符"％"及其后面的4位十进制数表示，如％××××，4位数中若前面为"0"，则可省略。例如"％0101"等效于"％101"。在一些系统中，采用字符"O"或"P"及其后面的4位或6位十进制数表示程序号，如"O1001"。

② 程序内容。程序内容由若干个程序段组成，每个程序段由一个或多个指令构成。

③ 程序结束。程序结束时，以程序结束指令 M02 或 M03 等作为程序结束的符号，以表示整个程序的结束。

3）数控加工程序段的组成内容。程序段是控制机床加工的一种语句，表示一个完整的运动或操作，程序段由程序段号，若干数据字及程序段结束符号组成。

① 程序段号。程序段号（N×××）又称程序段名，由地址 N 及其后的数字组成，习惯上按顺序并以 5 或 10 的倍数编程，以备插入新的程序段。

② 数据字。数据字又称程序字，功能字，简称"字"，它是由一组排列有序的字符组成，如 G01，Z-12.50，F0.15 等，表示一种功能指令。程序中常用的数据字有：准备功能字（G 指令）；尺寸字，地址码 X、Y、Z、U、V、W、I、J、K、R、A、B、C；进给速度功能字（F 指令）；主轴转速功能字（S 指令）；刀具功能字（T 指令）；辅助功能字（M 指令）。此外还有刀具偏置号、固定循环参数等字。

③ 程序段结束符号。在程序单上常用分号"；"或星号"＊"，具体应用取决于机床规定。

（2）数控程序编制的基本方法　数控程序编制有软件自动编程和手工编程两种基本方法，数控机床程序编制的具体步骤如图 1-4 所示，具体要求如下：

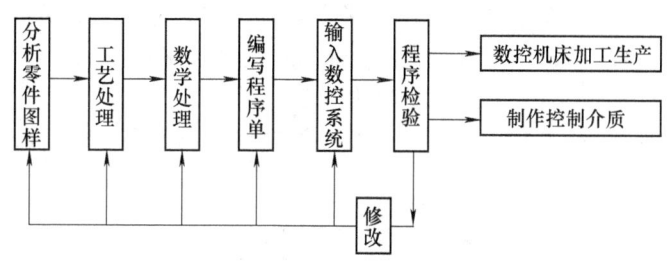

图 1-4　数控编程步骤框架图

1）零件图样分析和工艺处理。这一步骤的内容包括：对零件图样进行分析；明确加工内容和要求；确定加工方案；选择合适的数控机床；设计和选择刀具；确定合理的进给路线和切削用量等。

2）数学处理。根据零件的几何尺寸、加工路线，计算刀位中心的运动轨迹，以获得刀位数据。一般的数控系统都具有直线插补和圆弧插补的功能，对于加工由圆弧和直线组成的较为简单平面零件，只需计算出相邻几何元素的交点或切点的坐标值，得出各几何元素的起点和终点，圆弧的圆心坐标值等。如果系统无刀具补偿功能，还应计算刀具中心的运动轨迹。对于较为复杂的零件或零件的几何形状与控制系统的功能不对应时，就需进行较为复杂的数值计算。在手工编程中，数学计算由人借助计算工具完成，采用 CAD/CAM 系统，计算由计算机软件完成。

3）编写程序单。程序编制人员按照数控系统规定的程序格式，逐段编写零件加工程序代码，或者由 CAD/CAM 系统通过后置处理自动生成。

4）输入数控系统。将编制的程序输入数控系统。

5）程序检验和修改。程序输入数控系统后,需经过试运行和试切削校核后,才可进行正式加工。试运行过程常采用刀具轨迹模拟显示和空运行等方法,用以检验程序语言和加工轨迹的正确性,若有错误,可对其相应的程序段进行检查和修改。试切削过程用以校核其加工工艺以及相关切削参数是否合理,加工精度能否满足零件图样的要求,以及加工工效等,反映了程序的实际加工效果,当发现工件不符合加工图样技术要求时,可修改程序或采取尺寸补偿等具体措施。

6）制作控制介质。对某些已进行程序校核并合格备用的零件加工程序,则可将该程序存放在磁盘等存储介质上,这样可以不占用数控系统的内存。需使用时,可用输入/输出（I/O）设备将其输入数控系统。

二、特种加工设备的操作与应用

1. 特种加工及其种类

（1）特种加工的定义　特种加工是指那些不属于传统加工工艺范畴的加工工艺方法,是将电、磁、声、光等物理能量或其组合直接施加在被加工的部位上,从而使材料被去除、变形、改变性能等。特种加工可以完成各种难加工材料的加工,以及精密、细微、复杂零件的加工。

（2）特种加工的种类　特种加工的种类较多,目前有30余种,常用特种加工的类型见表1-5。

表1-5　常用特种加工的类型

加工方法	加工能量	常用代号	应用范围
电火花加工	电	EDM	穿孔、型腔加工、切割、强化等
电解加工	电化学	ECM	型腔加工、抛光、去毛刺、刻印等
电解磨削	电化学机械	ECG	平面、内外圆、成形加工等
超声加工	声	USM	型腔加工、穿孔、抛光等
激光加工	光	LBM	金属、非金属材料,微孔、切割、热处理、焊接、表面图形刻制等
化学加工	化学	CHM	金属材料,蚀刻图形,薄板加工等
电子束加工	电	EBM	金属、非金属,微孔、切割、焊接等
离子束加工	电	IBM	注入、镀复、微孔、蚀刻
喷射加工	机械	HDM	去毛刺、切割等

2. 常用特种加工的基本原理与方法

（1）电火花加工

1）原理与应用。电火花加工（又称放电加工）是基于脉冲放电的蚀除原理,当工具电极与工件（工件电极）在绝缘介质中靠近时,极间电压将在两极间"相对最靠近的点"电离击穿，形成脉冲放电，在放电通道中瞬时产生大量热能，使放电点的金属熔化甚至汽化，并在放电爆炸力的作用下，把熔化的金属熔化抛出，以达到去除金属的目的。电火花加工主要用于模具中型孔、型腔的加工。如电火花线切割加工原理如图1-5所示，电极丝（线状工具电极）与工件做规定的相对运动，实现切割工件的电火花加工。切割时，电极丝沿自身轴线方向做往复直线或单向运动，放置工件的工作台或电极丝的导丝机构按一定的轨迹运动，工件就被切割成所需要的形状。

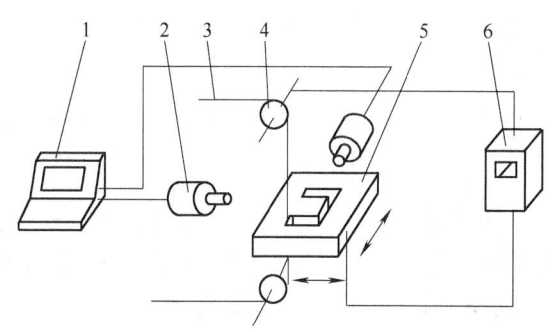

图1-5 电火花线切割加工原理
1—控制装置 2—机床驱动机构 3—电极丝
4—导丝机构 5—工件 6—脉冲电源

2) 主要类型与加工方法示例。电火花加工有电火花成形、电火花切割、电火花磨削、电火花包络加工等类型。电火花加工机床主要有电火花成形机、电火花切割机等。电火花切割机的加工方法如下：

① 操作步骤：起动电源开关→空载运行检查→润滑注油→添加或更换加工液→检查钼丝→校正电极丝与工作台面的垂直度→按图样确定切割内容→确定切割方向、工位基准和切割顺序→编制程序和验证程序→找正、装夹工件→按规定更换电极丝进行绕丝和穿丝操作→采用火花法、夹具找正法和显微镜法找正工件和钼丝的基准位置→进行切割。

② 绕丝和穿丝应注意按规定走向，丝要张紧，不能重叠，不能与工件接触。

③ 加工基准的找正方法有火花法、夹具找正法和显微镜法。火花法示意图如图1-6所示，利用电极丝向工件基准孔的 X、Y 点接近产生轻微火花的方法，确定钼丝的坐标位置，经过计算可确定切割起始坐标点的 A、B 坐标值。

④ 线切割加工顺序的选择方法如图1-7所示，图1-7a因工件和右侧余料一起割离工件预制件，变形较大；图1-7b因工件和预制件一起，左侧余料割离工件预制件，变形较小；图1-7c因工件采用穿丝方式切割，将工件割离预制件，变形更小。

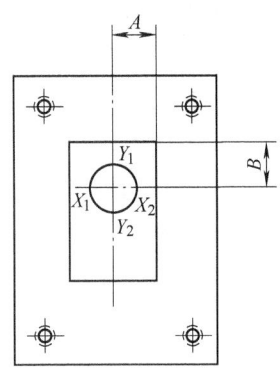 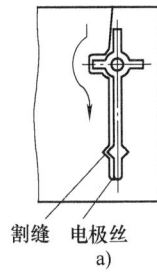 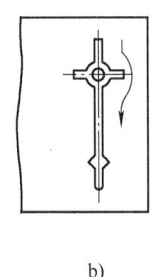 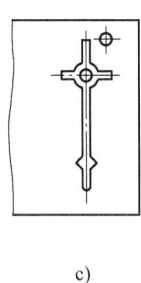

图1-6 火花法示意图　　图1-7 线切割加工顺序的选择方法
a) 错误的加工顺序　b) 正确的加工顺序　c) 最好的加工顺序

（2）电解加工　电解加工是在通过直流电流的情况下，利用金属在电解液中产生阳极溶解的原理，对金属材料进行成形加工。电解加工适用于高强度、高硬度和高韧性难切削材料的加工，如发动机叶片、花键槽、枪炮筒等零件的加工，还适用于深小孔加工和刻印加工。采用电解去毛刺的方法可减轻劳动强度和提高效率，特别适用于钳工或机械方法难以去除毛刺的部位，例如深孔底部、隐蔽部位、交叉孔等部分的毛刺可进行机械化和自动化生产。适合电解去毛刺的零件很多，如齿轮、阀体、曲轴给油孔、柴油机喷嘴内孔、连杆、液压缸以及冲压件、压铸件和锻件等。交叉孔电解去毛刺的原理如图1-8所示，为了使电解作用仅限于毛刺部分，在设计阴极时必须把相对

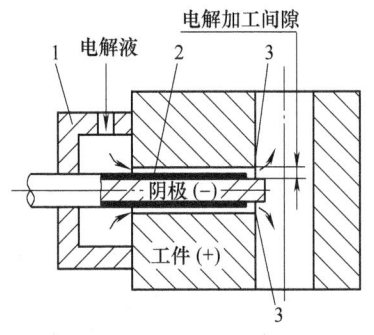

图1-8 交叉孔电解去毛刺原理
1—绝缘导液套　2—绝缘层　3—毛刺

于毛刺的阴极表面露出，其他部分则用绝缘层屏蔽起来，以防止非加工表面受到电解作用而破坏其原有的精度。

（3）电解磨削加工　电解磨削加工是以电解作用为主的电解作用与机械磨削结合的一种复合加工方法。电解作用在工件表面形成阳极膜，极易被高速旋转的磨轮刮去，电解作用与机械磨削反复进行以达到加工的目的。电解磨削主要适用于硬质合金的加工。

（4）超声加工　超生加工是利用工具作超声频振动，通过液体中悬浮磨料加工工件。主要用于加工各种不导电的硬脆材料，例如玻璃、石英、陶瓷等，可加工出各种复杂形状的型孔、型腔、成形表面。

（5）激光加工　激光加工是利用材料在激光照射下瞬时急剧熔化和汽化，

并产生强烈的冲击波,使熔化物质爆炸式地喷溅和去除来实现加工的。激光是一种亮度高、方向性好、单色性好的相干光。由于激光发散角小、单色性好,在理论上可聚焦到尺寸与光的波长相近的能量集中的小斑点,焦点处功率密度可达 $10^7 \sim 10^{11} \text{W/cm}^2$,温度可高达一万摄氏度以上。用以产生激光束的机器称为激光器,激光器的种类有固体激光器、气体激光器、液体激光器、半导体激光器和化学激光器。激光加工设备主要有激光打孔机、激光切割机和激光压力机等。固体激光打孔机一般由激光器、光学系统、电气系统、工作台等四大部分组成,如图1-9所示。

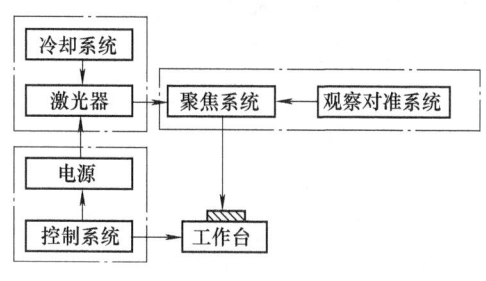

图1-9 固体激光打孔机组成框图

三、先进刀具材料及其应用

(1)高速钢

1)通用高速钢中的 W6Mo5Cr4V2 适宜制造承受冲击力较大的刀具,如插齿刀和用于塑性变形工艺制造钻头。W9Mo3Cr4V 是钨钼系通用高速钢的钢种,其性能与 W6Mo5Cr4V2 相当。

2)高性能高速钢中的 W2Mo9Cr4VCo8(M42)是世界上应用较多的钢种,其综合性能(力学性能、可磨削性能、切削性能)很好。W6Mo5Cr4V2Al 是我国创造的新钢种,600℃时的最高硬度达 55HRC,淬火后的抗弯强度为 2.9~3.9GPa,冲击韧度为 0.23~0.3MJ/m²。高性能高速钢适用于加工不锈钢、耐热钢、高强度钢等难切削材料。

3)粉末高速钢是用粉末冶金工艺制成的,一般都是含钴、钒的高性能高速钢,适用于制造高性能精密刀具,如加工汽轮机叶轮的轮槽铣刀、齿轮滚刀、拉刀等。

4)涂层高速钢刀具是采用物理气相沉积工艺(PVD),在经磨光过的高速钢刀具表面,涂一层或多层的 TiN、TiCN、TiAlN、CrN 等高硬度耐磨层(2~5μm),刀具寿命可以提高 1~3 倍,生产效率提高 3~5 倍。涂层高速钢刀具的有涂层齿轮滚刀、插齿刀、立铣刀、丝锥、拉刀等。采用表面化学处理的高速钢刀具,如氮化、氧氮化等处理后的刀具,表面硬度高、摩擦系数小,刀具寿命可提高 50% 左右。

(2)硬质合金

1)硬质合金有 P、M、K 三种标准类型,一些厂家引进开发了新的硬质合金牌号,如 798、758、813、YW3、YS30、YM051 和涂层刀片牌号等。

2）涂层硬质合金是通过化学气相沉积（CVD）和物理气相沉积（PVD）工艺，在硬质合金刀片或整体刀具表面沉积一层厚约 5μm 的高硬度耐磨层，此法将基体的高韧性和表层的高硬度结合在一起，可显著提高硬质合金刀片和硬质合金刀具的使用寿命和切削速度。涂层有单涂层和多涂层之分，目前多采用多涂层，物理涂层主要用于涂覆铣刀刀片、螺纹及切槽刀片以及整体硬质合金刀具等。

3）碳化钛基、氮化钛基硬质合金是以 TiC、TiN 为主要成分，再加入其他碳化物或氮化物，以镍、钼为粘结剂烧结而成。主要优点是硬度高、抗氧化性能好、摩擦系数小、切屑不易粘结、抗月牙洼磨损性能好、相对密度小，有金属陶瓷之称，适用于钢件的高速精加工和半精加工。

(3) 陶瓷 陶瓷材料的硬度为 91~95HRA，在 1200℃ 的高温条件下仍能进行切削，具有耐热性、耐磨性、化学惰性好、摩擦因数小、抗粘结和扩散磨损能力强的特点，因此能对难加工的高硬度材料进行加工，能进行高速切削。主要缺点是性脆、冲击韧度差、抗弯强度低。陶瓷材料主要有氧化铝基陶瓷和氮化硅基陶瓷两种类型。陶瓷刀片一般采取切削刃磨出 20° 的负倒棱，适当加厚刀片厚度，加大刀尖圆弧等措施，降低切削刃和刀尖损坏的可能性。

(4) 超硬刀具材料 超硬刀具材料包括天然金刚石、聚晶金刚石和聚晶立方氮化硼三种。金刚石刀具主要用于加工高精度及表面粗糙度值很小的非铁金属、耐磨材料和塑料。主要用于加工磁盘、激光反射镜、感光鼓、多面镜等，金刚石刀具不适宜加工钢及铸铁。聚晶金刚石可代替金刚石。聚晶立方氮化硼是由单晶立方氮化硼微粉在高温高压下聚合而成的，主要用于加工淬硬工具钢、冷硬铸铁、耐热合金及喷焊材料等，用于高精度铣削时可代替磨削加工。使用超硬材料刀具进行加工，要求工艺系统有较好的刚性。

复习思考题

1. 设计制作组合导轨校准工具应注意哪些要点？
2. 提高组合导轨刮削精度应采取哪些措施？
3. 什么是数控机床？数控机床操作规程有哪些主要内容？
4. 数控程序的编制有哪两种基本方法？数控程序编制有哪些基本步骤？
5. 数控指令 G、F、T、S 分别指令哪些数控功能？
6. 什么是特种加工？电火花加工的基本原理是什么？
7. 涂层硬质合金有哪些特点？陶瓷刀具有哪些特点？

第 二 章

机械装配工艺分析

培训学习目标 熟悉装配工艺文件的编制方法,了解各种生产类型钳工装配工艺的特点和方法,掌握精密部件的装配工艺、检测方法和调整技能等。

◆◆◆ 第一节 装配工艺文件的编制

一、数控设备的测绘及装配图的绘制方法

1. 复杂零件的测绘方法

(1) 零件测绘的基本步骤 零件测绘含有测量、审核、修改、设计等内容,零件测绘的基本步骤如下:

1) 了解和分析测绘的零件。了解测绘零件的名称和作用;鉴定零件的材质和热处理状态;对零件的结构进行分析;对零件进行工艺分析;拟定零件的表达方法(选择视图等)。

2) 绘制零件草图。确定视图的位置;画出零件的内外轮廓图样;选择尺寸基准,测量尺寸,标出尺寸界线、尺寸线和箭头;确定表面粗糙度和技术要求等。

3) 绘制零件图样。审查、校核零件草图;绘制零件正式图样。

(2) 零件测绘的注意事项

1) 零件上的缺陷(如砂眼、气孔、刀痕,以及长期使用所造成的磨损和其他损坏部位)不应作为结构要素画出。

2) 零件上因制造、装配需要的工艺结构(如铸造圆角、倒角、退刀越程

槽、凸台、凹坑等）应作为结构要素画出。

3）有配合关系的尺寸，一般只测出公称尺寸，其配合性质及相应的公差值应经过分析计算、核对有关标准以后确定。

4）没有配合关系的尺寸或不重要的尺寸，允许将实际测量所得的尺寸进行适当的圆整，并按有关标准圆整成整数值。

5）对螺纹、齿轮、蜗轮、蜗杆、带轮、花键等标准化结构的尺寸，应将测量获得的结果与标准值比较、核对，一般应按标准化的要求，采用标准的结构尺寸，以便于制造。

2. 典型零件测绘方法应用示例

● 训练 1　机床变速箱中的花键轴测绘

矩形齿花键轴花键部分测绘的步骤如下：

1）数出花键的键数，本例为 $N=6$。

2）测出大径、小径、键宽尺寸，本例为 $D=28\mathrm{mm}$，$d=23\mathrm{mm}$，$B=6\mathrm{mm}$。

3）确定定心方式，本例根据 GB/T 1144—2001 规定选用小径 d 定心方式。

4）确定花键尺寸的极限与配合，本例根据花键轴的使用性质，判断其属于精密传动，且左端花键为紧滑动联接，右端花键为固定联接。根据 GB/T 1144—2001 规定，分别确定左端花键和右端花键的极限与配合，左端：小径 d 为 $\phi 23\mathrm{g}6(^{-0.007}_{-0.020})\mathrm{mm}$，大径 D 为 $\phi 28\mathrm{a}11(^{-0.300}_{-0.430})\mathrm{mm}$，键宽 B 为 $6\mathrm{h}6(^{0}_{-0.008})\mathrm{mm}$；右端：小径 d 为 $\phi 23\mathrm{h}6(^{0}_{-0.013})\mathrm{mm}$，大径 D 为 $\phi 28\mathrm{a}11(^{-0.300}_{-0.430})\mathrm{mm}$，键宽 B 为 $6\mathrm{h}8(^{0}_{-0.018})\mathrm{mm}$。

5）确定花键的几何公差。为了保证花键联接的互换性、可转装配性和键侧接触的均匀性，本例根据 GB/T 1144—2001 规定，选择两花键键宽对小径 d 的位置度公差和对称度公差分别为 0.010mm 和 0.015mm。

6）确定花键的表面粗糙度。本例根据实物测量和 GB/T 1144—2001 规定，两花键的表面粗糙度值小径为 $Ra\ 0.8\mu\mathrm{m}$，大径为 $Ra\ 3.2\mu\mathrm{m}$，键侧面为 $Ra\ 0.8\mu\mathrm{m}$。

7）确定材料和热处理方法。通过应用材料的鉴定方法，并参考类似零件，本例花键轴材料采用 45 钢，并进行调质热处理，硬度为 240HBW。

8）绘制零件图。使用 CAD 绘图方法，绘制零件图。本例图样如图 2-1 所示。

● 训练 2　减速箱体的测绘

（1）了解、分析箱体的结构与功能　该箱体为一送料机构的减速箱箱体。动力输入为 V 带传动输入，减速机构包括蜗轮蜗杆和锥齿轮传动等，输出部分为圆柱齿轮，输出转速为 50~70r/min。如图 2-2 所示，箱体中空部分安装蜗杆

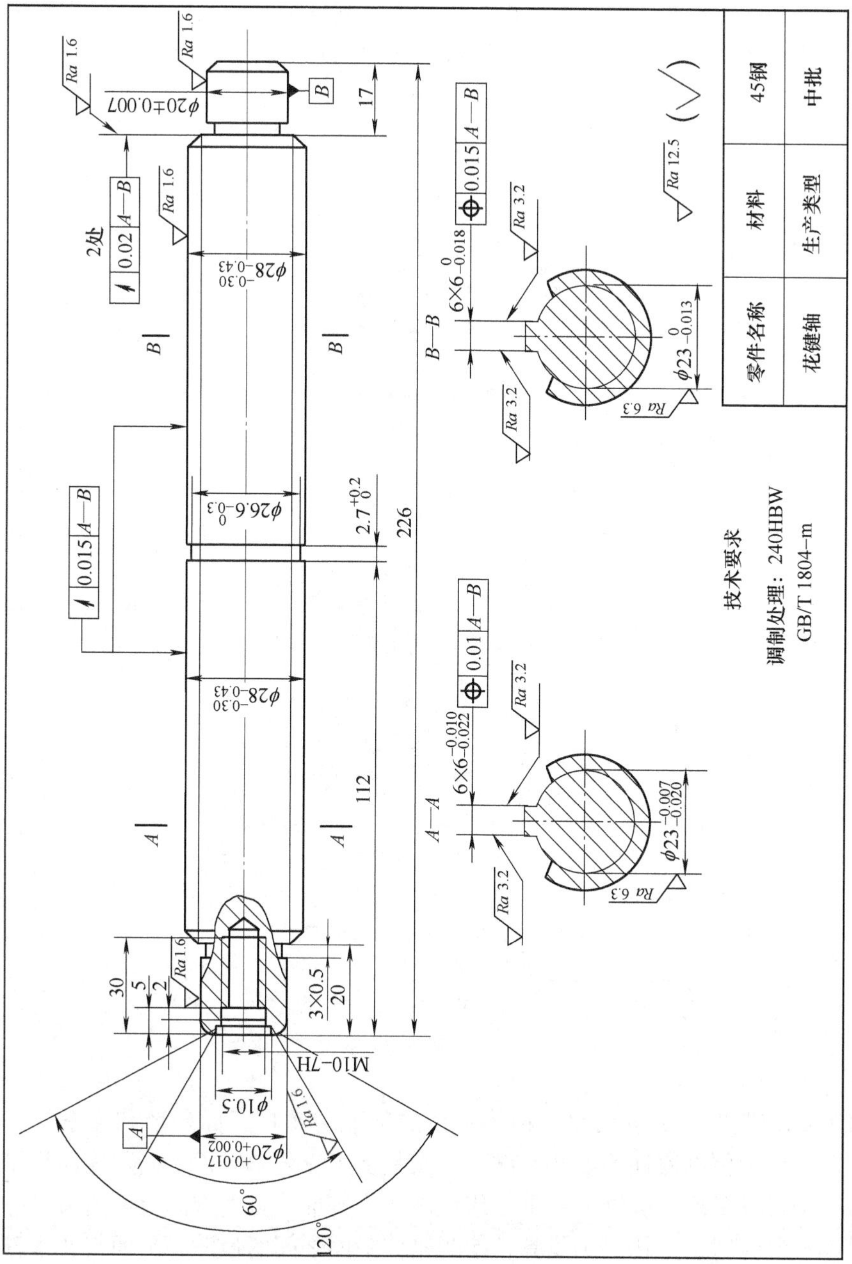

图 2-1 矩形花键轴零件图样

轴、蜗轮、锥齿轮、传动轴及锥齿轮轴，底部存放润滑油。箱体的重要部位是支承传动轴的轴承孔系，上面的两同轴孔用于支承蜗杆轴，下面的两同轴孔用于支承安装蜗轮、锥齿轮的传动轴。锥齿轮轴孔内装有轴承套，其他支承孔均直接与圆锥滚柱轴承外圈配合。箱体底部有底板，底板四角有凸台和安装孔。箱体顶部有凸缘和螺纹孔，用于安装箱盖。图 2-2b 中有两个螺孔，上面是油标安装螺纹孔，下面是安装放油螺塞的螺纹孔。

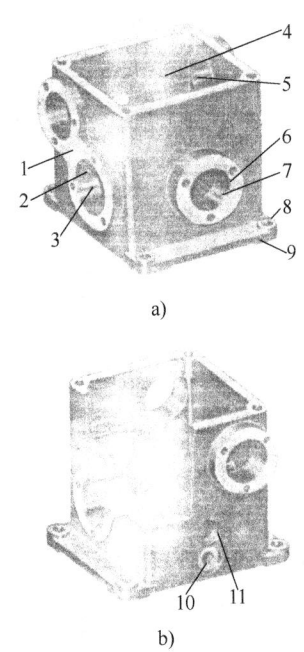

图 2-2 减速箱体结构示意图
1—凸台　2—轴承套孔　3—锥齿轮轴安装位置　4—中空部分
5—蜗杆轴安装位置　6—轴承孔　7—蜗轮安装位置　8—安装孔
9—安装底板　10—放油螺塞螺纹孔　11—油标螺纹孔

（2）确定基准、测量尺寸　箱体零件的基准主要是底面基准和孔系的基准孔轴线。本例箱体的底面为安装基准面，又是加工工艺基准面，确定底面为箱体高度方向的设计基准；长度方向上以蜗轮轴线为基准；宽度方向上以前后对称面作为基准。测量时，采用多种量具，检测箱体平面之间的尺寸，平面与孔系轴线的尺寸，孔系各孔轴线的位置尺寸，各孔的孔径尺寸，台阶孔的深度尺寸、螺孔的规格和深度等。

第二章 机械装配工艺分析

(3) 确定视图表达方式　通过对箱体的结构分析和工艺分析,确定采用三个视图表达箱体的主体结构,并采用多个其他视图对局部结构进行补充表达,主视图以蜗轮轴线左右放置进行投影,用两个平行剖切平面剖切,分别表达锥齿轮轴支承孔和蜗杆轴支承孔的位置和内部形状。左视图采用全剖视图,用以表达蜗轮、锥齿轮传动轴支承孔的位置和形状。用向视图分别表达箱体左面箱壁凸缘的形状和螺孔位置;箱体底板底面的凸台形状;油标螺孔和放油螺塞螺孔的形状和位置。用局部剖视图表达锥齿轮轴支承孔内部凸缘圆弧的形状。

(4) 箱体尺寸的标注　根据箱体三个方向的基准标注尺寸:

1) 轴孔的定位尺寸标注。传动轴支承孔位置尺寸直接影响传动件的啮合精度,因此需要进行标注,如图2-3所示,蜗杆轴支承孔高度方向的定位尺寸为92mm,宽度方向的定位尺寸为25mm。蜗轮轴支承孔高度方向的定位尺寸为40mm,直接影响蜗杆副传动的精度。

2) 其他重要尺寸。箱体上与其他零件有配合关系或装配关系的尺寸属于其他重要尺寸,对应的尺寸应一致,如支承孔的直径尺寸应与配合的滚动轴承外径一致;箱壁上凸缘的直径尺寸和螺孔的定位尺寸应与配合的轴承盖对应尺寸一致。

箱体完整的尺寸标注如图2-3所示。

3) 确定技术要求。

① 确定尺寸公差。箱体零件图样中,需要标注公差的尺寸主要有支承传动轴的孔径公差,有啮合传动关系的支承孔间的中心距等,如本例中蜗杆支承孔、蜗轮传动轴支承孔、锥齿轮轴支承孔等应标注孔径公差和配合精度(K7);蜗杆副传动轴支承孔间的中心距应标注尺寸和公差,本例为 (40 ± 0.031) mm。

② 确定几何公差。根据箱体的工作条件,对蜗杆副支承孔给定同轴度公差;对锥齿轮支承孔给定了垂直度公差。

③ 确定表面粗糙度。根据检测结果和各加工面的功能及加工工艺,查阅有关资料确定箱体各加工表面的表面粗糙度。

④ 确定材料及热处理。根据箱体的结构和功能,本例选用灰铸铁铸造工艺,铸铁牌号为HT200。铸件采用人工时效处理。

⑤ 确定其他技术要求。

(5) 整理绘制零件图样　使用CAD绘制箱体零件的图样,如图2-3所示。

3. 数控设备装配图的绘制

(1) 装配图绘制的基本方法　装配图是表示产品中各零件之间的装配和连接关系、产品的工作原理以及产品的装配技术要求的图样。应用AutoCAD创建装配图有几种基本方法,一种是绘制各个零件、组件和分组件二维图样,然后应

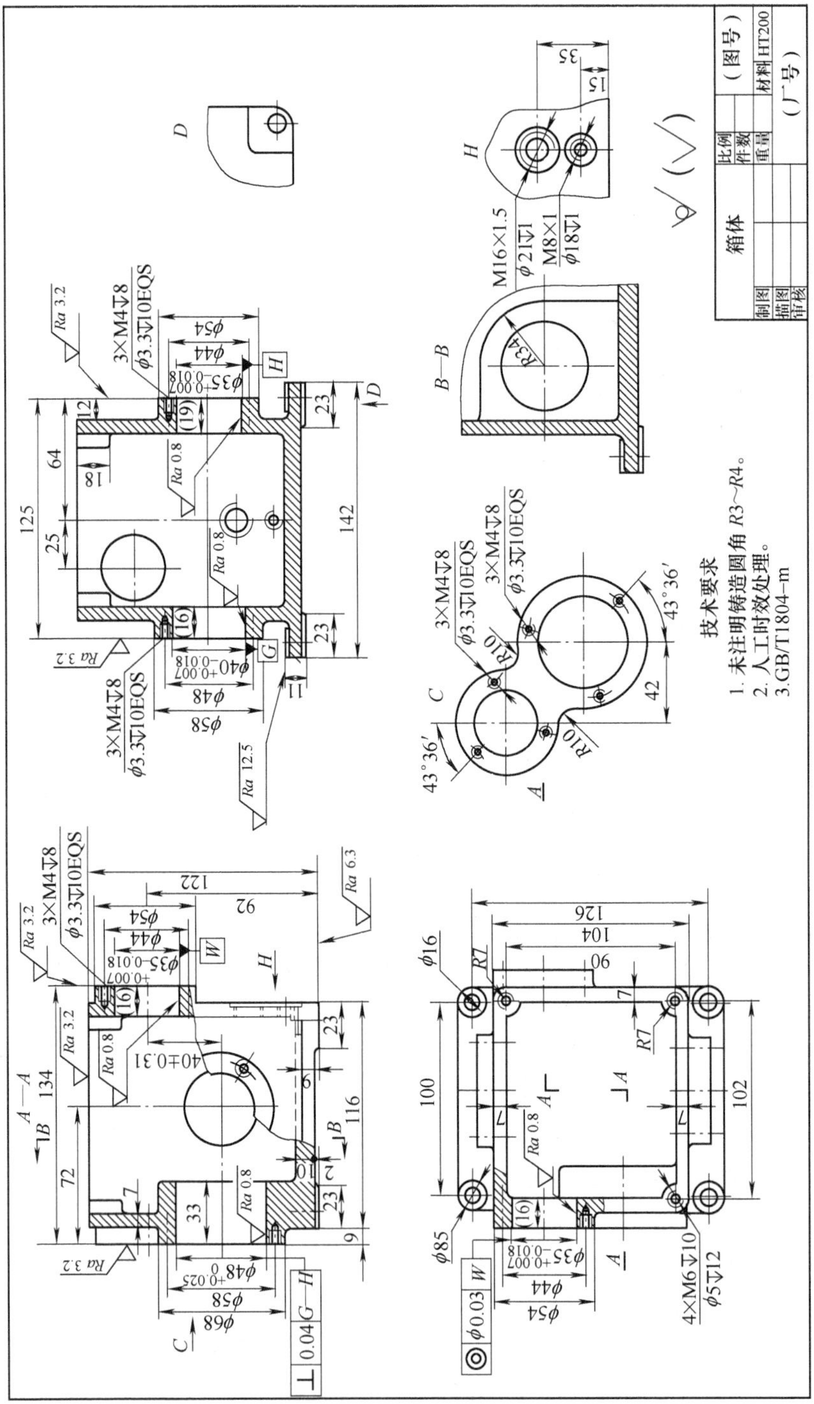

图2-3 箱体零件图样

第二章　机械装配工艺分析

用复制的方法，将需要的视图内容在绘图区进行装配，形成所需要的装配图；另一种方法是直接绘制装配图。还有一种是首先进行各个零件的三维建模，然后进行实体零件的装配，最后通过剖切等方法，显示各个位置的装配视图。

1) 直接绘制装配图。采用直接绘制装配图的方法可参照以下绘图构思方法：

① 确定绘图比例和图样规格。根据零部件的总体尺寸、复杂程度和视图数量确定绘图比例及标准图样的幅面，一般选用 A0 号图样。部件中的每一个零件至少在装配图中出现一次。视图中应反映任何一个具有配合关系的细小部位。图样布局应同时考虑标题栏、明细栏、零件编号、标注尺寸和技术要求等的位置。

② 视图的选择。主视图的选择应反映部件的主要结构和结构特点，符合部件的工作位置和常规的加工位置；反映部件的工作状况及零件之间的装配、连接关系，明显表示部件的工作原理；主视图采用剖视，以表达工作系统、传动系统；主视图应尽可能表达装配的主要工艺路线。其他视图的选择应能补充主视图未能表达或表达不完整的部分。

③ 绘制步骤和方法。根据装配工艺基准，绘制各视图的主要基准，一般包括轴线、对称中心线、主要基准零件的基面或端面等；根据部件的主体结构，绘制主体结构的轮廓；根据部件主要和关键零件及其与主体结构的关联，绘制与主体结构直接相关的主要、关键零件；根据装配顺序和连接关系，逐步绘制各个次要零件；根据装配中的配合关系，逐步绘制主体结构、重要零件和次要零件的配合部位细节；根据连接件的特点，绘制各部位、各种连接件，如螺栓、螺母、键、销等；检查核对图形，绘制局部剖视图的界线、剖面线、规范修改各种线型；标注尺寸和配合符号；编写零件序号和绘制引线、序号；添加明细栏；注写技术要求和标题栏等，完成装配图的绘制。

2) 绘制零件图后绘制装配图。采用绘制零件图后绘制装配图的方法可参照以下绘图操作方法：

① 绘制各零件图。按照相同的比例绘制各零件图，零件图的绘制可选择装配视图所需要的视图绘制；零件的标注可在装配后进行，但需注意绘图的准确性，主要的配合部位可应用标注进行检查；绘制后的零件图可采用创建块的方法保存，定义时块的名称可采用零件序号和零件名，以便查找；创建块时需要按有装配关系的位置确定插入点，以便在最后进行装配图绘制时，应用插入点插入块进行装配。

② 图形装配。根据装配工艺，应用插入块方法调入装配干线的主要零件（基准零件）；根据装配工艺顺序，沿装配干线展开，逐个应用插入块的方法进行零件图形装配；对分组件可按分组件装配工艺和分组件结构，应用插入块的方

法进行零件图形装配，然后进行总装配；插入块进行图形装配时，需要注意各零件的轴向和径向定位。

③ 检查配合关系。根据零件之间的配合关系，检查各零件之间的图形是否有干涉现象。若出现干涉，一般是通过尺寸标注的方法检查零件图样的准确性，或通过插入点的坐标位置检查装配基准位置的准确性。为了便于修改，一般应逐个进行配合关系检查，一般采用放弃的方法恢复原图形。

④ 装配图标注。装配图的标注包括主要尺寸（如外形尺寸、主要传动零件的中心距尺寸等）、主要配合件的配合关系、零件的序号和引线等。

⑤ 其他。包括视图名、技术要求、明细栏、标题栏等。

(2) 数控设备测绘的注意事项

1) 仔细阅读和了解有关的技术资料。如设备的说明书，重要部位的结构和特点，主要零部件的结构特点，设备的主要技术参数和规格等，有类似设备的装配作业图也可用作参考。

2) 深入了解主要部件的结构和装拆方法。如了解数控机床主轴的结构特点和拆卸装配步骤，以便拆卸数控机床主轴部件进行测绘。又如了解行星齿轮减速器齿轮传动机构的结构特点和拆卸装配步骤，以便对行星传动机构进行拆卸。

3) 详细分析零部件的动作原理和在设备中的作用。为了确定零部件的加工精度和装配位置精度、配合性质等技术参数，需要详细分析零部件的动作原理、所实现的功能等，以便确定零部件的加工和装配精度，配合部位的性质和配合精度。

4) 检测和复核各项零件尺寸和装配位置尺寸。为了正确绘制零件图和装配图，需要反复检测和核对各零部件的尺寸，以便在零件图绘制、部件图绘制和总装配图绘制中尺寸位置正确，减少重复作业和测绘工作的错误和误差。

5) 掌握绘制、校对装配图的基本方法。熟练使用 AutoCAD 等绘图软件，采用绘制装配图的基本方法之一，绘制设备零件图、部件装配图和整机装配图，在绘制的过程中仔细核对零部件的各项尺寸和配合性质及位置精度，在绘制总装配图时应注意各传动部件之间的连接位置。绘制总装配图应注意按预定的装配工艺进行。

6) 应用绘图基本方法提高绘图的质量。在测绘中，应注意图样布局的合理性和规范性，引线和数字应按一定的顺序排列，零部件的目录表应与图样对应。指引部位为组件的应附有组件装配图。

二、夹具设计制造方法

1. 夹具设计的基本方法

(1) 机床专用夹具设计的基本要求　设计夹具必须保证零件的加工质量，

第二章 机械装配工艺分析

同时要兼顾生产效率、劳动条件和经济性等要求，还要考虑加工中的排屑、操作安全和符合操作者的习惯等因素。

(2) 机床专用夹具设计的基本步骤

1) 分析被加工零件加工工艺。根据零件图、工序图、工艺规程等原始资料，对工件进行工艺分析，了解工件的结构特点、材料，本工序的加工部位、加工要求、加工余量、定位基准、夹紧部位及所用的机床、刀具、量具等。

2) 收集与设计相关的技术资料。如机床的技术参数、夹具元件的标准、各类参考用夹具图册或同类夹具的图样等。

3) 构思夹具结构和制造方案。确定工件的定位、夹紧方式，设计定位和夹紧装置；确定其他装置、元件的结构和夹具体的结构及其在机床上的安装方式，然后通过绘制结构草图，标注出夹具的主要尺寸、公差及技术要求。

4) 分析与计算。工件精度要求较高时应进行定位误差分析计算，采用液压气动等机械传动装置的夹具，应分析计算夹紧力。

5) 绘制夹具装配总图。按国家制图标准绘制夹具装配总图，一般采用1:1比例。被加工工件的轮廓用双点画线绘出，被加工表面应显示加工余量（用交叉网纹表示），工件可看作透明体。总图要标注必要的尺寸、公差和技术要求，并编制夹具零件明细栏和标题栏。

6) 绘制非标准零件的图样。加工非标准零件需要绘制零件图样，并编制简单的加工工艺，保证零件的加工精度。当零件的精度要求较高时，可采用配作和修配法保证装配精度。

7) 明确标准件的规格和要求。夹具的设计和制造尽可能使用标准件。一般在夹具总图的明细栏中注明标准件的主要规格及标准的编号，以便通过采购配齐所需要的标准零件。

(3) 夹具设计制造的注意事项

1) 构思夹具方案可对多种方案进行比较，然后进行优化。

2) 分析计算应注意避免差错，注意定位误差的分析与被加工零件定位部位的制造精度有密切的关系。

3) 夹具的制造有较多的配作部位，如定位、夹紧元件的固定螺栓孔，定位销和止转螺钉等的配作，在配作中应注意检测装配精度。

4) 夹具制造一般是单件生产，因此需要较多的钳工作业，如划线、刨削，以及钻、镗、扩、铰和螺纹加工。装配和精度检测也是制造过程中的重要环节。因此需要综合应用各种作业技能和技巧，才能达到夹具设计和制造的精度要求。

5) 掌握夹具验证的基本方法，观察夹具的安装、工件的定位与夹紧、加工中夹具的振动、加工工件的质量、操作的安全性和便捷性等，以便对所设计制造的夹具进行进一步的改进和完善。

2. 夹具设计制造示例

铣削如图 2-4 所示的联轴器锁紧槽，需要设计制造专用夹具，具体步骤如下：

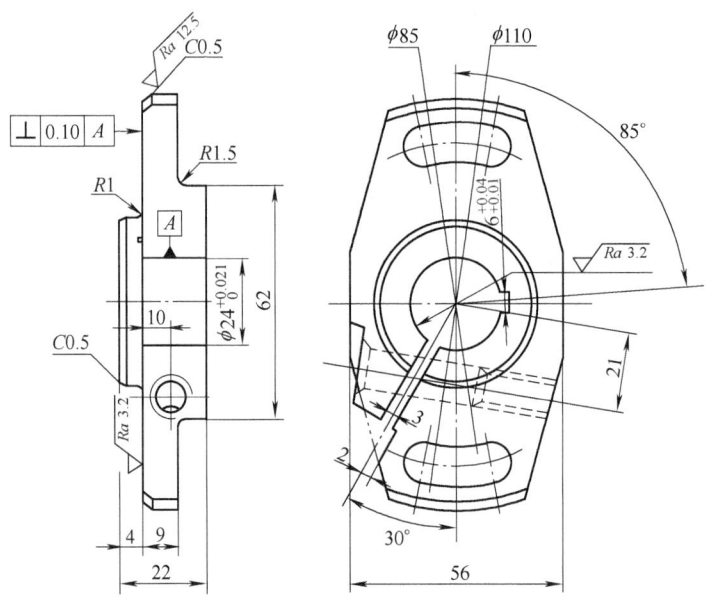

图 2-4　联轴器

(1) 工件结构和锁紧槽铣削工序分析

1) 工件结构分析：根据形体分析，联轴器是一个两端有台阶的扁盘状零件。斜槽锁紧功能分析：斜槽起锁紧作用，当斜槽在 M10 螺钉作用下变窄合拢时，与 $\phi24mm$ 孔配合的轴会因 $\phi24mm$ 孔收缩而被锁紧。

2) 铣削工序和铣削方式分析：由于应力分布的因素，铣削斜槽后会使工件产生较大的变形，因此，铣削斜槽工序设置在工件上其他工序完成后才能进行。否则，若先加工斜槽，会使其他加工产生困难，影响加工精度。斜槽的宽度为 3mm，与中间 $\phi24mm$ 孔贯穿，根据槽宽和铣削位置的特点，宜采用锯片铣刀在卧式铣床上铣削。

3) 斜槽几何技术要求分析：斜槽在工件上贯穿 $\phi24mm$ 孔，槽宽 3mm，关于 $\phi24mm$ 孔轴线对称，斜槽中心线与工件竖直中心线的夹角为 30°，而工件竖直中心线与 $\phi24mm$ 孔内键槽的夹角为 85°，因此，可换算出 3mm 斜槽与 6mm 键槽的夹角为 125°。

(2) 工件定位和夹紧方式分析

1) 工件定位基准和定位方式分析：根据工件加工工艺，斜槽加工应在其他加工完成后进行，因此，定位基准为 $\phi24mm$ 孔和与其垂直的台阶端面，为了保证斜槽的正确位置，便于工件夹紧，应采用完全定位方式。

2）定位精度分析：φ24mm 孔的标准公差等级（H7）比较高，若采用 H7/h6 配合，可达到间隙配合的要求，最大间隙仅为 0.034mm。定位端面与 φ24mm 孔轴线的垂直度为 0.02mm，可以保证斜槽的位置精度要求。

3）夹紧力应指向工件端面，与切削力切向分力方向一致，防止工件在加工中产生位移。可采用压板或定位轴端的螺纹、螺母进行夹紧。

（3）夹具设计和制作　设计制作的铣斜槽夹具如图 2-5 所示。

1）夹具体设计。夹具体材料选用灰铸铁，夹具体 1 为直角铁形式，工件主定位面垂直设置，正面设置安装定位销 8 的通孔；按工件 φ110mm 外圆尺寸，设置安装定位支承块 5、9 的小凸台平面；在右下角，设置安装螺旋钩形压板 12 的台阶孔；在定位销孔上方，设置对刀块 3。夹具竖直部分由两侧的肋提高夹具刚度。夹具底座设置安装夹具定位键的键槽和穿装压紧夹具螺钉的半开通直槽。

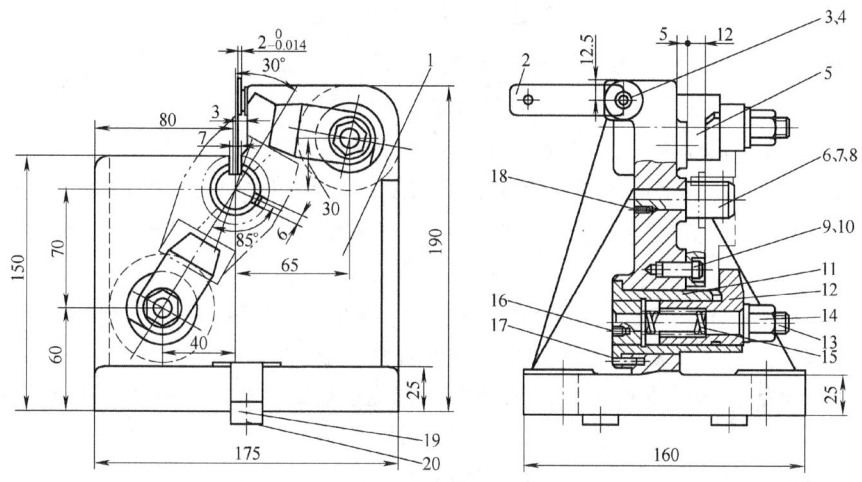

图 2-5　铣斜槽夹具

1—夹具体　2—塞尺　3—对刀块　4、7、10、20—紧固螺钉　5、9—支承块　6—平键
8—定位销　11—压板套筒　12—螺旋钩形压板　13—螺杆　14—螺母　15—弹簧
16、17、18—配作销、螺钉　19—定位键

2）定位元件设计。平面定位选用标准支承板，用内六角圆柱头螺钉固定在夹具体 1 上；内孔定位选用定位销 8，如图 2-6 所示。定位销前端锥度导向部分便于工件装夹，轴上预先设置了让刀槽，6mm 平键 6 由两个 M4 螺钉 7 紧固在定位销 8 上的键槽内，防止工件装夹时平键脱落。让刀槽与键槽之间夹角为 125°，定位销与夹具采用过渡配合。在找正斜槽加工定位的位置后，定位销 8 用 M5 配作螺钉 18 固定在夹具体上。

3）夹紧机构设计。考虑到夹具紧凑，所需夹紧力不大，以及操作方便等因素，选择占用面积小的螺旋钩形压板 12。松开夹具后，压板在弹簧 15 作用下脱

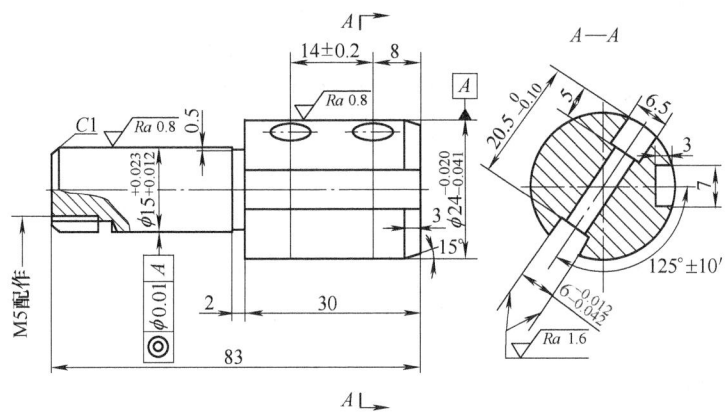

图 2-6 专用夹具定位销

离工件,转动压板即可卸下工件。夹紧用的螺杆 13 旋入压板套筒 11 后,用配作螺钉 16 固定,压板套筒 11 与夹具体配装后用圆柱销 17 固定。

4)夹具与机床的定位设计。为了迅速准确地找正切削位置,夹具通过标准定位键 19 和夹具底平面定位,确定夹具与工作台面和进给方向的位置。

5)夹具与刀具的定位设计。通过对刀块 3 和塞尺 2 确定 3mm 窄槽铣刀与工件的相对位置。

6)绘制夹具总装配图,标注主要尺寸、主要技术条件,在标题栏内列出所有的零部件。查阅夹具设计有关的标准件资料,确定标准件和自制件。能选用标准件的尽可能选用标准件,以便提高夹具零部件的互换性。本例夹具中的夹具体和定位心轴可进行自制加工。

7)绘制自制件的图样,并编制简单的制造工艺。

① 夹具体 1 的制造工艺:铸造备料→粗铣底面→粗铣定位键槽→铣穿装螺钉的半封闭直槽→铣半封闭槽凸台平面→粗铣正面各凸台面→粗铣对刀块凸台平面→磨底平面→磨定位键槽侧面→磨正面各凸台面→磨对刀块凸台面→镗压板套筒安装孔→镗定位销孔→钻各螺钉孔→铣让刀槽→检验入库。

② 定位销 8 的制造工艺:圆钢备料→粗车两级外圆、台阶、直槽、端面和倒角→半精车各部分→铣槽→钻台阶穿孔→淬火→磨外圆和导向倒角→磨定位键槽→去毛刺→检验入库。

8)夹具装配工艺:领取所有装配零部件→复验自制件的精度→装配支承板→装配底面定位键→装配定位心轴上平键→装配定位心轴→校正键槽位置→配作紧固螺钉→装配钩形压板部件→装配对刀块。

9)夹具检验、调整。按总装配图标注的主要尺寸和技术条件,检测装配质量,对夹紧装置进行必要的调整,使其操作方便、安全可靠。

第二章 机械装配工艺分析

三、CAD 基础与应用示例

1. CAD 及其应用方法

（1）CAD 简介　CAD 是英文 Computer Aided Design（计算机辅助设计）的缩写。近年来，计算机辅助设计技术随着计算机技术、信息技术、网络技术的发展，在机械、电子、航空航天、轻工、建筑、纺织、服装等行业得到了广泛的应用，计算机辅助设计技术已被越来越多的行业和领域所接受。

（2）CAD 的应用方法　使用计算机安装适用的绘图软件，如 AutoCAD2007等，便可使用计算机进行机械图样的绘制。使用 CAD 绘制的图样一般是二维的，也可绘制三维立体图形。应用 CAD 进行计算机辅助设计，可以解决实际生产中的问题，例如对已有的图样进行尺寸标注的转换、将平面图形转换为立体图形、对数控加工的零件进行坐标位置的标注以便于编制数控加工程序，通过绘制装配图将各种零件进行装配等。

（3）AutoCAD 软件的基本功能　AutoCAD 是常用的计算机辅助设计软件，学会使用软件后，应重点掌握基本图元（点、直线、圆、多边形等）的绘制方法。同时应学会修改图形的方法，如延伸、打断、位移、镜像、偏移等，以便对绘制的图形进行修改。为了完整地绘制零件图样、部件和整机的装配图样，需要掌握尺寸标注、几何公差标注、基准标注、表面粗糙度标注等标注方法。为了便于绘图，将图样绘制的更加清晰美观，需要掌握图层的设置（颜色、线条样式、线条粗细）方法。为了打印输出图样，需要掌握打印样式管理器的设置方法。

2. CAD 应用示例

如图 2-7g、h 所示的轴类零件图一般由主视图、局部剖视图和断面图等组成，基本图元是直线和圆，结构要素一般有圆柱面、圆锥面、外螺纹、外圆直槽、倒角、键槽、孔等。应用 AutoCAD 绘制轴类零件的基本步骤如下：绘制轴线（图 2-7a）→绘制圆柱面和端面轮廓线→绘制键槽轮廓线→尺寸标注→几何公差标注→表面粗糙度标注。

本例应用的主要绘图方法、修改方法和标注方法如下：

（1）绘图方法　绘制方法包括直线、圆弧、倒角、图案填充等基本图元的绘制，在绘图之前应注意图层设置，本例在背景屏幕为黑色时，设置粗实线线宽 0.3mm、白色；点画线线宽 0.13mm、红色；细实线线宽 0.13mm、蓝色等。

（2）修改方法　修改方法包括移动、偏移、圆角、倒角、修剪、延伸等。在绘制外圆柱面直线和端面直线时，应用偏移的方法控制直径和轴向长度；应用修剪的方法完成外形轮廓的线段长度；在绘制两端倒角时，应用倒角的方法控制倒角的大小；在绘制键槽轮廓线时，应用偏移的方法控制键槽的宽度、中心位置和长度，应用圆角的方法绘制两端的圆弧；在绘制局部剖视图时，在绘制圆和直

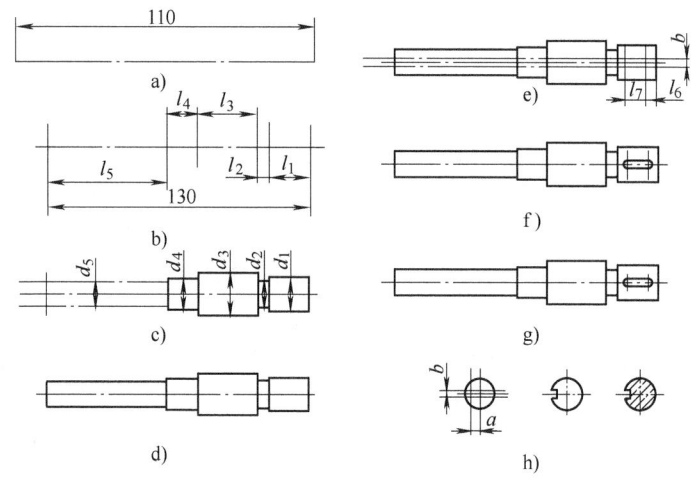

图 2-7 轴类零件绘制、标注示例
a) 画中心线 b)、c)、d) 画圆柱面轮廓线 e)、f)、g) 画键槽轮廓线 h) 画断面图

线的基础上,应用修剪的方法完成键槽剖切面的轮廓线,并应用图案填充的方法绘制剖面线。

(3) 标注方法

1) 尺寸标注。文字高度一般选 3.5mm,箭头大小选 3.5mm;在圆柱面投影上标注直径尺寸时,应在标注文字前应用文字修改方法添加直径符号;需要标注尺寸公差的应在标注样式中设置公差的种类、精度和偏差数值等。

2) 几何公差标注。按制图标准,应用直线、方框和文字的工具绘制基准符号→应用创建块的方法将绘制的基准符号定义为"基准"名称的块→采用插入块的方法将基准符号放置在图形需要的位置→选择标注/引线工具绘制引线→选择标注/公差工具,在弹出的对话框中单击"特征符号"选项→分别在符号、公差值和基准符号中填入内容(如同轴度、公差 0.02、基准"A"),按确定→系统返回绘图区→捕捉引线端点,完成几何公差的标注。

3) 表面粗糙度标注。应用直线、文字等命令绘制表面粗糙度符号,应用创建块的方法将常用的表面粗糙度符号创建为块,应用插入块的方法,将表面粗糙度符号插入到需要标注的位置。应用创建块和插入块的方法标注表面粗糙度的步骤如下:选择创建块命令→在块定义对话框中输入块的名称(如"1.6")→按拾取点的方法在绘图区指定块的基点(一般为表面粗糙度符号下端的交点)并确定→选择插入块命令→在插入块对话框中按默认值在屏幕上指定点、缩放比例(默认为 1)、单位(默认为 mm)、旋转角度(默认为 0 度)等选项确定→在绘图区需要标注表面粗糙度的位置确定插入块的基点,插入表面粗糙度符号。

四、装配工艺文件编制方法与示例

1. 装配工艺文件编制的基本方法

（1）工艺文件制订的主要依据　主要依据包括：产品图样及技术条件，产品工艺方案，产品零件工艺路线表或车间分工生产明细栏，产品生产纲领，本企业的生产条件，相关工艺标准，相关设备和工艺装备资料。

（2）装配工艺规程制订的基本内容和步骤　掌握产品总装配图，充分了解产品验收要求和企业现有的生产条件；确定装配作业的组织形式和装配方法；划分装配单元；选定装配基准（基准件和基准部件）；绘制装配单元系统图（必要时还要绘制装配工艺系统图）；划分装配工序；确定工时定额；编制装配工艺卡片等。

2. 机械产品装配工艺文件示例

现以图2-8所示的车床尾座部件简图为例，介绍装配工序卡片、装配单元系统图和装配工艺系统图。

（1）装配工艺系统图　如图2-9所示为尾座装配工艺系统图，在划分装配工

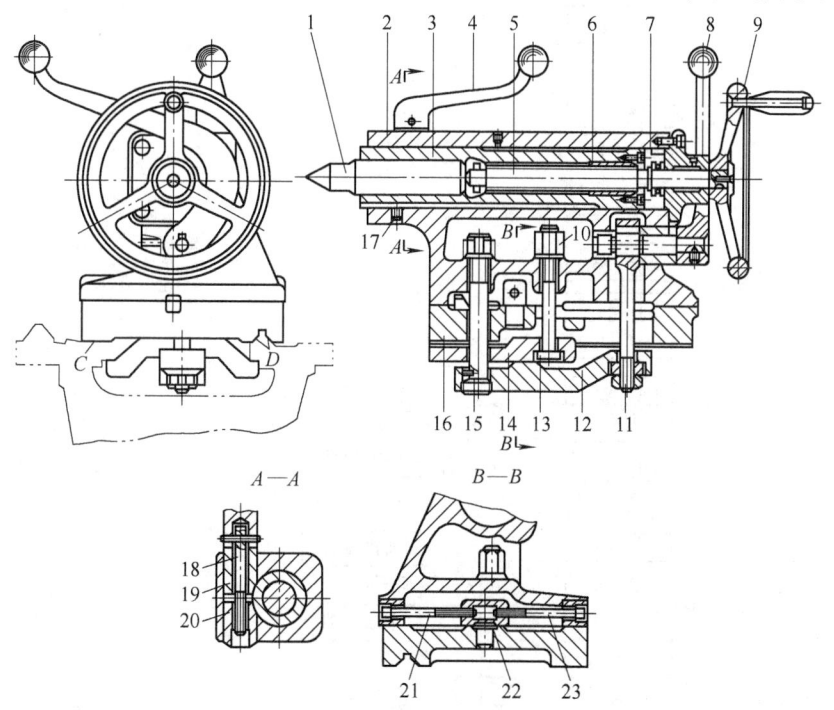

图2-8　CA6140型卧式车床尾座部件简图

1—后顶尖　2—尾座体　3—尾座套筒　4—手柄　5、18—螺杆　6—螺母　7—支承盖
8—快速紧固手柄　9—手轮　10—六角螺母　11—拉杆　12—T形块　13、14—压板　15—螺栓
16—尾座底板　17—键　19、20—套筒　21、23—调整螺钉　22—T形螺母

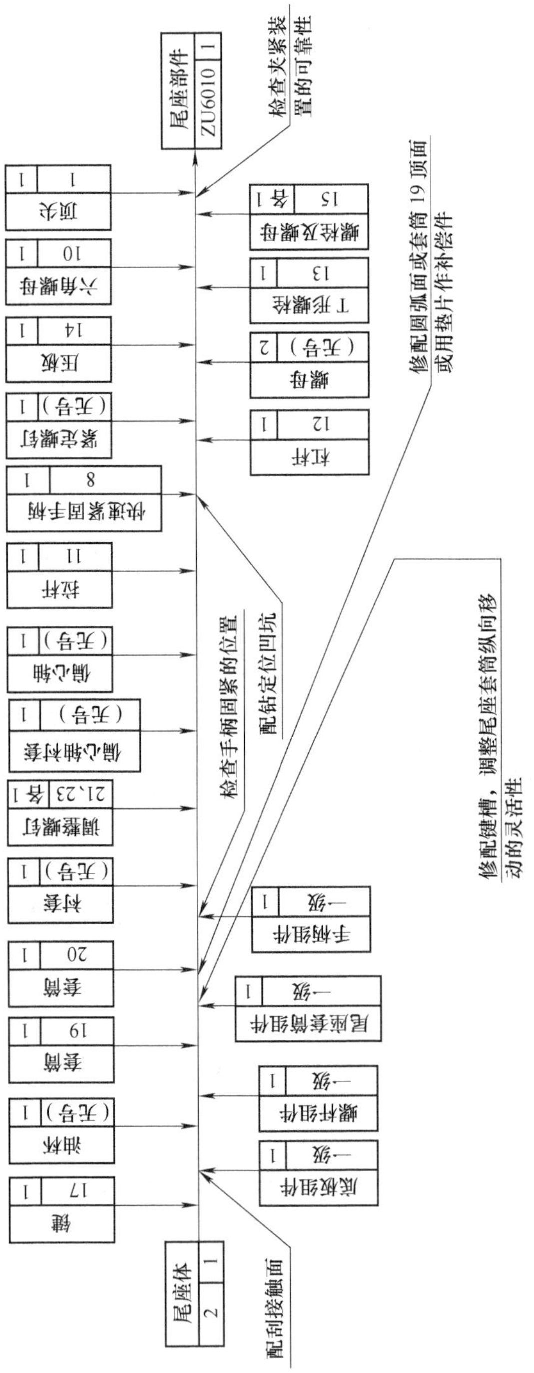

图 2-9 尾座部件装配工艺系统图

步时,根据具体情况可将一个组件作为单独工步或合并某几个组件成为一个工步。本例是把一级组件作为单独工步,部件装配作为一个工序,在一级、二级组件装好后进行。

(2) 装配单元系统图　如图2-10所示为尾座部件装配单元系统图,在尾座部件中,尾座体2是装配基准件,在此部件中可划分为四个一级组件——底板组件、螺杆组件、尾座套筒组件、手柄组件;两个二级组件——手轮组件及支承盖组件。这些组件都可以单独进行装配。

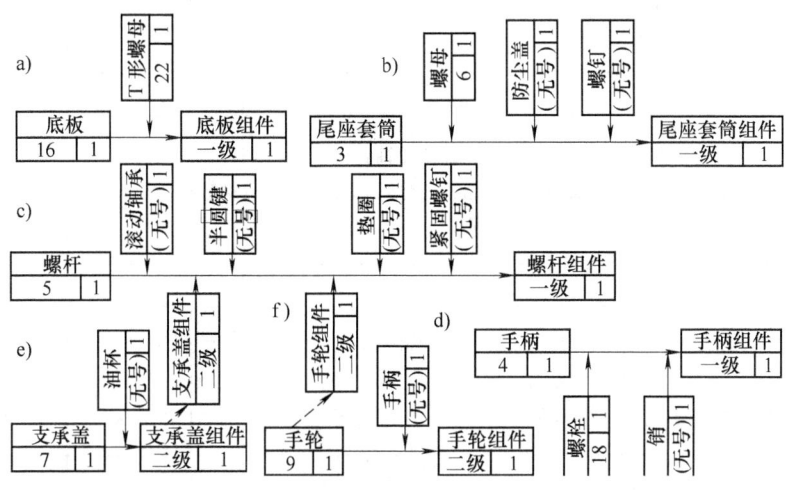

图2-10　尾座部件装配单元系统图

(3) 装配工序卡　装配工序卡是装配中常用的工艺文件,通常应具备以下内容:规定所有零件和部件的装配顺序;对所有的装配单元和零件规定出既能保证装配精度,又是生产率最高和最经济的装配方法;选择完整的装配工作所必需的工夹具及装配用的设备;确定验收方法和装配技术条件。本例根据装配工艺系统图(图2-9)和装配单元系统图(图2-10)以及装配技术要求,即可制订出尾座部件装配工序卡片,见表2-1,用以指导装配作业。

表2-1　尾座部件装配工序卡片

公司		装配工序卡片		产品名称	产品型号	第　页	
车间　工段				卧式车床	CA6140	共　页	
部件号	ZU6010	工序号	16	工序名称	尾座部件装配		
序号	工步内容			装入零部件号	装入数量	设备及工艺装备	工人等级	工时/min
1	将全部零件清洗、吹干、去毛刺、尾座体的非加工面涂漆							

(续)

公司		装配工序卡片	产品名称	产品型号	第 页	
车间	工段		卧式车床	CA6140	共 页	
部件号	ZU6010	工序号	16	工序名称	尾座部件装配	
序号	工步内容		装入零部件号	装入数量	设备及工艺装备	工人等级	工时/min
2	刮配尾座底板接触面，每25mm×25mm内不少于8点；并装T形螺母		16 22	1 1			
3	装油杯			1			
4	将螺杆组件装入尾座体，其中包括滚动轴承、支承盖及油杯、半圆键、手轮组件、垫圈等，然后将支承盖用螺钉（3件）紧固		5、7、9等	12			
5	装上半套筒		19	1			
6	将尾座套筒组件装入尾座体孔内，其中包括螺母、右端防尘盖及紧固螺钉；事先在螺母和油杯中加润滑油，转动手轮要轻便灵活		3、6等	8			
7	将下半套筒及手柄、螺杆组件，要求夹紧手柄时，手柄（4）位置应在平行于尾座套筒轴线到顺时针转向操作者一边之间的30°范围内。还要拆开检查圆弧面与尾座套筒的接触情况，如不均匀需修刮圆弧面；若手柄位置不当，必要时拆开修磨上半套筒顶面或垫入一组垫片做补偿件		20、4、18等	4			
8	在尾座体两侧孔内装入衬套、调节螺杆，检查尾座体沿底板横向导轨的情况，最大行程±15mm		21、23	4			
9	装入衬套、偏心轴、拉杆、快速紧固手柄、杠杆、压板、螺栓、六角螺母等压紧装置，并装入顶尖		11、8、12、13、10、14、15、1等	14			
制订		定额		审核			
校对		会签		批准	更改标记	更改数	更改文件号	更改者	日期

◆◆◆ 第二节　各种生产类型装配工作的基础知识

一、概述

机械产品由许多零、部件组成，装配是按规定的技术要求，将若干个零件结合成部件，或将若干个零件和部件组合成产品的工艺过程。装配工作通常分为部件装配和总装配。部件装配是将两个以上的零件组合在一起或将零件与几个组件（或组合件）结合在一起，成为一个装配单元的装配工作。部件或组件只是机器的一部分，其装配工作量的大小，由该部件（组件）在机器上具有的功能和本身的结构繁复程度而定。总装配是将零件和部件结合成一台完整的产品的工艺过程。

机械产品装配的生产类型可分为大批量生产、成批生产和单件小批生产三种。生产类型决定装配的组织形式、装配方法和工艺装备等。

二、各种生产类型装配工作的特点

1. 大批量生产

（1）大批量生产的基本特征　大批量生产的产品，其结构、性能固定，生产活动周期重复，生产周期一般都比较短。

（2）大批量生产的组织形式　大批量生产大多采用流水装配线，有连续移动、间歇移动及可变节奏移动等方式，还可采用机械手、自动装配机或自动装配线等。

（3）大批量生产的装配工艺方法　其装配方法按互换法装配，允许有少量简单的调整、精密偶件成对供应或分组供应装配，无任何修配工作。

（4）大批量生产的工艺过程　工艺过程划分很细，力求达到高度的均衡性，即部件（组合件）及零件的装配相互间都能衔接好。

（5）大批量生产的工艺装备　其工艺装备的专业化程度高，宜采用专用高效工艺装备，易于实现机械化、自动化。

（6）大批量生产的手工操作要求　大批量生产的手工操作比重小，熟练程度容易提高，便于培养新技术工人。

（7）大批量生产的应用实例　大批量生产的装配工作，如汽车、拖拉机、内燃机、滚动轴承、手表、自行车、缝纫机、电气开关、冰箱、彩电等都属于此范畴。

2. 成批生产

（1）成批生产的基本特征　成批生产的产品在系列化范围内变动，分批交替投入生产或多品种同时投入生产,生产活动在一定时间内重复。

(2) 成批生产的组织形式　成批生产对笨重的、批量不大的产品多采用固定流水装配,批量较大时采用流水装配,多品种平行投产时用多品种可变节奏流水装配。

(3) 成批生产的装配工艺方法　成批生产的装配工艺方法,主要采用互换法,但灵活运用其他保证装配精度的装配工艺方法,如调整法、修配法及合并法,以节约加工费用。

(4) 成批生产的工艺过程　成批生产工艺过程的划分需适合于批量的大小,尽量使生产均衡。

(5) 成批生产的工艺装备　成批生产的工艺装备,其通用设备较多,但也采用一定数量的专用工、夹、量具,以保证装配质量和提高工效。

(6) 成批生产对手工操作的要求　成批生产中手工操作的比重不小,对操作工人的技术水平要求也比较高。

(7) 成批生产装配的应用实例　成批生产的装配工作有很多,如机床、机动车辆、中小型锅炉、风机、水泵以及矿山采掘机械的装配等。

3. 单件小批生产

(1) 单件小批生产的基本特征　单件小批生产的产品种类、规格经常变换,不定期重复、生产周期一般较长。

(2) 单件小批生产的组织形式　单件小批生产大多采用固定装配或固定流水装配进行总装,对批量较大的部件亦可采用流水装配。

(3) 单件小批生产的装配工艺方法　单件小批生产以修配法或调整法为主要装配工艺方法,其互换件的比例较少。

(4) 单件小批生产的装配工艺过程　单件小批生产一般不制订详细的工艺文件,其工序可适当调动,工艺过程也可灵活掌握。

(5) 单件小批生产的工艺装备　单件小批生产的工艺装备一般均为通用设备及通用的工、夹、量具。

(6) 单件小批生产对手工操作的要求　单件小批生产工作中,手工操作的比重较大,要求工人有较高的技术和操作水平,并且要掌握多方面的工艺知识。

(7) 单件小批生产的应用实例　单件小批生产的产品装配也不少,如重型机床、重型机器、汽轮机、大型内燃机、大型锅炉、水轮机、核电设备以及轧钢设备等的装配。

三、装配工作的内容

装配工作是机械产品制造的最后阶段。装配工作主要包括装配、调整、检验、试验等内容。通常根据产品的技术要求分别选择其装配的内容。

第二章 机械装配工艺分析

装配在产品制造过程中占有重要的地位，产品的质量最终是由装配工作来保证的。零件的加工质量是产品质量的基础，但装配过程并不是将合格零件简单地联接起来的过程，而是根据各级部装和总装的技术要求，通过调整、校正、平衡、配作及反复检验来保证产品质量的复杂过程。有时零件的加工质量虽高，但由于装配不好，会出现质量差甚至不合格的产品。因此，必须十分重视产品的装配工作。

常见的装配工作内容如下：

1. 清洗工作

机械产品装配过程中，零、部件的清洗工作对保证产品的装配质量和使用寿命均有重要意义。清洗工作简单，但十分重要，且不可缺少，特别对轴承、密封件、精密配合件及有特殊清洗要求的工作就更为重要。

清洗的目的是去除零件表面或部件中的油污灰尘及杂质。清洗方法有擦洗、浸洗、喷洗和超声波清洗等。常用的清洗液有煤油、汽油及各种化学清洗液等。

2. 联接工作

在装配过程中有大量的联接工作，联接的方式一般有可拆卸联接和不可拆卸联接。可拆卸的联接特点是相互联接的零件拆卸时不损坏任何零件，并且拆卸后还能重新联接在一起。常见的可拆卸联接有螺纹联接、键联接和销联接等，其中螺纹联接应用最为广泛，几乎每种机器上都可以找到。不可拆卸联接有焊接、铆接和过盈联接等，其中过盈联接多用于轴和孔的配合。过盈联接的方法有压入配合法、热胀配合法和冷缩配合法。一般机械常采用压入配合法；重要或精密机械用热胀或冷缩配合法，例汽轮机的叶轮与轴的配合采用的是热胀法。不可拆卸联接中的焊接联接，应用较为广泛，例如桥梁、屋架、锅炉或一些密封件的制造。

3. 校正、调整和配作

在产品的装配过程中，特别在单件小批量生产的条件下，为保证部装和总装精度，常需要进行校正、调整和配作的工作。

校正是指产品中相关零部件相互位置的找正、找平及相应的调整工作。校正在产品总装和大型机械的机架装配中应用较多。例如卧式车床总装中，床身安装水平及导轨扭曲的校正；主轴箱主轴中心与尾座套筒中心等高的校正；丝杠两端轴承轴心线和开合螺母轴心线对床身导轨不等距的校正。又如龙门刨床床身的校正；床身与立柱垂直度的校正等。

装配中的调整工作是指相关零部件的具体调节工作。它除配合校正工作调节零部件的位置精度外，为保证产品中运动零部件的运动精度，还需调节运动副间的间隙。例如，轴承间隙、导轨副的间隙、丝杠与螺母的传动间隙，以及齿轮与齿条的啮合间隙；又如汽轮机的隔板与叶轮的间隙、滑销系统的调整等。

装配中的配作通常指配刮、配研、配磨、配钻和配铰等。配刮是零部件结合

37

表面的一种钳工加工，多用于运动副配合表面的精加工。如根据导轨副的要求，按床身导轨配刮工作台或滑鞍的导轨面；根据轴和滑动轴承的配合要求，按轴的外圆配刮轴承等。运动副经配刮后可取得良好的接触刚度和运动精度。为保证零部件间的位置精度和提高固定结合面的接触刚度，对一些重要的固定联接面也常用配刮。配刮的生产率较低，劳动强度很高，为提高生产率和减轻工人的劳动强度，装配时采用以磨代刮，以配磨、配研代替配刮。配钻和配铰多用于固定联接，是以联接件中一件已加工好的孔为基准，加工另一零件上相应的孔。配钻常用于螺纹联接件。配铰是在配钻基础上再用铰刀进行精加工，多用于定位销孔的加工。

4. 平衡

对于转速较高、运转平稳性要求高的机械产品（如精密磨床、电动机、汽轮机转子和高速内燃机等），为防止使用时出现振动，装配时对其有关的旋转部件需进行平衡调整工作。旋转件的不平衡是由于其内部质量分布不均匀引起的。为消除分布不均匀而引起的静力不平衡和力偶不平衡，生产中有静平衡调整和动平衡调整两种方法。对于直径较大且长度较短的零件（如飞轮和带轮），一般采用静平衡调整。对于较长的零件（如电动机转子、汽轮机转子和曲轴等），需采用动平衡调整。对旋转体内的不平衡量可用下列方法校正：①用补焊、铆接、胶接或螺纹联接等方法加配重量，称为加重法。②用钻、铣、磨或锉等方法去除重量，称为减重法。③在预制的平衡槽内改变平衡块的位置和数量以达到调整平衡的目的，称为平衡块（杆）法。

5. 零件的密封性试验

对于某些要求密封的零件，如机床的液压元件（液压缸、阀体、泵体）、汽轮机汽缸、锅炉汽包等，要求在一定压力下不允许发生泄漏油、水、气（汽）等现象。即要求这些零件在一定压力下具有可靠的密封性，否则不能保证机器的性能。而零件在铸造过程中出现的砂眼、气孔及疏松等缺陷，常常使液体或气体产生渗漏。因此，在装配前应进行密封性试验。密封性试验有气压法和液压法两种，试验要求、试验压力可按图样或工艺文件规定进行。

6. 验收和试验

机械产品装配调整结束后，应根据有关技术标准和规定（国标、部标或行业标准），对产品进行较全面的检验和试验工作，验收合格后才准许出厂。例如，金属切削机床的验收和试验工作包括：机床几何精度检验、空运转试验、负荷试验和工作精度试验等。试运转时要观察机构或机器运转的灵活性、振动和噪声情况、工作温升、转速、功率等性能是否符合要求等。

另外，机器装配好后，为了使其美观、耐用，还要进行喷漆、涂油等，要进行防锈、防腐蚀处理，然后装箱以便于运输。

四、装配精度的概念

在设计机械产品时,不仅应根据产品的使用要求作出合理的结构设计,而且当该产品有较多部件组成时,还应确定各有关部件的相互位置精度,相对运动的零部件之间的相对运动精度。这些精度都是在产品装配时才能体现出来的,故称为装配精度。

1. 装配精度的种类

(1) 距离精度 距离精度是指相关零部件间的距离尺寸精度。如车床主轴箱主轴与尾座套筒轴心线不等高的要求,就是主轴箱和尾座两个部件对车床床身部件导轨面间的距离尺寸精度。它还包括轴与轴承的配合间隙、齿轮啮合中的侧隙及装配中应保证的各种间隙。

(2) 相互位置精度 相互位置精度包括相关零部件之间的平行度、垂直度和各种跳动等。如车床溜板箱部件移动对主轴轴心线的平行度、车床主轴锥孔轴心线的径向圆跳动等。

(3) 相对运动精度 相对运动精度是指有相对运动的零部件在运动方向和相对速度上的精度。如车床横刀架在横向移动时对主轴轴心线的垂直度、车床车螺纹时主轴与丝杠传动速比等。还包括齿轮啮合、锥体配合和导轨副之间的接触精度。

2. 装配精度与零件精度之间的关系

装配精度主要由零部件的加工精度来确定。零部件在加工过程中不可避免地会产生误差,这些误差对装配精度的影响很大,因此产品的装配过程不是简单地将有关零件联系起来的过程。装配过程中需要进行必要的检测和调整,有时还需进行修配。如图 2-11 所示,锥齿轮用键固定在台阶轴上,台阶轴端由一对圆锥滚子轴承支承并装入套内,右端用法兰盖和垫圈靠螺钉固定,并压紧圆锥滚子轴

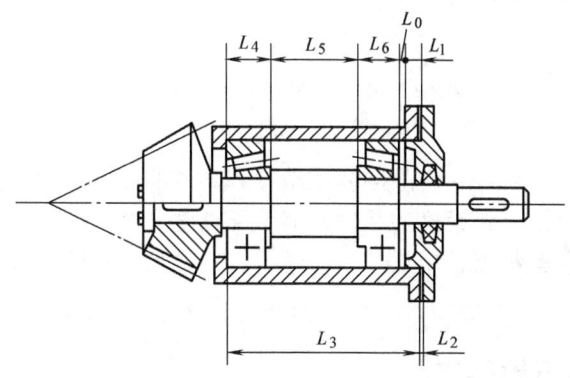

图 2-11　锥齿轮组件

承,否则锥齿轮和台阶轴将会产生轴向窜动,而且还会影响锥齿轮的径向圆跳动精度。按装配尺寸要求,尺寸 L_0 应正好为零,这样才能满足要求,但实际工作中很难做到,必须通过检测、调整和修配后才能达到装配要求;而且在设计该组件时需有补偿件,以便装配时调整并修配。补偿件是厚度为 L_2 的垫圈,通常称为补偿垫圈,其厚度应加大以便留有补偿量(一般为 0.2mm 左右)。装配时先不装垫圈,将法兰盖用螺钉均匀压紧圆锥滚子轴承,再用塞尺测量出法兰盖与套端面的间隙,此间隙即为补偿垫圈的厚度,按此尺寸配磨(实际工作中应比此尺寸小 0.02~0.03mm,以确保能压紧轴承)。

上述装配组件仅涉及尺寸精度问题,在产品和部件的装配过程中,还会遇到相互位置精度的装配工艺问题,如平行度、垂直度等。

图 2-12 所示是为保证铣床主轴轴心线对工作台台面平行的有关尺寸精度。与此装配技术要求有关的零件有升降台 1、床鞍 2、底座 3、工作台 4 和床身 5 等。这些零件在加工中都存在一定误差,装配时必然会影响主轴轴心线对工作台面的平行度。要靠提高零件的尺寸精度和几何精度来保证,显然不经济,在技术上也是很困难的。在此情况下,较合理的办法是装配时通过检测,对某个零件进行适当的修配来保证装配精度。

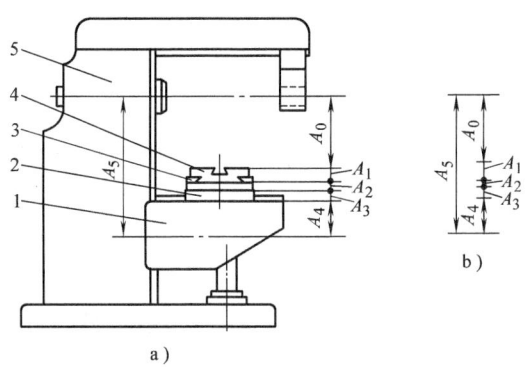

图 2-12 铣床部件平行的有关尺寸
1—升降台 2—床鞍 3—底座 4—工作台 5—床身

从上述两例中可看出,产品的装配精度和零件的加工精度的关系很密切。零件的加工精度是保证装配精度的基础,但装配精度并非完全取决于零件的加工精度。合理地保证装配精度,应从零部件结构、机械加工和装配方法等方面进行综合考虑。

五、装配尺寸链的应用

不论采用哪种装配方法,都需要应用尺寸链来进行分析,才能得到最经济的装配精度、保证机械的性能和正常运行。对装配尺寸链的分析,是保证装配质量和降低生产成本的有效手段。

装配尺寸链是产品或部件在装配过程中,由相关零件的有关尺寸或相互位置关系所组成的尺寸链。装配尺寸链是解决装配精度与零件制造精度关联问题的,即解决封闭环公差与组成环公差的合理分配问题。其基本特征是尺寸或相互位置关系组合的封闭性,即由一个封闭环和若干组成环所构成的尺寸链呈封闭图形,如图 2-12 所示。装配尺寸链各环的定义及特征与工艺尺寸链相同。装配尺寸链封闭环不具有独立变化的特性,它是装配后才形成的,多数情况下,它是产品或部件的装配精度指标。装配尺寸链中的组成环是指那些对装配精度有直接影响的零部件上的尺寸或相互位置关系。如图 2-12b 中的 A_1、A_2、A_3、A_4 和 A_5。显然,A_5 是增环;A_1、A_2、A_3、A_4 是减环。

1. 装配尺寸链的计算方法

装配尺寸链的计算方法有极值法、概率法、修配法和调整法四种。按极值法得到各组成环的标准公差等级最小,约为 IT9,能保证产品 100% 合格。按概率法得到各组成环的标准公差等级较小,约为 IT10,能保证 99.73% 的产品合格;可能有 0.27% 的产品超出预定要求,装配后要进行返修。这两种方法都用于大批量生产中。按修配法得到各组成环的标准公差等级较大,约为 IT11,装配时需将作为补偿环的零件适当修配,使产品符合要求。这种方法可降低对各组成环零件的加工要求,从而大大降低生产成本,适用于单件或小批量生产中。调整法是将作为补偿环的零件制成若干组不同的尺寸,装配时选用不同尺寸的补偿环达到规定的要求。

以极值法为例介绍装配尺寸链的计算方法。

(1)装配尺寸链的计算公式

1)封闭环的基本尺寸:

$$L_0 = \sum_{i=1}^{m} \xi_i l_i$$

式中 L_0——封闭环基本尺寸;

$\xi_i l_i$——第 i 个组成环的传递系数及其基本尺寸;

m——组成环环数。

2)封闭环的中间偏差。中间偏差是指上极限偏差与下极限偏差的平均值,符号用"Δ"表示。设 ES 表示上极限偏差,EI 表示下极限偏差,则中间偏差为:

$$\Delta = 1/2(\text{ES} + \text{EI})$$

封闭环的中间偏差:

$$\Delta_0 = \sum_{i=1}^{m} \xi_i \left(\Delta_i + e_i \frac{T_i}{2} \right)$$

式中 Δ_0 ——封闭环中间偏差；

Δ_i ——第 i 个组成环的中间偏差；

ξ_i ——第 i 个组成环的传递系数（一般 $\xi_i = 1$）；

T_i ——第 i 个组成环的公差；

e_i ——第 i 个组成环的相对不对称系数。

当 $e_i = 0$ 时，$\Delta_0 = \sum_{i=1}^{m} \xi_i \Delta_i$。

3）封闭环公差。按全部组成环算术相加的封闭环公差，称为封闭环极限公差，用"T_{OL}"表示，且 $T_{OL} = \sum_{i=1}^{m} |\xi_i| T_i$。

（2）装配尺寸链计算实例　图 2-13a 所示的齿轮组件，轴固定在箱体上，齿轮在轴上回转，要求装配后的轴向间隙为 0.10～0.35mm，已知各组成零件的尺寸分别为：$L_1 = 30_{-0.06}^{0}$ mm，$L_2 = 5_{-0.04}^{0}$ mm，$L_4 = 3_{-0.05}^{0}$ mm，$L_5 = 5_{-0.04}^{0}$ mm，求组成环 L_3 的极限尺寸。

解　① 绘出尺寸链图（见图 2-13b），由图可知：

$$L_3 = L_2 + L_1 + L_0 + L_5 + L_4$$

因 L_0 为间隙，则 $L_3 = 5\text{mm} + 30\text{mm} + 5\text{mm} + 3\text{mm} = 43\text{mm}$

② 计算封闭环基本尺寸：

$$L_0 = L_3 - L_2 - L_1 - L_5 - L_4 = 43\text{mm} - 5\text{mm} - 30\text{mm}$$
$$- 5\text{mm} - 3\text{mm} = 0\text{mm}$$

因要求装配后的轴向间隙为 0.10～0.35mm，故：$L_0 = 0_{+0.10}^{+0.35}$ mm

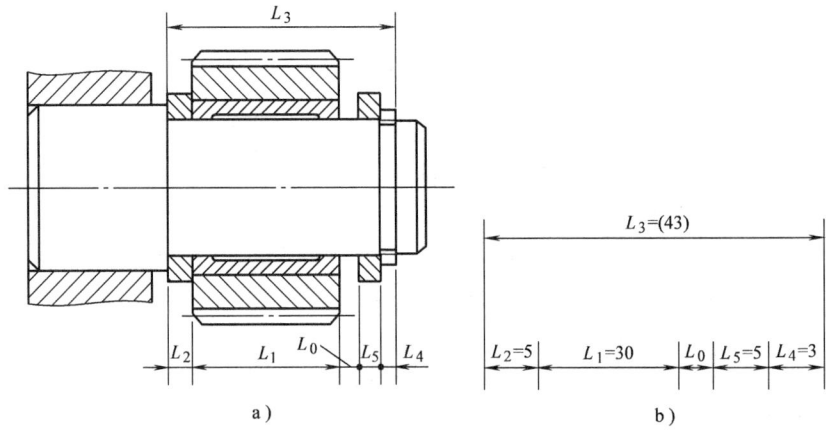

图 2-13　齿轮部件装配尺寸链

③ 计算封闭环中间偏差：

$$\Delta_0 = \frac{1}{2}(0.35\text{mm} + 0.10\text{mm}) = 0.225\text{mm}$$

④ 计算各组成环相应中间偏差：

$$\Delta_1 = \frac{-0.06}{2}\text{mm} = -0.03\text{mm}$$

$$\Delta_2 = \frac{-0.04}{2}\text{mm} = -0.02\text{mm}$$

$$\Delta_4 = \frac{-0.05}{2}\text{mm} = -0.025\text{mm}$$

$$\Delta_5 = \frac{-0.04}{2}\text{mm} = -0.02\text{mm}$$

⑤ 计算组成环 L_3 的中间偏差：

$$\Delta_0 = \sum_{i=1}^{m} \xi_i \Delta_i = \Delta_3 - \Delta_1 - \Delta_2 - \Delta_4 - \Delta_5$$

$$\Delta_3 = \Delta_0 + \Delta_1 + \Delta_2 + \Delta_4 + \Delta_5$$

$$= 0.225\text{mm} + (-0.03)\text{mm} + (-0.02)\text{mm}$$

$$+ (-0.025)\text{mm} + (-0.02)\text{mm}$$

$$= 0.13\text{mm}$$

⑥ 计算组成环 L_3 的极值公差：

$$T_{OL} = \sum_{i=1}^{m} |\xi_i| T_i = T_1 + T_2 + T_3 + T_4 + T_5$$

$$T_3 = T_{OL} - T_1 - T_2 - T_4 - T_5$$

$$= 0.25\text{mm} - 0.06\text{mm} - 0.04\text{mm} - 0.05\text{mm} - 0.04\text{mm}$$

$$= 0.06\text{mm}$$

⑦ 计算组成环 L_3 的极限偏差：

$$\text{ES}_3 = \Delta_3 + \frac{1}{2}T_3 = 0.13\text{mm} + \frac{1}{2} \times 0.06\text{mm} = 0.16\text{mm}$$

$$\text{EI}_3 = \Delta_3 - \frac{1}{2}T_3 = 0.13\text{mm} - \frac{1}{2} \times 0.06\text{mm} = 0.10\text{mm}$$

得 $L_3 = 43^{+0.16}_{+0.10}\text{mm}$

2. 装配方法与装配尺寸链的解法

（1）常用的装配方法 产品的装配过程并非简单地将有关零件联接起来的过程，装配工作中每一步都应满足预定的装配要求，达到一定的装配精度。通过尺寸链分析可知，由于封闭环公差等于组成环公差之和；装配精度取决于零件制造公差，但零件制造精度过高，生产将不经济。为了正确处理装配精度与零件制造精度二者的关系，妥善处理生产的经济性与使用要求的矛盾，形成了一些不同的装配方法。

1) 完全互换装配法：在同类零件中，任取一个装配零件，不经任何修配即可装入部件中，并能达到规定的装配要求，这种装配方法称完全互换装配法。完全互换法的特点是：装配操作简便，生产效率高；容易确定装配时间，便于组织流水装配线；零件磨损、损坏后，便于更换；零件加工精度要求高，制造费用随之增加，因此适用于组成环少、精度要求不高的场合或大批量生产采用。

2) 选择装配法：选择装配法有直接选配法和分组选配法两种。

① 直接选配法是由装配工人直接从一批零件中选择"合适"的零件进行装配。这种方法比较简单，其装配质量凭工人的经验和感觉来确定，但装配效率不高。

② 分组装配法是将一批零件逐一测量后，按实际尺寸的大小分成若干组，然后将尺寸大的包容件（如孔）与尺寸大的被包容件（如轴）相配，将尺寸小的包容件与尺寸小的被包容件相配。这种装配方法的配合精度决定于分组数，即分组数越多，装配精度越高。

分组选配法的特点是：经分组选配后的零件配合精度高；因零件制造公差放大，所以加工成本降低；增加了对零件测量分组的工作量，并需要加强对零件的储存和运输管理，可能造成半成品和零件的积压。

分组选配法常用于大批量生产中，装配精度要求很高、组成环数较少的场合。

3) 修配装配法：装配时，修去指定零件上预留修配量以达到装配精度的装配方法。

修配装配法的特点是：通过修配得到装配精度，可降低零件制造精度；装配周期长，生产效率低，对工人的技术水平要求较高。

修配装配法适用于单件和小批量生产以及装配精度要求高的场合。

4) 调整装配法：装配时，调整某一零件的位置或尺寸以达到装配精度的装配方法。一般采用斜面、锥面、螺纹等移动可调整件的位置；采用调换垫片、垫圈、套筒等控制调整件的尺寸。

调整装配法的特点是：零件可按经济精度确定加工公差，装配时通过调整达到装配精度；使用中还可定期进行调整，以保证配合精度，便于维护与修理；生产率低，对工人的技术水平要求较高。

除必须采用分组装配的精密配件外，调整装配法一般可用于各种装配场合。

(2) 装配尺寸链的解法　机器的装配无论采用哪种方法，都需要应用尺寸链以正确解决装配精度与零件制造精度，即封闭环公差与组成环公差的合理分配，装配方法不同时，二者关系也不同。

根据装配精度（即封闭环公差）对有关尺寸链进行正确分析，并合理分配各组成环公差的过程，叫解尺寸链。它是保证装配精度、降低产品制造成本、正确选择装配方法的重要依据。

下面介绍几种装配尺寸链的解法。

1) 完全互换法解尺寸链：即按完全互换装配法的要求解有关的装配尺寸链。此时，装配精度由零件制造精度保证。

如图 2-14a 所示，齿轮箱部件装配要求是轴向窜动量为 $A_0 = 0.2 \sim 0.7$mm。已知 $A_1 = 122$mm，$A_2 = 28$mm，$A_3 = A_5 = 5$mm，$A_4 = 140$mm，试用完全互换法解此尺寸链。

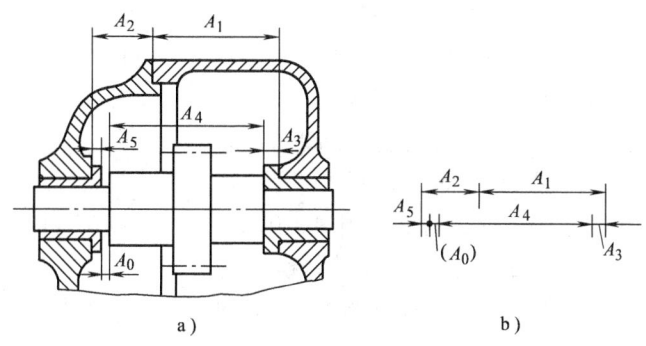

图 2-14 齿轮轴装配图

解 ① 据题意绘出尺寸链简图，并校验各环基本尺寸。图 2-14b 所示为尺寸链简图，其中 A_1、A_2 为增环，A_3、A_4、A_5 为减环，A_0 为封闭环。

$$A_0 = (A_1 + A_2) - (A_3 + A_4 + A_5)$$
$$A_0 = (122\text{mm} + 28\text{mm}) - (5\text{mm} + 140\text{mm} + 5\text{mm})$$
$$= 0\text{mm}$$

可见各环基本尺寸确定无误。

② 确定各组成环尺寸公差及极限尺寸。首先求出封闭环公差

$$T_0 = 0.7\text{mm} - 0.2\text{mm} = 0.5\text{mm}$$

根据 $T_0 = \sum_{i=1}^{m} T_i = T_1 + T_2 + T_3 + T_4 + T_5 = 0.5$mm，同时考虑各组成环尺寸加工难易程度，合理分配各环尺寸公差：

$$T_1 = 0.20\text{mm}；T_2 = 0.10\text{mm}；T_3 = T_5 = 0.05\text{mm}；T_4 = 0.10\text{mm}$$

再分配极限偏差：

$$A_1 = 122^{+0.20}_{0}\text{mm}；A_2 = 28^{+0.10}_{0}\text{mm}；A_3 = A_5 = 5^{0}_{-0.05}\text{mm}$$

③ 确定协调环是为了能满足装配精度要求，应在各组成环中选择一个环，其极限尺寸由封闭环极限尺寸方程式来确定，此环称为协调环。一般以便于制造及可用通用量具测量的尺寸作为协调环，此题定为 A_4，即

$$A_{4\min} = A_{1\max} + A_{2\max} - A_{3\min} - A_{5\min} - A_{0\max}$$
$$= 122.20\mathrm{mm} + 28.10\mathrm{mm} - 4.95\mathrm{mm} - 4.95\mathrm{mm} - 0.7\mathrm{mm}$$
$$= 139.70\mathrm{mm}$$
$$A_{4\max} = A_{1\min} + A_{2\min} - A_{3\max} - A_{4\max} - A_{5\min}$$
$$= 122\mathrm{mm} + 28\mathrm{mm} - 5\mathrm{mm} - 5\mathrm{mm} - 0.2\mathrm{mm}$$
$$= 139.80\mathrm{mm}$$

所以 $A_4 = 140_{-0.30}^{-0.20}\mathrm{mm}$

2）分组选择装配法：即将尺寸链中组成环的制造公差放大到经济精度程度，然后分组进行装配，以保证规定的装配精度。装配质量并不取决于零件制造公差，而决定于分组情况。

如图 2-15 所示，某发动机内直径 $\phi28\mathrm{mm}$ 的活塞销与活塞孔的装配示意图。装配技术要求：活塞销与销孔在冷态装配时，应有 $0.01\sim0.02\mathrm{mm}$ 的过盈量。试用分组装配法解该尺寸链并确定各组成环的极限偏差值。设轴、孔的经济公差均为 $0.02\mathrm{mm}$。

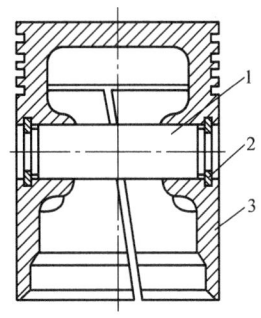

图 2-15　活塞与活塞销装配简图
1—活塞销　2—挡圈　3—活塞

解　① 先按完全互换法确定各组成环的公差和极限偏差值：
$$T_0 = (-0.01\mathrm{mm}) - (-0.02\mathrm{mm}) = 0.01\mathrm{mm}$$

取 $T_1 = T_2 = 0.005\mathrm{mm}$（等公差分配）

活塞销的公差带分布位置应为单向负极限偏差（基轴制原则），即活塞销尺寸应为
$$A_1 = 28_{-0.05}^{0}\mathrm{mm}$$

根据题意画出轴、孔公差带如图 2-16a 所示。

相应地，销孔尺寸由图 2-16a 所示可知为
$$A_2 = 28_{-0.020}^{-0.015}\mathrm{mm}$$

② 将得出的组成环公差均扩大 4 倍，得到 $4\times0.005\mathrm{mm} = 0.02\mathrm{mm}$ 的经济制造公差。

③ 按相同方向扩大制造公差，得活塞销极限尺寸为 $\phi28_{-0.02}^{0}\mathrm{mm}$，销孔极限尺寸为 $\phi28_{-0.035}^{-0.015}\mathrm{mm}$，如图 2-16b 所示。

④ 制造后，按实际加工尺寸分四组，如图 2-16b 所示。装配时大尺寸的孔与大尺寸的轴配合，小尺寸的孔与小尺寸的轴配合，各组配合的过盈见表 2-2。因分组后配合公差与允许公差相同，所以符合装配要求。

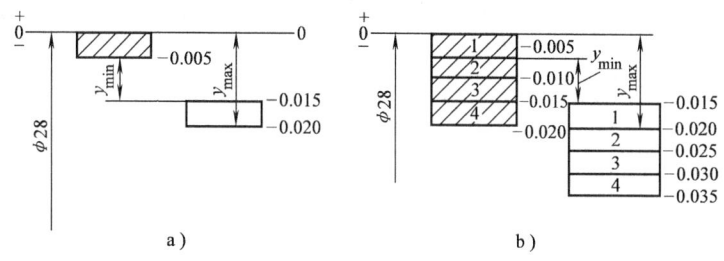

图 2-16 活塞销与销孔的尺寸公差带

表 2-2 活塞销和活塞销孔的分组尺寸　　　　　　　　　　　　（单位：mm）

组别	活塞销直径	活塞销孔直径	配合情况	
			最小过盈	最大过盈
1	$\phi 28^{\ 0}_{-0.005}$	$\phi 28^{-0.015}_{-0.020}$	0.010	0.020
2	$\phi 28^{-0.005}_{-0.010}$	$\phi 28^{-0.020}_{-0.025}$		
3	$\phi 28^{-0.010}_{-0.015}$	$\phi 28^{-0.025}_{-0.030}$		
4	$\phi 28^{-0.015}_{-0.020}$	$\phi 28^{-0.030}_{-0.035}$		

3）修配法：采用修配法时，尺寸链各尺寸均按经济公差制造。装配时，封闭环的总误差有时会超出规定的允许范围。为了达到规定的装配精度，必须把尺寸链中某一零件加以修配，并且对其他尺寸没有影响的零件作为修配环。

修配法解尺寸链的主要任务是确定修配环在加工时的实际尺寸，保证修配时有足够的、且最小的修配量。

如图 2-17 所示，为保证精度要求，卧式车床前后顶尖中心线只允许尾座超高 0~0.06mm。已知 $A_1=202$mm，$A_2=46$mm，$A_3=156$mm，组成环经济公差分别为 $T_1=T_3=0.1$mm（镗模加工），$T_2=0.5$mm（半精刨），试用修配法解尺寸链。

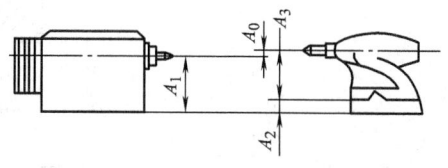

图 2-17 修刮尾座底板

解 ① 根据题意画出尺寸链简图，如图 2-18a 所示。实际生产中通常将尾座体和尾座底板的接触面先配制好，并以尾座底板的底面为定位基准，精镗尾座体上的顶尖套孔,其经济加工精度为 0.10mm。装配时尾座体与底板是作为一整体进入总装的。因此原组成环 A_2 和 A_3 合并成一个环 $A_{2,3}$,如图 2-18b 所示。此时,装配精度取决于 A_1 的制造精度($T_1 = 0.1\text{mm}$)及 $A_{2,3}$ 的制造精度($T_{2,3}$ 也等于 0.1mm),选定 $A_{2,3}$ 为修配环。

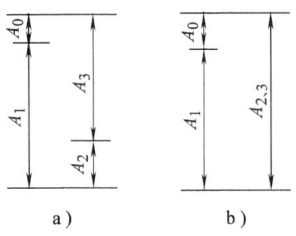

图 2-18 车床前后顶尖中心线尺寸链简图

② 根据经济加工精度确定各组成环制造公差及公差带分布位置,如图 2-19 所示。

$$A_1 = 202\text{mm} \pm 0.05\text{mm}$$
$$A_{2,3} = A_2 + A_3$$
$$= (46\text{mm} + 156\text{mm}) \pm 0.05\text{mm}$$
$$= 202\text{mm} \pm 0.05\text{mm}$$

③ 确定修配环尺寸对 A_1 及 $A_{2,3}$ 的极限尺寸并进行分析可知,当 $A_{1\min} = 201.95\text{mm}$、$A_{2,3\max} = 202.05\text{mm}$ 时要满足装配要求,$A_{2,3}$ 应有 0.04～0.10mm 的刮削余量,刮削后 A_0 为 0～0.06mm。当 $A_{1\max} = 202.05\text{mm}$,$A_{2,3\min} = 201.95\text{mm}$ 时则已没有刮削余量。

为了保证必要的刮削余量,就应将 $A_{2,3}$ 的极限尺寸加大;为使刮削量不致于过大,又应限制 $A_{2,3}$ 的增大值,一般认为最小刮削余量不应小于 0.15mm。这样,为保证当 $A_{1\max} = 202.05\text{mm}$ 时仍有 0.15mm 的刮削余量,则应使

$$A'_{2,3\min} = 202.05\text{mm} + 0.15\text{mm} = 202.20\text{mm}$$

考虑到 $A_{2,3}$ 的制造公差,则

$$A'_{2,3\max} = 202.20\text{mm} + 0.10\text{mm} = 202.30\text{mm}$$

所以修配环的实际尺寸应为

$$A'_{2,3} = 202^{+0.30}_{+0.20}\text{mm}$$

④ 计算最大刮削量 Z_k。从图 2-19 可知,当 $A'_{2,3\max} = 202.30\text{mm}$,$A_{1\min} = $

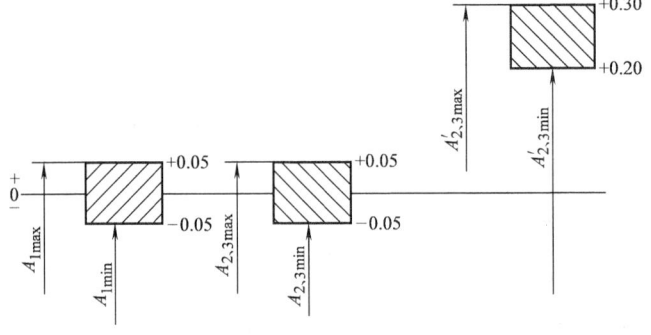

图 2-19 刮削前余量示意图

201.95mm 时，若要满足装配要求，$A'_{2,3max}$ 应刮至 201.95～202.01mm，刮削余量为 0.29～0.35mm，此余量就为最大刮削余量。

4）调整法：调整法解尺寸链时，改变调整环的方法有两种：

① 可动调整法，即改变零件位置以达到装配精度。如图 2-20a 所示，以套筒作为调整件。齿轮轴向尺寸 A_1 及机体尺寸 A_2 均按经济公差加工。装配时使套筒沿轴向移动（即调整 A_3），直至达到规定的间隙为止。然后，通过机体上预先做好的螺孔，在套筒上钻一个深坑，再用紧定螺钉固定套筒。

② 固定调整法是在尺寸链中选定一个尺寸或一个零件作为调整环。作为调整环的零件是按一定尺寸间隔级别制成的一组专用零件。根据装配时的需要，选用其中某一级别的零件作补偿件，从而保证所需要的装配精度。经常使用的调整件有垫圈、垫片、轴套等，如图 2-20b 所示。

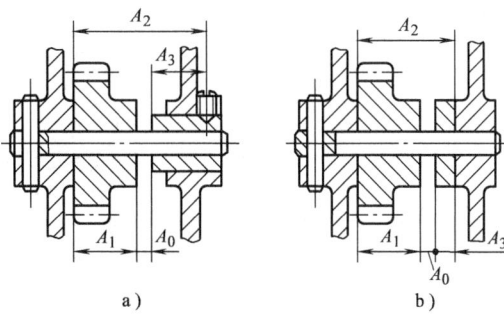

图 2-20 调整法
a）可动调整法　b）固定调整法

第三节　精密部件的装配工艺

一、静压导轨和塑料导轨的装配调整

导轨是机床的重要运动部件之一。导轨的作用是使运动部件能沿一定的轨迹运动，并承受运动部件及工件的重量和切削力。

各种机械运动副相对运动时，均会因表面相互运动产生摩擦，造成表面层磨损或其他形式的损坏。因此，导轨的耐磨性和减磨效果对机床的使用寿命和加工精度影响极大，这与导轨面的结构和材料有着直接的关系。随着机床向高精度、数控化、自动化的发展，因内外研制和开发了低摩擦因数、高耐磨和无爬行的导轨。如一些大型和精密机床广泛应用的静压导轨；数控机床滑动导轨副中应用的塑料导轨。

1. 静压导轨的装配调整

（1）静压导轨的概念、特点及分类

1）静压导轨：采用静压导轨时，只要在导轨的油腔中通入具有一定压力的润滑油后，就能使动导轨（工作台）与静导轨（床身）间充满一层润滑油膜，使导轨处于液体摩擦状态。

2）主要特点：摩擦因数小，一般为 0.0005 左右，导轨处于纯液体摩擦；导轨使用寿命长；工作精度高，运动平稳、均匀、无爬行现象。

3）静压导轨的分类：

① 静压导轨按其结构形式可分为开式与闭式两类：

开式静压导轨，如图 2-21 所示，它只有一面有油腔。

闭式静压导轨，如图 2-22 所示，它的上、下每对油腔都相当于静压轴承的一对油腔，只是压板油腔要窄一些。

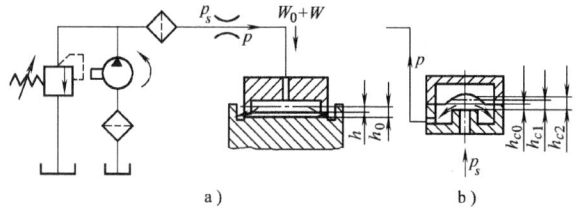

图 2-21 开式静压导轨

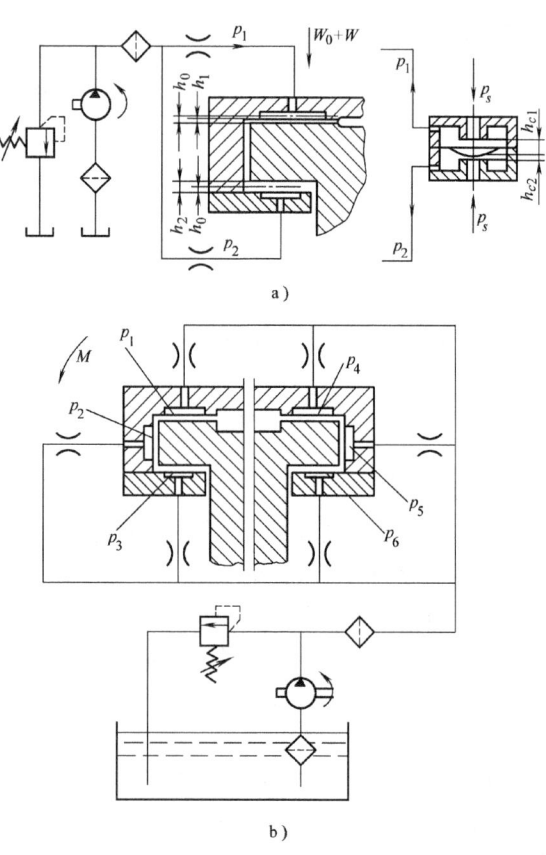

图 2-22 闭式静压导轨

② 静压导轨按其供油情况可分为定压式和定量式两类：

定压式静压导轨是由油泵输出的压力油通过节流阀，进入导轨油腔，使工作台浮起。油腔油压随工作台载荷的大小而变化，使工作台面与导轨间始终保持一定的间隙，这种结构应用较广。

定量式静压导轨能保证流经油腔的润滑油流量为一定值，但由于这种结构需要较大的定量油泵，结构复杂，因此应用较少。

(2) 静压导轨的装配

1) 装配技术要求。

① 需要有良好的导轨安装基础，以保证床身安装后的稳定。

② 对导轨刮研精度的要求是导轨全长度上的直线度和平面度误差，分别为：高精度和精密机床为 0.01mm，普通及大型机床为 0.02mm；高精度机床导轨在每 25mm×25mm 面积上的接触点不少于 20 点，精密机床不少于 16 点，普通机床不少于 12 点。对刮研深度要求：高精度机床和精密机床不超过 3~5μm，普通和大型机床不超过 6~10μm。因此，在刮削过程中除了注意导轨有较高的直线度，包括垂直平面内直线度，水平面内直线度及扭曲外，还要求有较多、较均匀的接触点。必须要控制刮刀刀迹深度，否则将影响油膜强度。

③ 油腔必须在导轨面刮研后加工，以免油腔四周边缘形成刮刀深痕。为使油腔内油液保持一定的压力，油腔不得外露。一般将油腔开在动导轨上，每条导轨的油腔不得少于两个，应根据动导轨长度、刚度及动导轨所受载荷的均匀分布情况确定。若导轨较长、刚度差、载荷分布不均匀，则油腔开得多些；反之少些。油腔的形状、尺寸、深度应按图样要求，严格加工。

2) 静压导轨的调整。

① 建立纯液体摩擦，使工作台浮起。系统通入压力油，使台面上浮，为此可在工作台四个角上装指示表。对于台面较大的可在中部两侧再装两个指示表，调整节流阀并利用指示表测定导轨各点上浮量相等。对于开式静压导轨，如压力升到一定值，台面仍浮不起，则应检查节流阀是否堵塞或油腔是否有大量漏油情况。对闭式静压导轨还要注意是否由于主副导轨各油腔差别很大，产生了有的上抬，有的下拉，工作台受到了变形力矩的作用。

② 调整油膜刚度 J。它是决定导轨工作性能的重要参数之一。对导轨各油腔都必须调整。导轨油膜刚度 J，是指工作台在载荷作用下，导轨间隙 h 产生单位变化所能承受载荷的大小。油膜刚度高，即导轨受载荷很大时位移仍很小。

导轨间隙越小，油膜刚度越高，但选择导轨间隙 h 值时，应考虑导轨加工技术条件可能达到的合理精度。

进油压力越高，油膜刚度越大。进油压力的提高受泵和其他条件的限制，应综合考虑后再选取。

节流比 β 是指供油压力 p_s 与各腔压力 p 之比,其对油膜刚度的影响,在不同条件下是不同的。

a. 当工作台由于结构限制,尺寸和重量不能随便增加时,允许调整供油压力 p_s 和节流阻力,以便使 h 值不变。若要保持油腔中压力 p 和导轨间隙 h 不变,则供油压力 p_s 越大越好,此时可得到最大的刚度值。当节流比 $\beta=4$ 时较合理,这时供油压力 p_s 再大,对刚度影响也不大。

b. 节流阀是固定不可调的,允许调整供油压力 p_s 和改变导轨间隙 h 时(即改变 p_s 和 h),在节流阻力和 p 不变的条件下,要求得到最大的油膜刚度 J 时,β 的最佳值为3。

调节时应控制工作台各点浮起量相等,且控制为最佳原始浮起量 h_0;应使供油压力 p_s 与各腔压力 p 之比 β 接近于最佳值。不得出现有的油腔压力为零或为供油压力 p_s 的情况。

③ 调整部位及参数。

a. 调整节流阀参数,对固定节流阀则直接调整节流口长度。对可变节流阀则要反复调整膜片厚度及原始开口量 h(或调整铜片厚度)。

b. 控制油膜厚度,油膜厚度与油膜刚度成反比,在导轨浮起后刚度不够,甚至产生漂浮,这时应减小供油压力或改变油腔压力。开式静压导轨可控制油膜厚度,导轨的油膜应尽量薄一些。但是,受加工精度、表面粗糙度、零部件刚度和节流阀最小节流尺寸的限制,油膜厚度不能太小,至少应大于导轨面的形状误差,否则就不能实现纯液体摩擦。对于中小型机床空载时,油膜厚度一般为 0.01~0.025mm;对于大型机床取 0.03~0.06mm。

④ 控制供油压力 p_s,提高供油压力可提高导轨刚度,对于闭式静压导轨更是如此。

3) 供油系统安装要点。

① 过滤:一般应保证对油液进行二次过滤,过滤精度为:中、小型机床为 3~10μm,重型机床为 10~20μm。油液中若夹杂棉球、灰尘等微粒,会使导轨调整困难,运动中产生油膜自行减薄,甚至会产生时浮时落的波动现象。

② 安装:节流阀的安装应考虑调整和检修时的方便,特别注意应能使系统中的空气排出。

2. 塑料导轨

近十年来对塑料导轨的研究已经取得了很大的进展,可供应用的塑料品种也不断增加。通常是在动导轨、镶条及压板上粘贴塑料导轨软带或在导轨上注射滑动涂层。

(1) 贴塑导轨的应用和维修

1) 表面处理:一般塑料软带表面具有粘性,故必须对其表面进行处理,并采用专用粘结剂。国内对塑料软带一般采用单面纳—萘表面处理。

2) 粘结剂：粘结剂是一种以双组酚 A 型环氧树脂为主剂、异氰酸脂为固化剂，并有液体橡胶为增韧剂的双组酚室温固化的粘结剂。

3) 粘接工艺：通常塑料软带是粘接在机床的动导轨即工作台或溜板上，使其与支承导轨即床身导轨（铸铁或钢）的表面配合运动。

4) 制作油槽：在塑料软带上，油槽的形状因要求而异，有楔形、矩形、半圆形和 V 形等。V 形油槽应为倒角状，底部内角为圆角，以避免产生局部应力集中。进油孔应位于油槽中央，其直径尺寸应略大于油槽的宽度。

5) 精加工：贴塑导轨需要进行精加工，通常采用手工刮削的方法。刮削的目的主要是改善接触情况，其表面所形成的低凹部分可储存润滑油，可有效改善导轨润滑系统的性能。

6) 维修方法：支承导轨的材料一般采用铸铁或镶钢，由于塑料软带的硬度低于金属，故磨损主要发生在软带上，维修时只需更换适当厚度的软带。

(2) 塑料涂层导轨的应用与维修　塑料涂层导轨的涂层材料是由环氧树脂为基材，加入某些填料的糊状混合物和环氧树脂（呈液态状）固化剂组成。这种材料固化后摩擦因数低，耐磨性能好，施工工艺简单，维修方便，因而在数控机床等各类机床上得到广泛应用。

1) 预加工：为了保证涂层材料和不同金属材料的导轨牢固地结合在一起，需要对导轨进行预加工，结合面的形式有台阶矩形槽或尖齿槽等，加工方法有刨削和铣削等。

2) 工艺过程：清洗被涂层导轨表面→用脱模剂涂敷支承导轨面→粘贴密封条，防止涂层材料从两侧流失→翻转被涂层导轨并安放在支承导轨上→调整注射成型夹具→搅拌材料→注射成型→固化→清洁注射成型器具→分离被涂层导轨→清除密封条→修补涂层导轨表面，制作润滑油槽→手工刮研。

(3) 涂层导轨副的维修　若支承导轨面有严重磨痕，涂层导轨两侧支承边已于塑料导轨面处于同一平面，必须重新修磨支承导轨和重新注射涂层。

1) 修磨支承导轨。数控机床等精密机床导轨直线度公差为 0.005mm/1000mm，表面粗糙度值为 $Ra0.4\mu m$。

2) 涂层导轨重新注射成型。首先应清除易磨损的涂层导轨，然后根据导轨基体原齿槽面的损坏情况，进行修正或重新加工，也可采用喷砂的方法对导轨基体进行喷砂处理，然后按注射成型工艺重新注射成型。

二、滚珠丝杠副的装配调整

1. 滚珠丝杠副的传动特点及应用

(1) 结构原理　滚珠丝杠副是回转运动与直线运动相互转换的新型传动装

置,如图2-23所示。在丝杠1和螺母2上加工有圆弧形螺旋槽,当它们装在一起时就形成了螺旋线滚道,并在滚道内装满滚珠。当丝杠相对于螺母旋转时,两者发生轴向位移,而滚珠则沿着滚道流动,螺母的螺旋槽两端有回珠管4连接,使滚珠能周而复始地循环运动。管道两端有挡珠作用,以防止滚珠沿着滚道流出,从而形成闭合回路。

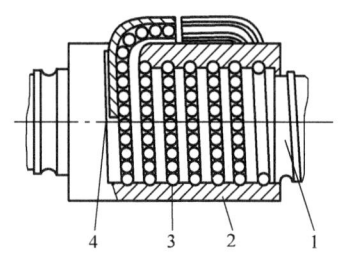

图2-23 滚珠丝杠副原理
1—丝杠 2—螺母 3—滚珠 4—回珠管

(2) 传动特点

1) 传动效率高,摩擦损失小。滚珠丝杠副传动效率 $\eta = 0.92 \sim 0.96$,比常规丝杠螺母副提高了 $3 \sim 4$ 倍(滑动丝杠效率为 $\eta = 0.2 \sim 0.4$)。因此消耗功率仅相当于常规丝杠螺母副的 $1/4 \sim 1/3$。

2) 传动转矩小,传动平稳,无爬行现象,传动精度高,同步性好。

3) 有可逆性,可以将旋转运动转换成直线运动;也可以将直线运动转换成旋转运动,即丝杠和螺母均可以作为主动件。

4) 施加适当预紧力,可消除丝杠和螺母的间隙,从而提高刚性,消除反向时的空程死区,提高定位精度和重复定位精度。

5) 磨损小,使用寿命长,精度保持性好。

6) 制造工艺复杂,滚珠丝杠和螺母等元件的加工精度高,对表面粗糙度的要求低,制造成本高。

7) 不能自锁,特别是在用于升降的场合,由于重力作用,下降时当传动切断后,不能停止运动,故常需在传动系统中增加制动装置。如图2-24所示,当加工完成或中途需要停车时,步进电动机和电磁铁同时断电,借助弹簧的作用合上摩擦离合器,使滚珠丝杠不能转动,主轴箱便不会下降。

(3) 滚珠丝杠副的应用 滚珠丝杠副具有传动效率高,运动平稳,寿命长以及可预紧以消除间隙并提高系统刚性等优点,在各类机床,特别是各类数控机床的直线运动以及进给系统中均已普遍采用。其应用范围见表2-3。

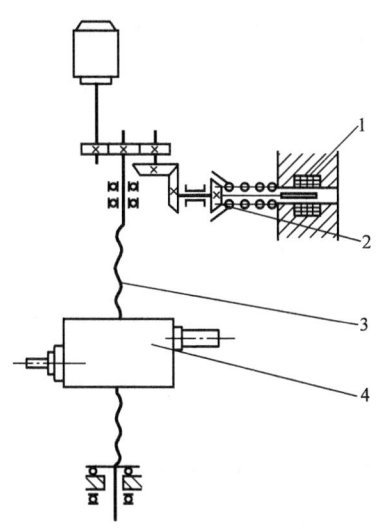

图 2-24 滚珠丝杠副制动装置
1—电磁铁线圈　2—摩擦离合器　3—滚珠丝杠　4—主轴箱

表 2-3　滚珠丝杠副在机床上的应用

应用方面	采用滚珠丝杠的目的	用途举例
数控机床	1. 滚珠丝杠副的传动效率高，使机床进给机构的起动转矩和运动转矩大大减小，以适应采用小容量的步进电动机 2. 滚珠丝杠副的进给精度高，可满足数控机床移动部件的正确定位和均匀位移的要求 3. 滚珠丝杠副的工作寿命长，可使数控机床长期工作仍保持精度不变 4. 滚珠丝杠副经预紧后进给刚度高	数控铣床、车床、镗床、磨床、及自动换刀的自动机床、数控电加工机床
精密机床	1. 滚珠丝杠副的进给精度高，可满足数控机床移动部件的正确定位和均匀位移的要求 2. 滚珠丝杠副的工作寿命长，可使数控机床长期工作仍保持精度不变 3. 滚珠丝杠副经预紧后进给刚度高	精密车床、坐标镗床、齿轮磨床、螺纹磨床、坐标磨床、电加工机床等精密机床的工作台、头架、滑座的进给丝杠副

(续)

应用方面	采用滚珠丝杠的目的	用途举例
一般机床	滚珠丝杠副传动效率高,运转轻快,可减轻操作者劳动强度	镗床、铣床升降台的升降丝杠副
	利用滚珠丝杠副的运动可逆性、将直线运动转换为旋转运动	液压仿形铣床工作台进给丝杠副
	利用滚珠丝杠的运动同步性,保证运动平稳	双柱横梁式镗床、龙门刨床、龙门铣床、立式车床等机床的横梁升降丝杠副

2. 滚珠丝杠副的支承和支承轴承的配合

(1) 支承方式 若螺母座、丝杠的轴承及其支架等的刚度不足,将严重影响滚珠丝杠的传动刚度。因此螺母座应有加强肋,以减少受力后的变形,螺母与床身的接触面积应大一些,其联接螺钉的刚度也应较高,定位销要紧密配合,不能松动。

滚珠丝杠副常用推力轴承支承,以提高轴向刚度(当滚珠丝杠的轴向负载很小时,也可用角接触球轴承支承),滚珠丝杠在机床上的安装支承方式有以下几种:

1) 一端装角接触球轴承,如图 2-25a 所示。这种安装支承方式只适合于短丝杠。它承载能力小,轴向刚度低,一般用于数控机床的调整环节或小规格升降台铣床的垂直坐标中。

2) 一端装组合式角接触球轴承,另一端为深沟球轴承,如图 2-25b 所示。当丝杠较长时,一端固定,另一端装深沟球轴承,一般用于要求中等速度的回转轴中。

3) 两端装深沟球轴承,如图 2-25c 所示。这种方式承受刚度小,一般用于中等速度回转及轴向载荷较小的轴中。

4) 两端装角接触球轴承,如图 2-25d 所示。这种支承方式可承受较大的轴向载荷,适用于高速度、高精度回转坐标轴中。这种支承方式最大的特点是滚珠丝杠被施加预拉伸,以此补偿滚珠丝杠在高速回转时因摩擦温升而引起的热变形。

(2) 支承轴承的配合公差 在现代高速度、高精度数控机床中,合理选择滚珠丝杠两端支承轴承的配合公差,不仅可以保证支承轴承孔与螺母座孔彼此间

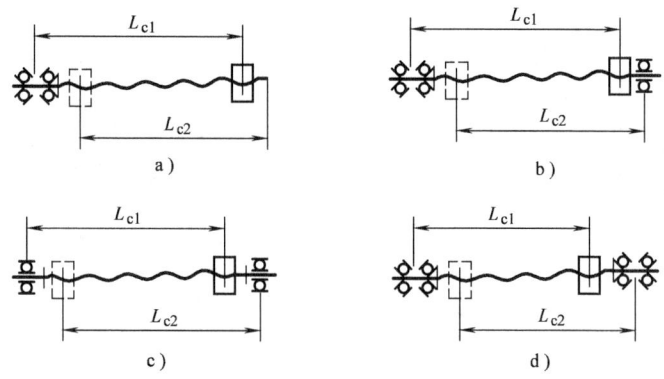

图 2-25 滚珠丝杠的支承方式

的同轴度要求,更为重要的是能提高滚珠丝杠支承部分的接触刚度和使用寿命。固定轴承以及支持轴承配合公差见表 2-4。

表 2-4 支承方法与推荐配合

配合公差 \ 支承方法 \ 配合	固 定 部		支 承 部	
	配合(理想间隙)	推荐公差	配合(理想间隙)	推荐公差
丝杠轴支承部外径 与 轴承内径	零间隙	h5、h6	零间隙或 (0~5μm) 间隙配合	h5
轴承外径 与 轴承座孔内径	零间隙	JS5、JS6	零间隙或 (0~5μm) 间隙配合	H6

3. 滚珠丝杠副的装配工艺

以装配加工中心的滚珠丝杠副为例:

1)首先将工作台倒转放置,丝杠安装螺母孔中套入长 400mm 的精密试棒,测量其轴心线对工作台滑动导轨面在垂直方向的平行度误差,公差为 0.005mm/1000mm,如图 2-26 所示。

2)以同样的方法测量丝杠轴心线对工作台滑动导轨面在水平方向的平行度误差,公差为 0.005mm/1000mm,如图 2-27 所示。

3)测量工作台滑动面与螺母座孔中心的高度尺寸,并记录。

4)将轴承座装于底座的两端,并各自套入精密试棒,测量其轴心线对底座导轨面在垂直方向的平行度误差,公差为 0.005mm/1000mm,如图 2-28 所示。

5)用同样方法测量轴承座孔轴心线对底座导轨面在水平方向的平行度误

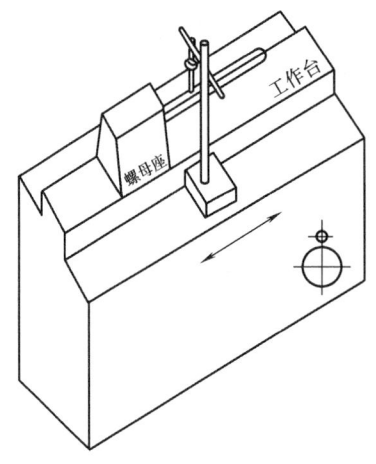

图 2-26　丝杠垂直方向与导轨的平行度误差

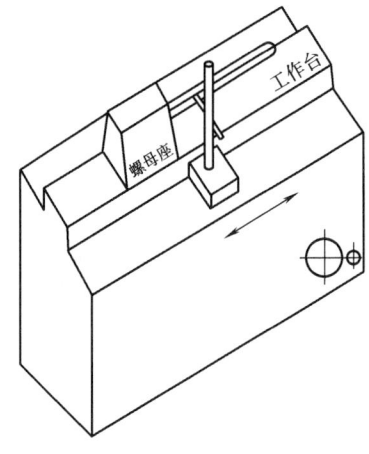

图 2-27　丝杠水平方向与导轨的平行度误差

差，公差为 0.005mm/1000mm，如图 2-29 所示。

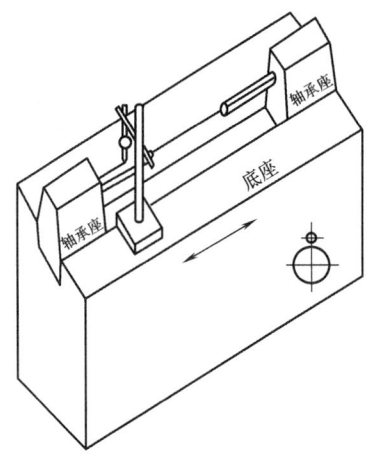

图 2-28　轴承座孔轴心线与导轨的平行度误差（垂直方向）

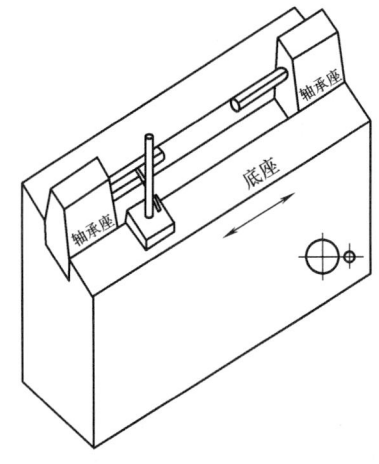

图 2-29　轴承座孔轴心线与导轨的平行度误差（水平方向）

6）测量底座导轨面与轴承座孔中心线的高度尺寸，修整配合螺母座孔的高度尺寸。

7）完成上述工作后，将工作台和底座导轨面擦拭干净，将工作台安放在底座正确位置上，装上镶条，以试棒为基准，测量螺母座轴心线与轴承座孔轴心线的同轴度。如果达到装配要求，则可紧固螺钉并配钻、铰定位销孔，如有偏差则需修整直到满足要求为止。

8) 以上工序完成后,即将轴承座孔、螺母座孔擦拭干净,再将滚珠丝杠副仔细地装入螺母座,紧固螺钉。

9) 将选定适当配合公差的轴承安装上。轴承安装应该采用专用套管,以免损坏轴承,然后再上紧锁紧螺母,安装法兰盘,装配工作到此结束。

三、数控车床主轴组件的装配调整

金属切削机床属于精度较高的机械设备,尤其是螺纹磨床、坐标镗床、齿轮加工机床,以及在企业中广泛使用的数控机床都是十分精密的机械设备。

机床的运动主要包括主运动和进给运动,精密机床的精密性也依靠这两种运动来保证。机床的质量标准,除了切削能力之外,加工精度是衡量机床质量的关键标准。加工精度主要受主轴的径向和轴向的静态和动态刚性及热性能的影响。主轴的径向和轴向运转精度取决于滚动轴承的精度,也取决于轴、轴承、轴承座和床身等相配的零部件的精度。

1. 影响机床主轴组件精度的因素

(1) 主轴箱体孔同轴度、主轴前后支承轴颈同轴度对主轴组件精度的影响 如图2-30所示为广泛采用的高精度数控车床主轴组件的典型结构。

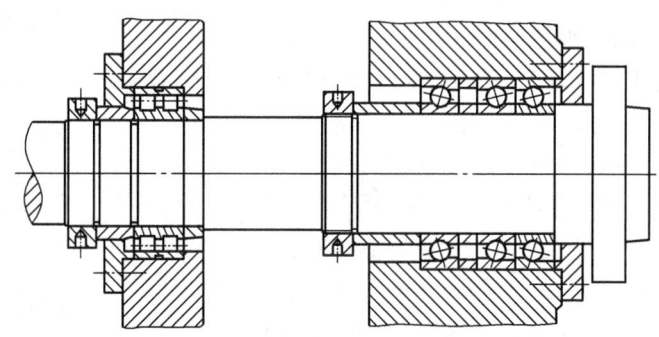

图2-30 数控车床主轴组件结构

主轴组件的固定端采用三套角接触球轴承,这种主轴轴承的接触角较小,一般为15°或25°。轴承以面对背、背对背排列,这就意味着两套轴承共同承受轴向力,而第三套轴承则是固定的。主轴轴承在预加载荷条件下运转,可提高轴向和径向刚性。在其驱动端采用一套双列短圆柱滚子轴承作为浮动轴承。

图2-31所示为主轴组件安装到箱体孔上后,由于箱体孔同轴度偏差而引起轴承外圈轴线与主轴组件轴线产生的夹角(即安装偏角)。θ_A和θ_B分别为两轴承的安装偏角。δ_A为A孔对B孔的同轴度,δ_B为B孔对A孔的同轴度(对主轴旋转轴线)导致与主轴组件的旋转中心产生偏角。

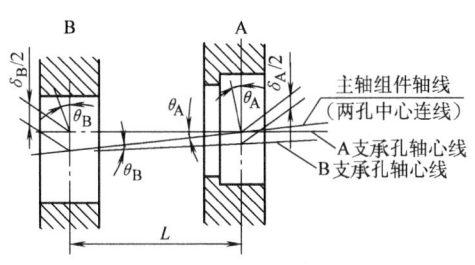

图 2-31 主轴组件安装到箱体孔上

如图 2-32 所示,轴承在与箱体和主轴安装后轴承内圈与轴承外圈产生轴向夹角 θ,是由主轴前后支承轴颈的同轴度和箱体前、后轴承孔同轴度共同作用的结果。它对主轴组件的影响为轴承内、外圈的圆周上将产生非均匀分布的相互作用的结果,其对主轴的影响为:

① 由于轴承内、外圈轴线产生夹角 θ,将导致主轴在旋转时产生角度摆动,使被加工工件产生圆柱度误差。

② 由图 2-32 可知,由于轴承内、外圈相互产生倾斜,导致钢球与轴承内外圈的接触点发生变化,造成内、外圈相对位移 δ,图中 O_e、O_i 分别为正常状态时外圈和滚道的曲率中心。由于安装偏角的影响使内圈滚道曲率中心由 O_i 点移动至 O_i' 点,β_0 为轴承正常状态下的接触角;在轴承圆周 A 点处的接触角变小,即 $\beta < \beta_0$,在轴承圆周 B 点处的接触角变大,即 $\beta > \beta_0$。并且在轴承整个圆周上各点的接触角均不相同,导致主轴组件在旋转时的轴向刚度和径向刚度均成周期性变化。主轴组件在工作状态下受综合负载作用时,产生被加工工件的圆度误差并出现波纹。

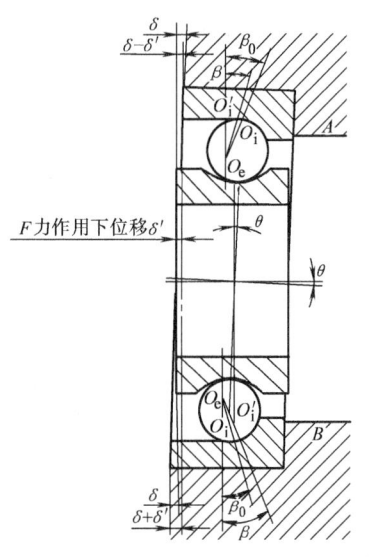

图 2-32 轴承与箱体和主轴的安装

③ 当角接触球轴承进行预紧或在其他任何形式的轴向力 F 作用下(轴承的外圈固定),在轴承内、外圈的圆周上将产生非均匀分布的相互作用力,在轴承受轴向力 F 后,轴承内圈相对于外圈移动一微小量 δ。此时在轴承圆周 B 点内、外圈错位量变为 $\delta + \delta'$,而在轴承圆周 A 点处内、外圈错位量为 $|\delta - \delta'|$,故轴承外圈通过滚球对内圈的轴向力在 B 点为最大,A 点为最小。当在角接触球轴承预紧时出现 $\delta' < \delta$,轴圈 A 点可能会出现未预紧状况。

图 2-33 所示为轴承外圈通过滚珠对内圈的作用力沿圆周分布情况。由于轴承内圈圆周上各点所受的力 f_i 对主轴轴线方向将产生力矩 $f_i r$，r 为轴承内圈半径，$r = D/2$。在正常情况下所有的力矩和为 $\Sigma f_i r = 0$。而图 2-32 和图 2-33 所示的情况中 $\Sigma f_i r \neq 0$，即会对主轴沿轴线方向产生一弯曲力矩。当主轴高速转动时，由于受 $\Sigma f_i r$ 力矩的作用将产生交变弯曲，使主轴产生交变的弯曲疲劳，特别是对高硬化表面处理的主轴，更容易产生表面微观裂纹，直接影响主轴的寿命。

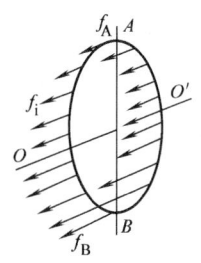

图 2-33 轴承外圈通过滚珠对内圈作用力沿圆周的分布情况

（2）轴承内圈，外圈圆跳动对主轴组件精度的影响
深沟球轴承如果用于切削力的方向不随主轴旋转而旋转（即固定敏感方向），则由于外圈滚道的受力区域是固定的，所以对主轴旋转精度影响最大的是内圈（如车床、铣床、磨床类主轴等）。如果切削力方向随主轴旋转而旋转（即旋转敏感方向），则由于轴承内圈受力区域是固定的，对主轴旋转影响最大的是轴承的外圈（如镗床类主轴）。需要说明的是，这里所讨论的仅限于轴承内圈旋转，而外圈固定的轴承支承。

如图 2-34a 所示，前轴承内圈（或外圈）的径向圆跳动对主轴端部所引起的轴心偏移情况。若 L 为前后轴承的跨距，a 为主轴头部距前轴承的距离，则主轴端部的轴心偏移量为 δ_1

$$\delta_1 = \frac{L+a}{L}\delta_{a1}$$

$$\delta_{a1} = \frac{1}{2}K_{ia1} \quad \text{或} \quad \delta_{a1} = \frac{1}{2}K_{ea1}$$

式中 K_{ia1}、K_{ea1}——前轴承的成套轴承内圈径向圆跳动和外圈径向圆跳动值。

图 2-34b 所示为表示后轴承内圈或外圈径向圆跳动所引起的主轴端部轴心偏移情况，由图可知

$$\delta_2 = \frac{a}{L}\delta_{a2}$$

$$\delta_{a2} = \frac{1}{2}K_{ia2} \quad \text{或} \quad \delta_{a2} = \frac{1}{2}K_{ea2}$$

式中 K_{ia2}、K_{ea2}——后轴承的成套轴承内圈径向圆跳动和外圈径向圆跳动值。

前后轴承的径向圆跳动分别对主轴端部引起的轴心偏移量 δ_1、δ_2 具有方向性。

当 δ_1、δ_2 同向时，则主轴端部偏移量

$$\delta = \delta_1 + \delta_2 = \frac{a}{L}(\delta_{a1} + \delta_{a2}) + \delta_{a1}$$

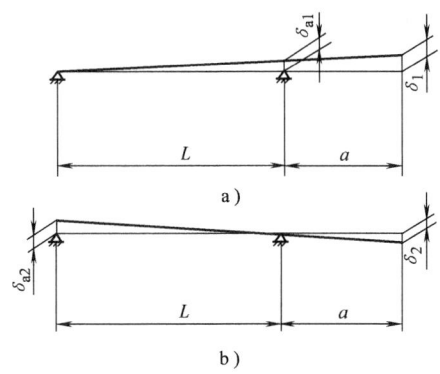

图 2-34 轴承内圈或外圈径向圆跳动引起
主轴端部轴心偏移情况
a) 前轴承情况 b) 后轴承情况

当 δ_1、δ_2 反向时，则

$$\delta = |\delta_1 - \delta_2| = \left|\delta_{a1} + \frac{a}{L}(\delta_{a1} - \delta_{a2})\right|$$

(3) 轴承的轴向圆跳动和主轴轴肩圆跳动对主轴组件精度的影响

1) 轴承内圈端面对滚道的圆跳动（S_{ia}） 它实际上是反映滚道的侧摆，即滚道和滚道侧面之间最宽距离和最窄距离之差。当轴承外圈固定后，即反映的是轴承内圈的轴向窜动，与轴承内圈套在一起的主轴随之产生轴向窜动，如图 2-35 所示。当然在 S_{ia} 精度值中还包括了轴承端面的平面度误差。

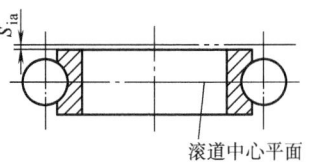

图 2-35 轴承内圈端面对
滚道的圆跳动

当一个主轴的支承是由几个轴承组配而成时，主轴的轴向窜动是由所有轴承共同作用的结果。

2) 轴承内圈基准端面对轴承内径的轴向圆跳动及主轴轴肩的轴向圆跳动对主轴组件的影响　无论是轴承内圈基准端面对轴承内径的轴向圆跳动，还是主轴轴肩的轴向圆跳动，都将影响轴承内圈端面与主轴轴肩或隔套的接触情况。当以任何形式的轴向力作用于轴承内圈时，都将使轴承内圈产生如图 2-36 所示的倾斜。当轴承内圈与主轴配合较紧，并且螺母的锁紧使得在主轴轴颈和主轴轴肩之间产生张力 f_1、f_2（在圆周的某一方向）时，导致主轴产生弯曲变形，从而引起主轴端部轴线的偏斜。同时，轴承内圈的倾斜导致角接触轴承的接角沿圆周发生

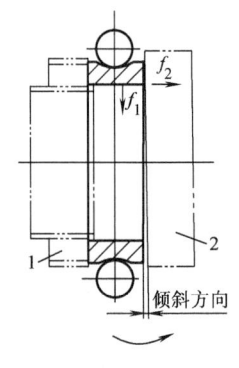

图 2-36 轴承内圈产生的倾斜
1—螺母　2—轴

变化,使主轴组件的轴向刚度和径向刚度发生周期性变化。同时,旋转的轴承套圈的端面侧摆在轴承套圈卡死时也能引起滚道偏斜,从而改变轴向圆跳动。

2. 提高主轴组件精度的措施

提高主轴组件的精度主要依靠各传动件的加工精度和安装准确性来保证。

(1) 主轴箱体孔的修整 对于主轴箱体孔磨损不太严重时,通常采用涂镀和研磨的工艺加以修复。对于磨损非常严重的主轴箱体,必须更换新件。新的箱体孔,首先采用坐标镗床调头镗削前、后轴承孔,并留研磨量 0.005~0.01mm。

研磨时,采用可调式铸铁研磨棒,如图 2-37 所示。由于留研磨量很小,不宜多加研磨剂。研磨时研磨棒要整周沿同一方向旋转,并作微量轴向移动,待几何精度合格后,再用氧化铬研磨膏精研。

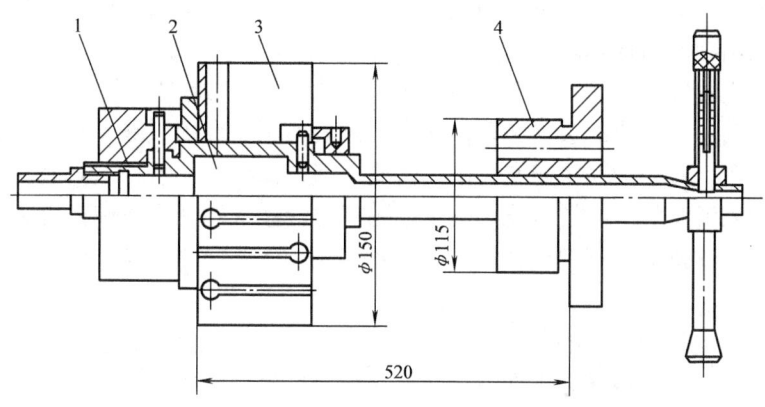

图 2-37 可调式铸铁研磨棒
1—螺母 2—中心轴 3—研磨套 4—定位套

(2) 主轴的修正 若主轴轴颈磨损量超差,一般是采用镀铬法加大尺寸后,按轴承内圈尺寸公差配磨修正。主轴磨损严重或发现裂纹,则应更新。配磨时,首先将主轴恒温 4h 后,对其轴颈部分在恒温条件下测量外径尺寸,分别在上、中、下三个位置上测量出具体数值,并取其平均值做好记录。用内径指示表在标准量规的校准下测量轴承内孔的实际尺寸公差。通过以上两个数据便可计算出主轴轴颈的修磨量。如图 2-38 所示为数控车床主轴简图。按修磨量,在恒温条件下配磨主轴轴颈外径尺寸,保证和轴承内圈配合过盈量为 0.01~0.016mm。

(3) 主轴的动平衡 机床主轴因质量不均衡而引起的不平衡量大小和位置总是任意的,这将导致机床主轴产生不平衡振动。振动具有与轴的旋转周期相同的特征,易于识别。对机床主轴,若按刚性轴的要求进行动平衡时,通常均明确规定校正面,采用两面钻削(减重)的方法去除不平衡量。平衡精度按 ISO 标准要求达到 GT6.3 级。

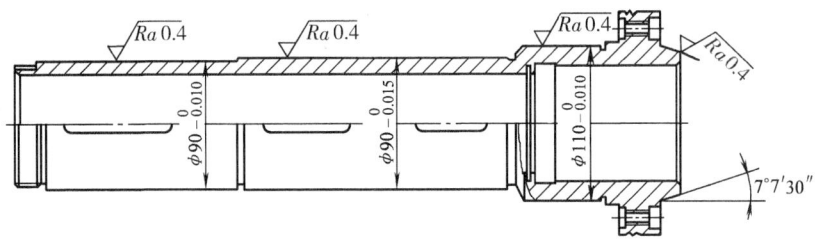

图 2-38 数控车床主轴

（4）主轴轴承的润滑 高速和精密旋转机械的轴承润滑是十分重要的，特别是在设计时需使润滑油膜能完全隔开相对运动的表面，这一点对于数控机床支承比其他通用机械用的支承更为重要。任何由于油质不清洁或短时间的断油都可能造成主轴轴承的损坏。

机床主轴轴承，特别是现代数控机床主轴轴承，绝大部分均采用润滑脂润滑。主轴轴承润滑脂的选择必须保护其相配表面不受磨损，减少摩擦和保持较长的使用寿命。常用的润滑脂有钙基润滑脂、锂基润滑脂、特种锂基润滑脂和精密机床主轴润滑脂等。数控机床主轴常常采用特种锂基润滑脂或精密机床主轴润滑脂。它们含有抗氧化剂和缓蚀添加剂，并具有良好的氧化安定性、胶体安定性、低温性。

主轴轴承的润滑脂的用量对主轴组件的精度和性能以及使用寿命等都有影响。若用量不足，可能导致在高速运转中所有接触处滚动体和滚道不能完全隔开的作用，就会导致磨损加剧，支承的精度和使用寿命将受到严重影响。用量过多会造成轴承发热，温升过高，影响主轴支承的精度。实践证明，较为理想的用量为轴承滚动体空间的 30%～40%。

（5）主轴轴承的预紧 对于精密机械特别是数控机床的主轴均应消除轴承的游隙，其目的是为了提高回转精度，增加轴承组合的刚性，提高切削零件的表面质量，减少振动和噪声。

消除轴承的游隙通常可采用预紧的方法，其结构形式有多种，图 2-39a、b 是弹簧预紧结构，这种预紧方法可保持一固定不变的、不受热膨胀影响的附加负荷，故又称为定压预紧；图 2-39c、d 和图 2-40 分别采用不同长度的内外圈预紧结构，在使用过程中其相对位置是不会发生变化的，故称为定位预紧。两套轴承内、外环垫圈的厚度对轴系的旋转精度和刚性影响极大。一般内、外环垫圈厚度的设计是根据给定其中一件的尺寸，而另一件的厚度是根据轴承内、外环端面的轴向名义尺寸差计算得出的，如图 2-41 所示：

$$L_2 = L_1 + \Delta_1 + \Delta_2$$

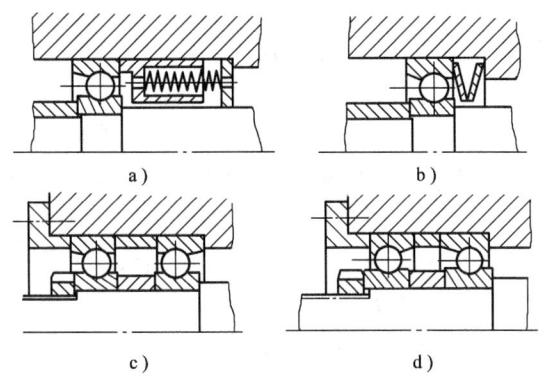

图 2-39 预紧的几种结构形式

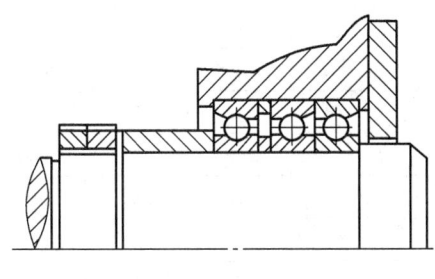

图 2-40 预紧结构

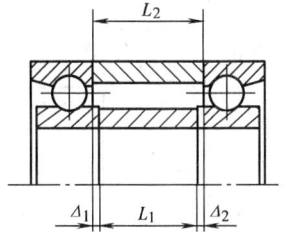

图 2-41 内、外环垫圈厚度的设计

应用预加载荷理论，Δ_1、Δ_2 不能根据轴承的名义尺寸确定，必须在预加载荷的作用下实际测量，加以计算而得。具体方法如下：

首先，将按要求选配的轴承做好标记，并分别测量出每一套轴承的内环、外环的实际厚度（精确到 0.001mm），做好记录。然后，如图 2-42 所示，把被测轴承放在专用测量工装上，并把它们一起放置于 1 级平板上；把加工有四个均布测量缺口的压头放置在轴承内环孔内；根据所选轴承型号，在压头上施加确定的预加载荷 p（必须是静载荷），保证压力中心与轴承轴心线重合；用指示表在圆周方向的四个位置上测出轴承内环、外环的高度差分别

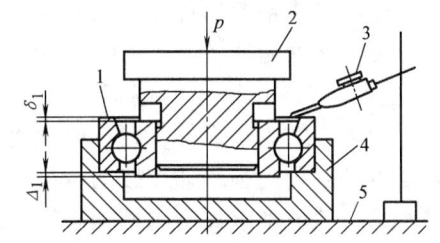

图 2-42 在预加载荷的作用下实际测量计算
1—被测轴承 2—压头 3—指示表
4—测量工装 5—平板 p—预加载荷

为 δ_{11}、δ_{12}、δ_{13}、δ_{14}，取其平均值 $(\delta_{11}+\delta_{12}+\delta_{13}+\delta_{14})/4$ 作为 δ_1。假设这套轴承的内外环厚度实际测量值为 A_1、B_1；则有

$$\Delta_1 = A_1 + \delta_1 - B_1$$

用同样方法，测出第二套轴承 δ_2、A_2、B_2 则

$$\Delta_2 = A_2 + \delta_2 - B_2$$

根据以上两式，便可精确设计出轴承内、外环垫圈的厚度。

应注意预加载荷的选择，预加载荷的大小，应根据所选用的轴承型号而定。预加载荷太小达不到预期的目的；预加载荷太大会增加轴承摩擦，运转时温升太高，从而降低了轴承的使用寿命。对于同一类型轴承，外径越大，宽度越宽，承载能力越大，则预加载荷也越大。

根据经验和有关资料介绍，对常用的向心推力球轴承预加载荷可参见表2-5。

表2-5 成对组装向心推力球轴承预加载荷　　　　　　（单位：N）

内径代号	型号			内径代号	型号		
	36100	36200	36300		36100	36200	36300
03	75	110	150	10	210	320	465
04	95	135	190	11	240	350	500
05	115	150	230	12	270	380	540
06	135	180	280	13	300	420	590
07	150	220	325	14	350	460	625
08	170	240	370	15	400	510	690
09	195	275	415	16	450	580	750

（6）减小箱体孔的同轴度误差和主轴箱轴颈的同轴度误差对主轴组件精度影响的措施　主轴箱部件在装配时，如图2-43所示，a 为箱体孔 A、B 两孔的同轴度误差值，即两孔轴线的偏移量为 $a/2$。对于敏感方向类主轴组件，则可以利用前后轴承的外圈径向圆跳动，按图示进行定向装配后，使前轴承外圈沟槽轴心线与后轴承外圈沟槽轴心线的相对偏移量变为 Δ（即同轴度为 2Δ）。

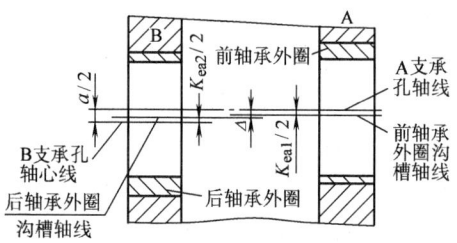

图2-43　主轴箱部件装配

$$\Delta = \frac{1}{2}[a - (K_{ea1} + K_{ea2})]$$

当不采用定向装配时，即可能产生最大偏移量 Δ_{max}

$$\Delta_{max} = \frac{1}{2}(\Delta + K_{ea1} + K_{ea2})$$

对于旋转敏感方向类主轴组件,则可用前后轴承的内圈径向圆跳动(K_{ia})来校正主轴前后轴颈和同轴度误差,使装配后(轴承内圈装到主轴上)前后轴承内圈的偏移量最小。

(7) 减小轴承内圈或外圈的径向圆跳动对主轴组件精度影响的措施 影响主轴组件的径向圆跳动无论是主轴近端还是远端,主要因素有三个方面:一是前轴承内圈圆跳动或外圈的径向圆跳动;二是后轴承的内圈圆跳动或外圈圆跳动;三是主轴锥孔或主轴端部外锥面对前后支承轴颈的径向圆跳动。上述三个因素所引起的主轴组件的主轴近端或远端轴线偏移量分别为 δ_1、δ_2、δ_3。由于轴承外圈与箱体孔的周向装配位置和轴承内圈与主轴的周向装配位置不同,导致 $\vec{\delta_1}$、$\vec{\delta_2}$、$\vec{\delta_3}$ 相互间具有方向性,即在主轴轴线的垂直平面内 δ_1、δ_2、δ_3 是一个矢量,如图2-44所示。

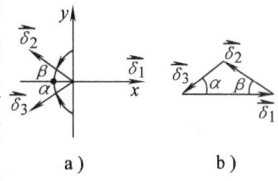

图2-44 轴心线偏移量 $\vec{\delta_1}$、$\vec{\delta_2}$ 和 $\vec{\delta_3}$

一般情况下,$\vec{\delta_1}$、$\vec{\delta_2}$、$\vec{\delta_3}$ 值能构成三角形的三边,通过合理的定向装配,使得

$$\delta = \vec{\delta_1} + \vec{\delta_2} - \vec{\delta_3} = 0$$

若将 $\vec{\delta_1}$、$\vec{\delta_2}$、$\vec{\delta_3}$ 三个误差值中的最大值布置在一个方向,其余两个误差布置在其相反方向,这样的定向装配可使 δ 值大大减小,即主轴组件的径向圆跳动量大大变小。

(8) 减小轴承内圈端面对滚道的圆跳动对主轴组件精度影响的措施 轴承内圈端面对滚道的圆跳动(δ_{ia})将导致主轴周期性的轴向窜动,对于由几个轴承组成的支承,其 δ_{ia} 产生的轴向窜动要求很高的机床,则应尽量减小由 δ_{ia} 而引起的主轴轴向窜动。如图2-45所示是一对角接触球轴承,为减小由 δ_{ia} 而引起的主轴轴向窜动,将两个轴承的内圈端面对滚道圆跳动的高点、低点在周向分别在同一位置安装,则由两个轴承分别引起的轴向窜动 Δ_1、Δ_2 方向相反,由此而产生的主轴轴向窜动 Δ 为

$$\Delta = |\Delta_1 - \Delta_2|$$

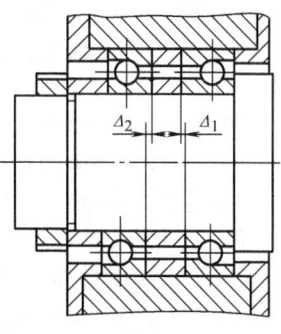

图2-45 减小主轴轴向窜动的措施

这样即可大大减小主轴轴向窜动。

(9) 减小轴承内圈基准端面对内孔圆跳动及主轴轴肩轴向圆跳动对主轴组件精度影响的措施 当轴承承受较大的轴向力时,由于轴承内圈端面与主轴轴肩接触不良,将对主轴组件精度产生较大影响。其解决方法是通过轴承内圈端面与主轴轴肩的定向装配,即轴承内圈轴向圆跳动的低点与主轴轴肩轴向圆跳动的高

点相对安装,以改善轴承与主轴轴肩的接触情况。当不能进行定向装配时(即主轴组件因其他精度要求而不能进行定向装配),则可通过修磨隔套端面的办法进行修正。

以上是提高主轴组件精度的措施。主轴组件在装配到箱体以后,还必须严格按照试运转规程进行试运转,试运转的目的主要是全面掌握主轴组件前后支承轴承在高速运转时的温升规律及主轴运转时的工作性能。

复习思考题

1. 试述大批量生产的装配工作特点。
2. 试述单件生产的装配工作特点。
3. 简述装配工作的内容有哪些方面。
4. 为什么某些零件要做密封性试验?
5. 装配精度有哪几种?为什么说只有在产品装配时才能体现出来?
6. 装配精度与零件精度有什么关系?
7. 装配尺寸链的计算有哪几种方法?并简述其应用情况。
8. 图 2-13a 所示的齿轮组件,轴固定在箱体上,齿轮在轴上回转,要求装配后的轴向间隙为 0.10~0.35mm,已知各组成零件的尺寸分别为:$L_1 = 30_{-0.06}^{0}$,$L_2 = 5_{-0.04}^{0}$,$L_4 = 3_{-0.05}^{0}$,$L_5 = 5_{-0.04}^{0}$,求组成环 L_3 的极限尺寸。
9. 简述修配装配法的特点。
10. 试述静压导轨的主要特点。并说明按供油情况它分为哪几种形式。
11. 静压导轨的装配有哪些技术要求?
12. 何谓塑料涂层导轨?
13. 简述塑料涂层导轨的注射成型工艺过程。
14. 塑料涂层导轨的润滑油槽是如何制作的?
15. 在设备维修时,若发现塑料涂层导轨的支承导轨面有严重磨痕时,如何进行修复?
16. 试述滚珠丝杠副的传动原理和特点。
17. 简述滚珠丝杠副的装配工艺。
18. 影响机床主轴精度有哪些因素?提高机床主轴组件的精度有哪些措施?
19. 装配图的绘制有哪些准备要求和基本方法?
20. 机床专用夹具设计制造有哪些基本步骤和注意事项?
21. 应用 AutoCAD 等计算机辅助设计软件应掌握哪些绘图、修改和标注的基本方法?
22. 工艺文件的编制应掌握哪些基本方法和要点?

第 三 章

高速、精密和大型机械的装配调整

培训学习目标 了解和掌握高速、精密、大型机械设备的装配、调整和修理。

◈◈◈ 第一节 高速机械的装配调整

随着工业的发展，一些高速、高温、大功率的机械设备已在普遍使用中。例如 100 万 kW 的蒸汽轮机、万匹高速柴油机、燃气轮机及轴流式压缩机等。这些高速机械的主要特性是在高速旋转状态下容易引起振动，因此其装配调整工作主要是满足机械在工作时的振动要求。本节着重阐述高速机械中对装配、调整工作有一定特殊要求的技术内容，而对整机不作介绍。

一、转子

高速机械的转子是可能引起振动的主要部件，同时高速运动零件之间的磨损问题，也都将在转子上暴露出来。这种振动、磨损，将会给机械的安全运转带来极大的危害，因此对转子提出了比较严格的要求。

1. 转子的精度

无论新旧转子，其轴颈的圆度和圆柱度误差都应尽量小，一般要求控制在 0.02mm 以内。轴颈的圆度误差较大的会产生椭圆形，而椭圆形轴颈在轴承中运转时，不可避免地会出现两倍于转子转速频率的振动，即两倍频振动。从这一角度考虑，轴颈的圆度误差最好能控制在 0.01mm，甚至不超过 0.005mm。轴颈的圆柱度误差较大的会产生锥度。轴颈产生锥度时，虽然对转子的径向振动没有影响，但由于锥形轴颈在轴承中受油膜压力的轴向分力作用，使转子在产生径向振动时,轴向振动也相应增大。同时,轴颈在轴承中工作时,由于油膜压力在轴承宽度方向分布不均,使轴承的工作性能变差,有时甚至造成轴承因局部负荷过重而磨损的后果。

轴颈的圆度或圆柱度误差不符合要求时,应重新修磨或用研磨的方法修整。

为了保证转子在高速运转时的平稳性,转子上各内孔或外圆对轴颈都应具有较小的同轴度误差。例如各叶轮外圆,联轴器外圆,以及它们的台肩等,其同轴度误差一般应控制在 0.03~0.05mm 以内。

转子上各端面对轴心线的垂直度误差太大同样会引起转子旋转时的振动,同时也容易与机器的静止部分产生摩擦,尤其是转子上的一些套装零件,如叶轮、齿轮等,必须严格控制其端面的垂直度误差。

转子上各外圆对轴颈的同轴度误差,以及各端面对轴颈的垂直度误差,可在转子安装在轴承中后进行检测。

轴颈表面的表面粗糙度值也有很高的要求,一般不大于 $Ra\ 0.4\mu m$。表面粗糙度值越小,转子在轴承中的工作状态越良好,磨损也小。因此装配修理中,对轴颈的保护和检查应该十分严格。

以汽轮机为例,其转子的精度要求如下:

1) 轴颈圆柱面及推力盘工作面的表面粗糙度值为 $Ra\ 0.4\mu m$;套装叶轮、汽封套筒、挡油环、推力盘、联轴器等轴颈圆柱面的表面粗糙度值为 $Ra\ 0.8\mu m$;叶轮轮面、轮槽等的表面粗糙度值为 $Ra\ 1.6\mu m$;内孔等为 $Ra\ 3.2\mu m$。

2) 轴颈的圆度、圆柱度误差不大于 0.02mm;红套配合的圆柱面其圆度、圆柱度误差不大于 0.02mm;圆锥面的圆度误差不大于 0.02mm。

3) 主轴轴颈的径向圆跳动量不大于 0.02mm,其他圆柱面的径向圆跳动不大于 0.03mm。整段转子轴颈的径向圆跳动不大于 0.02mm;轮缘轴向圆跳动不大于 0.03mm,径向圆跳动不大于 0.05mm;推力盘轴向圆跳动不大于 0.02mm,径向圆跳动不大于 0.03mm;其他圆柱面的径向圆跳动不大于 0.03mm。

4) 键槽宽度公差为 H8,对轴线的平行度误差不大于 0.04mm;对轴线的对称度误差不大于 0.02mm。

5) 轴颈对中心孔的同轴度误差不大于 0.25mm。

2. 转子的弯曲

高速机械转子的弯曲问题是经常会碰到的。造成转子弯曲的原因很多,大致可归纳为以下几种:

1) 当运输或停放不当时,使转子受机械力作用后产生永久性变形,或因长期停放不当使转子受重力影响而产生永久性变形。

2) 转子(尤其是主轴)存有残余应力,在运行一定时间后,因残余应力消失而使转子产生永久变形。

3) 转子在运行中与静止部件发生摩擦，由于摩擦而产生热膨胀的周向不均匀性，使转子产生弯曲变形。此时轴的摩擦部位受热，因膨胀而使材料受压缩。待冷却后，摩擦部位就发生内凹。

弯曲的转子在旋转时，必然会因不平衡而产生剧烈振动，而且这种转子不能依靠动平衡来解决其不平衡问题。

转子的弯曲值一般不得超过 0.02 ~ 0.03mm，弯曲值超过上述范围，应采取校直方法予以校正。

检查转子的弯曲程度，可以在转子装入轴承后进行，检查方法如图 3-1a 所示。沿转子轴向放置几个指示表，并将转子圆周作若干等分。盘动转子，分别记录各测点的指示表读数，然后将相对 180°的读数差值除以 2；所得结果用数字和箭头画在圆周等分点的对应处，箭头指向数值大的一侧（图 3-1b），此值即反映转子在该断面、该方向上的弯曲值。

随后以转子的轴心线为横坐标，将各断面上同一方向的弯曲数值，按轴向相应位置画在纵坐标上；连接各点，可得出一条曲线，如图 3-1c 所示。从图中可以看出，P 点的纵坐标即为转子某一方向的最大弯曲值。

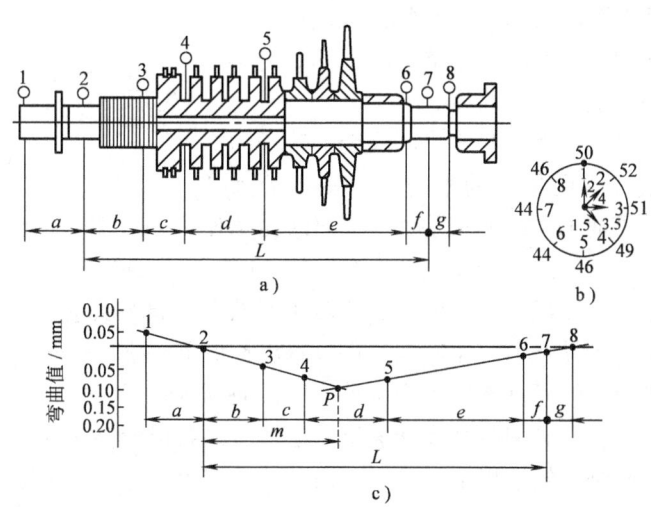

图 3-1 检查转子弯曲的方法

用同样的方法可画出其余各个方向上的转子弯曲值曲线图，并得出该转子的最大弯曲值。按此检查方法，可较确切地掌握转子的弯曲程度及其规律。

3. 转子其他方面的问题

1) 当转子经过长期使用或经受剧烈的振动、冲击后，有可能产生裂纹。转子存在裂纹后，不仅影响其运行的安全性，同时转子刚度也会发生变化，导致振动加剧。

检查转子的裂纹一般采用探伤试验法。

2）当转子上有螺钉或销等联接件时，应确保联接的紧固和可靠；一定要有防松和保险装置，以免联接件在运转过程中因振动而松动，甚至飞落而造成事故。但应注意防松装置对平衡的影响，以及自身在运转中是否会松动失效。为此，应认真考虑它们在承受离心力作用后，或根据旋转方向受到鼓风作用力后可能发生的各种情况。

4. 挠性转子的动平衡

挠性转子是指在临界转速以上工作的转子。当转子在临界转速以下运转时，可视为不计变形影响的刚性转子，它没有动挠度产生。而当转子在临界转速以上运转时，转子将产生动挠度。转子的振动特点与刚性转子不同，这是因为挠性转子在不平衡质量作用下会产生弹性变形，且其变形程度随着转速而变化。动挠度的大小是沿轴向变化的，因转子在轴向一般都装有轮、盘等零件，每一轮、盘的质量偏心方向不可能相同，因此，实际转子的动挠度是相当复杂的。

转子超过临界转速的运转情况，有一阶、二阶、甚至三阶临界转速状态，其振动状态也有这三种情况，故其振型曲线如图 3-2 所示。由图 3-2a 可知，挠性转子的动挠度曲线是空间曲线；如图 3-2b 所示，是三种振型的空间曲线。

挠性转子的弯矩随转速变化而改变，转子的挠度也随之改变，因此原先的平衡状态都将受到破坏。对挠性转子动平衡的要求是：不仅要求转子作

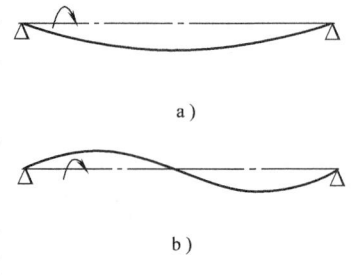

图 3-2 振型曲线

用在二侧轴承上的动反力减少到某一允许值，同时还必须使转子沿其轴线长度上的弯矩值为最小，以保证机组在一定的转速范围内均能平稳地运转。

根据挠性转子动挠度变化特性，可以看出，如果将挠性转子在一阶临界转速以下进行动平衡，转子基本上不产生动挠度，通过在转子的左右两个平衡校正面上配重后，可使转子在一阶临界转速以下运转时，获得所要求的动平衡精度。当挠性转子在一阶临界转速以上运转时，由于转子产生显著的动挠度，转子原来的质量偏心值增大，而且增大的方向是不规则的。因此，原来动平衡精度必然遭到破坏。同理，如果将挠性转子在一阶临界转速以上进行动平衡，虽然可以使其具有动挠度的情况下作为动平衡，但当它在二阶、三阶临界转速或以上运转时，由于转子动挠度变化形式按二阶、三阶振型变化，其动平衡又遭到破坏。

为此，工作转速在一阶临界转速以上的挠性转子，应在一阶临界转速附近进行动平衡。为防止共振振幅过大，一般取消低于一阶临界转速的速度。如果工作转速远远高于一阶临界转速，则再进行一次工作转速下的动平衡，其效果将更好。工作转速在二阶临界转速以上的挠性转子，应在二阶临界转速附近进行动

平衡。

凡平衡转速在转子的一阶临界转速或以上进行的动平衡,属于挠性转子的高速动平衡。

挠性转子的动平衡一般都是在较高转速下进行的,必须使用高速动平衡机。为了减少转子高速旋转时,因叶轮、叶片等零件的鼓风作用而对平衡工作产生额外的干扰,以及减少拖动转子旋转所需的动力和确保安全等因素,高速动平衡机都是安装在坚固的真空舱内,而操作人员在控制室内操纵。当需要对转子试加平衡重块或进行其他操作时,必须首先停止转子的运转,然后打开真空舱,操作人员方可入内操作。在转子再次运转前,要封闭舱门并抽真空,达到规定的真空度时才可起动运转。如此循环数次,直到动平衡达到精度要求为止。

挠性转子动平衡的精度,一般要求动平衡机轴承上的振动速度小于 1.12mm/s。

二、轴承

高速旋转机械上的轴承是很重要的部件,它除了能承受转子的径向载荷和轴向载荷外,还要求具有摩擦阻力小,使用寿命长,在高速下运行稳定等性能。

在高速、大功率旋转机械上大多采用滑动轴承。滑动轴承由于润滑油进入轴承间隙中建立起了油膜压力,因此具有液体摩擦润滑的性能。与滚动轴承相比,具有寿命长,噪声小,能适应较大的温度变化和高速运转性能等特点。目前常用的滑动轴承有圆柱形轴承,椭圆形轴承和可倾瓦轴承等几种。

椭圆形轴承和可倾瓦轴承的应用,主要是为了解决滑动轴承在高速下可能发生油膜振荡的问题,以保证高速旋转机械工作的稳定性。

图 3-3 所示为椭圆形轴承的示意图。轴承由上下两半轴瓦组成。上轴瓦 1 的内孔中心为 O_1,下轴瓦 2 的内孔中心为 O_2,O 为轴承的几何中心。由图 3-3 可知,转子在工作时,即使其中心上浮到轴承的几何中心 O,但由于下轴瓦的中心在 O_2,所以轴仍处于较大的偏心距下工作,结构上保证了轴工作的稳定性。与此同时,由于上轴瓦与轴颈之间也可产生油楔而具有一定的油膜压力,会对轴颈的振动起到抑制作用,因此也增加了轴承工作的稳定性。

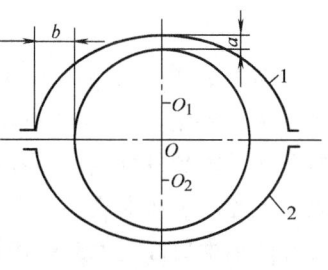

图 3-3 椭圆形轴承示意图
1—上轴瓦 2—下轴瓦

图 3-3 中 a 为椭圆轴承的半径顶间隙,b 为半径侧间隙,椭圆轴承的椭圆度 $m = 1 - a/b$,常用的椭圆形轴承的椭圆度有 1/2、2/3、3/4 等几种。

加工椭圆形轴承的方法,通常是先在上下两半轴瓦的中分面之间加入一定厚度的垫片,然后把内孔加工到规定直径。抽去垫片后,便可得到一定椭圆度要求的椭圆轴承。

例如，一轴颈为 $\phi40mm$，加工一椭圆轴承与其相配，中分面之间垫片厚度为 0.06mm，内孔尺寸加工至 $\phi40.12mm$，抽去 0.06mm 厚度的垫片后，即成为椭圆轴承。此轴承半径顶间隙为 0.03mm，半径侧间隙为 0.06mm，因此椭圆度 $m = 1 - a/b = 1 - 0.03/0.06 = 1/2$。

椭圆轴承由于结构简单，加工难度不大，所以在汽轮机等机械中已使用多年。这种轴承在低速重载下，即转子在轴承中运转时偏心距较大的情况下，工作才比较稳定；在高速轻载的情况下，由于偏心距较小，常会发生半速涡动或油膜振荡的不稳定现象。

可倾瓦轴承按其支瓦块数可分为三瓦式、五瓦式、六瓦式等多种形式。

图 3-4a 所示为三瓦式轴承，瓦块通过一球面头支承。轴颈转动时，带动油流挤入轴和轴瓦间隙中，并迫使轴瓦绕球头摆动，从而形成油楔并提高轴承运转的稳定性。

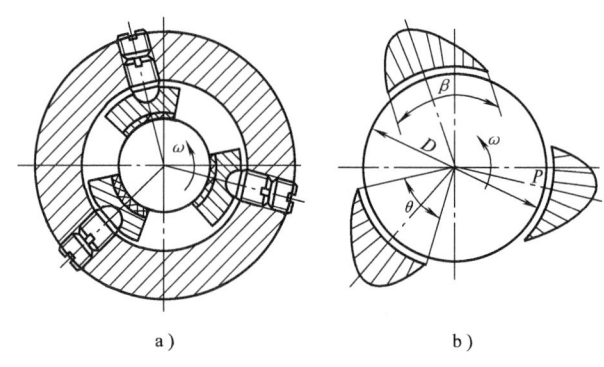

图 3-4 可倾瓦轴承

图 3-4b 所示为油楔压力分布示意图。

图 3-5 所示为常用的五瓦块式轴承的结构。其中一块瓦位于轴承正下方，以便于支承轴颈进行找中。各瓦块背部的曲率半径均小于轴承体内孔的曲率半径，以保证瓦块的自由摆动。由于每个瓦块都能偏转而产生油膜压力，故其抗振性能比椭圆轴承更好。但其结构较为复杂，加工时要求每个瓦块的内弧半径相等，瓦块厚度也相等，否则将影响其应有的良好性能。这种轴承一般在椭圆轴承无法保证工作的稳定性时采用，在汽轮机、鼓风机、燃气轮机和机床等高速机械中应用日趋普遍。

高速旋转机械的转子，在工作时都存在一定的轴向力，应采用推力轴承承受轴上的轴向力，所以高速旋转机械除了径向轴承外，还应有比较完善的推力轴承。高速旋转机械采用的推力轴承以扇形推力块居多，但两个平行平面之间是不

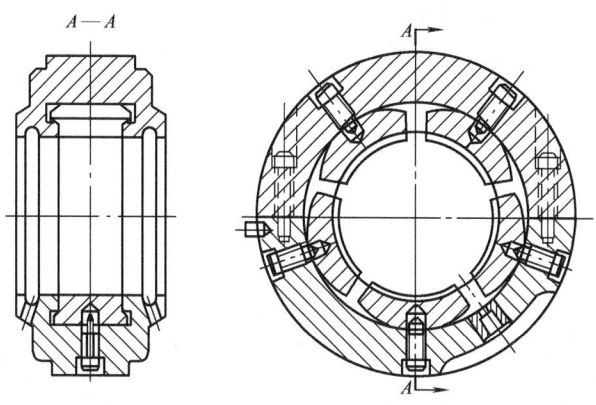

图 3-5　五瓦块式轴承的结构

能形成动压油膜的，因此需在扇形块上沿轴承圆周方向开楔形槽，如图 3-6 所示。图 3-6a 为固定式推力轴承，其楔形的倾斜角固定不变。在楔形顶部留出平台，用以承受停机后的轴向载荷。图 3-6b 为可倾瓦式推力轴承，其扇形块的倾斜角随外载荷的改变而能自行调整，因此性能更为优越。图 3-6c 为扇形块的放大示意图。每个轴承中，扇形块一般为 6~12 块。工作时，推力盘 1 的轴向力 F 作用于推力块 2 上，推力块支靠在轴承体上，并能作少量的偏转。在推力盘与推力块之间产生楔形油膜，保证了良好的液体摩擦。

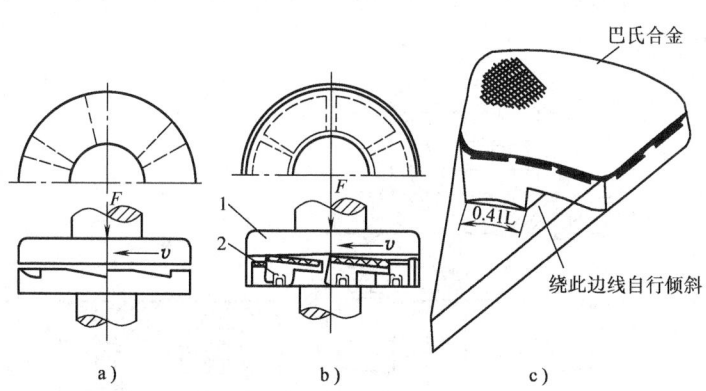

图 3-6　推力轴承
1—推力盘　2—推力块

图 3-7 所示为推力轴承与径向轴承联为一体的实际结构图，其中推力轴承有两个。右边为推力块式的推力轴承，由于工作性能较好，能够产生足够的油膜压力，所以用来承受转子上主要的轴向力。左边与径向轴承相联的固定式推力轴承，用以承受转子上反向的轴向推力，其推力一般较小。两推力轴承之间的轴向

总间隙，一般为 0.25~0.40mm。

扇形块推力轴承装配后，要求各瓦块的工作面都位于一个圆平面上，并与轴心线相垂直，以保证各推力块都能均匀地承受推力盘上的轴向推力，否则会因受力不均而使推力块剧烈磨损或烧坏。

高速机械上的径向轴承和推力轴承，其工作面的表面粗糙度值应小于 $Ra0.8\mu m$，以保证高速下减少摩擦阻力及建立理想的油膜。因此，对于径向轴承的内孔，应尽量采用精车而不宜手工刮削；对于推力轴承的推力块，在采用刮削方法修整工作面时，必须保证较低的表面粗糙度值。

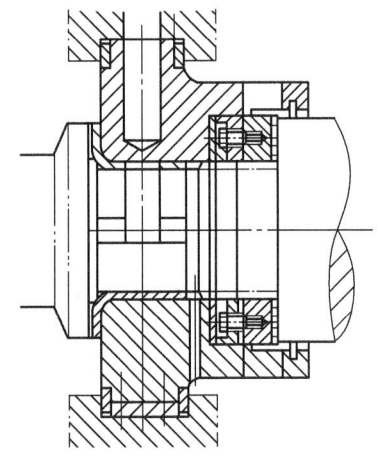

图 3-7 推力轴承与径向轴承实际结构

三、联轴器

高速旋转机械上采用的联轴器有刚性联轴器和半挠性联轴器两类。刚性联轴器中应用最广的是凸缘联轴器，如图 3-8 所示，它是由两个带毂的圆盘所组成。两个圆盘用键分别装在两轴端，并用几个螺栓将它们联成一体。螺栓可用普通的半精制螺栓，如图 3-8a 所示；也可以用铰制孔用螺栓，如图 3-8b 所示，后者可传递较大的转矩。

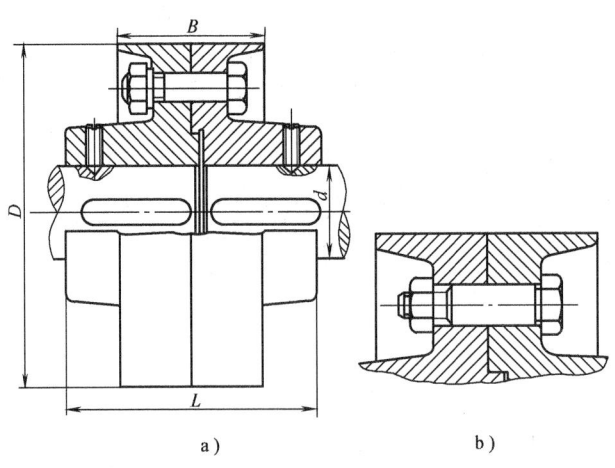

图 3-8 凸缘联轴器

安装固定式联轴器时，必须使两轴严格对中。否则由于两轴的相对倾斜或不同轴，将在被联接的轴和轴承中引起附加载荷而造成严重磨损，甚至发生振动。

此外，由于固定式联轴器的全部零件都是刚性的，所以在传递载荷时不能缓和冲击，没有吸振作用。它的优点是结构简单，价格低廉。

半挠性联轴器中以弹性联轴器和齿式联轴器应用较为普遍。图 3-9 所示为弹性联轴器的结构，其构造类似凸缘联轴器，但用柱销代替螺栓联接。柱销材料目前主要用 MC 尼龙(聚酰胺 b)，其一半制成鼓形，以提高补偿偏移的能力。为防止柱销滑出，两侧设置挡块。这种联轴器结构简单，制造容易，装拆维护方便，承载能力高，使用寿命长；缺点是抗冲击能力较低，尼龙易吸潮变形，导热性差，工作温度限于 $-20 \sim 70℃$。

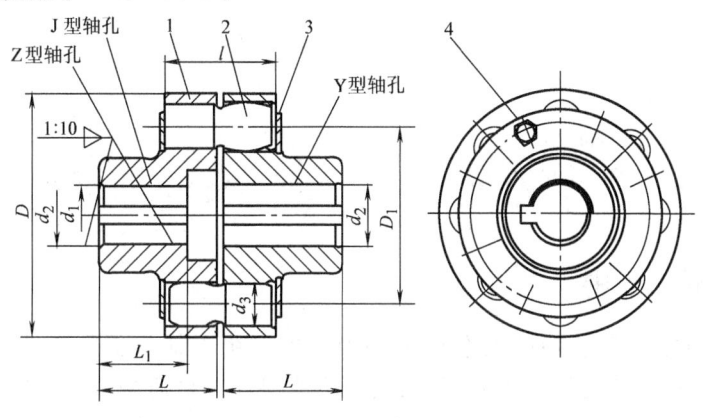

图 3-9　弹性柱销联轴器
1—圆盘　2—柱销　3—挡板　4—螺栓

图 3-10 所示为齿式联轴器的基本结构形式。左右两个外齿轮分别与两轴联接，由内齿轮与两个外齿轮啮合后起传递转矩的作用。内齿轮在轴向可有一定的游动量，以保证两轴都有各自热胀冷缩的余地。同时，由于齿轮联轴器在内齿轮与外齿轮之间具有铰链联接作用，故当两轴轴心线存在一定的同轴度误差时，对振动的敏感性并不很大，所以使用十分普遍。齿式联轴器要求齿轮具有较高的加工精度，运转时要有充分的润滑，否则仍不能得到理想的工作性能和使用寿命。当齿轮磨损后，因内齿轮产生质量偏心而可能对转子的振动带来较大的影响。

无论哪一种联轴器，其内孔与轴的配合必须具有一定的过盈量，过盈量大小一般为轴颈的 0.8% ~ 1.5%。过盈配合可以保证高速旋转的轴与套不致松动，并可增加传递转矩的能力。无论是圆柱形内孔或圆锥形内孔，其过盈配合的装配均采用红套法。

联轴器采用锥形面配合时，必须保证内孔与轴的接触面积大于 75%，通常采用按轴配磨孔(或按孔配磨轴)、按轴修刮孔等措施来实现。为了保证锥形面配合更牢固可靠，一般需在轴端再用圆螺母紧固并锁紧。

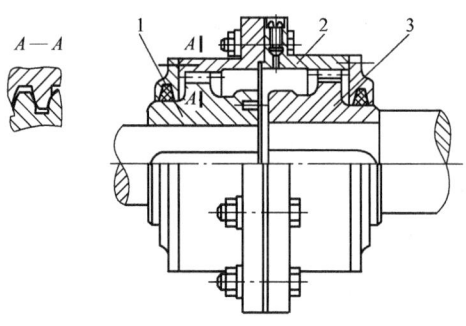

图 3-10 齿式联轴器
1、3—外齿轮 2—内齿轮

联轴器套装在轴上后,还应仔细检查联轴器外圆的径向圆跳动和轴向圆跳动误差,其数值一般不超过 0.03mm。误差过大时应找出原因,必要时需拆下重新套装。

四、轴系找中

联轴器所联接的两轴,理论上应精确同轴,但由于制造及安装误差,工作温度变化及受载荷导致变形等原因,两轴轴心不能保证严格对中,产生如图 3-11 所示的各种位移。图 3-11a 为轴向位移,图 3-11b 为径向位移,图 3-11c 为角向位移,图 3-11d 为综合性位移。

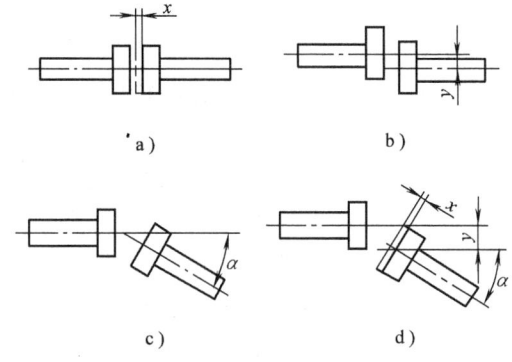

图 3-11 两轴的相对位移和偏斜
a) 轴向位移 x b) 径向位移 y c) 角向位移 α d) 综合性位移 x、y、α

轴系找中不良,是造成高速旋转机械振动故障的直接原因之一。轴系严重的找中不良,还往往使机械发生油膜振荡。为了保证旋转机械运行的稳定性和振动要求,同轴线的两轴联接,要进行同轴度误差的检查和调整,这个过程便称为轴系找中，或称为联轴器找中。

联轴器本身的加工精度以及套装在轴上的装配精度，是保证轴系找中获得理想效果的前提。因此，高速旋转机械的联轴器，其内外圆的同轴度误差、端面与轴心线的垂直度误差，都要求做到十分精确，误差要求一般在 0.02mm 以内。轴系找中前必须测量联轴器的径向圆跳动和轴向圆跳动，以及轴颈的径向圆跳动等，其公差值应在规定范围之内。

轴系找中前，转子两端轴颈在各自的轴承中都应保持准确的位置，即轴颈与轴承孔在静止状态下的接触应良好。这可以通过涂色法检查测定。接触不良则表示两轴承孔的同轴度较差，必须通过修刮轴瓦进行修整。误差大时，则应该重新调整轴承的位置。

轴系找中大多采用指示表作为测量工具，只有在指示表绕轴颈旋转不能通过时，才不得已用塞尺测量，但其测量精度和工作效率明显低于用指示表测量。

图 3-12 所示为常用的找中方式。在联轴器的径向安装一个指示表，在联轴器的端面安装两个指示表。端面安装两个指示表的目的是可以抵消因转子轴向窜动而带来的测量误差。

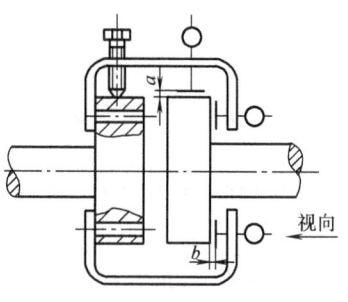

图 3-12 轴系找中的方式

轴系找中的基本原理是：当两轴的轴心线同轴度有误差时，两联轴器的外圆或端面之间将产生相对误差，根据所测得的误差，即可推算出两轴轴心线的误差值。

轴系找中的具体方法如下：将各指示表指针都调到零位，然后同时同向盘动两转子，注意必须使两个转子转过相同的角度，保持两转子的相对位置不变。当转过一周恢复到原来位置时，测量径向圆跳动的指示表读数应复原，测量轴向跳动的两个指示表的读数，应与起始时的读数差相等（因转子难免有轴向窜动，故不要求每个指示表的读数复原）。

然后依次按 0°、90°、180°、270° 四个角度位置进行测量并读得数据，分别记入图 3-13 所示的记录图中。图中 A_1、A_2、A_3、A_4 分别表示测量径向的指示表在 0°、90°、180°、270° 四个角度位置时的读数；B_1、B_2、B_3、B_4 分别表示测端面的指示表在同样四个角度位置时的读数。其中

$$B_1 = \frac{B_1' + B_3''}{2} \qquad B_2 = \frac{B_2' + B_4''}{2}$$

$$B_3 = \frac{B_3' + B_1''}{2} \qquad B_4 = \frac{B_4' + B_2''}{2}$$

将测端面的两个指示表在联轴器同一处测得的数据取平均值。将以上数据综

合后用图 3-14 表示。根据图中数值，便可求出两联轴器之间的误差：

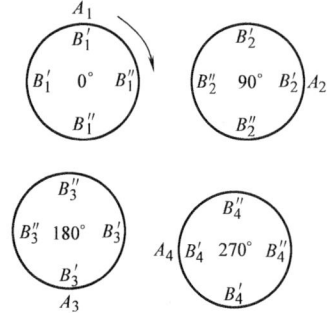

图 3-13　轴系找中时的读数记录　　图 3-14　轴系找中时的综合偏差

端面的上下极限偏差　　$b = B_1 - B_3$

端面的左右极限偏差　　$b' = B_2 - B_4$

径向的上下极限偏差　　$a = (A_1 - A_3)/2$

径向的左右极限偏差　　$a' = (A_2 - A_4)/2$

根据联轴器之间的误差，可以计算出轴心线的误差值或两轴承中心所需的调整量。

不同形式的联轴器找中时允许的误差也不相同。表 3-1 为各种联轴器找中时允许的误差。

表 3-1　联轴器找中时允许的误差　　　　　　　　　（单位：mm）

联轴器形式	允许误差	
	圆周(A_1、A_2、A_3、A_4 任意两数之差)	平面(B_1、B_2、B_3、B_4 任意两数之差)
刚性与刚性	0.04	0.03
刚性与半挠性	0.05	0.04
挠性与挠性	0.06	0.05
齿式	0.10	0.05
弹性	0.08	0.06

轴承处的调整量可按图 3-15 所示的方法计算。计算轴承调整量时，要根据联轴器的误差形式而定。由图 3-15 的偏心形式可知，两轴心线既有倾斜又有偏移，右端的轴承，其轴心线必须调整成与基准轴心线平行，然后再上移 a 值，则两轴心线便可达到同轴度要求。由图 3-15 中可知，1 号轴承处的总调整量为 $Y_1 + a$，2 号轴承处的总调整量为 $Y_2 + a$。Y_1 和 Y_2 可由下列公式计算

$$Y_1 = \frac{bl_1}{D}; \quad Y_2 = \frac{b(l_1 + l_2)}{D}$$

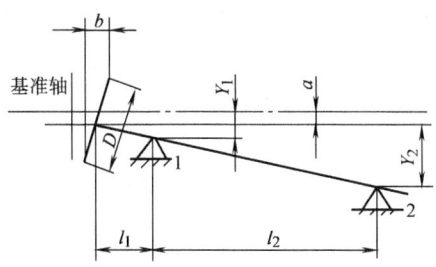

图 3-15 轴系找中时的轴承调整量

式中　D——联轴器直径(mm)；
　　　l_1——1 号轴承与联轴器的距离(mm)；
　　　l_2——两轴承间的距离(mm)。

当两联轴器的误差情况不同时，可先画出误差形式图，再按上述方法分别求出两轴承的调整量。

例如，某机组用齿式联轴器联接两个转子，轴系找中时，测得的数据如图 3-16 所示。按前述公式计算误差值。

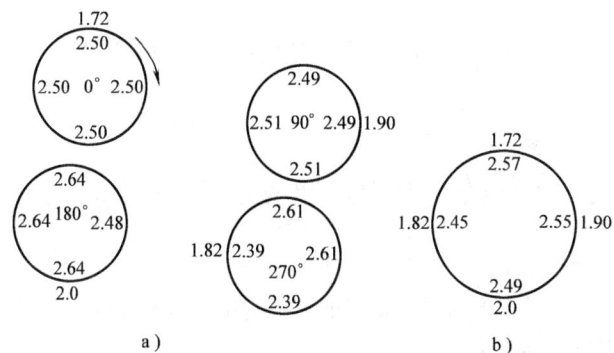

图 3-16 轴系找中实例的误差值

$$B_1 = \frac{B_1' + B_3''}{2} = \frac{2.64\,\text{mm} + 2.5\,\text{mm}}{2} = 2.57\,\text{mm}$$

$$B_2 = \frac{B_2' + B_4''}{2} = \frac{2.49\,\text{mm} + 2.61\,\text{mm}}{2} = 2.55\,\text{mm}$$

$$B_3 = \frac{B_3' + B_1''}{2} = \frac{2.50\,\text{mm} + 2.48\,\text{mm}}{2} = 2.49\,\text{mm}$$

$$B_4 = \frac{B_4' + B_2''}{2} = \frac{2.39\,\text{mm} + 2.51\,\text{mm}}{2} = 2.45\,\text{mm}$$

然后计算出两联轴器之间的极限偏差：

端面的上下极限偏差　　$b = B_1 - B_3 = 2.57\text{mm} - 2.49\text{mm} = 0.08\text{mm}$（为上部开口）

端面的左右极限偏差　　$b' = B_2 - B_4 = 2.55\text{mm} - 2.45\text{mm} = 0.10\text{mm}$（为右部开口）

径向的上下极限偏差　　$a = \dfrac{A_1 - A_3}{2} = \dfrac{1.72\text{mm} - 2.00\text{mm}}{2} = -0.14\text{mm}$（为偏低）

径向的左右极限偏差　　$a' = \dfrac{A_2 - A_4}{2} = \dfrac{1.90\text{mm} - 1.82\text{mm}}{2} = 0.04\text{mm}$（为偏右）

根据以上联轴器的极限偏差形式，可以画出垂直和水平方向的轴心线误差图，如图 3-17 所示。由图 3-17 可知

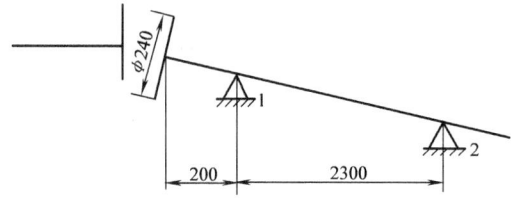

图 3-17　轴系找中实例的轴心线极限偏差图

$$Y_1 = \frac{bl_1}{D} = \frac{0.08\text{mm} \times 200\text{mm}}{240\text{mm}} = 0.07\text{mm};$$

$$Y_2 = \frac{b(l_1 + l_2)}{D} = \frac{0.08(200\text{mm} + 2300\text{mm})}{240\text{mm}} = 0.83\text{mm}$$

因此，1 号轴承应抬高的数值 h_1 为

$$h_1 = Y_1 + a = 0.07\text{mm} + 0.14\text{mm} = 0.21\text{mm}$$

2 号轴承应抬高的数值 h_2 为

$$h_2 = Y_2 + a = 0.83\text{mm} + 0.14\text{mm} = 0.97\text{mm}$$

按同样方法和顺序，可根据联轴器水平方向的误差形式画出其轴心误差图，然后求出两轴承在水平方向的调整量。

轴系找中是一项较复杂而细致的工作，找中的精确度越高，对机械的振动和使用寿命越有利。

轴系找中的最终目的，是要保证两个转子在正常运行时的同轴度要求。根据这一要求，仅在冷态和转子静止时进行同轴度找中，常常不能保证轴系在运行状态下仍具有理想的同轴度误差。这是因为转子在旋转时，轴颈会在轴承中被油膜压力向上浮起（抬高）并移向一侧。如图 3-18 所示，表示轴颈中心与轴瓦中心在不同转速下的相对位置。因此对转子的水平或垂直方向的找中都有影响，同时联

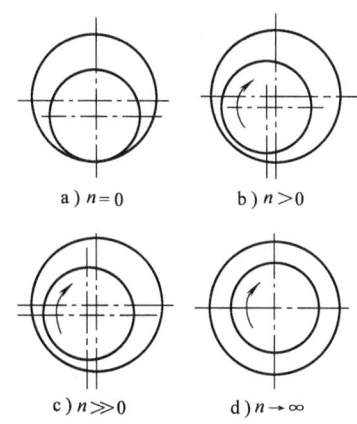

图 3-18　轴颈中心与轴瓦中心在不同转速下的相对位置

轴器附近相邻两轴承座因热膨胀而使轴承中心升高,这两种因素引起的变化在两转子上产生的影响是不相同的,所以两轴心线的对中性能便受到破坏,致使机械运转性能可能大为降低。由此可知,正确的轴系找中,应该把上述两种影响因素考虑进去,既要了解两个转子上各轴颈在轴承中以工作转速旋转时的上浮量,也要估计准确各轴承座在热平衡后的升高量,然后在找中时预留一定的倾斜量和偏移量。

五、润滑

高速旋转机械的轴承润滑是极为重要的问题,油质不清洁或短时间的断油,都有可能造成轴承或转子损坏。

为了保证不发生运转中断油,一般高速机械都有可靠的润滑系统。例如,配备两套润滑装置或附加一个高位油箱,以便当正常使用的一套润滑装置出现故障时,另一辅助润滑装置可立即投入使用。

润滑油的清洁度对保证良好的润滑十分重要。为了保证清洁的润滑油流入轴承,对于新安装的润滑系统,都应预先进行油循环,以除去系统中残留的污物和杂质。油循环初期,由于油内可能混有较多污物,润滑油最好不通过轴承,而只在油系统的其余部分进行循环。当油已循环过滤达到一定清洁度后,再使润滑油通过轴承进行循环,此时在轴承的进油管处应加装精过滤器。油循环的温度应为 40~50℃,同时应有较大的流量和较高的油压。

油循环必须进行到符合要求为止。循环结束后,将轴承进油管处的过滤器和其余临时装置拆除,恢复到原来的状态。

滑动轴承选用何种润滑油,取决于轴承的载荷、转子的转速、工作温度等。

一般来说,载荷大、速度低、温度高时,宜用粘度较大的润滑油;载荷小、速度高或温度低时,宜用粘度较小的润滑油。对于不完全液体摩擦滑动轴承,可参考图3-19和表3-2选用润滑油,这对液体摩擦滑动轴承也具有参考价值。

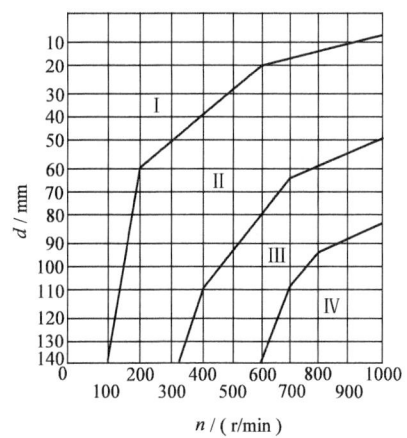

图3-19 不完全液体摩擦滑动轴承润滑油的
选择(工作温度≤60℃)

表3-2 不完全液体摩擦滑动轴承润滑油的选择(工作温度≤60℃)

压强 p/MPa	~0.5	0.5~6.5	6.5~15
I	L-AN22	L-AN68	L-AN100
II	L-AN22	L-AN46	L-AN68
III	L-AN15	L-AN32	L-AN46
IV	L-AN15	L-AN32	L-AN32

注:1. 当工作温度超过60℃,或工作中有严重冲击、往复运动、经常起动及运动中速度变化时,应比表中用油粘度大 $10\sim20\text{mm}^2/\text{s}$。

2. 在10℃以下工作或用于循环润滑系统时,则要比表中用油的粘度小些。

六、试运转

高速旋转机械,在总装结束后必须要进行试运转。试运转可以在制造厂,也可以在使用现场进行。例如汽轮机,一般小型机组在制造厂进行;大型机组在现场进行。通过试运转可以检验机组的设计、加工和装配的综合质量,例如汽轮机的试运转目的:

1)机组运转是否平稳,有无不正常现象和过大的振动。

2)检查叶片装配质量是否符合要求,检验汽轮机热膨胀时机体与转子有否

第三章 高速、精密和大型机械的装配调整

碰擦。

3) 测定转子惰走曲线,即停止向汽轮机供给蒸汽到转子完全停止转动的一段时间内,转速随时间而降低的情况。它可以反映轴承的工作情况是否正常。

4) 校验调节保安系统的性能,是否动作灵活,安全可靠。

5) 校验主气门或汽轮机操纵装置的工作情况。校验主油泵、调速器及其传动机构是否正常等。

高速旋转机械试运转时,必须严格遵照试运转规程进行,并全面掌握待试机械的工作特性和可能出现的运行故障。做好安全保护装置的检查,以及准备好需要采取的紧急措施和停机方法。

在准备起动前,对旋转部件是否活动自如,应有充分的把握,在条件许可时应盘动几转,观察有无卡滞现象。仔细检查各润滑部位是否已得到足够的润滑,进油和排油是否正常,以确保其可靠性。

对于外露的旋转零部件,必须周密检查和分析部分联接处是否紧固可靠,是否能经受长期离心力和振动的影响而不致降低联接的可靠性。

高速旋转机械的起动试运转,一般不能突然加速,也不能在短时间内升速至额定的工作转速。开始起动应采用点动或短时间试运转,并观察其转速逐渐降低所需的滑行时间,以便及时发现可能出现的动静部分摩擦情况,轴承工作不正常等现象。

在起动后的运转过程中,必须按照机械的试运转规程,遵照由低速到高速,由空负荷到满负荷的基本规则逐步进行。在此过程中,对于机组的各项状态参数,除必须进行一般性检查和监视外,对于高速机械转子和轴承的振动,轴承的工作温度和噪声,机械上其余各部分的振动和噪声,受热零件的膨胀情况,以及联接部位的紧固情况等,必须备加注意,若发现异常情况,应及时处理。

❖❖❖ 第二节 精密机械的装配调整

除了一些高速旋转的机械外,金属切削机床也属于精度较高的机械,尤其是螺纹磨床、坐标镗床、数控机床和加工中心以及某些齿轮加工机床,都是十分精密的机械。

金属切削机床的运动包括主运动和进给运动,因此,精密机床的精密性依靠这两个运动来保证,具体表现在传动部分和导轨部分的精密性。

一、传动链的误差

机床传动链的运动误差,是由传动链中各传动件的制造和装配误差造成的。

如齿轮、蜗杆蜗轮、丝杠螺母等传动件的制造和装配误差,以及由于在切削负载下产生的变形等。

传动链中各传动件的误差,不仅在一个传动副中互相传递,而且在整个传动链中将按传动比的规律依次传递,最终必然使末端件受到影响。若传动为降速传动,则误差在传动过程中缩小;若为等速传动,则误差值不变;若为升速运动,则误差值将放大。例如齿轮加工机床上的分齿传动链,是由齿轮副和蜗杆副所组成,分齿运动的最后一级传动是精密蜗杆副,因此,传动链中每个齿轮的误差必然要影响分度蜗轮的运动误差。但是由于蜗杆副的降速比很大,各齿轮的误差传到蜗轮时便被充分缩小,因而反映在工件(齿轮)上的误差也很小。此时,分度蜗轮本身的误差则直接传递给工作台而反映在工件上,因此,分度蜗轮必须保证具有很高的制造精度和安装精度。

传动链中各主要零件的误差来源:

1. 各齿轮的制造误差

1)齿轮每转一周的最大转角误差,在一转中出现一次,它影响传递运动的准确性,这种误差可通过检查齿圈径向圆跳动误差和公法线长度变动来反映。

2)齿轮每转一周多次重复出现的转角误差,它使齿轮啮合过程中产生冲击、振动,从而影响传动的平稳性。由于冲击、振动而使传动产生噪声。这种误差可以通过检查基节偏差和齿形误差来反映。

3)齿面的接触误差,是轮齿在啮合时接触不良,也反映了一定的基节偏差和齿形误差,对传动误差和齿面磨损都会产生不良的影响。

齿轮传动副中,对传动精度影响较大的主要是齿距的累积误差 ΔF_P,它是一种线值误差,如图3-20所示。图3-20中两齿廓(实线表示)本应在 P 点啮合,由于齿距累积误差的影响,实际上却对应于齿距误差在一齿中最大的 P' 点啮合(虚线位置),P' 点也可以在 P 点的另一侧。$PP' = \Delta F_P$,该误差在主动齿轮中相当的角度误差为

$$\Delta \psi_1 = \frac{\Delta F_P}{r_1}$$

致使从动齿轮多转(或少转)一定角度,其数值为 $\Delta \psi_2 = \dfrac{\Delta F_P}{r_2}$,从而引起瞬时速比不稳定。

齿圈的径向圆跳动,在压力角 α 较大时,也会影响传动精度。齿圈径向圆跳动误差 ΔF_r 在齿轮的周向将引起线值误差 ΔF_b,如图3-21所示。

$$\Delta F_b = \Delta F_r \tan\alpha$$

这一线值误差可转换成角度误差,同样影响传动精度。

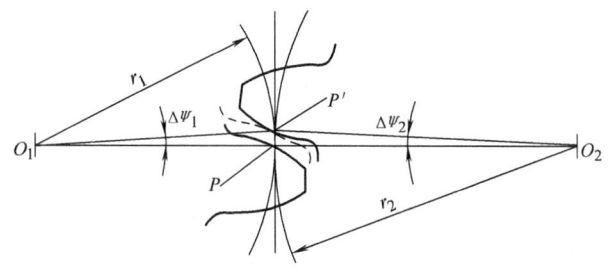

图 3-20 齿距累积误差的影响

对斜齿圆柱齿轮，齿轮的轴向窜动 Δb，也将引起周向线值误差 ΔF_b，如图 3-22 所示。

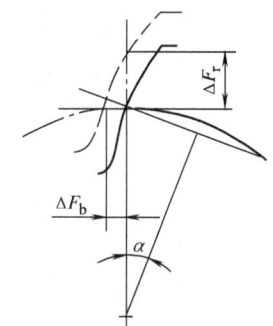

图 3-21 齿圈径向圆跳动的影响

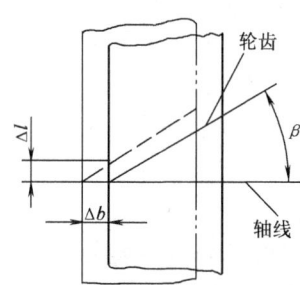

图 3-22 轴向窜动的影响

$$\Delta l = \Delta b \tan\beta$$

式中　β——轮齿的螺旋角(°)。

齿轮在轴上或轴在轴承中的装配误差，以及轴承的误差等，将引起齿轮上附加的齿圈径向圆跳动误差和轴向窜动量，这与上述 ΔF_b 和 Δb 对传动精度的影响相同，在分析时可同等看待。

2. 丝杠螺母副的线值误差

在丝杠螺母副中，丝杠的螺距误差和轴向窜动都会以线值误差的形式直接传递给螺母。梯形螺纹的径向圆跳动则与齿轮的齿圈径向圆跳动相似，将产生轴向线值误差 Δl 直接传递给螺母。

3. 蜗杆副的误差分析

在蜗杆副中，对于蜗轮，其误差分析与斜齿圆柱齿轮一样。对于蜗杆，其误差分析与丝杠一样。

二、提高传动链精度的方法

在装配、调整工作中,为提高传动件的安装精度,可采用误差补偿法装配,对误差校正装置应进行准确的检测、修整。

1. 提高传动件的安装精度

提高传动件的安装精度,主要是保证下列部件的装配精度:蜗轮蜗杆、齿轮、丝杠等传动件在安装时的径向圆跳动误差与轴向窜动误差;丝杠与导轨的平行度误差;蜗杆中心线在蜗轮齿面中心剖分面的位置精度以及蜗杆、蜗轮中心角精度等。

2. 用误差补偿法装配

误差补偿法主要是在装配时对传动件单项误差(径向圆跳动和轴向窜动)和传动副的传动误差,通过按一定的误差相位进行装配,使安装后的综合误差减至最小。

(1) 单项误差的补偿法 例如,减少径向圆跳动误差的装配调整补偿法,是根据轴及传动元件径向圆跳动的相位,将两者圆跳动的最高(或最低)点安装在相对180°的方向以抵消部分误差。对于滚动轴承结构,同样可以将轴颈的最大径向圆跳动处与滚动轴承内孔的最大径向圆跳动处装在相对处,以减少它们的综合误差。

为减少轴向窜动误差的装配调整补偿法,是根据旋转轴相对回转端面的垂直度误差相位来进行补偿的,如图3-23所示。

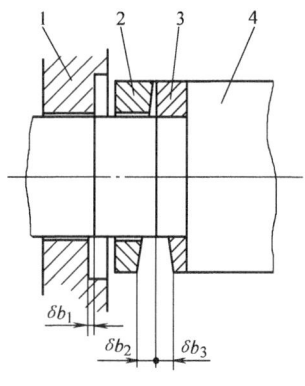

图3-23 轴向窜动误差的补偿原理
1—箱体 2—左止推圈
3—右止推圈 4—轴

若箱体1端面与孔中心线有垂直度误差δb_1,与箱体作固定联接的左止推圈2的端面有平行度误差δb_2,右止推圈3与轴肩紧靠联接后,其端面与轴心线有垂直度误差δb_3。左止推圈2与箱体固定联接时,当δb_1与δb_2误差迭加,且$\delta b_1 + \delta b_2 > \delta b_3$时,则旋转轴将产生的轴向窜动为$\delta b_3$;当$\delta b_1$与$\delta b_2$相互补偿联接,且$|\delta b_1 - \delta b_2| < \delta b_3$时,则产生的轴向窜动为$|\delta b_1 - \delta b_2|$,使旋转轴的轴向窜动为最小。

(2) 传动副传动误差的补偿法 对于传动比为1:1的啮合齿轮副,其主动轮与从动轮转过一齿时的传动误差Δf,是主动轮与从动轮轮齿的齿距差,即

$$\Delta f = p_{主动} - p_{从动}$$

显然,当一个齿轮的最大齿距与另一齿轮的最小齿距处于同一相位时,产生的传动误差Δf为最大,这时将其中一个齿轮转过180°安装,可使Δf降至最小。

3. 误差校正装置的检测修整

传动误差校正装置的结构形式很多，但其基本原理和修整方法大致相似。以基本的坐标镗床传动定位误差校正装置及齿轮加工机床传动误差校正装置为例，加以说明。

图 3-24 所示为坐标镗床丝杠螺母传动定位误差校正装置的典型结构示意图。它由校正尺、杠杆、拉簧等组成，工作台 1 由丝杠 2 和螺母 3 传动，校正尺固定在工作台侧面。

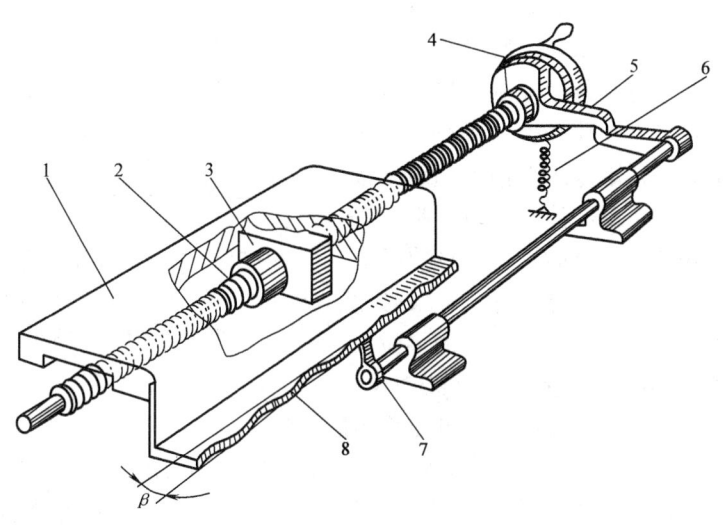

图 3-24 丝杠螺母传动定位误差校正装置示意图
1—工作台 2—丝杠 3—螺母 4—游标盘
5、7—杠杆 6—拉簧 8—校正尺

如果丝杠螺距为 5mm，顺时针方向旋转两周后，工作台应移动 10mm。由于丝杠的制造及安装误差，使工作台实际移动的距离并不等于 10mm；假设移动距离为 9.96mm，为负值误差。此时，与丝杠接触的校正尺校正面，可较其零件逐步凸起一个相应高度。这样，通过杠杆使游标盘 4 向顺时针方向相对丝杠作校正旋转一角度 α，才能对准工作台实际移动量的示值刻线。此角度相当于使工作台再移动 0.04mm，由此便可修正工作台坐标移动的负值误差。当为正值误差时，与上述正好相反。

检测装置的检测修整方法和步骤如下：

（1）确定校正放大比 校正尺高度变化与校正量变化的比例称为放大比。在修整时，为了确定上述校正比例，一般可采用在杠杆 7 和校正尺 8 中放入一块厚 2mm 的量块，读出游标回转数值并得出工作台相应的位移量来确定。例如，放入 2mm 的量块后，与游标回转角度相当的位移量为 0.01mm 时，则校正比例为 200。

（2）测量坐标定位误差　在修整前，应先检查丝杠机构和校正装置的装配质量，然后测出传动机构移动时的坐标位置误差。测量部件移动坐标定位误差常用的方法，是用标准刻线尺作标准量。如图 3-25 所示，标准尺的刻线应带误差鉴定表，鉴定精度在 0.005mm 以内。用分度值为 0.001mm 或 0.002mm 的读数显微镜瞄准读数。测量前，将标准刻线尺 3 放在工作台上，并与工件移动方向平行。在机床主轴套筒上，利用专用卡箍 5 固装好读数显微镜 4。然后，参看图 3-24，将带刻度手轮的零位对准游标盘 4 上的游标零位，同时在校正尺 8 上与杠杆 7 接触处也作为零位标记。再将标准刻线尺的零位线与读数显微镜中的分划板的瞄准线对准，待上述各处均已对好零位后，即可开始测量。

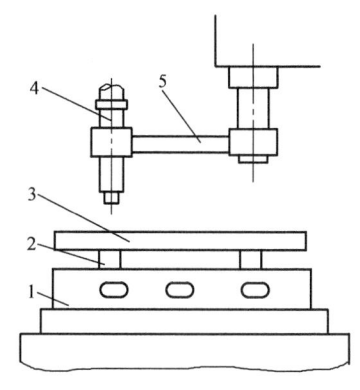

图 3-25　坐标镗床定位误差的测量
1—平行平尺　2—等高垫　3—标准刻线尺
4—读数显微镜　5—专用卡箍

测量时，一般可每经过两个螺距读数一次，依次测量出工作台全行程上各个位置的读数。将误差情况列表并画出校正曲线，以确定出校正尺的修锉位置和修锉量。

例如，当顺时针转动丝杠使工作台移动时，测量出工作台移动的坐标定位误差，见表 3-3；按表画出的校正曲线，如图 3-26 所示。由于丝杠是顺时针方向回转并移动工作台，当坐标定位误差出现负值时，需要使游标顺时针方向回转一定角度，以补偿移动不足的误差，在与杠杆相接触的校正尺表面处应凸起。但在作校正曲线时，在最大负值处应看作为最低处，不能修锉，并以这一最低点作为零位来计算其他各高点的修锉量。

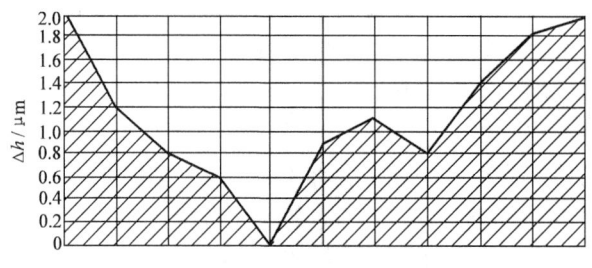

图 3-26　校正曲线

(3) 校正尺的修锉 将画出的校正曲线贴在校正尺上,或直接划在校正尺上,按线仔细修锉即可。如果是利用旧的校正尺,因其表面原来就是曲线,则只要根据测得的坐标定位误差,在相应的位置上锉去计算出的数值即可。此外,当读数误差值有规律地向某一方向成线性变化,形成较大的积累误差时,仅需将校正尺回转 α 角即可,此时需将校正尺重新定位。

表 3-3 丝杠累积误差及校正尺的修锉量(校正比 200)

工作台移动距离/mm	读数误差/μm	标准尺误差/μm	实际误差/μm	对校正尺最低修锉位置的误差量/μm	应修锉的金属厚度/mm
0	0	0	0	10	2
10	-4	0	-4	6	1.2
20	-7	+0.5	-6.5	3.5	0.7
30	-8	+1	-7	3	0.6
40	-10	0	-10	0	0
50	-6	+0.5	-5.5	4.5	0.9
60	-5	+0.5	-4.5	5.5	1.1
70	-6	0	-6	4	0.8
80	-4	+1	-3	7	1.4
90	-2	+1	-1	9	1.8
100	-1	+1	0	10	2

三、精密机床蜗杆副的修整工艺

分度蜗杆副是分度机构的关键部分,在齿轮加工机床、螺纹加工机床,坐标镗系等精密机床上得到广泛使用。分度蜗杆副的结构、加工精度、装配质量、工作条件等都直接影响分度机构的分度精度,也影响机床的加工精度。

精密的齿轮加工机床,其分度蜗杆副是按 0 级精度制造的。蜗杆其余部分的制造精度一般为:轴向螺距最大累积误差为 ±0.005mm,轴颈与轴承(通常为铜套)的配合间隙为 0.005mm。蜗轮其余部分制造精度一般为:相邻齿距差为 0.005mm,累积齿距差为 0.02mm。

装配工作中,分度蜗杆副的调整是分度机构装配的关键,应引起足够的重视。现将蜗杆副分度精度的测量方法、分度蜗杆副的调整方法、分度蜗杆副啮合状态的检查与调整介绍如下:

1\. 蜗杆副分度精度的测量

蜗杆副分度精度的测量,一般有静态测量和动态测量两种综合测量方法。

(1) 静态综合测量法 蜗杆副装入机器部件后,按规定的技术要求,调整好各部分的间隙和径向圆跳动误差,用测量仪器测出蜗杆准确回转一整圈(或 $1/z_1$ 转)时,蜗轮实际所转过的角度(或弦长)对理论值的偏差。测量出蜗轮全部的偏差值后,通过一定的计算得出蜗杆副的分度误差。综合测量所得的误差是蜗杆副在啮合状态下的传动精度和工作台(或主轴)回转精度在某瞬时的综合值。除包括蜗轮蜗杆本身的制造误差外,还包括蜗轮蜗杆的安装精度、回转精度,工作台的精度。因此,其测量结果接近于蜗杆副的实际工作状态,对蜗杆副在修整前,修整过程中和修整后的检验都可以采用。

(2) 动态综合测量法 蜗杆副的动态测量可在各种单面啮合检查仪上进行。一对相啮合的蜗轮蜗杆,在中心距一定的条件下进行单面啮合测量,是很接近于使用情况的,因此能较真实地反映蜗杆副的运动误差、累积误差和周期误差三项综合指标。从而能准确地反映蜗杆副的制造精度,分析机床和各种工艺因素对被加工蜗轮的影响等。

图 3-27 所示为动态测量蜗杆副误差的磁分度检查仪原理。在蜗杆轴 3 上接入连续运动后,磁分度盘就连续分度,因此,可在机床运转过程中测量蜗杆副的运动误差。在蜗杆轴 3 和蜗轮 2 上分别安装磁分度盘 1、5,令其电磁波数的比值等于其传动比。由于磁头 4、8 接收信号的相位差是不变的,运动中每一个不均匀的运动信号都将使两个磁盘的比值发生变化,并通过磁头记录下来以改变信号的相位,经过比较仪 6 后,相位差

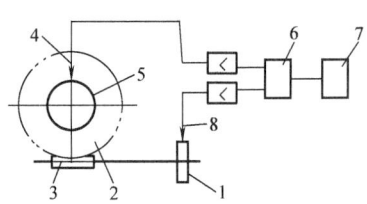

图 3-27 磁分度检查仪原理
1、5—磁分度盘 2—蜗轮
3—蜗杆轴 4、8—磁头
6—比较仪 7—记录器

由记录器 7 记录,便可得到一个周期的误差曲线。这种方法的优点是可在机床运转过程中测出运动误差,测量精度较高,可小 1″;一个周期的测量可在很短时间内完成。缺点是磁分度对周期误差反映不够灵敏,各种单面啮合检查仪不能适应大尺寸蜗杆副的检查,也不能用于装配好的蜗轮的测量,因此,这种测量方法有一定的局限性。

2\. 分度蜗杆副的修整方法

分度蜗杆副修整时,常采用更换蜗杆,修整蜗轮的方法。常用的修整方法见表 3-4。

表 3-4　分度蜗杆副常用的修整方法

蜗轮	蜗杆	
	固定中心距	可调中心距
精滚	配制新蜗杆	配制新蜗杆，修磨旧蜗杆或利用旧蜗杆
剃齿		
珩磨		
刮研		

固定中心距蜗杆副的修整，无论采用精滚、剃齿、珩磨或刮研等方法修整蜗轮，如仍然使用原来的蜗杆（假设原来的蜗杆精度是合格的），装配后的啮合侧隙将超过公差，因此必须配制新蜗杆以保证啮合侧隙。

可调中心距蜗杆副的修整，常采用缩小中心距，径向负修正蜗轮的办法。但只有当刀具移距 X_m 小于或等于 $h:m$ 时，径向负修正才是可行的；当 X_m 大于 $h:m$ 时应采用切向修正。

分度蜗杆副的修整，是在工作台的环形圆导轨修整至要求的精度后进行的，其工作的主要内容包括蜗杆座的修整和蜗杆副的珩磨修整两方面。

（1）蜗杆座修整工艺　蜗杆与蜗杆座安装结构如图 3-28 所示。蜗轮与工作台装在一起，直接带动工作台旋转。蜗杆的径向圆跳动误差和轴向窜动误差，对加工后齿轮的齿形误差和相邻齿距误差的影响很大。

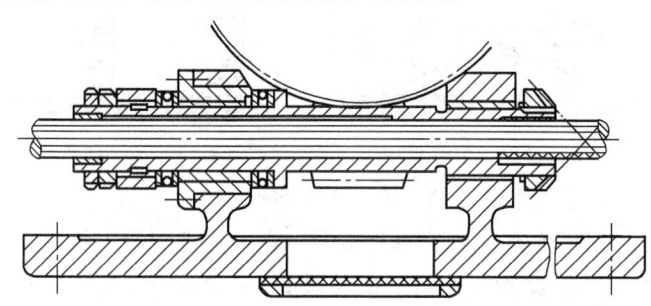

图 3-28　蜗杆安装情况

如果蜗杆的径向圆跳动误差为 δ_r，则反映在齿轮齿形上的误差为

$$\Delta f_f = \delta_r \times \tan\alpha_1 \frac{d_w}{d_2} \times \cos\alpha_w \times \cos\beta_w$$

式中　α_1——蜗杆的压力角（°）；
　　　d_w——齿轮的分度圆直径（mm）；
　　　d_2——蜗轮的分度圆直径（mm）；
　　　α_w——齿轮的压力角（°）；
　　　β_w——齿轮的螺旋角（°）。

例如 $\alpha_1 = 9°$，$d_w = 300\text{mm}$，$d_2 = 284\text{mm}$，$\alpha_w = 20°$，$\beta_w = 0$；则当 $\delta_r = 0.005\text{mm}$ 时，齿形误差为

$$\Delta f_f = 0.005\text{mm} \times \tan 9° \times \frac{300\text{mm}}{284\text{mm}} \times \cos 20° \times \cos 0°$$

$$= 0.0008\text{mm}$$

如果蜗杆的轴向窜动为 δ_a，则反映在齿轮齿形上的误差为

$$\Delta f_f = \delta_a \times \frac{d_w}{d_2} \times \cos\alpha_w \times \cos\beta_w$$

同上例，当 $\delta_a = 0.001\text{mm}$ 时，齿形误差为

$$\Delta f_f = 0.001\text{mm} \times \frac{300\text{mm}}{284\text{mm}} \times \cos 20° \times \cos 0°$$

$$= 0.001\text{mm}$$

可见蜗杆轴向窜动对齿轮加工后的齿形误差影响更大。

分度蜗杆的径向轴承是两个青铜材料制成的滑动轴承。修整时要用材料较软的轴承合金或布质层压棒制成的研磨棒研磨。研磨棒的长度要足以同时研磨到两个轴承孔。两轴承孔的同轴度误差为 0.003mm，由研磨棒保证。研磨后内孔的圆度公差为 0.005mm，锥度公差为 0.005mm，表面粗糙度值为 $Ra\ 0.1\mu m$，与蜗杆轴颈的配合间隙为 0.003~0.005mm。蜗杆座轴承孔的研磨，如图 3-29a 所示。

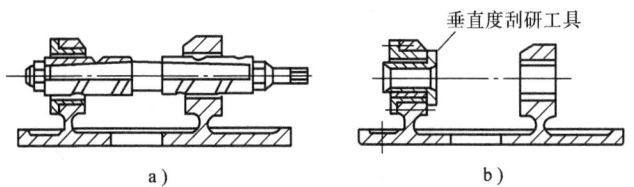

图 3-29 蜗杆座的修整

蜗杆座上两侧装推力轴承的两个端面，要用垂直刮研工具修整，其垂直度误差为 0.005mm，接触点为 12~14 点/(25mm×25mm)。端面刮研示意图如图 3-29b 所示。

蜗杆的轴向窜动，除端面的垂直度误差影响外，推力轴承的精度也是影响因素之一。对于两个轴承圈的两端面平行度误差为 0.002mm，球轴承钢球的圆度公差为 0.005mm，各钢球直径公差为 0.001mm，表面粗糙度值为 $Ra\ 0.1\mu m$。轴承圈平行度要求不符合时，可采用研磨方法加以修整。研磨后轴承圈平面的平行度误差为 0.001mm，由研磨平板保证。

经过以上的修整工作，可使蜗杆装配后的径向圆跳动误差在 0.002mm 之内，轴向窜动误差在 0.002mm 之内。轴向间隙小于 0.001mm，具有很高的回转精度。

（2）蜗轮珩磨法修整工艺 珩磨修整法是利用珩磨蜗杆与蜗轮正常啮合后，

以珩磨蜗杆带动蜗轮回转，利用传动中齿面的相对运动使珩杆的磨料产生切削作用，对分度蜗轮进行精整加工的方法，如图3-30所示。珩磨后的蜗轮面痕迹一般很细，故其表面粗糙度值比滚齿、剃齿要低。

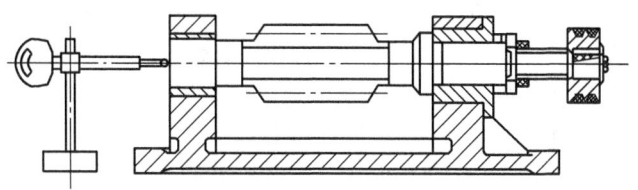

图3-30　珩磨蜗杆装配示意图

蜗轮珩磨通常作为精滚齿以后的精整加工，或刮研修整后的精加工等，同时也可作为修整分度蜗轮的单独工艺方法使用。分度蜗轮的珩磨加工，往往是在滚齿机上或配对机上进行。在修整工作中，一般是将珩杆与蜗轮按装配图和规定的技术要求装配好后，直接在机床箱体内进行珩磨。

常用的分度蜗轮的珩磨修整法有三种：自由珩磨法；强迫珩磨法；变制动力矩珩磨法。现简述如下：

1）自由珩磨法。珩磨蜗杆与所需要修整的分度蜗轮自由啮合，以珩磨蜗杆带动被修整的蜗轮转动，使蜗轮承受微量切削与挤压作用，以修正蜗轮的部分误差，同时使蜗轮表面粗糙度值更低一些。

2）强迫珩磨法。强迫珩磨法是一种以珩磨蜗杆代替滚刀，类似滚齿那样对分度蜗轮进行滚切珩磨的方法。因其原理相当于滚切蜗轮，因此需在高精度的滚齿机上进行，否则不能采用此法。

3）变制动力矩珩磨法。磨削工件时，磨削的接触压力越大，则磨屑就越多。按照这个原理，可以在恒制动力矩自由珩磨法的基础上，增加一个按蜗轮齿距累积误差大小而改变制动力矩的装置，从而控制珩磨时接触压力。显然在接触压力大的地方，珩磨所切削的金属较多，而在接触压力小的地方珩磨切削的金属较少。这样不但可以修正相邻的齿距误差，而且可以同时修正齿距累积误差，从而提高蜗轮的运动精度、工作平稳性和接触精度。

变制动力矩珩磨装置有液压伺服式变制动力矩装置和弹簧式变制动力矩装置两种。珩磨蜗轮时，先不加制动力，进行自由珩磨，其目的在于消除两侧面上的毛刺和使齿面变光滑，以便测量时获得比较真实的读数值。初珩后换上测量蜗杆，对分度蜗轮进行测量。根据测量结果，分别按左右齿面的误差，对蜗轮进行变制动力矩珩磨修整。

珩磨蜗杆的安装要求及加工中的注意事项，均可按自由珩磨法中的要求进行。整个珩磨过程必须用煤油冲洗冷却。

珩磨后换用新的工作蜗杆时，工作蜗杆必须与珩磨蜗杆在同一台螺纹磨床的相同状态下磨削至精度要求,以保证工作蜗杆的齿形能与蜗轮齿形较好地吻合,达到理想的接触精度。

(3) 工作台环形圆导轨副的修整工艺　工作台环形圆导轨的误差,是造成分度蜗轮不均匀磨损,从而丧失精度的因素之一。环形圆导轨的圆度误差主要影响齿轮加工后的累积齿距误差,其主要原因是导轨误差引起分度蜗轮对导轨的偏心,使蜗轮在每转的周期内出现累积误差。因此,在对分度蜗杆副修整前,必须先全面修整环形圆导轨,使其符合精度要求。

环形圆导轨的结构如图 3-31 所示。工作台 1 的回转运动是通过分度蜗杆(图中未画出)带动分度蜗轮 2 实现的。工作台 1 除了装有分度蜗轮 2 外,还设有环形导轨 6 和定心轴 5,工作台部件装于滑鞍中。滑鞍下面有 V—V 形导轨组和床身导轨配偶,是机床往复直线运动的导向装置。滑鞍内装有两个铸铁定位套 4,定位套 4 的内孔为工作台回转定位孔。在滑鞍上部有环形导轨 7 与工作台环形导轨 6 组成导轨副。导轨副工作台与滑鞍上相对应的环形平面是密封面。

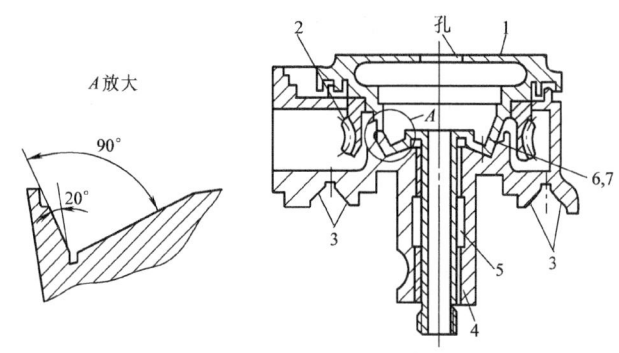

图 3-31　环形圆导轨结构

1—工作台　2—分度蜗轮　3—动导轨　4—定位套　5—定心轴　6、7—环形导轨

环形导轨副的导轨截面呈不对称 V 形,工作时较陡导轨面承受径向载荷;较平缓的导轨面承受轴向载荷。

环形圆导轨的上导轨面(工作台)是旋转的,磨损比较均匀;下导轨面(工作台滑鞍)承受方向性切削力,磨损不均匀。因此,上导轨比下导轨面有较小的圆度误差。

上导轨安装同轴的分度蜗轮,必须达到较高的同轴度要求。

根据上述结构特点和磨损规律,可采取以工作台回转定位表面为回转基准,上下导轨面对刮的方法来修整圆形导轨,其主要工艺为:

1) 修整工作台回转定位表面:首先按图 3-32 所示,检测分度蜗轮喉颈和定心轴颈未磨损表面的径向圆跳动误差。根据圆跳动值及方向修整中心顶尖轴上的中心孔。经过修整后,上述两项圆跳动误差不大于 0.005 ~ 0.008mm。然后再根据定心轴颈表面磨损情况，采用研磨或其他方法修整。

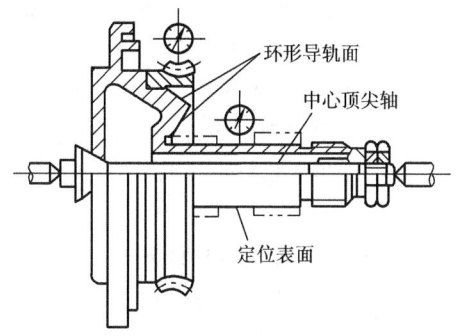

图 3-32　定心轴径向圆跳动的检测方法

如图 3-33 所示为研磨修整法示意图。修整后工作台定心轴颈应达到以下技术要求：圆度误差不大于 0.008mm；圆柱度误差不大于 0.010mm；径向圆跳动误差不大于 0.010mm；对分度蜗轮喉颈的径向圆跳动误差不大于 0.010mm；定心轴颈表面粗糙度值为 Ra 0.4μm。

2）修整工作台滑鞍的定位套孔：根据已恢复的工作台定位表面外圆直径，按图 3-34 所示的方法，用研磨棒研磨工作台滑鞍上的定位套孔达到以下技术要求：圆度误差不大于 0.008mm；圆柱度误差不大于 0.008mm；与工作台定位表面外圆的配合间隙为 0.004～0.007mm。

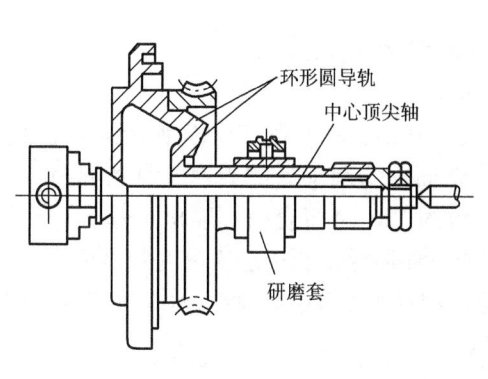 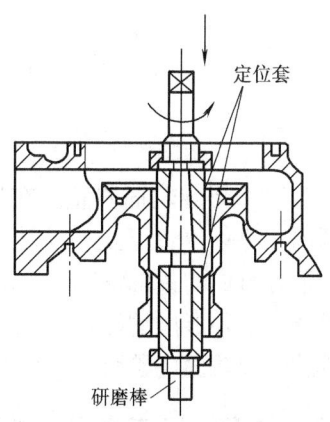

图 3-33　定心轴颈研磨修整法　　图 3-34　定位套内孔研磨法

3）环形圆导轨的刮削：环形圆导轨互研刮削法具体步骤如下：如图 3-31 所示，将滑鞍上的环形导轨 7 表面均匀涂上显示剂，然后装上工作台合研，并修刮导轨 7 表面。合研与刮削时，应正反向回转工作台，回转角一般控制在 15°～45°之间，完成正、反向连续回转一周后，卸下工作台，刮去滑鞍导轨面上的显点。再循环进行合研与刮削，直至被刮导轨 7 表面呈现连续均匀的显点为止。这时不一定要求显点数。

擦净环形导轨7表面上的显示剂，而在环形导轨6表面上均匀涂上显示剂，仍按上述方法及要求合研刮削工作台环形导轨6表面，并达到初刮要求。

环形导轨6、7表面分别达到初刮要求后，再进行精刮和细刮。刮削时仍然采用环形导轨6、7表面互为合研基准进行合研与刮削。经过反复几次的刮削以后，就可使环形导轨获得极高的圆度要求。环形导轨的接触点要求达到20～25点/（25mm×25mm）。

在圆度和接触点达到要求后，将上下导轨清洗擦干。然后用氧化铬抛光剂均匀地涂在上导轨上，转动工作台，对上下导轨进行抛光，以进一步细化表面粗糙度。抛光后必须仔细清洗并涂上润滑油，达到用手指拨动就可使工作台转动为止。

不对称V形导轨面刮削修整时，因锥面角度不等，每次研合后两导轨面切除量也应不相等，如图3-35所示。切除量间的关系式为

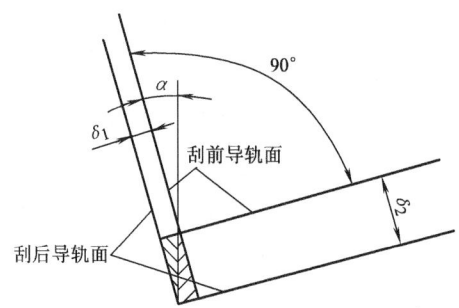

图3-35 不对称V形导轨刮削余量的关系

$$\delta_2 = \delta_1 \cot\alpha$$

故在每次研合后的刮削中，应酌情在较陡导轨面上不修刮或仅修刮少量的金属。

不对称V形导轨面修整，在检查导轨面互研刮削后的表面接触情况时，采取在圆周三等分位置上正、反转动工作台约120°进行合研，取出工作台分别检查上、下导轨面的接触情况。合研的方法对环形导轨面接触质量判断很重要。

另外，因环形滑动导轨间在机床运行中应形成油膜，所以对V形不对称形导轨较陡的导轨面应预留一合理的间隙。

四、精密机床床身导轨的修整

精密机床工作台的直线运动精度，在很大程度上取决于床身导轨的精度。对于精密机床床身导轨的修整仍主要以刮研方法进行。现以某坐标镗床的床身为例，对其刮研修整工艺加以分析。

坐标镗床属于精密机床。它的床身与导轨的结构如图3-36所示。床身是机床的基础件，它支承着立柱、滑板、工作台等零部件。床身底部有7个螺钉孔，

通过地脚螺钉和垫铁调整机床安装的水平。

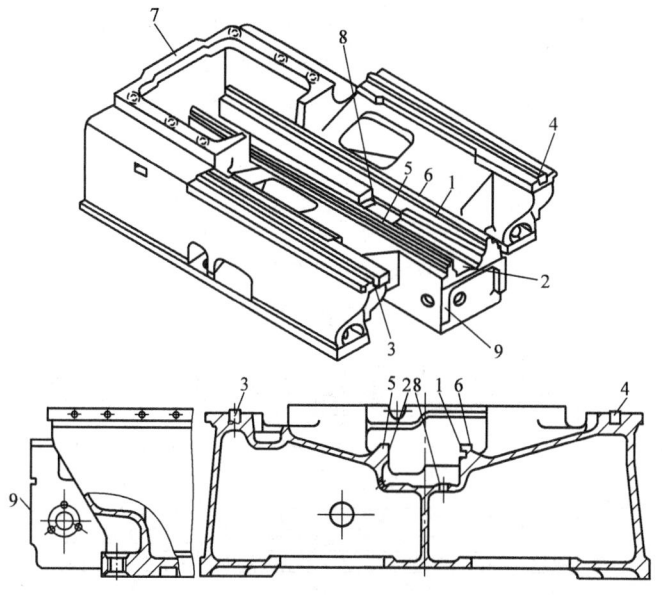

图 3-36　坐标镗床与导轨结构示意图
1、2、5、6—滑动导轨面　3、4—滚动导轨面　7—立柱安装面　8—蜗杆安装面　9—操纵箱安装面

床身一般为铸铁件。其表面 7 是立柱的安装面，表面 8 是蜗杆的安装面，表面 9 是操纵箱的安装面，其上面共有 6 条导轨。1、2、5、6 为滑动导轨面，与床身铸成一体。3、4 为用淬硬钢镶装在床身上的滚动导轨面。前一组导轨主要起导向作用，后一组导轨主要起支承作用。

1. 滑动导轨 1、2 表面的刮削修整法

修刮前应先测定导轨 1、2 表面磨损量大小，可用光学平直仪检测导轨 1、2 表面的直线度误差。如果直线度误差较大，说明导轨磨损量较大。为了提高修刮的工作效率，可将床身置于侧立状态修刮导轨 1、2 表面，其工作内容要求如下：

1）床身侧立状态的支承点。由于床身改换了安放状态，当处于侧立状态时，刚度变得不足，应选用如图 3-37 所示的三个近似等腰三角形的支

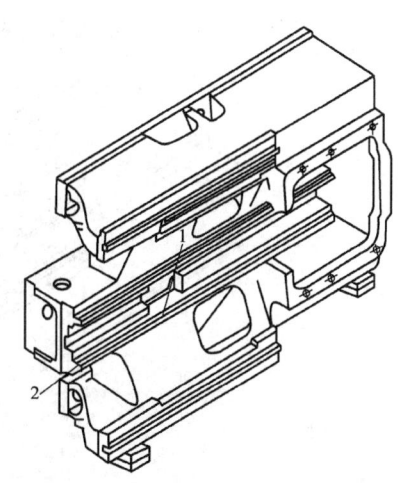

图 3-37　床身侧立状态及支承示意图

承点。

2) 床身侧立状态下滑动导轨1、2表面的刮削,如图3-37所示。调整导轨面1的水平至最小值,然后用0级平尺拖研刮削滑动导轨1表面达到要求。然后再次翻转床身,使床身处于另一方向侧立状态,用相同的方法刮研滑动导轨面2达到要求。

由于床身侧立时的刚度问题及采用三点支承形式,因此在床身导轨表面1、2修刮时,要考虑床身与导轨的变形量大小、变形方向及位置。镗床床身侧立状态修刮后滑动导轨1、2表面的坐标曲线及经验数值,如图3-38所示。此例充分说明刚度对导轨面刮削精度的影响,在导轨刮削修复过程中必须注意。

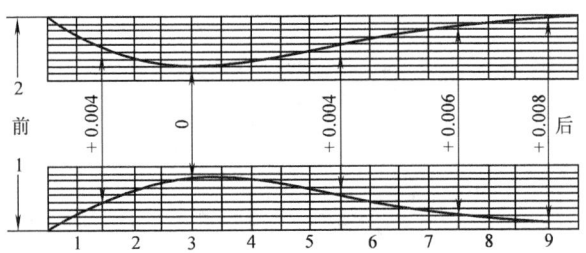

图3-38 导轨面1、2刮研后的坐标曲线图及经验数值

3) 床身原位状态检测导轨1、2面的直线度和平行度误差。翻转床身到水平位置,利用等腰三点支承调整床身水平,使导轨面对基准水平面的平行度误差为最小值。然后按图3-39所示方法复测导轨1、2的直线度和平行度误差。复测时将反光镜垫板紧靠在导轨1(或2)面的两端处。精确调整光学平直仪与反光镜的相对位置,然后逐段复测,并绘制出导轨直线度误差曲线图。导轨1、2的直线度误差应小于0.004mm,接触显点为20~25点/(25mm×25mm)。

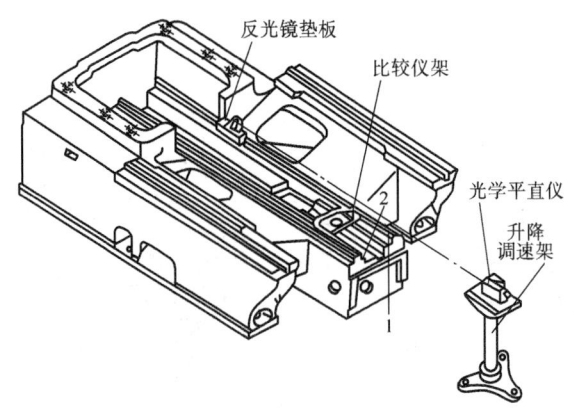

图3-39 复测导轨1、2面的直线度和平行度误差方法示意图

导轨1和2面的平行度误差用比较仪检测,要求在导轨全长上平行度误差小于0.005mm。如果复测结果达不到导轨技术要求,可在原位用平尺拖研刮削直至达到要求为止。

2. 滚动导轨3、4表面的研磨修整法

该床身滚动导轨是淬硬钢导轨,通常采用研磨方法修复导轨表面。

在研磨滚动导轨面之前,应将立柱装于床身之上,防止因立柱的自重作用引起床身变形而影响修研后导轨3、4面的精度。许多机床导轨的刮、研过程中都使用这种方法。

导轨研磨通常使用专用研具。根据检测出直线度误差部位,然后进行研磨。研磨后的床身3、4导轨面的技术要求为:导轨在垂直面内的直线度误差全长上小于0.005mm;导轨在水平面内的平行度误差小于0.006mm/1000mm;导轨面的表面粗糙度值应达到$Ra\ 0.16\mu m$。

有关导轨面3、4的检测方法如图3-40所示。测量时在专用桥形板上安放合像水平仪,其刻度值为0.01mm/1000mm。

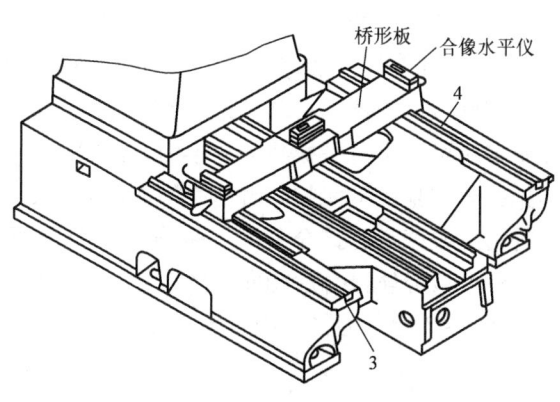

图3-40 导轨面3、4检测方法示意图

3. 刮研导轨面5、6

用0级平尺研点并刮削导轨面5、6至精度要求。在垂直平面内的直线度误差为0.004mm;两导轨的平行度误差为0.006mm;两导轨面对导轨上表面3、4的平行度误差为:纵向0.006mm,横向0.02mm;两导轨接触点不少于16点/(25mm×25mm)。

◆◆◆ 第三节 大型机械设备的装配调整

大型机械由于结构尺寸较大,不易搬动和翻身,所以在装配、修整时常常要采取一些特殊的措施,以保证在达到精度要求的前提下,尽量省时省力。下面介绍大型机床装配、修理工艺的一些特点。

一、大型机床多段拼接床身的修整工艺

大型机床由于床身较长，常由几段拼接而成。如重型龙门刨床 B2228—14，机床床身长 29m，由五段拼接而成，有四个接合面。在导轨分段进行精加工后，可按下列步骤进行连接加工。

1. 刮削接合面

刮削接合面步骤如下：

1）在接合面上按统一基准划出所有连接孔位置，并加工好所有连接孔，注意应与连接面保持垂直。

2）按床身序号顺序刮研连接面，使其与导轨的垂直平面及水平面均保持垂直。刮削时可用枕木将刮削端垫高，如图 3-41 所示，使接合面略有倾斜。这样在研点时可减小对平板施加的推力，同时也使刮削较为方便。接合端平面刮研应达到的要求是：平面与导轨面垂直度误差在 0.03mm/1000mm 以内。在刮研相结合的另一段床身的接合面时，垂直度误差也要符合上述要求，但误差方向应相反，使两段导轨接合后趋向一致。接合面接触显点为 4 点/(25mm×25mm)。

图 3-42 所示为接合面与导轨面的垂直度误差检查方法。

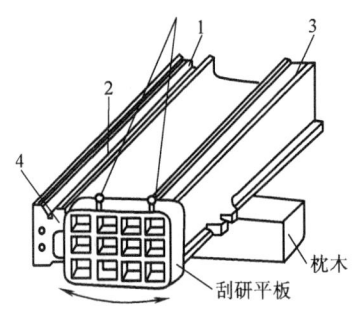

图 3-41　刮研连接端面的方法
1、2—V形导轨面　3—平导轨面　4—拼接端面

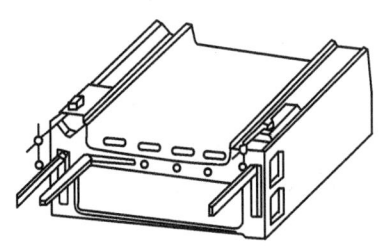

图 3-42　接合面与导轨面的垂直度误差检查方法

2. 床身的拼接

床身的拼接步骤如下：

1）将床身第三段首先吊装到基础调整垫铁上，初步找正安装水平，再按次序将第二段、第四段、第一段、第五段吊装拼接。连接时应注意两点：为防止导轨渗油，在端面 10mm×7.5mm 槽内，应放置 φ10mm 耐油橡皮绳，如图 3-43 所示；在拼装床身时，因起吊关系，床身落下后，两段床身接头处常有较大缝隙，此时不允许直接用联接螺钉拉拢紧固，而应在床身另一端用千斤顶等工具顶推，使床身逐渐拼合。

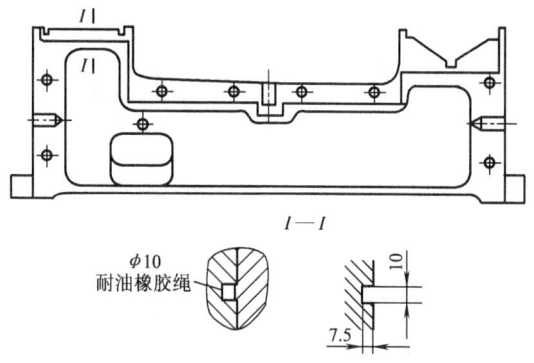

图 3-43 床身端面铣槽示意图

2）检查相连接的床身导轨的一致性。检查方法如图 3-44 所示，可用指示表检查导轨面接头处。

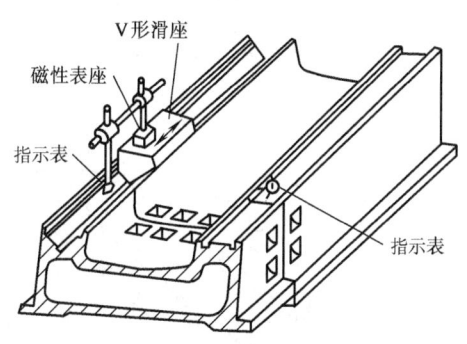

图 3-44 床身导轨表面连接的检查

3）各段床身联接螺钉紧固后，接合面用 0.04mm 的塞尺检查时，塞尺应不能插入。

4）钻、铰销孔，配上销钉，用涂色法检查销与销孔的配合接触面，接触率应达到 60% 以上。

5）将立柱、横梁、连接梁、刀架等部件初装在床身上，使床身在使用条件下达到规定精度。如果仅是保证床身导轨单件条件下的精度，则在床身刮好后再装上横梁、立柱等部件，势必造成基础变形和床身变形，使床身导轨的原精度遭到破坏。

3. 刮削 V 形导轨面 1、2

刮削前先要调整床身的水平度到最小误差。在自由状态下，用外 110°研具，研点刮削。由于导轨长，研具短，在直线性刮研过程中，还必须由导轨一端至另一端用水平仪测量。根据测量的结果，不断进行修整，同时要控制 V 形导轨的扭曲。检查方法如图3-45所示。

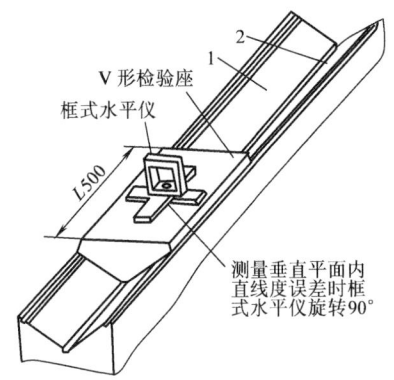

图3-45　导轨面1、2在垂直平面内直线度误差及V形导轨扭曲检查示意图

V形导轨在水平面内的直线度误差可用0.3mm钢丝拉紧后,用显微镜进行检查,如图3-46所示。

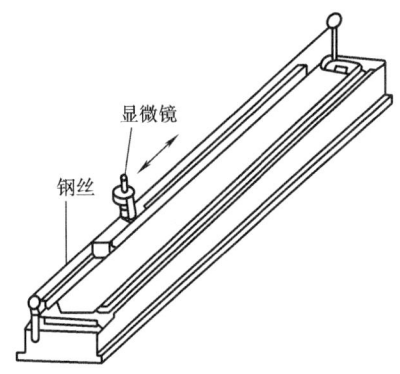

图3-46　V形导轨水平面内直线度的检查

按上述几种测量方法测得的结果确定修刮部位及修刮量,才能达到导轨的直线度要求。具体要求为:导轨在垂直平面及水平面内,直线度公差为0.02mm/1000mm,全长上为0.15mm;接触点为4点/(25mm×25mm)。

4. 刮削平导轨3

刮削时用长的平尺进行研点,既要保证直线度要求,还应控制单平面的扭曲(由于平面较宽,容易产生扭曲)。直线度误差和扭曲的检查方法如图3-47所示,检查垂直平面内的直线度误差时,应将图中水平仪转过90°。

平导轨刮削后的精度要求:在垂直平面内的直线度误差为0.02mm/1000mm,单导轨扭曲为0.02mm/1000mm,接触显点为6点/(25mm×25mm)。

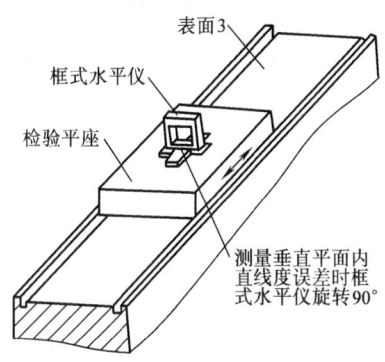

图 3-47　导轨面 3 在垂直平面内直线度误差
及单导轨扭曲检查示意图

平导轨对 V 形导轨平行度误差的检查方法如图 3-48 所示。

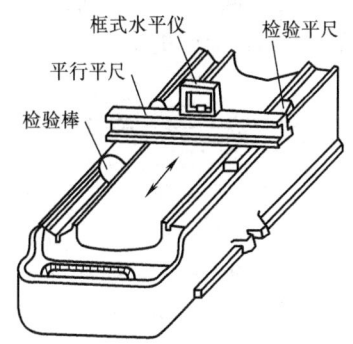

图 3-48　平导轨对 V 形导轨平行度误差检测示意图

5. 刮削床身导轨的注意事项

大型机床床身导轨的刮削，应尽量在原来的机床基础上进行，并保持立柱、横梁等不拆除状态，这样可以保证刮削后的精度不受影响。否则，由于大型机床的立柱、横梁较重，若床身刮削完成再把它们装上，由于基础和床身受压变形，会使导轨精度遭到破坏，此时即使再强制调整床身垫铁，也不能达到预期要求的精度。

其次，长导轨刮削时，应考虑各季节气温的差异，气温不同，导轨热胀冷缩后直线度误差会发生变化。在冬季气温较低的条件下，导轨面刮成中间凸起的形状，在夏季气温升高时，导轨面因热膨胀将更加凸起，甚至会超出规定的精度范围。因此，应规定在季节气温变化后，导轨面的直线度不能超出允许的范围。

6. 机床基础的修整

多段拼接的床身，由于结构和安装原因，常会产生渗油、漏油的问题；使用多年后,基础表面将被油浸泡而变得疏松。调整垫铁下面的水泥被浸泡疏松后,将会对机床安装精度带来一定影响。因此,在修整、安装床身时,必须首先对基础的坚固状况进行检查,必要时应进行修整。

基础修整的具体方法如下:

1) 用锯木屑将受腐蚀基础表面的油渍吸干;清除木屑后,用錾子錾去基础表面受腐蚀的疏松层,直到出现白色坚硬的无油质层为止。基础的地脚螺栓处可錾得深一些,然后用热碱水刷洗并擦干。

2) 重新浇灌水泥浆,并应注意浇灌质量,其表面应平坦,新浇灌的水泥浆干固后与原基础结合牢固,同时要注意避免出现起壳现象。

3) 水泥浆未完全干固时,应放上调整垫铁,使垫铁底面与基础全面接触。然后找平调整垫铁,使每个调整垫铁的纵、横向水平位置误差控制在 0.1mm/1000mm 以内;两对面和相邻调整垫铁在同一平面内的误差,控制在 0.3mm/1000mm 以内;所有垫铁尽可能在同一个水平面内,如图 3-49 所示。调平后地脚螺钉应保证在床身固定后至少有 5mm 的露头。

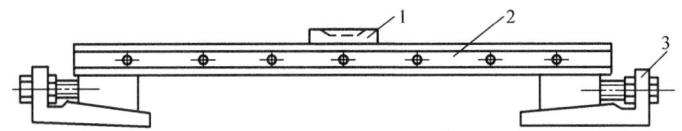

图 3-49　调整垫铁的找正
1—水平尺　2—检验平尺　3—垫铁

水泥浆完全干固后,必须进行预压。可在基础上均匀安放重物,使其在预压后更加坚固,并且不变形,以防因机床自重引起地基下沉。一般预压重量为机床自重加上最重工件重量的总和的 150%。预压地基的时间不少于一个星期。然后,在基础表面上涂一层水玻璃;水玻璃的厚度控制在 30mm 左右,作为基础的防油浸层,并可防腐蚀,如图 3-50 所示。

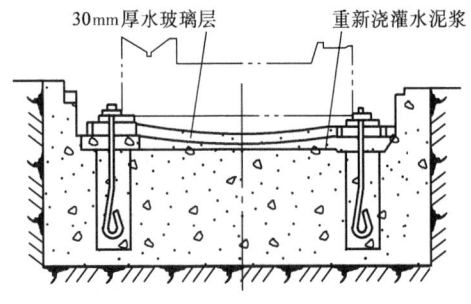

图 3-50　修整后的床身基础

二、大型机床立柱的安装工艺

大型机床常采用龙门式立柱,其安装工艺规定立柱各导轨表面与床身导轨应达到一定的几何精度。在拼装立柱前,应刮研立柱各导轨面。

1. 拼装立柱

首先将其中一个立柱吊装在基础上,使两个锥销孔对齐,并粗调立柱与床身的各项垂直度达到要求后固定,然后吊装另一立柱,达到下列要求后固定。

1）如图3-51所示,用框式水平仪检查两立柱导轨面1、2与床身导轨面的垂直度误差。垂直度要求为0.02mm/1000mm,只准上端向前偏。

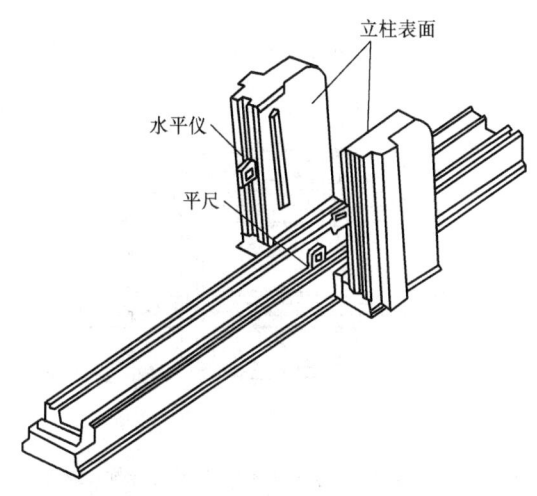

图3-51 检查左、右立柱导轨面1、2与床身导轨的垂直度

2）如图3-52所示,用水平仪检查两立柱表面的平行度误差及其与床身导轨的垂直度误差。

立柱表面3的相互平行度误差(只允许上端靠近)为0.02mm/1000mm；立柱表面3与床身导轨的垂直度误差为0.02mm/1000mm。

3）如图3-53所示,将一个与立柱跨度相等的平行平尺与两立柱表面紧贴,紧贴程度以0.03mm塞尺不能插入为准,然后在平行平尺前面固定一个直角尺。在V形导轨上安置V形水平仪,用指示表检查其与直角尺在水平面内的平行度误差。此平行度误差值就是立柱表面与床身导轨在水平面内的垂直度误差。垂直度公差在500mm长度上不大于0.1mm。

2. 拼装联接梁

左、右立柱拼装检查合格后,将原定位锥销重新铰孔并配置锥销,锥销与孔

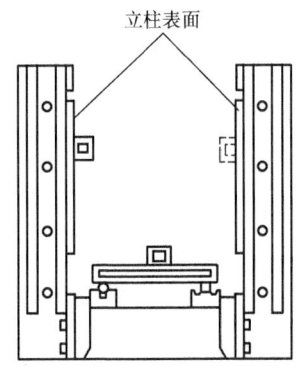

图 3-52 检查立柱表面的相互平行度误差及其与床身导轨的垂直度误差

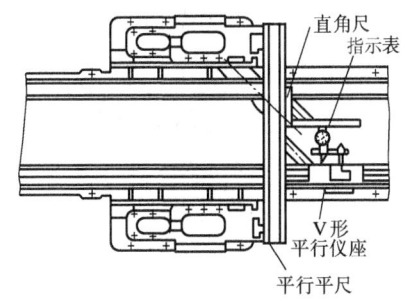

图 3-53 检查左、右立柱表面与床身导轨的垂直度

的接触率应达到 80%。经复验，多项精度合格后才可拼装联接梁。

拼装时，将联接梁用行车吊住，一端固定在立柱结合面上，另一端间隙用量块或塞尺测量，测出调整垫片的实际尺寸后，配磨固定。在安装调整垫片时，不能破坏原来调整好的精度。联接梁与立柱结合面的密合程度，可用 0.03mm 塞尺检查，插入深度小于 20mm 为合格。

如图 3-54 所示，用框式水平仪检查左、右立柱的平行度误差（只允许立柱上端靠近），公差为小于 0.02mm/1000mm。

三、大型机床蜗杆蜗条的修整

大型机床（如龙门铣床、落地镗床等）工作台的往复运动，通常由蜗杆带动蜗条的传动方式获得，如图 3-55 所示。蜗杆 3 安装在床身 4 上，由传动机构带动旋转，蜗条 2 安装在工作台 1 上。

1. 蜗杆蜗条啮合侧隙的影响和测量

蜗杆蜗条侧隙过大时，常会产生工作台移动时爬行的现象，会严重影响工件

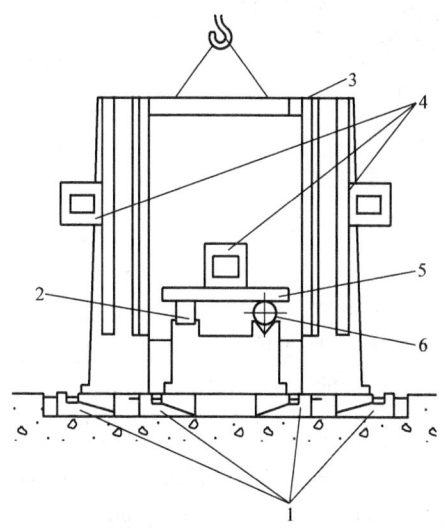

图 3-54 联接梁安装精度的检查
1—调整垫铁 2—垫块 3—调整垫片 4—水平仪 5—平尺 6—检验棒

的加工质量，尤其影响工件的表面粗糙度。产生爬行现象的过程简述如下：

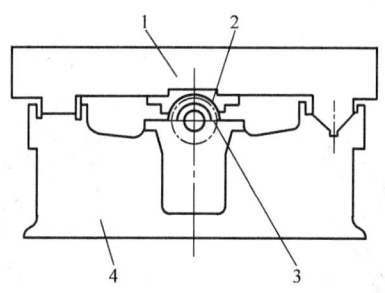

图 3-55 大型机床蜗杆蜗条传动机构
1—工作台 2—蜗条 3—蜗杆 4—床身

如图 3-56 所示，工作台在运动开始时，蜗杆 3 的齿面 b 与蜗条 2 的齿面 a 接触，工作台被推动而向箭头所示方向移动。工作台由静止变为移动的瞬间，由于运动件的惯性作用，使工作台的移动速度高于蜗杆的推动速度，于是蜗杆的 c 面将与蜗条的 d 面发生接触或碰撞。为此，必须经过一个短时间的间隔后，蜗杆的 b 面才能与蜗条的 a 面接触，并推动工作台移动。在这一短时间的间隔内，工作台因失去推力并受到导轨副的摩擦阻力而趋于静止状态。当工作台再次向箭头方向移动时，上述现象又重复出现。如此循环，工作台便产生时动时停的爬行，再加上传动件和蜗杆的扭转弹性变形，爬行现象会进一步加重。

蜗杆蜗条的侧隙越大,工作台的移动速度越低,则爬行现象越严重。

检查工作台在床身上有无爬行现象,可采用如图3-57所示的方法。将指示表固定在床身上,使工作台低速移动,有爬行现象时,指示表指针会出现一走一停的情况。

消除爬行现象,必须设法减小或消除蜗杆蜗条的啮合侧隙,因此应进行侧隙的测量。测量啮合侧隙的方法,如图3-58所示。测量时先将工作台移至床身一端,使蜗杆与蜗条暴露在工作台端面外。然后用两个指示表固定在床身上。指示表1的测头靠在工作台端面上,指示表2的测头靠在蜗杆齿面上,用手转动传动轴。先使蜗杆齿面 b 与蜗条齿面 a 接触(图3-56),将两个指示表的指针调到零位,然后反转传动轴,使蜗杆也反转,此时指示表2的指针也随之而动,待指示表1的指针开始转动时,读出指示表2上的数值,此读数即为蜗杆蜗条的实际啮合侧隙。

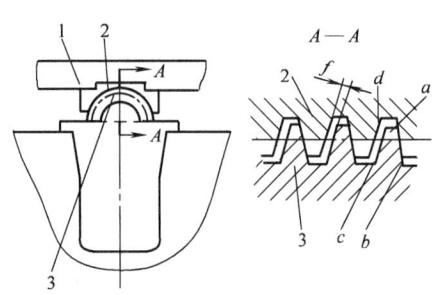

图3-56 蜗杆蜗条的啮合侧隙
1—工作台 2—蜗条 3—蜗杆

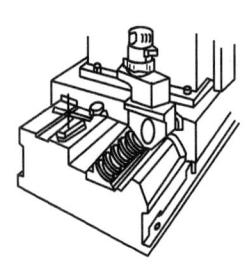

图3-57 工作台爬行的检查　　图3-58 蜗杆蜗条啮合侧隙的测量

2. 蜗杆蜗条副的修整

当蜗杆蜗条侧隙过大需要修整时,通常是采用更换蜗杆并刮研蜗条的方法加以修整。更新的蜗杆的齿厚应保证蜗条刮研后的啮合侧隙符合要求。

刮研蜗条可利用旧蜗杆作研具,以免新蜗杆被拉毛,但必须用精车修整旧蜗杆的螺纹,且应与新配蜗杆在同一车床上车削,以保证齿形半角一致。修整旧蜗杆时齿厚尺寸没有严格要求,但表面粗糙度和螺纹精度必须满足要求。

将精车修整后的蜗杆装在床身上,装上工作台,蜗条通过工作台的移动(依靠机床动力传动,使蜗杆转动)而与蜗杆研点。当刮削到蜗条齿面接触率达50%

第三章 高速、精密和大型机械的装配调整

以上时,再换上新蜗杆进行研刮,直至蜗条齿面接触率在齿高上达到70%,在齿长上达到60%时即为合格。

新蜗杆与蜗条研刮完成后,再进行啮合侧隙测量,正常的啮合侧隙应为0.10~0.15mm。

复习思考题

1. 对高速机械的转子有哪些要求?它们对机械运转有什么影响?
2. 高速机械的转子产生弯曲的原因有哪些?转子弯曲对其机械运转有什么影响?
3. 怎样检测转子的弯曲值?
4. 高速机械所用的轴承应具有哪些性能?从工作时的稳定性考虑,试比较圆柱轴承、椭圆轴承和可倾瓦轴承三者性能的优劣。
5. 椭圆轴承的结构形状是怎样的?为什么它的稳定性比圆柱轴承要好?
6. 为什么可倾瓦轴承具有更好的稳定性?
7. 扇形块推力轴承结构有什么特点?怎样达到液体动态润滑的目的?
8. 试述弹性柱销联轴器和齿式联轴器的特点?
9. 联轴器内孔与轴应采用哪种配合?为什么?
10. 联轴器安装在轴上后,为什么不能有过大的径向圆跳动和轴向圆跳动误差?
11. 轴系找中的目的是什么?如何进行轴系找中?
12. 怎样才能保证机械在工作状态下达到良好的轴系对中?
13. 高速机械对润滑方面提出了哪些更高的要求?
14. 简述高速机械的试运转程序。
15. 机床传动链中的运动误差是怎样造成的?
16. 提高传动链精度的方法有哪些?
17. 为什么分度蜗轮的精度对分度精度的影响更大?
18. 分度蜗轮的环形圆导轨的修复过程是怎样的?怎样选择修整时的基准?
19. 试述精密机床床身研刮时保证达到精度的方法。
20. 大型机床多段床身拼接时怎样修整接合面?拼接时应注意哪些问题?
21. 怎样刮削大型机床上较长的V形导轨?如何检测其各项精度?
22. 怎样刮削大型机床的床身平导轨?
23. 为什么刮削大型机床床身导轨时,要尽量在原基础上进行?
24. 大型机床工作台传动的蜗杆蜗条的侧隙过大时为什么容易产生工作台爬行现象?
25. 试述蜗杆蜗条的修整工艺。

第 四 章

精密量仪与材料分析基础

> **培训学习目标** 掌握常用精密量仪的结构原理,熟悉现代新型精密量仪的结构与应用方法,了解材料的分析方法。

◇◇◇ 第一节 精密量仪的结构原理简介

一、常用精密量仪的结构原理

(1) 合像水平仪的结构原理 合像水平仪是一种测量范围较大的水平仪,其外形和结构原理如图 4-1 所示,水准器 2 的一端支承在座体上,另一端支承在杠杆 1 的短臂上。杠杆的长臂端与测微螺杆 6 相连,臂端装有指针。水准器 2 内气泡的两端圆弧,通过棱镜反射到目镜 4,形成左右两个半圆弧像。当水准器 2 处于水平位置时,两个半圆弧像合成一个完整的圆弧像,如图 4-1c 所示;当水准器 2 不在水平位置时,两个半圆弧像不重合,圆弧头端有一差值 Δ,如图 4-1d 所示。

(2) 扭簧比较仪的结构原理 扭簧比较仪的结构如图 4-2 所示,它是利用带状扭簧的弹力把测量杆的直线位移转换成指针的转动并进行放大的,其传动原理如图 4-3 所示。扭簧 4 的中间固定指针 2,从扭簧的两端向中间看去,两端的扭转方向是相反的。扭簧 4 的一端固定在可调弓形架 3 上,另一端固定在传动角架 5 上。当测量杆 8 沿轴向上移动时,通过传动角架 5 使扭簧 4 轴向拉伸,从而产生转动,带动指针 2 在表盘上 1 指示出读数。膜片形弹簧 6 和螺旋弹簧 7 用于控制测量力。由于扭簧传动不存在间隙和摩擦,因此扭簧比较仪有较高的灵敏度和

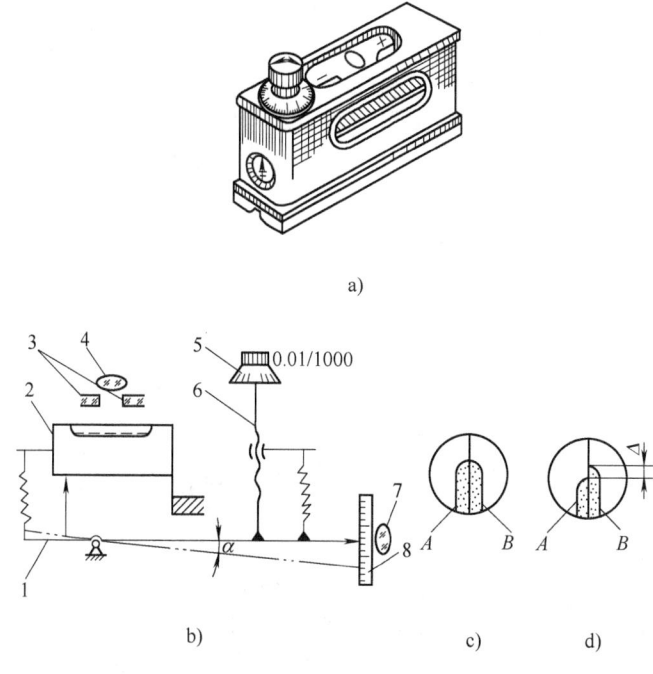

图 4-1 合像水平仪

a) 外形图 b) 结构原理图 c)、d) 水准器气泡像图

1—杠杆 2—水准器 3—棱镜 4—目镜 5—旋钮
6—测微螺杆 7—放大镜 8—指针标尺

测量精度。

(3) 自准直仪的结构原理 自准直仪通常是由体外平面反射镜,带有物镜的光管部分及照明光源,分划板和目镜组的测微目镜部分组合而成。如图 4-4a 所示为国产某自准直仪的外形图,图 4-4b 所示为系统结构原理图。工作原理:光源 7 发出的光经聚光镜 6 照亮分划板 8 上的十字线,由立方棱镜 12 折向测量光轴,然后经物镜组 9 和 10 形成平行光束射出,再经反射镜 11 反射回来,通过物镜组 10 和 9、立方棱镜 12,成像与刻度分划板 5 和活动分划板 4 上。当反射镜 11 与光轴严格垂直时,十字线成像于两分划板刻线的中央。当反射镜 11 与光轴垂直面有倾斜角 α 时,十字成像将偏离两分划板刻线正中一距离 t,这时可转动鼓轮 1,通过测微螺杆 2 移动活动分划板 4,使其上的双刻线对准十字线成像的正中央,然后从鼓轮 1 的分度盘上读出偏离值。

(4) 干涉显微镜的结构原理 干涉显微镜是利用光波干涉原理,将具有微

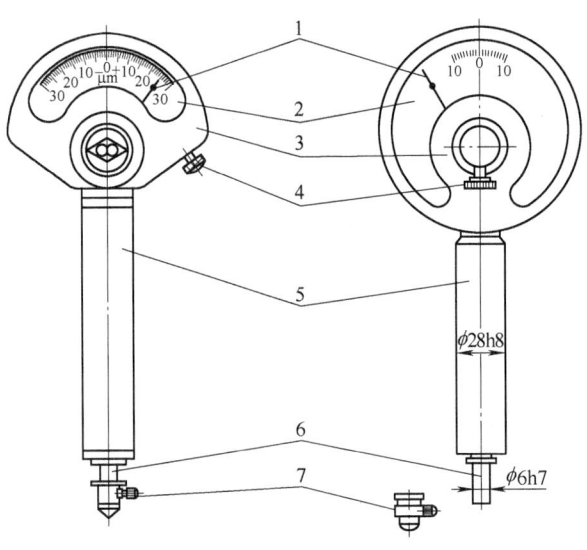

图 4-2 扭簧比较仪
1—指针 2—度盘 3—表壳
4—调零装置 5—套筒 6—测量杆 7—测量头

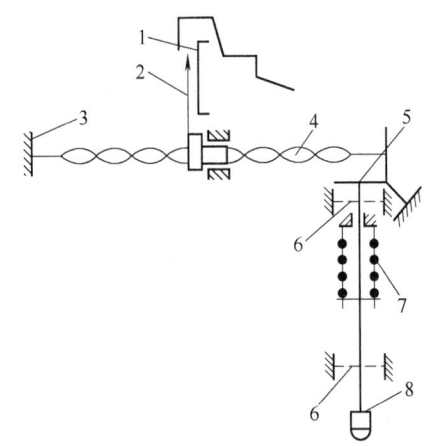

图 4-3 扭簧比较仪的传动原理
1—表盘 2—指针 3—弓形架 4—扭簧 5—传动角架
6—膜片形弹簧 7—螺旋弹簧 8—测量杆

观不平的被测表面与标准光学镜面相比较,以光的波长为基准来测量零件的表面

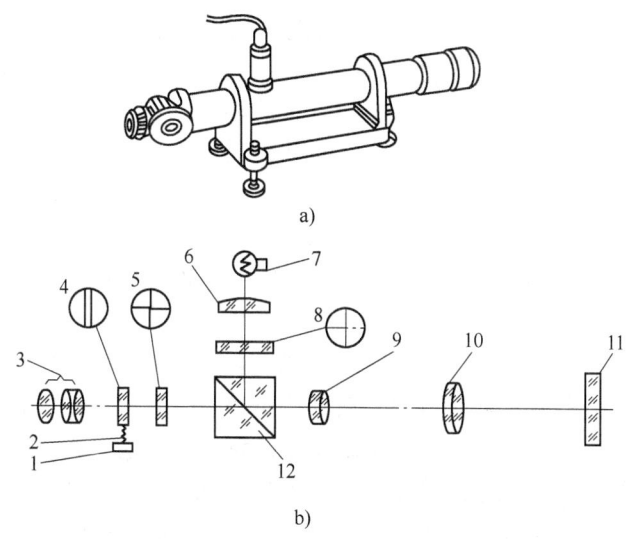

图 4-4 自准直仪
a）外形 b）系统结构原理
1—鼓轮 2—测微螺杆 3—目镜 4—活动分划板 5—刻度分划板 6—聚光镜
7—光源 8—透光十字线分划板 9、10—物镜 11—反射镜 12—立方棱镜

粗糙度的。干涉显微镜的光学系统如图 4-5 所示，光源 1 发出的光经聚光镜 2、4

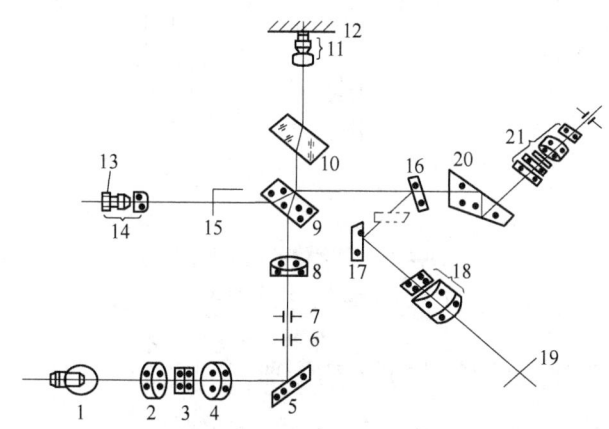

图 4-5 干涉显微镜的光学系统
1—光源 2、4、8—聚光镜 3—滤光片 5—折射镜 6—孔径光阑 7—视场光阑
9—分光镜 10—补偿板 11—物镜 12—被测表面 13—标准参考镜 14—物镜组 15—遮光板
16—可调反光镜 17—折射镜 18—照相物镜 19—照相底片 20—棱镜 21—目镜

汇聚后射向折射镜 5，折射后的光束经孔径光阑 6、视场光阑 7、聚光镜 8 发射到分光镜 9 上，光束的一部分透过分光镜 9，经补偿板 10、物镜 11 射向被测件表面，由零件表面发射后经原路返回到分光镜 9，再经分光镜 9、棱镜 20 折射到目镜 21。另一部分由分光镜 9 折射后，经物镜组 14 射向标准参考镜 13，经它反射后，再经物镜组 14 返回分光镜 9 射向棱镜 20，再折射到目镜 21。两束光线相遇时，由于存在光程差而产生干涉，形成明暗相间的干涉条纹。若被测表面为理想平面时，干涉条纹为等距离平行条纹；若被测表面存在微观不平度时，干涉条纹呈弯曲条纹。根据条纹的弯曲度和间隔宽度，可计算得出表面粗糙度。

(5) 圆度仪的结构原理　圆度仪通过被测表面与传感器之间作相对回转运动，由传感器将感受到的轮廓变化量转换成电信号，再经测量电路进行放大、滤波，通过记录仪将被测的实际轮廓描绘在记录纸上，然后借助刻有同心圆的玻璃模板，按一定的评定方法求出圆度误差；或通过电路数据处理后由电表指示出圆度误差。圆度仪的结构原理如图 4-6 所示，转轴式圆度仪以传感器随轴回转形成标准运动；转台式圆度仪以被测工件随旋转工作台的回转形成标准运动。标准运动的回转轴线为圆度测量的基准。

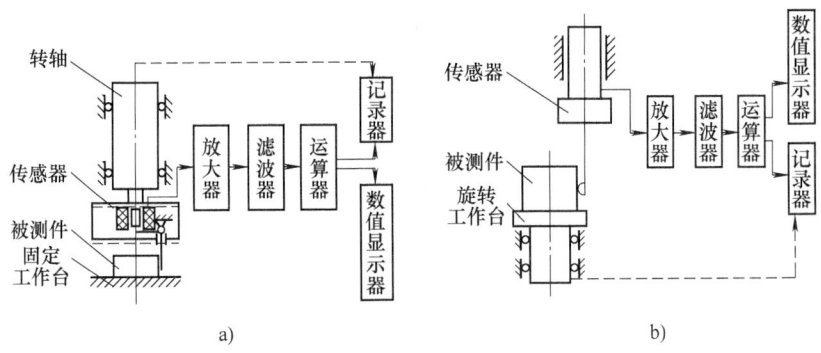

图 4-6　圆度仪的结构原理
a) 转轴式　b) 转台式

二、数控三坐标测量机的结构原理

(1) 三坐标测量机的结构特点　如图 4-7 所示，三坐标测量机的结构形式可分为移动桥式、固定桥式、龙门式、悬臂式、水平臂式、立柱式、卧镗式和仪器台式等，使用时应注意所使用仪器的结构特点和适用范围。如移动桥式 (图 4-7a) 是目前三坐标测量机中应用最广泛的一种结构形式，其结构简单、紧凑、刚度好,具有较开阔的空间。工件安装在固定的工作台上,承载能力比较强,工件质量对测量机的动态性能没有影响,中小型三坐标测量机多采用这种形式。

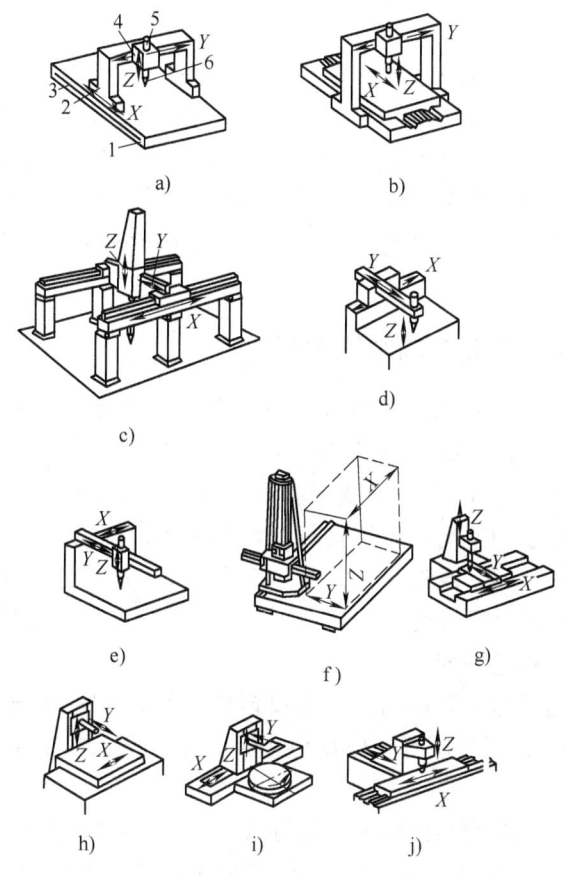

图 4-7 三坐标测量机的结构形式
a) 移动桥式 b) 固定桥式 c) 龙门式 d) 悬臂形式一
e) 悬臂形式二 f) 水平臂式 g) 立柱式 h) 立柱固定卧镗式
i) 立柱移动卧镗式 j) 仪器台式
1—工作台 2—桥框 3—标尺 4—滑架 5—主轴 6—测头

(2) 三坐标测量的基本原理 三坐标测量机的基本原理是:首先将各种几何元素的测量转化为这些元素上一些点集坐标位置的测量,在测得这些点的坐标位置后,再由软件按一定的运算规则算出这些几何元素的尺寸、形状、相对位置等。三坐标测量机主要通过测头(传感器)接触(或不接触)工件表面获得测量信息,由计算机进行数据采集,通过运算并与预先存储的理论数据相比较,然后输出测量结果。

(3) 测量系统的测量精度　测量系统是坐标测量机直接影响精度、性能和成本的重要组成部分,使用时应了解所使用仪器的测量系统类型,以便合理使用。测量系统分为机械式测量系统、光学测量系统和电气测量系统。机械式测量系统包括精密丝杠加微分鼓轮式系统、精密齿条及齿轮式测量系统和滚轮直尺式测量系统,其测量精度分别取决于丝杠、齿轮副和摩擦副的精度。光学测量系统包括光学读数刻度尺式测量系统、光电显微镜和金属刻度尺式测量系统、光栅测量系统、光学编码测量系统和激光干涉测量系统,其中激光干涉测量系统是现有测量系统中精度最高的一种。电气测量系统包括感应同步器式测量系统和磁栅测量系统。

三、数控激光扫描仪的结构原理

(1) 三维激光扫描技术及其特点　三维激光扫描技术是国际上近期发展的一项高新技术,在工程领域已得到广泛应用。三维激光扫描仪是通过激光测距原理(包括脉冲激光和相位激光),快速测得空间三维坐标值的测量仪器,利用三维激光扫描技术获取的空间点的云数据,可快速建立结构复杂、不规则的场景或物体的三维可视化模型,既省时又省力,其功能优于现行的三维建模软件。

按测量方式分类,可分为脉冲测距法;相位测距法;三角测距法。按用途分类,可分为室内型和室外型。

三维激光扫描仪每次测量的数据不仅包含点的 X、Y、Z 坐标信息,还包括 R、G、B 颜色信息,同时还有物体反色率的信息,全面的信息能使物体在电脑里真实再现。

快速扫描是三维激光扫描仪的主要特点之一,在常规测量手段里,每一点的测量时间在 2～5s 不等,较慢的要花几分钟的时间对一点的坐标进行测量,数控三维激光扫描仪从最初每秒 1000 点的测量速度发展到现在脉冲扫描仪的每秒 50000 点,相位式三维激光扫描仪的最高速度已经达到每秒 120 万点,这是三维激光扫描仪对物体详细描述的基本保证。

(2) 数控激光扫描系统的组成与原理

1) 激光扫描系统的组成。数控激光测量系统主要由三个数控驱动轴、一个数控回转台、一个测头、测量机控制器,以及工控机组成。三个驱动轴实现 X、Y、Z 轴的数控驱动,回转工作台实现转台的转动,各数控驱动由测量机控制器控制操作,控制器通过控制卡和 IO 卡与工控机通信,从而实现工控机对数控系统的控制和操作。测头由激光器和 CCD(图像传感器)组成,激光器产生激光经柱面镜和光栅产生线结构光刀,照射在被测物体形成漫反射，应用透镜成像原理将反射光聚焦于 CCD 光屏上，CCD 将光屏上的光信号转换为电信号并输出，由图像采集卡采集并转换为数字信号，由测量软件进行处理。

2）激光线扫描测量的原理。采用激光线结构光刀对物体表面进行扫描，由 CCD 将物体表面漫反射信号转换为电信号，输入到图样采集卡，转换为数字信号，送入计算机，达到光刀线信息。利用基准面、像点和像距之间的关系，计算物体表面的深度信息（Z 坐标值），结合测头 X、Y 方向的位移，最终获得物体表面的三维坐标信息。在实际应用中，采用对称放置双 CCD，两个 CCD 参数及激光器产生的光刀的夹角等参数保持一致。在测量中，同时对两个 CCD 信号综合处理，自动判断两幅图像的质量，获取最佳的光刀曲线，以减少测量盲区范围和光刀断线的可能，避免镜面反射给测量带来的影响。

（3）激光扫描测量的要点

1）测量作业主要步骤。实现激光测量首先应对系统参数进行标定，确定系统参数，然后校准转台中心，获得转台回转中心在数控平台机器坐标系上的坐标，最后进行测量操作。

2）为了获得准确的测量值，必须确定激光测量机器有关系统内外部的参数，称为装置的系统标定，标定通常是采用楔形标定块进行的，经过数据处理，即可确定系统的待定参数。

3）被测物体由转台承载，运动由转台控制，采用旋转测量或踩脚测量的数据，都统一到转台的坐标系上，因此在测量前必须确定转台坐标系（通常是转台工作台面的中心点为原点的坐标系）在数控装置机器系统坐标系的坐标值。

4）由于被测物体的形状大小各异，测量的需求不同，在测量时，需首先确定被测物体的包围盒空间大小和测量扫描的夹具精度。在测量过程中需要根据测量范围对物体进行分段分层测量。对旋转测量，可将其分解为沿转台转轴半径的 Y 方向的连续层和 Z 方向的连续段；对多角度测量，在每次确定的角度下，将测量范围分解为沿 Y 方向的不同层和沿 X、Z 平面平行方向的不同段。最后，根据各数控轴的运动，将各层和各段的测量数据拼合。在完成被测物体的整体测量后，可以通过投影测量提取被测物体的某些特征轮廓点、线进行补偿测量，测量后的数据可导入 CAD/CAM 等后处理软件中，对测量数据点进行云去噪、光顺处理、三角化处理，最后生成模型文件。

5）软件实现。测量软件系统采用模块化结构，由图像获取模块、数控工作台和激光控制模块、各种标定与测量的实现模块以及测量结果输出模块组成。

第二节 精密量仪在装配检测中的应用

一、经纬仪应用示例

现以应用 DJ2 型（图 4-8）光学经纬仪和平行光管测量机床回转台分度误差为例，介绍经纬仪的基本使用方法和仪器的布置，如图 4-9 所示。

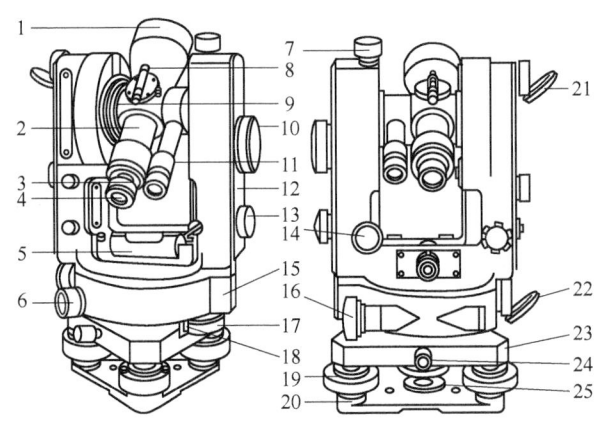

图 4-8 DJ2 型光学经纬仪

1—望远镜物镜 2—望远镜调焦手轮 3—读数显微镜目镜 4—望远镜目镜
5—水准器 6—照准部制动手轮 7—望远镜制动手轮 8—光学瞄准器 9—竖直度盘
10—测微手轮 11—读数显微镜镜管 12—支架 13—换像手轮 14—望远镜微动手轮
15—水平度盘部分 16—照准部微动手轮 17—换像手轮护盖 18—换盘手轮 19—脚螺旋
20—三角基座底板 21—竖直度盘照明反光镜 22—水平度盘照明反光镜 23—基座
24—三角基座制动手轮 25—紧固螺母

(1) 调整转台平面 先用水平仪调整转台平面，使转台处于水平位置，水平误差不超过 0.2mm/1000mm。然后将带螺纹的专用心轴配装在转台的中心孔中，再与经纬仪作同轴固定连接。

(2) 整平经纬仪 转动经纬仪的照准部，使长方形水准器 5 与任意两个脚螺旋 19 的连线平行，以相反方向等量转动脚螺旋，使气泡居中。然后将仪器转90°，旋转第三个脚螺旋，也使气泡居中。用上述方法反复调整，直到仪器转在任意位置，水准器气泡的偏离量都不大于 1/2 格。

(3) 调整望远镜管处于水平位置 逆时针方向转动换像手轮 13 到转不动为

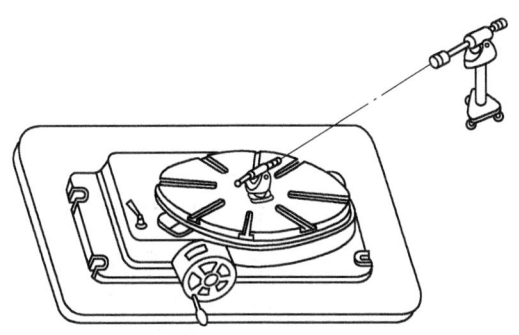

图4-9 用经纬仪测量转台分度误差

止,使目镜3中显示垂直度盘影像。旋转测微手轮10,使经纬仪读数微分尺处在零分零秒位置。调节望远镜微动手轮14,使度盘中的90°刻线与270°刻线对准。用手轮7将望远镜锁紧。

(4) 调零 将被测转台的刻度盘与游标对准零位,同时使微分刻度值及游标精确对零。

(5) 调焦 将平行光管用可调支架放置在离经纬仪约3m处,以经纬仪为基准,调整望远镜调焦手轮2,使目标的影像清晰并无视差。调整平行光管,使其光轴与经纬仪望远镜光轴同轴,并使平行光管的十字线与望远镜分划板的十字线对准。

(6) 测量 先记录经纬仪水平度盘的读数,然后将被测转台按分度盘刻度转过一个规定的测量角度,再将经纬仪反向转回一个同等角度。用微动手轮14调节,使望远镜的十字线重新对准平行光管的十字线,记录一次读数。在整个圆周上依次测量,当被测转台转回零位时,若经纬仪的对准读数仍为起始零位点的读数,说明测量正确;若误差较大,应重新测量。为保证测量的可靠性,在测完一圈后,再反向依次测量一次。反向测量时,为消除回程误差,应把度盘先转过一个小角度,再倒转回来,使经纬仪的十字线与平行光管的十字线对准,记录好返回测量时的各点读数。

(7) 读数 读数是从望远镜旁边的读数显微镜中读取的。当经纬仪找正目标后,使换像手轮13顺时针方向转到底,然后打开并转动水平度盘照明反光镜22,使水平度盘有均匀、明亮的光线照明。调节目镜3,使度盘影像清晰明确。拨开换盘手轮护盖17,转动换盘手轮18,使读数窗内看到度盘读数,然后关好护盖。按顺时针方向仔细转动测微手轮10,使读数显微镜内度盘上下与刻线精确符合后方可读数。

(8) 数据处理及误差计算 将各分度误差列表记录,见表4-1取各分度点正、反测量读数的平均值,并从每个平均值中减去起始点的读数平均值作为该分度点的分度误差值,其中最大正、负值之差即为最大分度误差值。例如,表4-1所列的最大分度误差值为

$$f_{\max} = 4'' - (-4.5'') = 8.5''$$

表4-1 转台分度误差记录

转台分度盘读数	经纬仪水平回转角读数/('')			分度误差/('')	转台分度盘读数	经纬仪水平回转角读数/('')			分度误差/('')
	正	反	平均			正	反	平均	
0°	0	2	1	0	210°	5	4	4.5	3.5
30°	4	4	4	3	240°	2	2	2	1
60°	3	2	2.5	1.5	270°	6	4	5	4
90°	3	0	1.5	0.5	300°	3	3	3	2
120°	-2	-3	-2.5	-3.5	330°	-3	-4	-3.5	-4.5
150°	-3	-1	-2	-3	0°	1	1	1	0
180°	2	2	2	1					

二、数控三坐标测量机应用示例

1. 三坐标测量机使用的基本方法

(1) 制订检验测量方案 为了保证三坐标测量机的测量精度,并使测量占用机器的时间最少,必须合理制订检验测量方案。检验测量方案的内容如下:

1) 工件装夹方案和工具。
2) 建立工件坐标系的基本元素。
3) 探针与探针组合方案。
4) 测量点的数目与分布,探测次序和路径。
5) 数学计算方法:包括以基本几何形状元素作为替代元素,对实际工件形状进行描述;以替代元素为基础,计算工件的参数误差;确定计算结果的可靠性。

(2) 基本测量示例

1) 平行平面之间的距离测量。例如测量用双头铣床铣削加工后的柴油机机体两端面的尺寸,测量前必须确定以图样规定的基准面为测量基准面,定义一端面上数个点到与基准端面贴合在一起的辅助表面之间的垂直距离,并取最大和最小值作为两端面距离的实际尺寸。实际测量中,将工件基准端面与测量平台测量

面贴合,然后在基准面上测三个或三个以上的点,以这些点为基准建立基准平面,在另一端面上测得三个以上的点,然后得到两平面之间距离的最大值和最小值,即为工件两端面之间的实际尺寸范围。

2) 两点之间距离的测量 在如图 4-10 所示工件中,测量 CD 两点之间的距离。因为几何上的点是难以用实物形式直接体现的,图中 C 点是直线 CD 与面的交点,D 点是直线 CD 与面的交点。这样实际测量步骤应是:在平面和上分别测三个或三个以上的点,用三点确定一个平面的方法或最小二乘法算出这两个平面的方程,求出这两个平面的交线 CD 的方程。然后在平面上各测三个或三个以上的点,分别求出这两个平面的方程。再根据直线与平面的交点,算出 C 点和 D 点的坐标,最后根据这两点的坐标算出它们之间的距离。

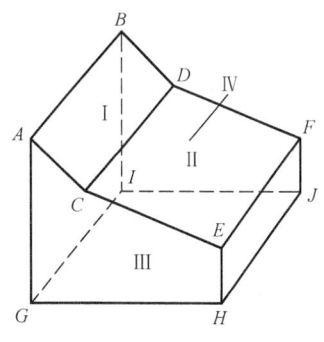

图 4-10 两点间距离的测量

3) 曲面测量 曲面的形状、方程可以是已知的,也可能是未知的,甚至难以用数学式表达,这类曲面称为自由曲面。三坐标测量机通常是测量自由曲面的最佳选择。自由曲面的测量通常是在一个一个截面上进行的。在每一个截面上,曲面与其交线为一曲线。为了测得曲线的形状,可以采用点位测量和扫描测量,扫描的方式与仿形加工的仿形方式类似。测得各个截面的曲线上离散点坐标,然后在反向工程中,根据模型或样件测得的数据,通过建模获得曲面的数学方程,形成可以控制加工的 CAD 和 CAM 文件。测量时若采用接触式触头测量曲面,应注意进行测端半径补偿。图 4-11 所示为自由曲面测量与数据处理过程流程。

2. 三坐标测量机测量实例

用 F604 型三坐标测量机测量如图 4-12 所示的零件曲面的面轮廓度误差的具体步骤如下:

(1) 熟悉使用测量机的性能 F604 型三坐标测量机是使用计算机采集、处理测量数据的新型高精度自动测量仪器,具有三个互相垂直的运动导轨,分别装有光栅作为测量基准,并有高精度测头,可测空间各点的坐标位置。只要测量机的测头能够瞄准(或感受)到的地方,任何复杂的几何表面和几何形状,均可测得它们的坐标值,然后借助计算机经数学运算,可求得待测的几何尺寸和相互位置尺寸,并由打印机

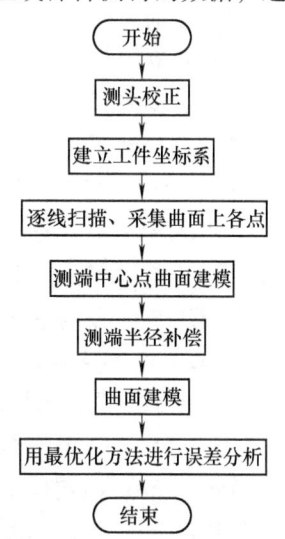

图 4-11 自由曲面测量与数据处理过程流程

或绘图仪清晰直观地显示出测量结果。

（2）确定测量检验方案　用三坐标测量机测量面轮廓度误差时，应先按图样要求，建立与理论基准一致的工件坐标系，以便实测数据与理论数据进行比较，然后用测头连续跟踪扫描被测表面，计算机按给定节距采样，记录表面轮廓坐标数据。由于记录的是测头中心轨迹，计算机需补偿一个测头半径值，才能得到实际表面轮廓坐标数据。最后与计算机内事先存入的设计数据比较，便得到面轮廓度误差值。

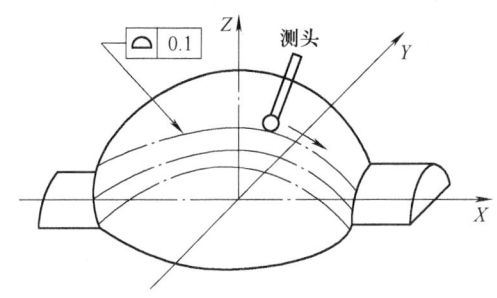

图4-12　三坐标测量机测量曲面面轮廓度误差示意图

（3）测量步骤

1）如图4-12所示安装工件和测头。

2）接通电源、气源，打开计算机、打印机和绘图仪。

3）建立工件坐标系和指定测量条件。

4）数据采样。

5）数据处理，常用的计算机数据处理指令有：

PRG　41：指定节距——给定所要求的数据格式和范围。

PRG　42：打印处理后的数据。

6）公差比较，常用的公差比较指令有：

PRG　30：从各盘上调入设计数据文件。

PRG　31：将实测数据与设计数据相比，得出面轮廓度误差值。

7）轮廓绘图，常用的轮廓绘图指令有：

PRG　50：指定作图形式——实体图（或展开图）。

PRG　51：指定作图原点。

PRG　53：指定作图放大倍率。

PRG　61：绘图。

PRG　60：画辅助线。

8）编制程序，具体程序指令说明见表 4-2。

表 4-2　程序指令说明

程　　序	内 容 说 明
PRG　1200	输入所用测头直径，以便在补偿测量数据时用
PRG　2000	指定 XY 平面为测量平面
PRG　10	平面校正：用三点确定基准面，如再加一点需输入指定测头半径补偿方向
PRG　11	原点指定：通过测两点，取其中点为坐标原点
PRG　12	X 轴校正：通过测两点，使 X 轴通过其中点
PRG　2200	指定 ZX 平面为测量平面
PRG　22	给定采样节距（0.04~30mm），采用连续扫描形式，让测头在轮廓表面上缓慢移动，计算机自动采集数据
PRG　20	指定测量形状类型：三维型
PRG　21	测头半径补偿方向指定

三、激光干涉仪及其功能应用

（1）主要功能　激光干涉仪可对机床各种定位装置进行高精度的校正，可完成各种参数的测量，如线形位置精度、重复定位精度、角度、直线度、垂直度、平行度及平面度等。最大检测长度可达 60m，最小分辨力为 0.08μm，最大位移速度为 300mm/s，检测精度为 $5 \times 10^{-7}L$（L 为被测件长度）。一些激光干涉仪还具有选择功能，如数控系统的自动螺距补偿、机床动态特性测量、回转坐标分度精度标定、触发脉冲输入输出功能等。

（2）激光干涉仪的组成与原理　激光干涉仪外形如图 4-13a 所示，双频激光干涉仪原理如图 4-13b 所示。仪器采用分开式结构，以减少热辐射、振动等有害因素的影响，通常由三个独立部件组成：

1）激光发射和信号接收转换部分：由激光器、光电转换元件、光路转换元件组成。

2）干涉系统：由分光镜、固定的直角参考镜、光路转折元件组成。

3）反射靶及瞄准系统：由反射靶的可动棱镜、工作台的瞄准装置等组成。

（3）检测补偿功能应用

1）自动螺距误差补偿。在使用激光干涉仪自动测量机器位置精度的基础上，通过 RS232 接口使计算机和数控系统实现通信，对检测到的误差进行自动补偿。仪器能最大限度地选用被测轴上的补偿点数，使机床达到最佳精度状态。

2）回转分度坐标精度标定。回转坐标分度精度标定可对数控转台、数控分度头等分度装置在任意角度位置，以任意测量间隔进行全自动测量补偿，补偿精

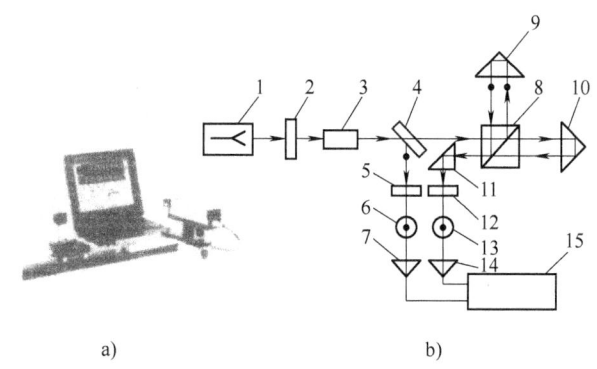

图 4-13 双频激光干涉仪及其原理图
a）外形 b）结构原理
1—激光器 2—波片 3—光束扩展器 4—析光镜 5、12—检偏器
6、13—光电管 7、14—前置放大器 8—偏振析光棱镜 9—参考镜 10—测量镜
11—反射棱镜 15—计算与显示器

度可达 ±1″。

3）机床动态特性测试与评估。使用动态测试与软件，可用激光干涉仪进行机床振动测试与分析，滚动丝杠的动态特性分析，伺服驱动系统的响应特性分析，导轨的动态特性分析等，用以帮助维修人员进行故障源的分析。

4）双驱动同步校准。应用双轴校准软件，可在一台计算机上连接并控制两个接口卡，同步采集龙门铣床等大型龙门移动数控机器的单轴双驱动和双反馈系统平行轴数据。

5）多用户接口装置。应用特殊接口软件和校准软件，可通过接口装置使用某些品牌的电子水平仪等，实现直线度、平面度、垂直度等几何精度的检测。

第三节 材料分析方法

一、材料金相分析

金相分析是检验机械零件内在质量的重要手段，因为金属材料的显微组织直接影响机械零件的性能和使用寿命，因此金相分析的应用十分普遍。金相分析有宏观检验、化学金相法、电子金相法。

（1）宏观检验 宏观检验一般称低倍检验，使用肉眼或借助 10 倍以下的放大镜，对金属的表面、纵断面、横断面、断口上的各种宏观组织和缺陷进行检查的一种方法，包括冷热酸浸检验、断口检验、塔形发纹检验和硫印以及渗透探伤法（着色法和荧光法）等，是工厂用来检验金属材料质量最普遍、最常用的方法之一。通过不同的宏观检验，可显露或显现出钢中的宏观缺陷，如：疏松、偏析、白点、缩孔、裂纹、分金属夹杂、气泡和各种不正常断口。这些缺陷大多是在钢锭浇注、结晶和热处理过程中形成的。

（2）光学金相法　光学金相法是借助 50~2000 倍的放大镜或普通光学金相显微镜对金属材料进行研究的方法。显微分析主要是利用小于 2000 倍的金相显微镜对要研究的金属材料经制样和浸蚀后的试样表面进行观察，了解金属在该状态下具有什么样的组织、组织状态、大小和分布情况，从而判断金属的性能。光学金相法可以全面了解金属试样从表面到中心金相组织的变化，可以对脱碳、氧化、过烧、过热和欠热等缺陷进行检查；对铸造、锻造、热处理以及各种表面处理、激光热处理、复合材料和电镀质量等进行检验。

（3）电子金相法　电子金相法是借助各种不同类型的电子显微镜对金属组织和结构进行研究和分析的一种方法。电子显微镜具有极高的有效放大倍数，适用于研究金属材料的细微组织、超细微组织。

二、材料光谱分析

光谱化学分析是根据物质的光谱测定物质成分的仪器来分析的方法，通常简称光谱分析。光谱分析有发射光谱分析、原子吸收光谱分析、荧光 X 射线谱分析。在物质被激发而发光的过程中，对光的属性进行测量，从而确定原来物质的组分的方法称为发射光谱分析。在待测元素特定和独有的波长下，通过测量试样所产生的原子蒸气对辐射的吸收值来测定试样中元素浓度的方法，称为原子吸收光谱分析。荧光 X 射线谱分析有定量分析和定性分析之分。

三、材料化学成分分析

机械产品的构件是由材料制成的。这些原材料只是半成品，机械制造部门需要将原材料进行各种处理，使之改形、改性，把其性能提高到一个新的水平。材料的性能首先取决于它的化学成分，为了确保材料符合有关技术标准，通常需要进行材料的化学分析。化学分析按其任务可分为定性分析和定量分析，定性分析是鉴定物质由哪些成分组成的，定量分析是测定各成分的含量。在常规检验中，以定量分析为主，根据分析对象、操作方法、测定原理和生产要求的不同，定量分析方法分为常量分析、化学分析、仪器分析和例行分析。化学分析是以化学反应（如酸碱反应、络合反应、沉淀反应和氧化还原反应）为基础的分析方法，称为化学分析法。依据生成沉淀的重量来进行测定的方法称为重量分析法。如果待测组分与试剂发生酸碱反应、氧化还原反应、络合反应或沉淀反应，依据反应中所消耗的试剂（标准溶液）的体积来测定的，称为容积分析法。如果反应产生气体，根据测定气体的体积或重量等其他物理性能来决定物质含量的，称为气体分析法。

复习思考题

1. 简述合像水平仪和圆度仪的结构原理。
2. 怎样制订三坐标测量机的测量方案？
3. 激光干涉仪有哪些应用功能？
4. 材料的金相分析有哪几种基本方法？什么是宏观检验方法？
5. 什么是材料的光谱分析方法？什么是发射光谱分析法？
6. 材料的化学分析有哪两种基本方法？定量分析有哪几种方法？

第五章

机器运行时的振动和噪声

培训学习目标 了解机器运行时的振动和噪声产生的原因、检测方法,以及振动、噪声过大时应采取的措施,以提高机器运行质量和延长机器的使用寿命。

◇◇◇ 第一节 振动的概述

组成机械设备的零部件,以及安装机械设备的基础,可认为是一个弹性系统,它在平衡位置附近,每隔一定时间作往复机械运动,这就叫机械振动。机械振动是工程技术和日常生活中极为常见的现象。振动类型见表5-1。

表5-1 振动类型

分类依据	振动种类		
按产生振动的原因分	1) 自由振动 2) 强迫振动 3) 自激振动		
按振动系统结构参数特性分	1) 线性振动 2) 非线性振动		
按振动的规律分	1) 确定性振动	周期振动	正弦周期振动
			复杂周期振动
		非周期振动	准周期振动
			瞬变冲击振动
	2) 随机振动	平稳随机振动	各态历经振动过程
			非各态历经振动过程
		非平稳随机振动	

一、旋转机械的振动

旋转机械一旦转子开始转动,就不可避免地会产生振动。振动会使机械工作性能降低或使机械根本无法工作;会使某些零部件受到附加载荷而加速磨损、疲劳,甚至破坏而影响机械的寿命或造成事故,振动还将产生噪声而危害人身健康。但是,只要振动不过量,仍是完全允许的,相反有些机械设备还利用振动原理来工作。只有当机械出现一些不正常的振动时,才必须采取措施予以排除,以保证机械的安全运行。

旋转机械产生不正常振动或振动量过大的主要原因有以下几种:

1)转子不平衡量过大。
2)联轴器的加工误差过大或联轴器与轴的装配质量较差,造成联轴器偏心或端面摆动。
3)轴系对中不良。
4)转子上的结构件松动。
5)转子与轴承系统的失稳,如采用滑动轴承有时产生油膜振荡。
6)转子有缺陷或损坏,如轴颈不圆,产生腐蚀、叶片断落、转子有裂纹等。
7)转子与静止部分发生摩擦与碰撞。
8)机械的基础松动或刚性太差。
9)机械上有关部位的热膨胀余量不足,使转子和轴承产生变形。

二、振动的基本特性

1. 转子旋转时的轴心轨迹

转子的制造精度和平衡精度无论多么高,转子仍会产生一定的不平衡量,即转子存在着质量偏心,使转子在旋转时产生离心力,从而使转子轴心的运动按周向某一轨迹旋转,而不能固定于一点。如图 5-1a 所示,O 点为转子的理论轴心,由于存在着质量偏心,转子的实际轴心位置不在 O 点而移到了 O' 点。转子旋转时,既绕轴心 O' 旋转,又绕理论轴心 O 点旋转,这两种旋转分别称为自转与公转,其旋转角速度相同。实际上,O 点是不存在的,它是轴心轨迹的假想中心点。O' 点的运动轨迹即为轴心轨迹。

如图 5-1a 所示,轴心轨迹是在轴承和油膜的刚度各向同性条件下才可能产生。一般情况下,由于轴承和油膜的刚度各向不同性,轴心轨迹如图 5-1b 所示,或出现其他各种更为复杂的形状。

图 5-1a 中,半径 r 为振动的单振幅,$S = 2r$ 为振动的双振幅。

图 5-1b 中的 r_1 为垂直方向振动的单振幅,其双振幅为 $2r_1$;半径 r_2 为水平方向振动的单振幅,其双振幅为 $2r_2$。

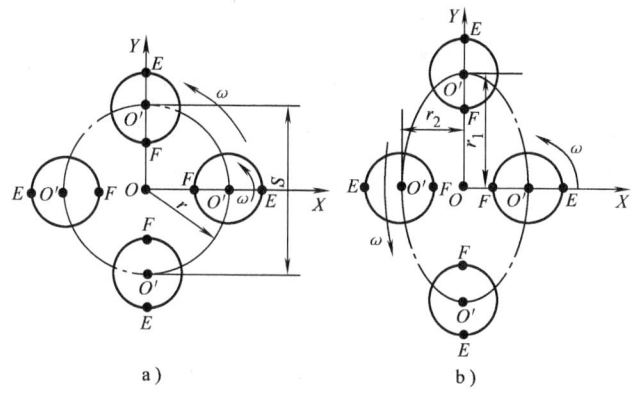

图 5-1 转子旋转时的轴心轨迹

2. 转子的临界转速

转子在加工、装配完成后,它的固有频率也就确定了。转子旋转时,当受到的干扰力的作用频率与转子的固有振动频率相同时,转子将产生剧烈的振动,这种现象常出现在旋转机械升速过程中。例如,机械在起动升速过程中,当到达某一转速时,转子会产生剧烈振动;继续升速后,振动反而会逐渐减小。与转子固有振动频率相对应的转速,称为转子的临界转速。转子的质量越大,刚度越小,其临界转速越低;反之则越高。

转子有一阶、二阶等一系列固有频率,所以转子在旋转时可能有一阶、二阶等多个临界转速。其中,一阶临界转速是最低的,在旋转机械中遇到的机会较多,二阶及更高阶的临界转速,只有在少数情况下才会出现。

转子的工作转速高于一阶临界转速时,称为挠性转子;工作转速低于一阶临界转速时,称为刚性转子。

使转子产生干扰力的最基本因素是由于不平衡而引起的离心力。离心力的作用频率为每转一次,即等于转子的转速频率,因此,旋转机械的工作转速不应等于或接近临界转速,否则将使转子产生共振而可能带来严重后果。

对于挠性转子,其转速要求

$$1.4n_1 < n < 0.7n_2$$

对于刚性转子,其转速要求

$$n < (0.55 \sim 0.8)n_1$$

式中 n——工作转速(r/min);

n_1——一阶临界转速(r/min);

n_2——二阶临界转速(r/min)。

转子在其支承刚度包括轴承座刚度、油膜刚度、基础刚度等发生变化时,其临界转速数值也会产生一定变化。

转子支承刚度对转子临界转速的影响如图5-2所示。该转子刚度为K_1，支承刚度为K_2；转子在支承刚度为绝对刚度时的临界转速为n_{1g}，转子在支承不是绝对刚度时的临界转速为n_{1t}。通过实验可得出如图5-2所示的曲线，此曲线表明支承与转子的刚度比K_2/K_1对临界转速n_{1t}/n_{1g}的影响。

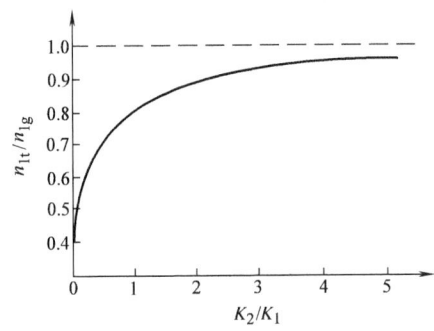

图5-2　支承刚度对转子临界转速的影响

转子刚度K_1一般不易变化，可视为常数。从图5-2中可以看出，当支承刚度K_2减小时，K_2/K_1也减小，导致n_{1t}/n_{1g}也相应减小，即n_{1t}降低。所以实际运行条件下，往往由于轴承性能改变，轴承座或基础刚度变化，使转子的临界转速也会有所变化。

3. 转子振动的相位

转子振动有一定的相位特征。假设转子的不平衡量集中于一点，称为重点，如图5-3所示的C点。转子旋转时因离心力作用使转子产生动挠度和振动。在转子的圆周方向上任何一点都可测得其最大振动值，其方向即为动挠度方向，此测点位置称为高点，即图5-3中的h点。图中O_1为转子轴心，O_1C为偏心距，OO_1为转子旋转时的轴心轨迹半径r。在转子振动时，只有当转速很低时，振动的高点位置才与重点同相位，即转子重点转到某一角度时，振动高点也在该角度位置。但当转速升高到一定数值时，振动的高点总要滞后于重点某一相位角α，如图5-3a所示。即当转子的重点转到某一角度时，在该角度位置并不出现振动高点；当重点转过一个相位角α后才出现。转子转速越高，高点滞后于重点的相位角α也越大。

当转子转速达到一阶临界转速时，振动高点滞后于重点的相位角$\alpha = 90°$，如图5-3b所示。

当转子转速高于一阶临界转速时，振动高点滞后角$\alpha > 90°$；转速再升高时，滞后角α可接近于$180°$，如图5-3c所示。此时重点位置处于转子动挠度方向的对面。重点所产生的离心力已有一部分分力可以控制振动的方向，这就是转子在

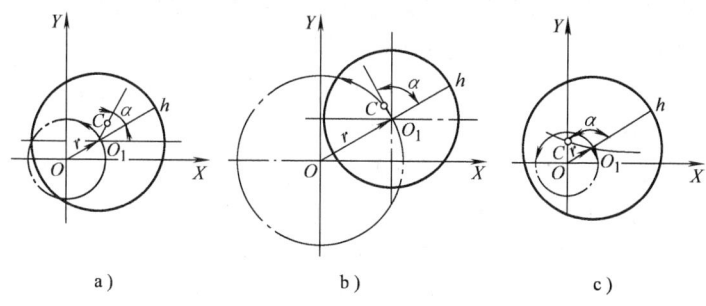

图 5-3 转子振动的相位变化

临界转速以后,其振幅反而会逐渐减小的原因,这种作用称为转动的自定心作用。

三、机床的振动

1. 机床振动的种类

机床工作时所产生的振动基本上有两大类:

(1) 受迫振动　这是机床在结构本身产生的激振力扰动下所激发的振动。

(2) 自激振动　这是在切削过程中产生的内激振动力使系统产生的振动。

机床工作时,产生不正常振动或振动过大的原因很多,除前述旋转机械产生振动原因外,还有以下几种:

1) 传动机构的缺陷,如平带接头,V 带厚度不匀,齿轮的齿距误差,轴承滚动体不均匀、液压系统压力脉动等。

2) 往复移动部件在改变运动方向时惯性力较大。

3) 低速运动部件发生的张弛摩擦自激振动,使运动部件产生"低速爬行",则是由于摩擦因数的变化和连接件刚度不足等原因所致。

4) 切削过程的间隙性所产生切削力的周期变化。

5) 机床基础松动或基础刚度太差。

6) 由地基的振动传递给机床等。

2. 各类机床的振动

由于各自的工作运动不同,在机床整体结构和部件组成方面有很大的差别,因而具有各自的振动特征,使它们的动态性能大为不同。下面以车床和磨床的振动系统为例作简要说明。

(1) 车床的主要振动　车床的主要振动是切削时的自激振动,即颤振。在颤振情况下,产生振动的系统主要是某一个主振系统,例如:"主轴—工件"或"主轴—工件—尾座"系统;工件系统;刀具系统。切削加工中最容易引起颤振的工作有：车削宽而薄的工件，尤其是用宽刀或成形刀切入时；所有切槽工序，尤其是切断工序；切削截面很大的车削工序。

车床的受迫振动主要是主轴的振动和传动系统的振动，尤其在高速时振动更明显。主轴受迫振动最基本的激振力是主轴组件不平衡所产生的离心力，同时也受到传动机构谐振频率的影响。在离心力作用下，使主轴的轴心随离心力方向偏离原位置，形成轨迹复杂的振动，其振幅大小与离心力和组件本身的刚度有关。在转速频率等于或接近轴或支承系统的固有频率时，将发生谐振而使振动加剧。

(2) 磨床的主要振动　磨床的主要振动是受迫振动，这种振动在离谐振区域很远的速度下，也会影响工件加工表面的质量（表面粗糙度）。引起受迫振动原因主要是由于电动机质量差、砂轮不平衡、轴承支承刚度差和间隙较大等。对工件加工精度和表面粗糙度影响最大的，是砂轮主轴相对于砂轮架的振动，砂轮架相对于床身的振动，工件相对于床身的振动。

磨削时产生颤振的原因在于：不合理地延长砂轮两次修整间的磨削时间；砂轮选择不当等。若砂轮过硬，则在砂轮上产生不均载荷；若砂轮过软，则在砂轮上易产生波纹。在颤振条件下，振幅随着磨削时间的加长，砂轮磨粒不断钝化而增大，并随着磨削用量的不同而变化。一般说来，磨床颤振振幅较小，其危害性不如受迫振动；但在高精度磨削时，应特别加以重视。

3. 防止和消除机床振动的工艺方法

防止和消除机床振动有以下方法：减小产生振动的激振力，即减小受迫振动时的外激振力或自激振动时的内激振力；增大振动系统的阻尼；增大系统刚度；提高振动系统的固有频率或改变激振频率，使两者相距较远。

(1) 减少机床受迫振动的具体方法

1) 减少外激振力，即减小因回转部件不平衡所引起的离心力、断续切削所产生的冲击力等。对于转速在 600r/min 以上的旋转部件，必须予以平衡；磨床砂轮应仔细平衡，还需经常修整以保持其正确的外形；提高联轴器相联的各轴的同轴度；提高带传动、齿轮及其他传动装置的稳定性等。

2) 减小惯性力，主要是保证换向机构能使运动部件平稳换向；正确调整换向装置，降低换向时的加速度，消除换向机构的间隙及空行程。

3) 采取隔振措施，主要是增加系统对激振能量的耗散作用来防止和消除振动。隔振方式一般有两种：积极隔振，即阻止振动内振源外传；消极隔振，即阻止外来振动传入。常用的隔振材料是橡胶、金属弹簧、软木、矿渣棉、木屑和玻璃纤维等。中小型机床大多采用橡胶衬垫。重型机床采用金属结构的弹性元件，精密机床常在机床基础周围挖出防振沟，减小因其他设备振动而带来的影响。

4) 变动振源频率，即在选择转速时，使可能引起受迫振动的根源频率与机床主轴等部件的固有频率相差大些。如铣床在铣削时可增加或减少铣刀的刀齿

第五章 机器运行时的振动和噪声

数；采用不等齿距铣刀；或从镶齿铣刀中取掉若干刀齿等，均可取得满意的效果。

5）提高配合件接触精度。部件的接触刚度大大低于实体零件本身的刚度，提高接触刚度是提高系统刚度、减少振动的重要工艺措施。如提高机床有关配合面的接触精度，能减小微观表面和局部区域的弹性、塑性变形；对轴承等进行预加载荷，不仅可消除配合面间隙，而且能使机床部件一旦开始工作，就有较大的实际接触面积等。

(2) 增强"机床—工件—刀具"工艺系统的刚度　这是提高工艺系统抗振性从而防止振动的最普遍方法。因为当机床发生振动时，"机床—工件—刀具"系统各个环节都在不同程度上参与振动过程。

在工艺系统中，工件系统往往是发生颤振的薄弱环节，通常可根据具体情况相应采取下列措施：

1）尽可能在接近加工处夹紧工件，使切削力接近工件夹持处。

2）沿工件全长多设支承点，减少工件在切削力作用下产生变形。例如加工细长轴时采用中心架或跟刀架。

3）提高轴类工件顶尖孔的质量。

提高刀具系统的抗振性，主要有以下几个方面：

1）采用抗振刀具。

2）减小刀具悬伸距离，提高刀具定位面精度。

3）对装在圆柱刀杆上的刀具，要采用能保证正确定心的配合，刀杆直径要足够大，夹紧垫圈的平行度精度要高。

4）提高刀具的刃磨质量。

◆◆◆ 第二节　旋转机械的振动标准

评定旋转机械振动有两种方式：轴承振动或轴振动。过去常用轴承振动来评定，随着测量技术的发展，以及对机械运行安全可靠性要求的进一步提高，用轴振动评定也得到了很快的发展。

一、轴承振动的评定标准

轴承振动是用振动位移双幅值来评定，如图 5-1a 中的 $2r$ 或图 3-1b 中的 $2r_1$ 和 $2r_2$，近年来逐步推广使用振动烈度来评定。

1. 以振动位移双幅值评定

对于典型通用的旋转机械，如离心式压缩机和鼓风机、汽轮机等，均已制订了振动评定标准。表5-2为我国部颁标准《离心鼓风机和压缩机技术条件》规定的轴承振动标准，以振动双幅值表示。

表5-2 离心鼓风机和压缩机振动标准规定的双振幅S

转速 $n/(\text{r/min})$	≤3000	≤6500	≤10000	>10000~16000
主轴轴承双振幅$S/\mu m$	50	≤40	≤30	≤20
齿轮轴承双振幅$S/\mu m$		≤40	≤40	≤30

表5-3为原水利电力部《电力工业技术管理法规》中制订的汽轮发电机组的轴承振动标准，也是以振动位移双幅值表示。

表5-3 汽轮发电机组振动标准规定的双振幅S

（单位：μm）

转速 $n/(\text{r/min})$	1500	3000	≥5000
优	≤30	≤20	≤10
良	≤50	≤30	≤30
合格	≤70	≤50	≤50

用振动位移值来评定机械振动水平时，是按照转速的高低规定允许的振幅。转速低，允许的振幅大；转速高，允许的振幅小。这是因为在同样的振幅情况下，对于高速旋转机械将会造成较大的危害。

对于其他各种旋转机械，在安装调试时，如果制造厂没有明确规定振动允许值，可参照以上两种标准进行评定。

2. 以振动烈度评定

振动烈度就是振动速度的有效值。当轴心轨迹为圆周状态时的振动速度等于圆周半径和角速度的乘积，即

$$v = r\omega$$

式中　v——振动速度（mm/s）；

　　　r——圆周半径，即振动位移的单幅值（mm）；

　　　ω——旋转时轴心的角速度（1/s）。

振动时由于轴心轨迹呈圆周状态，其振动的波形为正弦波，如图5-4所示，因此振动有效值为

$$v_f = \frac{v}{\sqrt{2}}$$

式中 v_f——振动速度有效值,即振动烈度(mm/s)。

由此可得,振动烈度与振动位移双幅值之间的关系为

$$v_f = \frac{v}{\sqrt{2}} = \frac{r\omega}{\sqrt{2}} = \frac{S\omega}{2\sqrt{2}}$$

式中 S——振动位移的双振幅值(mm)。

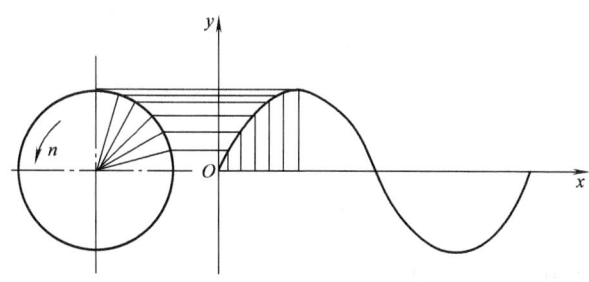

图 5-4 振动轨迹为圆形时的波形

表 5-4 适用于转速为 600~12000r/min 的旋转机械。表中分为四个品质段:品质段 A 为机械运行的优级水平;品质段 B 为机械运行应有的良好水平;品质段 C 表示机械运行已有一定的故障,应予以检查和修复;品质段 D 表示机械应立即停止运行。

表 5-4 振动烈度标准

振动烈度 v_f/(mm/s)	小型机械	中型机械	大型机械	
			刚性支承	柔性支承
—0.45—	A	A	A	A
—0.71—				
—1.12—	B			
—1.8—		B		
—2.8—	C			
—4.5—		C	B	B
—7.1—				
—11.2—				C
—18.0—	D	D	D	D
—28.0—				
—45.0—				
—71.0—				

表 5-4 中规定的支承分类为:当机械主激振频率(由工作转速激起的振动频率)低于支承系统的一阶固有频率时,属于刚性支承;机械主激振频率高于支承系统一阶固有频率时,属于柔性支承。支承系统的固有频率可经实验测得,而机械的主激振频率,一般即为其转速频率。

例如，一台旋转机械的工作转速为 7500r/min，测得其支承系统的固有频率为 32Hz，其主激振频率为 125Hz$\left(\dfrac{7500}{60}\right)$，高于系统固有频率，因此该支承系统属于柔性支承。

如某一旋转机械转速为 3000r/min，其支承系统为柔性支承，要求达到优级振动水平，其振动烈度标准值为多少？查表 5-4 可得其振动烈度应不大于 2.8mm/s。如果需换算成该转速下的振动位移双幅值，则因

$$v_\mathrm{f} = \dfrac{S\omega}{2\sqrt{2}}$$

故

$$S = \dfrac{2\sqrt{2}\,v_\mathrm{f}}{\omega} = \dfrac{2\sqrt{2}\times 2.8\mathrm{mm/s}}{2\pi\times 3000/60\ 1/\mathrm{s}} = 0.025\mathrm{mm}$$

二、轴振动的评定标准

轴承的振动是由轴的振动传递而来，它不能反映转子振动的真实性。以轴振动来评定机械振动的水平，可以提供确实的数据，作为分析判断机械可否安全可靠地运行和出现故障时能进行振动分析的依据。例如当测得轴振动位移值后，就可直接判断此时转子是否会与静止部分发生摩擦。

表 5-5 是国际电工委员会（IEC）的汽轮发电机组轴振动标准，其中所规定的轴振动数值基本上是轴承振动数值的两倍。

表 5-5　IEC 振动标准规定的双振幅 S

转速 $n/(\mathrm{r/min})$	1000	1500	3000	3600	≤6000
轴承振动双振幅 $S/\mu\mathrm{m}$	75	50	25	21	12
轴振动（靠近轴承处）双振幅 $S/\mu\mathrm{m}$	150	100	50	42	20

第三节　振动测量

测量旋转机械的振动，需要使用振动测量仪器，一般都选择轴承上适当的测点，从而测得轴承振动值，或者直接测量轴振动。但有时为了寻找振动原因，需选择某些特殊位置进行测量，例如测量机座或基础的振动、管道的振动等，但作为评定机械的振动水平时的测点位置，总是选择在轴承或轴上。

一、测量轴承振动

测量轴承振动时常用的是磁电式速度传感器，其结构如图 5-5 所示。它的工

作原理如下：在钢制圆柱形壳体 1 中有与壳体相联的高磁能永久磁铁 5，磁铁中央有小孔，中间通过心轴 6，两端分别以圆形薄膜弹簧片 3、8 支承在壳体中，且在两端分别连有工作线圈 4 和阻尼环 7。测量时，传感器接触或固定在被测的轴承上，振动通过顶杆 9 传到外壳，由于支承弹簧片很软，其固有频率很低。当振动频率高于支承弹簧片的固有频率一定范围后，由线圈、阻尼环和心轴组成的可动部分基本保持静止不动。这样，线圈就与外壳产生相对运动，使线圈切割磁力线而产生感应电压。感应电压的大小与线圈切割磁力线的速度成正比。通过引出线 2 就可将感应电压引出，输送到测振仪的电路中去。经过电子放大器将信号放大后，通过测振仪的电表指针或荧光屏显示出来。有条件的则通过记录设备将信号记录下来。为了记录信号，可将信号输到记录仪中，用记录纸、胶卷或感光纸留下永久性的记录。

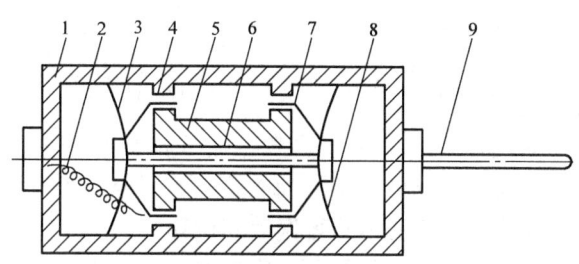

图 5-5　磁电传感器示意图

1—圆柱形壳体　2—引出线　3、8—薄膜弹簧片　4—工作线圈
5—永久磁铁　6—心轴　7—阻尼环　9—顶杆

用磁电式传感器在轴承上测量振动时，测点位置必须正确选择。一般应选择在反映振动最为直接和灵敏的位置。例如测量轴承垂直方向的振动值时，应选择轴承宽度中央的正上方为测量点位置；在测量轴承水平方向的振动值时，应选择轴承宽度中央的中分面处为测量点位置；在测量轴承轴向振动值时，应选择轴承轴心线附近的端面处为测点位置，如图 5-6 所示。

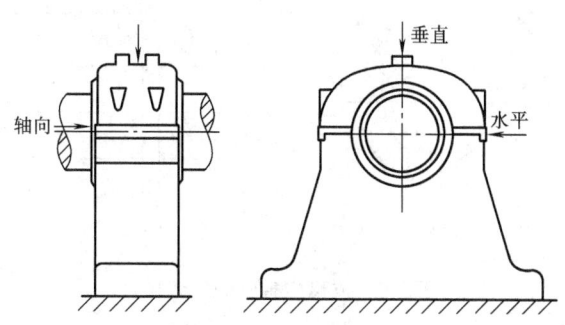

图 5-6　轴承上测量点位置

二、测量轴振动

测量轴振动的方法是采用位移传感器。如图 5-7 所示为目前使用的涡流式位移传感器。测量轴振动时，传感器端部与轴之间要有一定间隙，所以也称非接触式位移传感器，其工作原理图如图 5-7b 所示。

涡流式位移传感器的工作原理如下：传感器端部是一个电感线圈 1，当线圈中通入高频电流后，线圈将产生磁场，并使附近的轴表面 2 感应出涡电流（简称涡流，即在轴的金属体内自成回路的电流）。此涡流的产生，使线圈的电感值发生变化，从而使线路的阻抗变化，并改变线路的输出电压。当被测轴的尺寸、材料确定后，输出电压的变化仅随传感器与轴之间的距离 δ 而定。而轴的振动就反映了距离 δ 的改变，因此测得电压值就可测得振动的位移值。

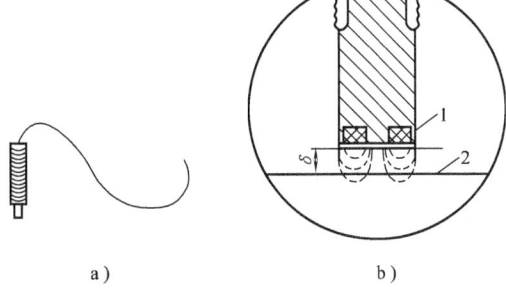

图 5-7 涡流式位移传感器
1—电感线圈 2—轴表面

涡流式位移传感器的输出信号必须输入测振仪，方可指示出振动位移。传感器电感线圈的高频电流也由测振仪供给。

如图 5-8 所示为涡流式位移传感器测量轴振动（图 5-8a）和轴向位移（图 5-8b）时的安装形式。传感器与轴表面的距离通常为 1～1.5mm，太大将超过传感器的测量范围；太小则容易产生传感器端部被损坏的现象。

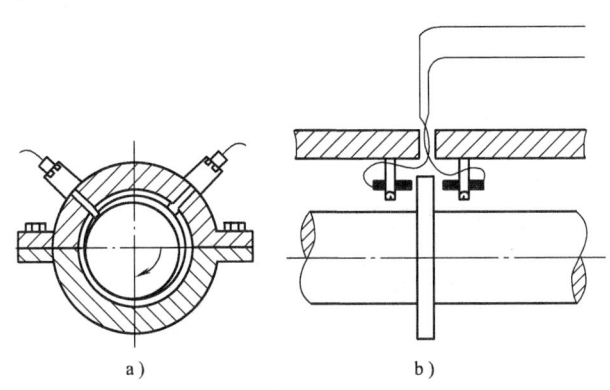

图 5-8 位移传感器的安装形式
a）测量轴振动 b）测量轴向位移

位移传感器安装在轴承壳体上。由于轴承本身工作时也有振动，所以测得的轴振动是相对于轴承的振动，而不是相对于大地的绝对振动。这与前面所述用速度传感器或加速度传感器来测量轴承振动时的情况不同，后两种传感器所测得的轴承振动，都是相对于大地的振动——绝对振动。

应用位移传感器测量轴振动，要求轴的被测表面有较高的几何精度，较小的表面粗糙度和均匀的材料金相组织，否则会引起测量中的机械误差和电气误差，从而影响测量的准确性。

三、频谱分析的概念

在振动测量过程中，当测得的振动值超过标准规定的允许值时，应分析原因，找出振源，以求达到排除或减小振动的目的。在通常情况下，旋转机械的受迫振动主要是由于转子的质量不平衡引起的，转子振动的频率等于转子转速的频率，例如工作转速为 1500r/min 的机械，其转子的振动频率便为 25Hz。但是，在实际运行时，转子将受到各种不同频率的激振力影响，转子的振动频率受到多方面的影响，不可能只呈现一种振动频率，而同时出现多种振动频率，致使转子的振动频率成分显得比较复杂。

引起转子振动频率成分复杂的因素很多，例如：转子上轴颈圆度误差，如呈椭圆形，则在轴承油膜上转动时，将产生每转两次的振动峰值。传感器可以测到两次最大振动值，反映出每转振动两次的特征。此时，转子必然有两倍于转速频率的振动成分出现，通常称为两倍频振动。当两根转子用联轴器连接时，如果两轴轴心线对中不良，则转子旋转时也将因附加的激振力而使转子产生一倍频或两倍频振动。转子叶轮的叶片，在工作时受气体或液体的脉冲作用力，将使转子产生与叶片数相同倍数的转速频率的振动成分。当滑动轴承发生油膜振荡时，转子将产生明显以一阶临界转速频率为主的振动等。

各种不同频率的振动成分综合反映在转子上，使转子出现复杂的振动性质。在这种状态下测得的振动值，称为通频振动值或全频振动值。振动标准所规定的都是指通频振动值，用一般传感器和测振仪即能测得。

要将通频振动中各种不同的振动频率一一区分开来，可使用频率分析仪。将轴承和轴的振动信号输入到频率分析仪中，振动的频谱就能在仪器的荧光屏上显示出来。各种频率成分及其对应振幅值都同时表达清楚，如图 5-9 所示，称为振动频谱图。在振动频谱图上，可以清楚地看到振幅最大的振动频率，以及有哪些不正常的

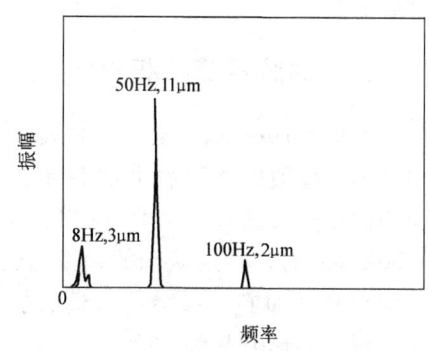

图 5-9 振动频谱图

振动频率,通过分析可对振动故障的原因作出诊断。

图 5-9 所示为一台转速为 3000r/min 的电动机振动频谱图。图中振幅最大的振动频率为 50Hz,等于转子转速频率,其双振幅为 11μm。此外,尚有两倍频振动,频率为 100Hz,双振幅为 2μm。图中 8Hz 的低频振动,一般是由基础等引起的振动,其双振幅为 3μm。

◆◆◆ 第四节 油 膜 振 荡

一、油膜振荡的过程及危害

油膜振荡发生的过程如下:当转子达到某一转速时,出现约为转速频率 0.35~0.49 倍频率成分的振动。继续升速时,这一频率成分仍旧保持在这一比例范围。这种比转速频率低的低频振动,称为半速涡动,其振幅一般不会很大。但对于挠性转子而言,当转速高于一阶临界转速的两倍之后,半速涡动的频率与一阶临界转速频率重合,从而将立即产生共振放大,振动幅度剧烈增加,这就是油膜振荡。油膜振荡是转子——轴承系统产生失稳的现象之一。此时,转子的轴心轨迹呈不稳定状态,转子将出现异常的振动频率成分。严重失稳时,其振幅将会很快地发散增大,以致造成惨重的毁机事故。

油膜振荡一旦发生,转速若再继续升高,振动频率便保持一阶临界转速的频率而不会再改变。共振范围较宽,除非降低转速,才能使振幅减小和油膜振荡消失,而绝不能用继续升速冲越临界转速的方法来消除油膜振荡。

根据上述现象,刚性转子和工作转速低于一阶临界转速两倍的挠性转子,只可能产生半速涡动。只有当工作转速高于一阶临界转速两倍的挠性转子,才可能产生油膜振荡。这种高速的挠性转子,有时并不出现半速涡动,而可能直接发生油膜振荡。

二、油膜振荡的频谱图

如图 5-10 所示为某压缩机转子升速到 4360r/min 时,开始出现半速涡动的频谱图。此时的半速涡动的频率为 36.0Hz,而转速频率为 72.67Hz,半速涡动的频率是转速频率的 0.49 倍。继续升速,半速涡动并不消失。当转速升到 7180r/min 时,半速涡动的频率与转子的一阶临界转速频率重合即为 47Hz。此时振动明显加剧,再继续升速,振动频率仍为原来数值,可见发生了油膜振荡。直至转速升高到 7500r/min 时,油膜振荡依然存在,但尚未严重发散,如图 5-11 所示。

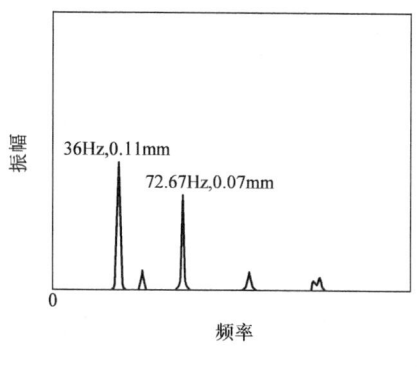
图 5-10 油膜振荡时的频谱图

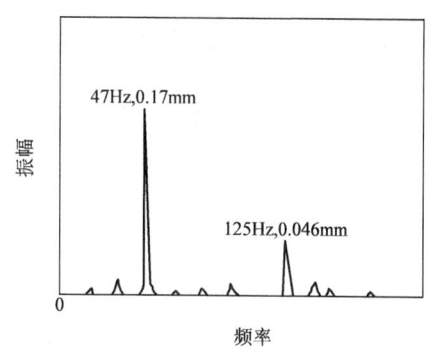
图 5-11 半速涡动时的频谱图

三、轴承工作的稳定性

半速涡动和油膜振荡都是由于滑动轴承的工作稳定性差而引起的。影响滑动轴承稳定性的基本因素是轴在轴承中的偏心距，同时与轴的转速、轴的载荷、润滑油的粘度等有关。实验研究表明，低速时，特别是偏心距较大时，仅发生同步涡动；速度较高时，将发生急剧增强的半速涡动；当轴的工作转速等于或大于一阶临界转速两倍时，半速涡动振幅将急剧增大。

研究表明，高速轻载的轴最易发生油膜振荡，高速重载的轴则不易发生振荡。当轴的转速达到或超过两倍于一阶临界转速时，振荡也不消失；转速小于一阶临界转速两倍后，振荡才消失。

旋转机械发生半速涡动或油膜振荡时，可采取以下措施：

1）增大轴承比压，轴承的比压计算公式为

$$p = \frac{W}{LD}$$

式中　p——轴承比压(MPa)；

　　　W——轴承所受转子的载荷(N)；

　　　L——轴承宽度(mm)；

　　　D——轴承直径(mm)。

比压越小，轴承稳定性越差。可以用外部加压来增大比压；或缩小轴承长径比 L/D，即减小轴承宽度来提高轴承比压。

2）增大轴承间隙比，轴承间隙比 ψ 计算式为

$$\psi = \frac{C}{D}$$

式中　ψ——轴承间隙比；

　　　C——轴承与轴的间隙(mm)；

D——轴承直径(mm)。

适当增大轴承与轴的间隙,即增大 C 的数值,可以使轴心位置降低些,因而增大轴承的稳定性。

3) 增高润滑油温度,可以使轴承承载能力增大,这样能收到较好的效果。

第五节 噪 声

噪声是多个频率不同,声强不同的声音的无规律组合。从生理学的角度来看,凡使人感到烦躁、厌恶的声音,都叫噪声。

噪声是环境公害之一。人们若长期受噪声刺激,将导致耳聋,引起心血管系统、神经系统、内分泌系统等方面的疾病,还会影响人们的正常生活,妨害睡眠、干扰谈话。噪声还会影响机械及仪器仪表的正常工作,严重时会损坏机械和建筑物等。

国际上有关标准组织规定的容许噪声的标准见表5-6。

表5-6 噪声标准　　　　　　　　　　　　(单位:dB)

条　件	噪声标准	条　件	噪声标准
每天8h工作,听力容许连续噪声级	90	每天2h工作,听力容许连续噪声级	96
每天4h工作,听力容许连续噪声级	93	听力容许的最高噪声标准级	115
住宅室外环境的噪声容许级	35~45	8h工作司机耳边噪声	90
工业区住宅的最高噪声级	70	30m处的环境噪声	75
一般工作环境的最高噪声级	75		

正常人所能听到的声音范围在 15~20000Hz。通常,低于 20Hz 的声音称为低声,高于 20000Hz 的声音称为超声。噪声的频率范围多数为 40~10000Hz。

一、声压和声压级

声音是由振动而产生的,其声波作用于物体上的压力称为声压,其单位是 Pa。

正常人耳刚能听到声音的声压称为听阈声压。当声音的频率在 1000Hz 左右时,其声压约为 2×10^{-5}Pa;使人耳产生痛觉的声压称为痛阈声压,其声压值为 20Pa。从听阈声压到痛阈声压,声压值相差 100 万倍。由于人耳对声压的响应范围如此宽广,直接用声压值来衡量声音的大小是很不方便的。此外,从人耳的听觉特点而言，当声压增大 10 倍时，人耳感觉到的响度仅比原来增大 1 倍。由于上述两个原因，声学上采用另一个物理量——声压级 L_p 来表示声音的大小，其单位为 dB(分贝)。

声压和声压级是评定噪声的基本参数。声压 p 和声压级 L_p 之间的数学表达式为

$$L_p = 20 \lg \frac{p}{p_0}$$

式中　L_p——声压级(dB)；

　　　p——声压(Pa)；

　　　p_0——基准声压，2×10^{-5} Pa。

由上式可知，听阈的最低声压级为 0dB，痛阈的声压级为 120dB。这样就把从听阈到痛阈相差 100 万倍的声压变化范围，变成 0～120dB 的声压级变化范围。用声压级来表示人耳能听到的声压范围，在数值上就小得多了，其中 0dB 表示参考声压级，而 120dB 表示最大声压级。

以上公式表明，声压增大 10 倍时，声压级仅增大 1 倍，这与人耳的听觉特点相一致。

二、噪声的测量

测量噪声，通常使用声级计。用声级计测得的噪声是经过仪器修正后的声压级。仪器修正方法有 A、B、C 三种，因此所得的结果也分三种，并用符号加以区别，分别记作 dB(A)、dB(B)、dB(C)，分别称为 A 声级、B 声级、C 声级。在噪声的测量评定中，一般都应用 A 声级、即 dB（A）。

如图 5-12 所示为 ND_1 型精密声级计，用来测量声音的声压级和声级。如果使用仪器上的 A、B、C 三个计数网络分别进行测量读数，则可大致判定出噪声的频率特性。

当 $L_A = L_B = L_C$ 时，表明噪声中高频成分较突出。

当 $L_A < L_B = L_C$ 时，表明噪声中中频成分略强。

当 $L_A < L_B < L_C$ 时，表明噪声呈低频特性。

如图 5-13 所示为 ND_2 型声级计和倍频程滤波器组合的测声仪。它除了可以测量声压级和声级外，还可以用来对声音进行频谱分析。

如图 5-14 所示为仪器附件之一的电容微声器，这是一种声—电传感器。它主要由固定极板 4 和金属膜片 3 所组成，两者在电气上互相绝缘，从而构成一个以空气为介质的电容器的两个极板。当一直流电压施加在两极板上时，电容器充电，所施加电压称为极化电压。当声波作用在膜片 3 上时，膜片和后极板的距离发生周期变化，从而引起电容量的变化，产生一交变电压。对于同一微声器，在

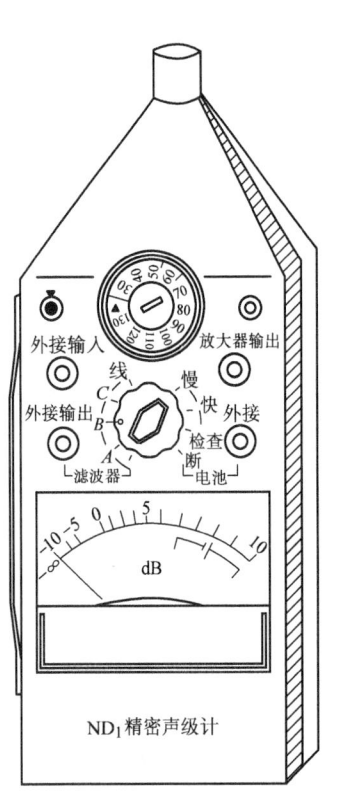
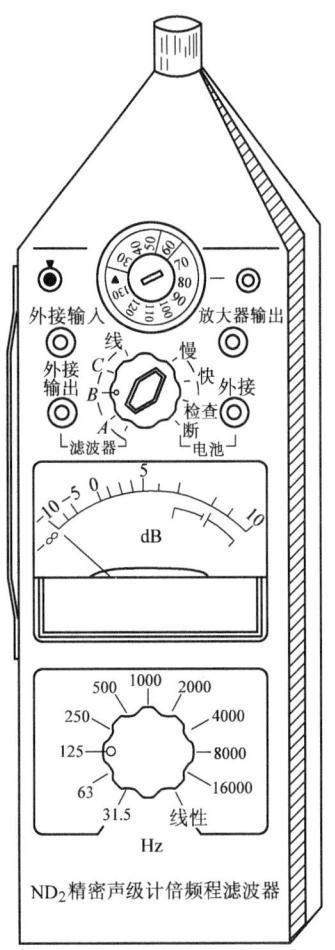

图 5-12　ND_1 型声级计外观图　　图 5-13　ND_2 型声级计外观图

极化电压等条件不变的情况下,所产生的交变电压的大小和波形由作用的声压决定。这样,电容微声器就将声音信号变成电信号输入到声压计中。均压孔 1 用来使与外面大气压力平衡。

使用时,微声器安装在声级计最前端,为保护膜片不受损坏,装有保护栅盖 2。

如果被测声音不是来自一个方向,为了改善微声器的全方向性,可将电容微声器的正常保护栅旋下,而旋上仪器附备的无规入射校正器,其外形如图 5-15 所示。

第五章 机器运行时的振动和噪声

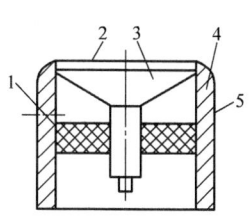
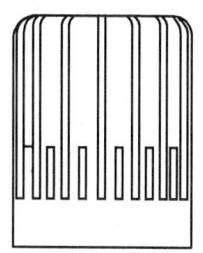

图 5-14　电容微声器　　　　图 5-15　无规入射校正器
1—均压孔　2—保护栅盖　3—金属
膜片　4—固定极板　5—密封圈

测量噪声的目的是：检验噪声是否在有关允许标准范围内；比较同类型（或不同类型）机器（或地点）的噪声；测定离噪声源一定距离的噪声。一般现场测量的测点选择原则见表5-7。

表 5-7　测点选择原则

原则项目	条　　件
根据测量要求	从劳动保护观点出发，测量驾驶室内或驾驶员耳朵高度处的机械噪声，其测点应布置在驾驶员耳旁
	从环境保护观点出发，测点选择在需要了解的位置上。如距机械10m、30m、50m、100m处
	必要时，根据风向，在上、下风同样距离内测量
根据测量对象	为评价机械的辐射噪声，测点往往选在离机械表面0.1～0.5m（小型），1～1.5m（一般）、10～50m（大型）处
	向各方向辐射的噪声，一般至少确定5个以上的测点
	应当避免本底噪声对测量的影响。本底噪声是指被测噪声源停止发声时，其周围环境的噪声
	应注意避免反射声波的影响
根据测量环境	当测量环境中，有反射面、测点与反射面相距2～3m时，应将传声器安排在接近被测声源的辐射面处。以减少干扰，但也不宜太近，否则也不太稳定
	还应考虑风向、电磁场、振动、温度和湿度等的影响

噪声是人们不需要的声音，是一种公害，但在工业相当发达的国家、地区、城市，以及工厂、矿山、建筑工地等场合，都是避免不了的，所以从劳动保护、环境污染角度考虑，应予以重视。

表5-8所列为机械加工时某些机械所产生的噪声源的声级和频谱。

表 5-8　机械加工时某些噪声源的声级和频谱

噪声源	声级/dB	频谱特性	噪声源	声级/dB	频谱特性
冷加工			木工		
冲床	100~102	低中频	电锯	100~112	高频
车床	85	高频	电刨	100~120	高频
水压机	80	低中频	铆焊		
风铲	120~130	高频	铆钢板	110~130	高频
锻压			铲边	120~130	高频
空气锤	93~106	低频	敲打钢板	110~115	高频
铸工			动力		
冲天炉风机旁	110~120	宽带	空压机	85~100	宽带
造型机	105	高频	柴油发电机	100	高频
冲天炉	85~90	低频	直流发电机	86~98	低中频
清砂	96~106	高频	产品试验		
击芯机	116	高频	双水内冷发电机	114	高频
喷砂	110	高频	柴油机	115	低频
风镐	109	高频	汽油机	90~95	低频
吹尘	104	高频	油泵	97~103	高频

三、降低噪声的途径

1. 噪声来源

噪声主要来自下列三个方面：

(1) 机械噪声　机床的各运动部件如齿轮、滚动轴承、凸轮组件、联轴器等部件因同轴度误差等引起的振动而产生的噪声，以及箱体、罩壳等静止部件因受到运动部件的振动，产生的强迫振动和自激振动而产生的噪声。

(2) 流体噪声　流体噪声包括液压系统的噪声，如液压泵、液压阀、管道由于流量和压力的波动，液压冲击和空穴现象产生的噪声；空气动力噪声，如电动机、电动扇、转子等高速旋转件对空气的搅动而引起的噪声。

(3) 电磁噪声　电磁噪声主要由于电气元件中交变电磁力在空隙中相互作用产生的振动，如电动机绕组、变压器、电磁铁等引起的噪声。

上述各个噪声源可以相互影响，某一元件的振动往往会成为另外一些元件的激振源。它们的互相影响会使噪声加大；特别是在发生共振时，噪声将会明显加大。

2. 降低机械噪声的方法

降低机械噪声的一般方法如下：

(1) 降低齿轮传动的噪声　齿轮噪声是齿轮啮合时的冲击振动而引起的。

减小齿轮振动的一般措施有:

1) 提高齿轮制造精度,主要是提高齿轮的工作平稳性精度、接触精度和减小齿面的表面粗糙度值;提高齿轮的安装精度,主要是控制安装时的同轴度误差。

2) 提高齿轮刚度可以提高其固有频率,避免薄壁振动。当齿轮直径一定时,可以加大齿轮的厚度以提高其刚度,但在机床上,安装齿轮的轴一般较为细长,刚度较低,如果加大齿部厚度,当轴产生变形后,齿轮倾斜,会因局部接触反而加大噪声。因此大而薄的齿轮,可采用增大轮毂厚度而不加大齿厚的办法,如图 5-16 所示。

3) 控制产生齿轮噪声的外部因素、保证箱体孔的平行度精度,保证传动轴有足够的刚度。对重要的高速齿轮,减少以至消除轴孔和键侧的配合间隙等措施,是控制齿轮噪声的主要外部因素。

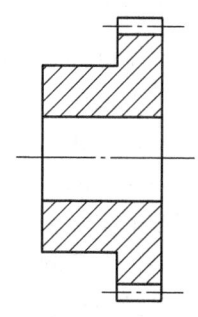

图 5-16 大直径齿轮加厚齿毂

(2) 降低轴承噪声 通常,深沟球轴承的噪声低于同级精度的圆锥滚子轴承。滚动轴承的间隙会加大噪声。从装配方面来讲,做好轴承的清洁工作,装配时进行可能的预加载荷,短期磨合后的再调整等,对降低轴承噪声都有明显作用。

(3) 降低带传动的噪声 传动带是弹性体,对振动能起到吸收作用。一般情况下,用带传动对降低噪声是有利的,但是,如果传动带质量不均匀,平带有接头或胶接处的柔韧性与其他部位不同,则可能成为振动源。因此,平带应尽量选用无接头的;必须接头时,应选用不会使接头硬化的胶合剂。使用多根 V 带时,其长度要一致。

(4) 降低联轴器装配不良所产生的噪声 弹性联轴器虽然允许被连接的两轴有一定的同轴度误差,但其同轴度误差仍然是振源之一。因此,即使使用弹性联轴器连接的两轴,也应从工艺上和安装时保证尽可能高的同轴度。

(5) 降低箱壁和罩壳的振动噪声 箱壁和罩壳一般有较大面积和薄壁,在其他激振力的影响下,往往引起薄壁振动,这是机床噪声的主要来源之一。适当增加肋板以减少薄壁面积,从而提高箱体刚度,是降低箱壁和罩壳噪声的有效方法。

(6) 采用吸声的方法 采用吸声的方法可减小噪声。当机械运转发出噪声时,人们听到除了直接通过空气介质传来的直达噪声外,还有车间内由于墙壁、地面、天花板等壁面经多次反射而形成的反射噪声,即"混响声"。由于直达声和反射声的叠加作用,使噪声强度增加。如果在车间的内壁表面装上吸声材料,则声源发出的噪声入射到这些材料表面上时,部分被吸收,减弱了反射声,从而使总的噪声降低。吸声材料有多孔性吸声材料，如玻璃棉、矿渣棉、石棉、泡沫塑料以及毛毡、木丝板等。

（7）采用隔声的方法　所谓隔声就是将声源封闭在一个小的空间内，使它与周围环境隔绝，或者在声波传播的途径上用屏蔽物遮挡（部分遮挡）。例如将噪声较高的设备密封在一个罩子内。但应注意加罩后会对机器的散热、通风、操作、维修等带来不便。通常隔声罩的设计应注意防振、隔声、吸声、通风、开口处的消声。

（8）消声　噪声中有相当一部分噪声是由于急速的气流所产生的。在声源处控制气流噪声是相当困难的，因此一般都采用消声器来达到降低噪声的目的。消声器实际上是既要使气流顺利通过，又要控制气流通过管道或开口向外传播的噪声。它是利用声的吸收、反射及干涉等作用以降低声源辐射出来的噪声，已在各种动力设备如柴油机、喷气发动机、燃气轮机及各种风机、压缩机等进排气口上应用，可以降低噪声 20~40dB。

第六节　变　形

一、变形的种类

机械、机床和机械零件的变形有多种类型。

（1）机械、机床设备的热变形　由于机械、机床设备内部或外部的热源影响，机械、机床设备的温度分布（温度场）是不均匀的，破坏了机械中各传动机构、机床的几何精度和刀具与工件间的相对位置，引起各部位在精度敏感方向上的位移，导致传动、加工精度下降。热变形对精密、高精密机械、机床和大型机械、机床的影响很大，由热变形引起的误差约占40%~70%。各种热源的发热量和环境温度随加工条件和时间而变化，机械、机床和工件都有一定的热容量，其温升有相应的时间滞后性，因此机械、机床的热变形是随时间而变化的非定常现象，由于机械、机床结构及其传热、散热的复杂性，热变形的检测主要通过检测机械传动部位、机床支承件系统和数控机床进给系统传动副的温度和热位移等试验予以确定。

（2）热处理变形　工件在热处理过程中发生的体积和形状的变化（包括扭曲），通常称为热处理变形。热处理变形的类型如图5-17所示，体积变形是由金属的热胀冷缩物理特性以及相变时比体积变化而引起的，钢的热胀冷缩性随化学成分的不同而不同。形状变化是由于应力超过了材料的弹性极限（高温下材料的弹性极限极低），产生塑性变形而引起。热处理变形一般趋向有以下几种：

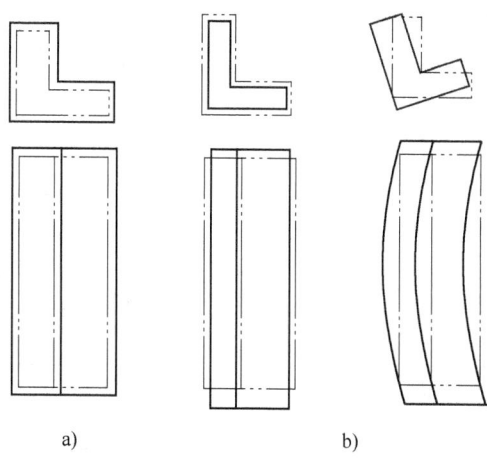

图 5-17 热处理变形的类型
a) 体积变化 b) 形状变化

1) 热应力造成的变形趋向:一般来说热应力作用于工件是使工件的体积在最大尺寸方向收缩,最小尺寸方向胀大,内孔一般缩小。变形趋向好像一个真空中承受内压力的容器,使工件表面趋于球形或鼓形。

2) 组织应力造成的变形趋向:组织应力使工件的体积在最大尺寸方向伸长,最小尺寸方向收缩,内孔一般胀大。变形趋向好像一个真空中承受外压力的容器,使工件表面趋于凹形,尖角凸出,即呈立体双曲线形。

3) 体积效应造成的变形趋向:体积效应引起的变形一般总是使工件的体积在各方面作均匀地膨胀或缩小。

由热应力、组织应力和体积效应引起的变形趋向见表 5-9。

表 5-9 热处理变形的一般趋向

变形趋向	轴类	扁平体	正方体	圆(方)孔体	扁圆(方)孔体
原始状态					

(续)

变形趋向	轴类	扁平体	正方体	圆(方)孔体	扁圆(方)孔体
热应力作用	a^+, l^-	d^-, l^+	趋向球状	d^-, D^+, l^-	D^+, d^-
组织应力作用	d^-, l^+	d^+, l^-	平面内凹棱角突出	d^+, D^-, l^+	D^+, d^-
体积效应作用	d^+, l^+ 或 d^-, l^-	d^+, l^+ 或 d^-, l^-	a^+, c^+ 或 a^-, c^-	d^+, D^-, l^- 或 d^-, D^+, l^+	D^-, d^+, l^- 或 D^+, d^-, l^+

注：1. 当圆（方）孔体的内径 d 很小时，则变形规律如轴类或正方体类；当扁圆（方）孔体的内径 d 很小时，则其变形规律如扁平体。

2. "-"表示收缩趋向，"+"表示胀大趋向。

（3）焊接变形　构件焊接后一般会发生变形，变形的形态比较复杂，焊接变形不仅影响结构的精度尺寸和外观，而且会降低结构的承载能力。焊接变形有纵向变形、横向变形、回转变形、弯曲变形、角变形、波浪变形和扭曲变形。构件焊接后在焊缝长度方向收缩变形称为纵向收缩变形；构件焊接后在垂直于焊缝方向的收缩变形称为横向收缩变形；钢板开坡口焊接时，随着焊接的不断进行，移动热源前方的坡口间隙时而张开时而闭合，称为回转变形；堆焊、搭接焊、对接焊和T型角接焊都可能产生角变形；在焊接内应力的压应力作用下，薄板可能失稳产生波浪变形；在焊接工字型和箱体构件时，若焊接顺序和焊接方向不当，会产生扭曲变形。

二、变形的原因

（1）机械、机床热变形的原因　主要是内部热源与外部热源，对机床而言，内部热源主要是损耗热和加工热，外部热源主要是环境温度和热辐射，如图 5-18 所示。

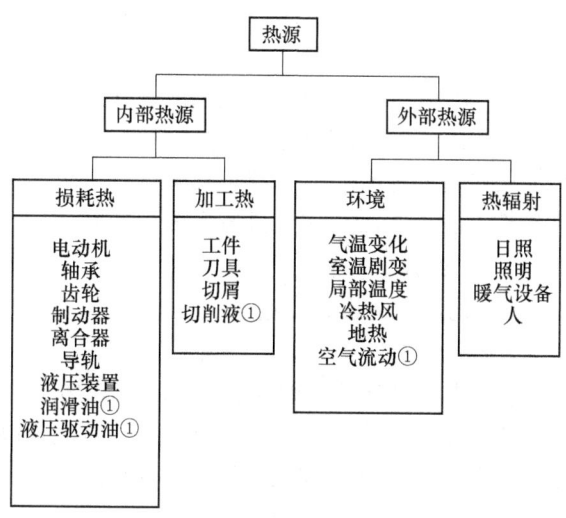

① 为二次性热源。

图 5-18　导致机床热变形的热源

（2）热处理变形的影响因素　热处理变形中，淬火变形比较典型。淬火变形的影响因素主要包括钢材本身特性的影响，热处理工艺的影响，零件几何形状的影响等。热处理变形的原因见表 5-10。

表 5-10　热处理变形的原因

操作类型	操作程序	体积变化的原因	形状变化的原因
淬火	加热到奥氏体化的温度并保温	奥氏体的形成 碳化物的溶解	残余应力的松弛 热应力外加应力
	冷却	马氏体的形成 非马氏体产物的形成	热应力 组织应力
冷处理	过冷到 0℃ 以下并保温和回升到室温	马氏体的形成	热应力 组织应力
回火	加热到回火温度并保温	马氏体的分解 残余奥氏体的转变	残余应力的松弛 热应力
	冷却	残余奥氏体的转变	热应力

（3）焊接变形的影响因素　焊接变形的影响因素较多，如焊缝的尺寸和形状、焊缝的数量、焊缝的位置，焊接构件的固定方法、焊接的方法和顺序等。

三、减少变形的方法

（1）减少机械和机床热变形的主要措施　改善机械、机床结构设计，如采用热对称结构，采用热胀系数小的材料，进行热结构优化设计，使机械、机床具有良好的热态特性和热态精度。减少或均衡机床的内部热源，对大型机床可利用辅助热源使机床快速达到热平衡稳定状态，主要措施包括：强制冷却；控制温升；采取隔热措施，改善散热条件；采用热位移补偿技术，实现机床热误差的补偿和控制；控制环境温度，对大型机床可进行季节性调整等。

（2）减小零件冷加工变形的措施

1）改进淬火零件结构形状的设计：避免尖角和棱角，避免厚薄显著，采用封闭、对称结构，采用组合结构。

2）合理安排工艺路线：如对于某些精密零件因切削加工或磨削加工造成应力而引起变形时，在工艺路线中可穿插除应力处理或时效处理以减小变形。又如对于细长轴类形状复杂的零件，在粗加工成形后，安排除应力处理工序，以消除切削加工引起的应力，可有效减小淬火变形。

3）修改技术条件：在一些容易引起变形的部位，采用高频感应加热淬火等方法。

4）按变形规律调整加工尺寸：通过试验，在掌握零件变形规律后，采取冷热加工配合，通过调整加工尺寸来减小变形。

5）预留加工余量：在热处理工序前的加工中留有合理的加工余量，以保证后续加工中消除变形的影响。

6）更换材料：一般可以用合金钢代替碳钢，用低变形钢来制造工模量具。

7）提高表面精度：降低表面粗糙度值，可有效减小切削加工刀痕对形成淬火裂纹的影响。

（3）减小热处理变形的方法　减小热处理变形的方法包括：正确选择零件材料；合理进行零件结构设计；冷热加工的配合应严格控制加工质量；正确控制加热工艺、正确选择冷却方向和冷却介质、正确进行热处理工艺操作；高合金钢淬火后，应进行冷处理，可稳定组织，减小变形。

复习思考题

1. 旋转机械产生过大振动的原因有哪些？
2. 转子振动的基本原因是什么？其轴心轨迹是怎样的？

第五章　机器运行时的振动和噪声

3. 什么是单振幅？什么是双振幅？为什么转子在圆周方向上各处的振动值会不同？
4. 什么是转子的临界转速？什么是刚性转子和挠性转子？
5. 支承刚度变化对转子临界转速有什么影响？
6. 什么是振动的频率和相位？什么是转子上的重点和高点？重点的位置在工作中会变化吗？
7. 转子振动的相位角随转速高低会有什么变化？
8. 车床产生受迫振动和自激振动的主要原因是什么？
9. 试述磨床产生受迫振动和自激振动的主要原因。
10. 提高工艺系统抗振性的措施主要有哪些？
11. 减少受迫振动可采用哪些主要方法？
12. 怎样评定轴承振动的大小？
13. 振动烈度的意义是什么？
14. 用轴振动来评定振动有何优点？
15. 试述速度传感器的工作原理。用以测量轴承振动时应注意哪些问题？
16. 测量轴振动，目前采用什么传感器？其工作原理是怎样的？
17. 使用位移传感器测量轴振动时，应注意些什么？
18. 什么是振动频谱图？它有什么作用？
19. 什么是油膜振荡？试述其发生过程。
20. 产生油膜振荡的根本原因是什么？可从哪些方面采取措施予以消除？
21. 什么是噪声？
22. 什么是声压级？其单位是什么？
23. 试述声级计中微声器的工作原理。
24. 降低机械噪声有哪些方法？
25. 机床热变形的热源包括哪些方面？
26. 热处理变形的原因有哪些？
27. 冷加工变形的改善措施有哪些？

第 六 章

典型金属切削机床的装配、空运行及负荷试验

> **培训学习目标** 了解典型坐标镗床和齿轮磨床的基本结构和技术参数，了解坐标镗床和齿轮磨床的传动系统和主要结构；熟练掌握机床的主要部件拆卸、装配和调整的操作技术，熟悉机床的使用维护和精度检验方法与加工质量检验方法。

◆◆◆ 第一节　T4163 型坐标镗床的装配与调整

一、T4163 型坐标镗床的组成、主要参数与传动系统

T4163 型坐标镗床为单柱立式结构，是一种使用较普遍的中型孔加工机床，主要用来加工各种具有较高位置精度的孔和孔系。

1. T4163 型坐标镗床的主要技术参数

工作台尺寸（宽度×长度）	630mm×1100mm
最大加工直径	
钻孔	ϕ40mm
镗孔	ϕ250mm
主轴轴线至立柱的距离	700mm
主轴端面至工作台面的距离	260～740mm
工作台荷重	600kg
主轴转速	
级数	无级
范围	55～2000r/min

工作台行程
　　纵向　　　　　　　　　　　　　　　　　　　　1000mm
　　横向　　　　　　　　　　　　　　　　　　　　600mm
机床坐标精度　　　　　　　　　　　　　　　　　　0.006mm
机床工作精度
　　圆度　　　　　　　　　　　　　　　　　　　　0.006mm
　　表面粗糙度　　　　　　　　　　　　　　　　　Ra0.8mm
主电动机功率　　　　　　　　　　　　　　　　　　2kW
电动机总容量　　　　　　　　　　　　　　　　　　4kW
重量　　　　　　　　　　　　　　　　　　　　　　6.8t

2. T4163型坐标镗床的传动系统

机床传动系统如图6-1所示。

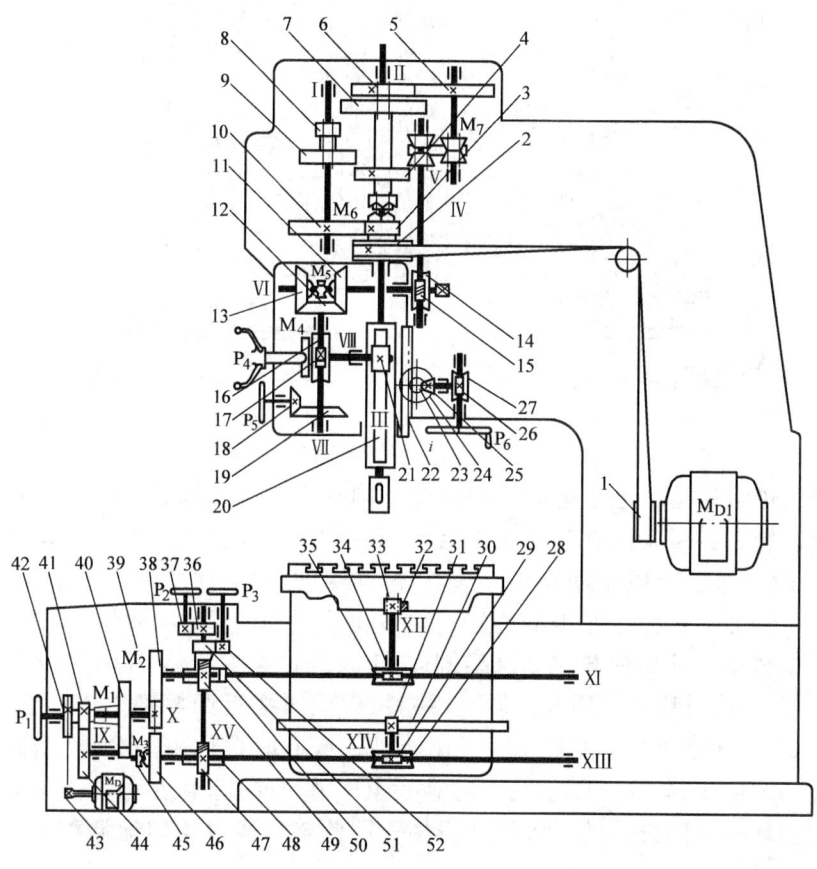

图6-1　T4163型坐标镗床传动系统

（1）主轴传动　主轴的传动，由可调速的直流电动机 M_{D1} 通过带传动及三级变速齿轮来实现。由于直流电动机能够调整转速，在每一级速度范围内，主轴的转速是无级的。主轴变速箱展开图如图 6-2 所示。主轴变速操纵机构示意图如图 6-3 所示，变速齿轮的移动是由一端插入凸轮 7 槽内带滚轮 6 的杠杆 8、9 进行的，凸轮是用手轮 1 通过锥齿轮 2、3 及齿轮 4、5 使其转动。

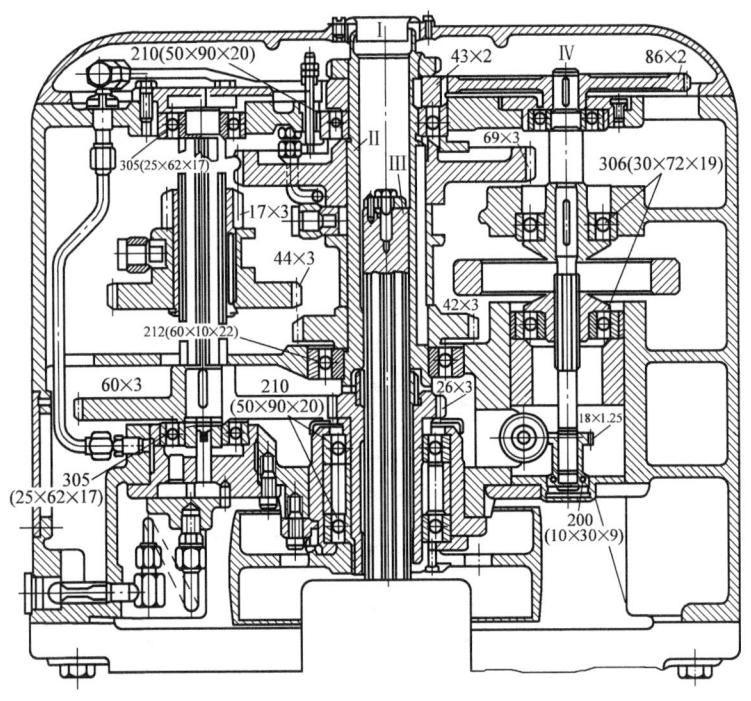

图 6-2　主轴箱展开图

（2）进给运动　进给运动传动系统如图 6-4 所示，轴Ⅱ上的齿轮 15 随主轴一起旋转，并带动装在轴Ⅳ上的齿轮 14 转动，轴Ⅳ上面套装有主动摩擦锥体 11、12，通过摩擦驱动环 20，带动被动摩擦锥体 21、22，使轴Ⅴ转动。其调速过程如下：借手轮 1 的旋转，通过锥齿轮 25、26 及齿轮 3、4，使螺杆螺母副转动，从而使与主动摩擦锥体 11 及被动摩擦锥体 21 相连接的拉杆 17、27 产生轴向移动。因此，转动手轮可以同时拨近摩擦锥体 11 及拨远被动锥体 21，以使轴Ⅴ（件号 18）慢速转动，或同时拨远主动摩擦锥体 11 及拨近被动摩擦锥体 21，以使轴Ⅴ增速运转。由于在进给运动系统中装有可调整的钢环—摩擦锥体的无级调速机构，因此该机床可均匀地调整主轴每一转的进给量。

进给量的显示由带数字的小鼓轮 24 实现，它能与手轮 1 同时转动。

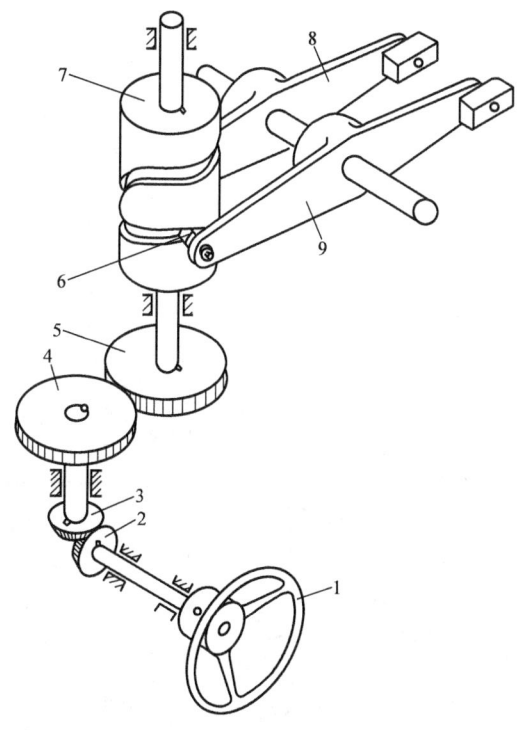

图 6-3 主轴变速操纵机构示意图
1—手轮 2、3—锥齿轮 4、5—齿轮 6—滚轮
7—凸轮 8、9—杠杆

变速后的运动,通过轴Ⅴ使蜗杆 15 驱动蜗轮 14,如图 6-1 所示。在蜗轮 14 的轴Ⅵ上,套装有同时与锥齿轮 12 啮合着空转的带牙嵌离合器的锥齿轮 11 和 13,用主轴正反向操纵手柄能把其中任一锥齿轮,通过联轴器 M_5,与轴Ⅵ联动,从而能够使锥齿轮 12、轴Ⅶ及蜗杆 17 根据锥齿轮的啮合情况,而得到正向或反向的转动,这样,主轴就可以上下进给。当手柄处于中间位置时,主轴停止进给。无级变速机构的装配图如图 6-5 所示,主轴正反向操纵机构装配图如图 6-6 所示。

(3)主轴升降 主轴升降操纵机构如图 6-7 所示。蜗杆 9 带动的蜗轮 13 在轴Ⅷ上空转,齿轮 7 则与主轴套筒的齿条啮合,在蜗轮 13 内,装有胀环式摩擦离合器 M_4(图 6-1),它由胀环 4、径向挺杆 5 及轴向推杆 3 等组成,通过该离合器可使蜗轮 4 与轴Ⅷ啮合。其操纵方法是以手柄 1(即 P_4)来扳动轴向推杆 3 而获得的,脱开离合器,可直接用手柄 1(P_4)来旋转小齿轮 7,带动带有齿条的主轴套筒 8 上下升降。

微量调节主轴升降时,可通过手轮 12(P_5),经过锥齿轮 11、10 及蜗杆 9,

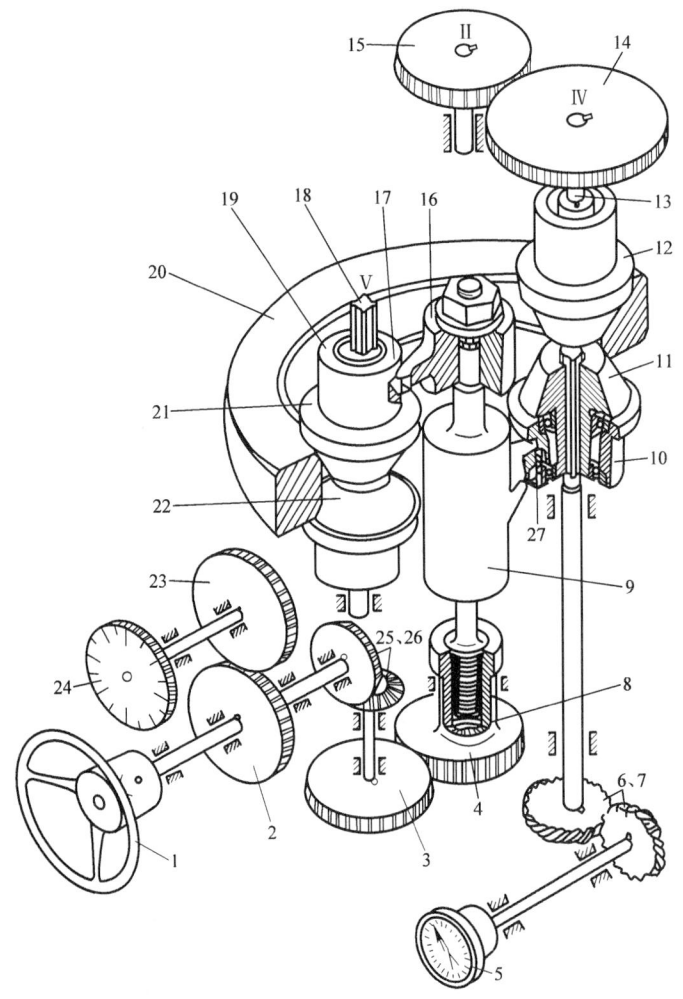

图 6-4 进给运动传动系统示意图

1—手轮 2、3、4、6、7、14、15、23、25、26—齿轮 5—指针
8、16—螺母 9—螺杆 10、19—拨套 11、12、21、22—摩擦锥体 13—Ⅳ轴
17、27—拉杆 18—V轴 20—摩擦驱动环 24—小鼓轮

带动蜗轮13，通过胀环式摩擦离合器、齿轮7传至齿条，使主轴齿轮获得微量调节。

用手转动手轮P_6，可使主轴箱沿导轨壳体的棱形导轨作垂直移动（如图6-1所示）。垂直升降运动是通过手轮P_6，经蜗杆26，蜗轮27，锥齿轮25、24，小

第六章 典型金属切削机床的装配、空运行及负荷试验

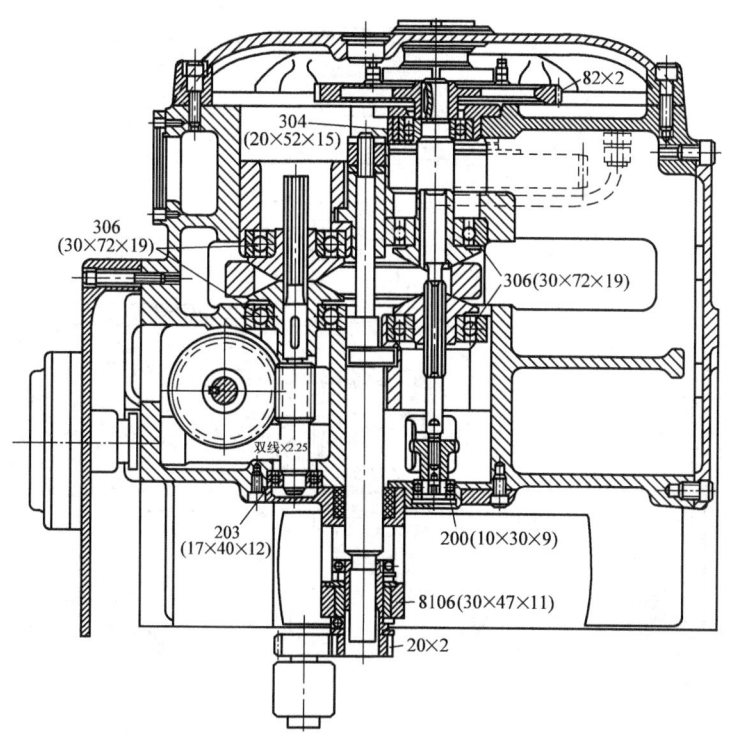

图 6-5　钢环—摩擦锥体无级变速机构装配图

齿轮 23 及齿条 22 获得的。

（4）工作台及滑板移动　移动工作台和滑板的传动装置由交流电动机 M_2（图 6-1）上的带轮 43，通过 V 带，把运动传给带轮 42 及双向圆盘摩擦式离合器 M_1。该离合器右面转动较慢，因为它是经过交换齿轮 44、45、40 而获得转动的。摩擦离合器通过手柄 P_1 操纵，可以获得快慢两挡速度。由轴 39，把运动传给端面上带有牙嵌联轴器的齿轮 38、46（38、46 能在自己的轴上空转），用工作台移动手柄或滑板手柄，能使牙嵌联轴器 M_2 和 M_3 分别合上，或两个同时合上，于是蜗杆 29、34 及蜗轮 28、35 便能分别或同时转动。随蜗轮同时获得转动的还有与齿条 30、32 相啮合的小齿轮 31、33，齿条 30 固定在滑板上，齿条 32 固定在工作台上，这样便可实现装夹工件的工作台沿滑板上导轨作纵向移动，而滑板又可沿床身导轨作横向移动。

工作台与滑板的微调可分别转动手轮 P_2 及 P_3 来实现。手轮 P_2 的回转，经过齿轮 37、36 和斜齿轮 47、48，传给蜗杆 29、蜗轮 28、小齿轮 31，从而带动齿条 30 作横向微动；另一手轮 P_3 的回转，则经齿轮 52、51、斜齿轮 49、50、蜗杆 34、蜗轮 35 和小齿轮 33 带动齿条 32 作纵向微动。

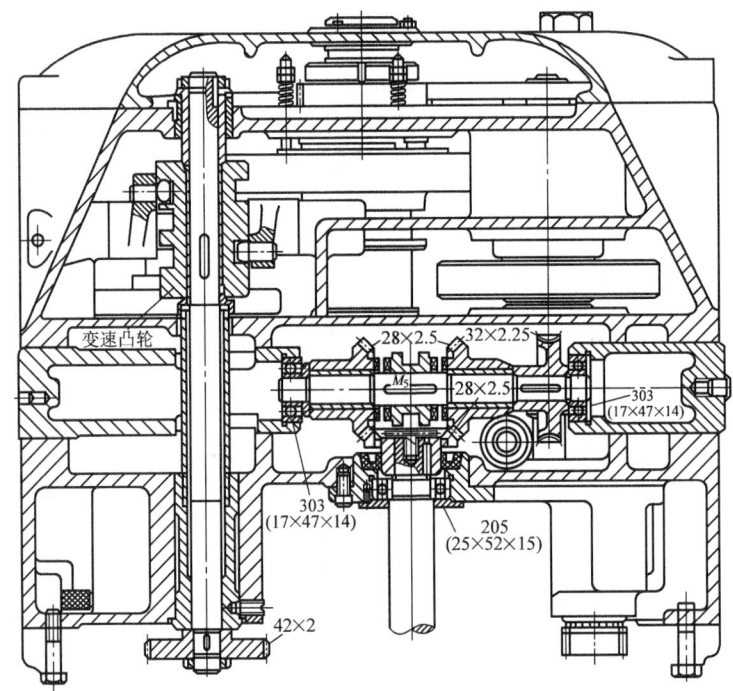

图 6-6 主轴正反向操纵机构装配图

二、T4163 型坐标镗床主要部件的装配与调整

1. 机床装配顺序

机床主要零部件的装配顺序，如图 6-8 所示。

1）装滑座 25。

2）装横向镜面轴与纵向镜面轴。

3）装操纵箱 24。

4）装立柱。

5）装横向物镜头、套管和锁紧装置 20；装套筒 21 和夹箍 22 及支臂 23 上的夹紧螺钉。

6）装工作台 19，压板 18、挡块 17、行程终点开关和防护罩 16。

7）装导轨体壳 15。

8）装主轴箱、导轨体壳止动螺钉、偏心轮 14 和锁紧装置 13。

9）将主轴箱放置在适当位置，使主轴箱上的螺钉恰好对准导轨体壳 15 上壁孔 A，装平衡弹簧 11 和钢索 12。

10）装主轴变速箱 5、进给传动蜗杆和主轴螺母 10。

第六章 典型金属切削机床的装配、空运行及负荷试验

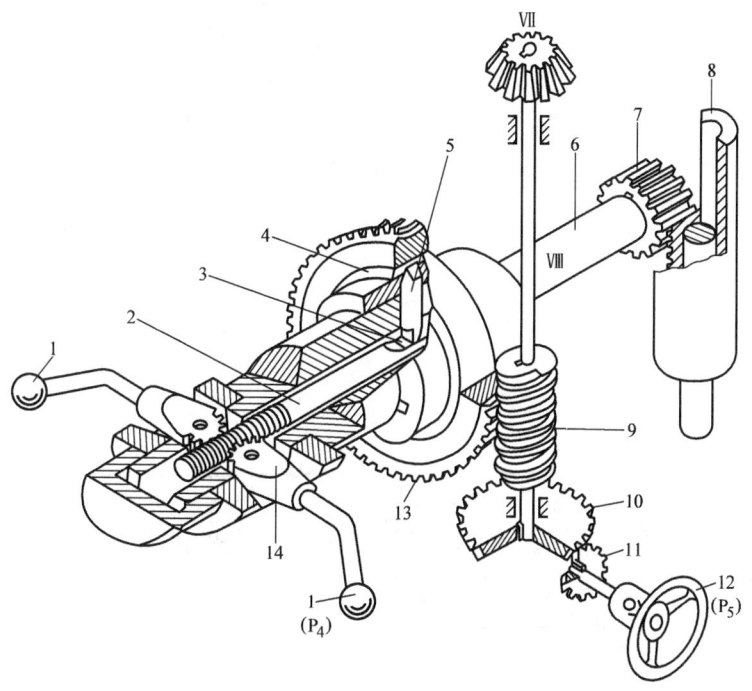

图 6-7 主轴升降操纵机构图

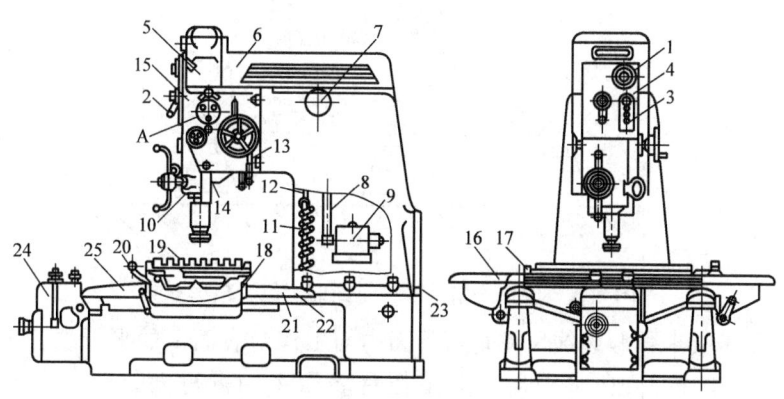

图 6-8 机床装配顺序图

11) 装电动机 9、传动带 8、胀紧轮 7、防护罩 6；从变速箱 5 上端，装联接变速箱与主轴箱的花键轴。

12) 装转速表 1 及主轴换向手柄 2，接通按钮及电流表 4 的电线，装盖板 3。

2. 刻线尺的定位与调整

镗床工作的定位精度,不取决于蜗杆及齿条传动机构的修复精度,主要取决于刻线尺和光学装置的制造精度以及安装精度。在装配中,刻线尺及光学装置的安装精度直接影响工件的定位精度。测量刻线尺对导轨的平行度时,可在支臂及法兰盘上分别插入两根检验心轴进行测量,也可安装假刻线尺进行测量,纵横向刻线尺的定位调整工艺如下:

(1) 纵向刻线尺垂直、水平平面的定位调整(图6-9、图6-10)

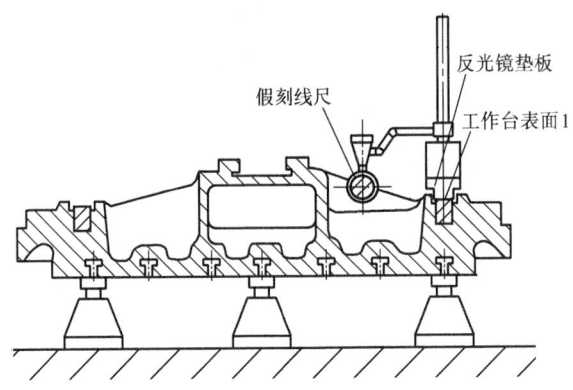

图6-9　纵向刻线尺垂直平面的定位调整示意图

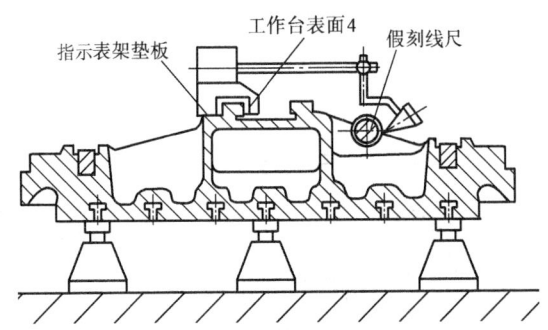

图6-10　纵向刻线尺水平平面的定位调整示意图

1) 技术要求:假刻线尺在垂直平面内与工作台表面1的平行度公差在全长范围内为0.01mm;在水平面内对工作台表面4的平行度公差在全长范围内为0.01mm。

2) 工具与检测量具:纵向假刻线尺(图6-11)、反光镜垫板(图6-12)、指示表与磁性表架及表架垫板(图6-13)。

3) 定位调整步骤:

① 将工作台仰放在标准平板上,用千斤顶三点支承,调整工作台表面1的

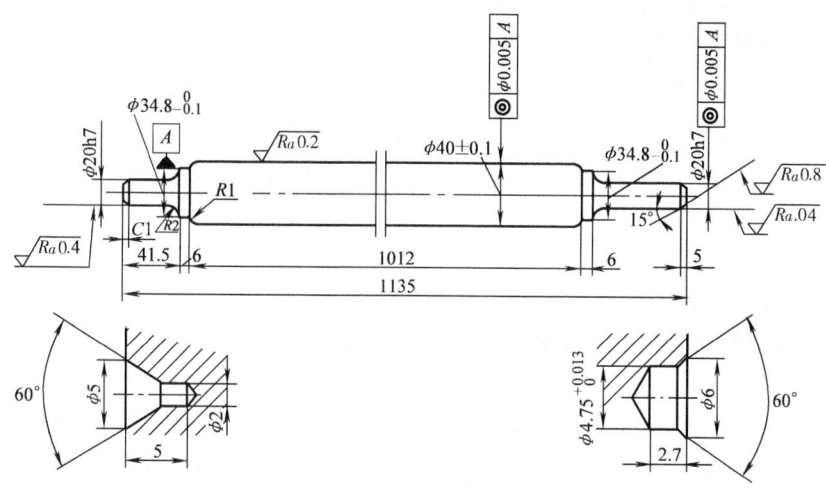

图 6-11 纵向假刻线尺

基准水平至最小值。

② 装配没有刻线的假刻线尺时，两端的支臂法兰盘等均利用机床上的原有零件。

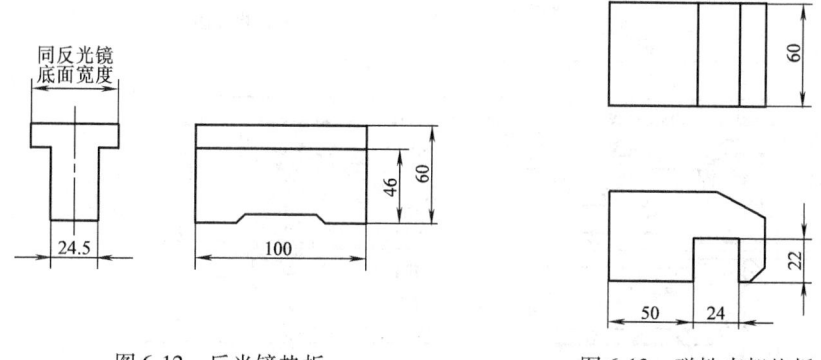

图 6-12 反光镜垫板　　　图 6-13 磁性表架垫板

③ 测量假刻线尺在垂直平面内对工作台表面 1 的平行度误差时，如图 6-9 所示，以工作台表面 1 为基准，移动反光镜垫板进行测量。

④ 测量假刻线尺在水平平面内对工作台表面 4 的平行度误差时，如图 6-10 所示，以工作台表面 4 为基准，移动反光镜垫板进行测量。

⑤ 在垂直平面内平行度超差时，可用垫高或刮削支臂的安装基准面以及重铰法兰盘锥销孔的方法来找正。

⑥ 在水平平面内平行度超差时，应在调整后用重铰支臂及法兰盘锥销孔的方法找正。

(2) 横向刻线尺定位调整(图 6-14)

1) 技术要求：假刻线尺在垂直平面内对矩形检验直尺底面的平行度在全长范围内的公差为 0.01mm；在水平平面内对矩形检验直尺侧面的平行度在全长范围内的公差为 0.01mm。

2) 工具与检验量具：横向假刻线尺(图 6-15)、矩形检验直尺、磁性表架、指示表、压板螺钉等。

3) 定位调整步骤：

① 滑板工作台安装在床身上，处于工作状态。

② 装配没有刻线的假刻线尺时，两端的支臂法兰盘等均利用机床上的原有零件。

③ 在工作台面上横放一矩形检验直尺，用螺栓压板夹紧固定。磁性表架吸附在检验支架上，来回移动滑板，使其侧面两端与之接触的指示表示值误差不大于 0.01mm(图 6-16)。

④ 检验假刻线尺的正、侧面对矩形检验直尺的底、侧面的平行度在 0.01mm 以内(图 6-14)。

⑤ 定位后，仍按上述方法复查一次，同时注意假刻线尺定位调整时应转动轻便灵活。

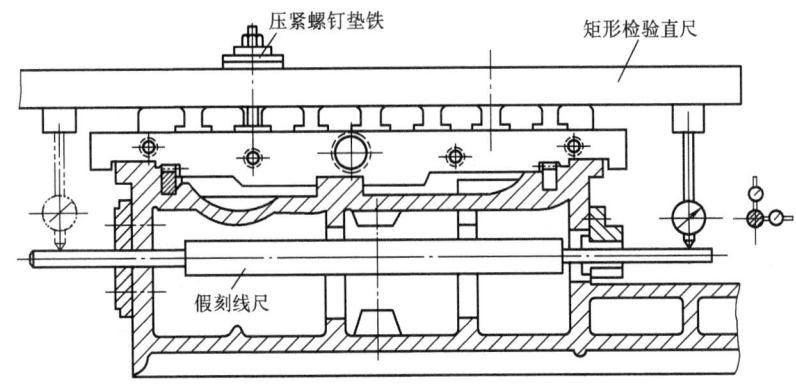

图 6-14 横向刻线尺定位调整示意图

3. 操纵箱与移动传动装置的装配定位调整

操纵箱是使工作台及滑板分别或同时移动的驱动机构。在箱体中，有变换工作台及滑板移动速度的机构及正反向运动的机构，通过手柄，可变换运动速度，作手动微量调整；可以变换移动方向，又可以使工作台及滑板纵横向单独移动或纵横向同时移动。

操纵箱内有片式摩擦离合器，调节摩擦片时，可将操纵箱左边盖板拆下，拨开锁紧垫片，将压紧片式摩擦离合器的螺母旋紧一点即可。

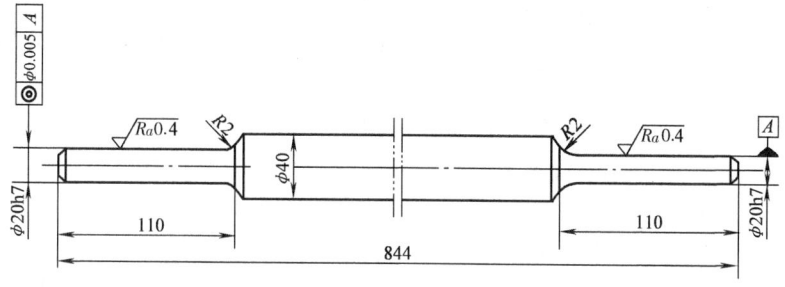

图 6-15 横向假刻线尺

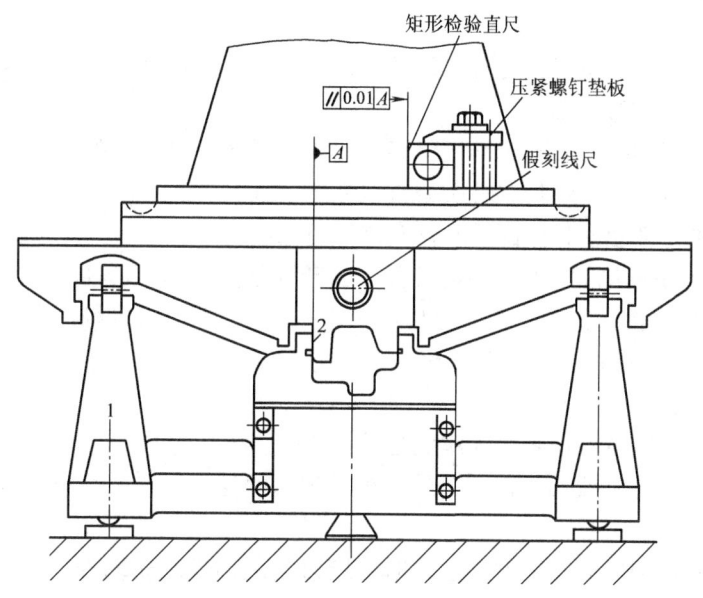

图 6-16 矩形检验直尺找正示意图

对于操纵箱内部的各传动零件，如齿轮、轴、轴承等，在装配前应逐一进行精度检验，修理装配应检查各零件的磨损情况，予以必要的更换和修复，以保证装配后运转正常、操纵灵活。

操纵箱在修理装配完成后，除作高低速度的空运转试验各 2h，部件工作平稳，没有跳动冲击及过大噪声外，仍需与床身拼装，以消除由于床面导轨研刮后所产生的误差，所以，操纵箱、床身、蜗杆副体壳及工作台齿条，均需重新定位（滑板上的齿条不需重新定位）。通过一系列的拼装、定位、调整后，可以保证工作台横向（X 向）和纵向（Y 向）移动的传动轴与蜗杆同轴，借以达到两轴运转轻松自如，并保证齿轮齿条啮合时的必要啮合侧隙。

操纵箱的定位顺序是先根据工作台纵向移动传动轴，进行操纵箱的定位，再根据定位后的操纵箱位置，进行床身蜗杆副体壳的定位，这样可减少调整测量的工作量。

对工作台纵向传动轴的定位工艺，需根据具体机床结构确定，老结构是对蜗轮体壳下面的调整垫片进行测量调整；对新结构机床已将操纵箱的安装基准面上铣去了3mm，可用大于3mm的调整垫片，根据量块实测尺寸进行配磨调整。操纵箱与移动传动装置的拼装定位工艺如下：

(1) 滑板蜗杆副的组装与调整工艺　检查蜗杆的旋转中心对蜗杆体基准平面的平行度。

1) 技术要求：蜗杆回转中心对蜗杆体基准平面的平行度在全长范围内为0.01mm。

2) 工具与检验量具：标准检验棒、磁性表架、指示表与检验用标准平板。

3) 组装与调整步骤：

① 在蜗杆体中心安装标准检验棒，连同蜗杆体一起放置在测量平板上。

② 用指示表检测蜗杆旋转中心对蜗杆体基准平面的平行度误差。

③ 若平行度超差，应配磨和修刮蜗杆体底面。

(2) 滑板蜗杆副的组装与调整工艺　检查蜗杆副的啮合接触精度。

1) 技术要求：蜗杆副侧隙为0.06~0.12mm；蜗杆副接触面积在齿高方向不低于60%，在齿宽方向不低于65%。

2) 组装与调整步骤：

① 用涂色法对蜗杆副接触精度进行检验。

② 根据啮合时接触面积，通过配车或配磨蜗轮端面，修刮蜗杆体基准平面进行调整。

③ 当蜗杆副侧面间隙超差过多时，应修复或调换蜗轮蜗杆，不必改变其中心距。

(3) 滑板蜗杆副的组装与调整工艺　滑板蜗轮调整垫片间隙。

1) 技术要求：垫片与座体端面间隙公差为0.02mm。

2) 工具与检验量具：磁性表架与指示表。

3) 组装与调整步骤：

① 将零件按如图6-17所示装配完毕。

② 将指示表及表座吸附在滑板上，使指示表触头触及蜗轮轴端面，慢慢向上提拉蜗轮，直至指示表指针不动为止。

③ 根据指示表指针转动始点与终点的差值，即实测间隙进行调整，若超过0.02mm，应更换调整垫片，保证其间隙为0.02mm。

(4) 工作台纵向移动传动轴的定位调整工艺(图6-18)

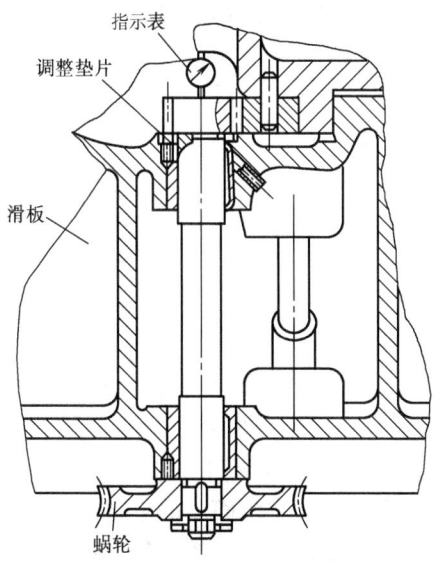

图6-17 滑板蜗轮调整垫片间隙图

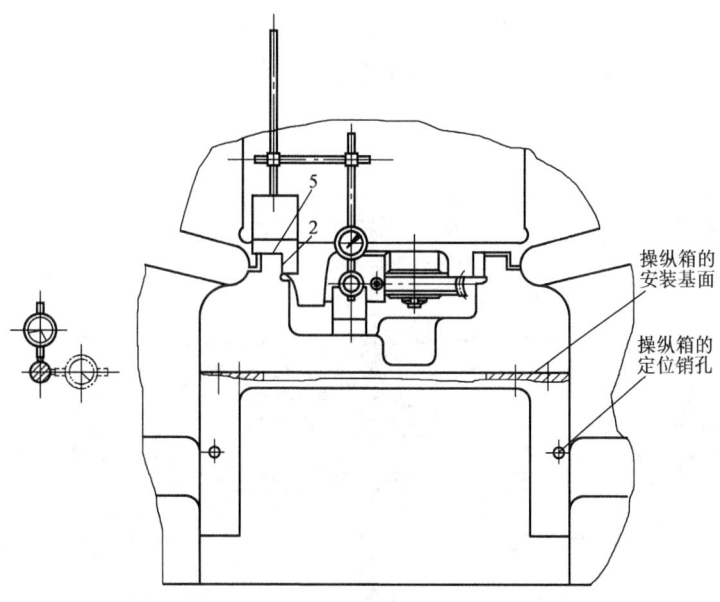

图6-18 工作台纵向移动传动轴的定位调整（老结构）

1）技术要求：工作台纵向移动传动轴在垂直平面内对床身表面5的平行度在300mm长度上的公差为0.01mm；在水平平面内对床身表面2的平行度在300mm长度上的公差为0.01mm。

2) 工具与检验量具：指示表架垫板（图6-13）、指示表与表架、V形块。

3) 定位调整步骤：

① 在滑板蜗杆副组装合格后，进行操纵箱纵向传动轴拼装。

② 如图6-18所示，将滑板移至靠近立柱，工作台纵向移动至传动轴的前端，即远离立柱的一端，用V形块支承。

③ 用指示表找正传动轴在垂直平面内对床身表面5的平行度和在水平面内对床身表面2的平行度，并原封不动保存好表架和指示表。

④ 按原有位置将操纵箱安装在床身上，并将定位销插入销孔，将工作台纵向移动传动轴旋入操纵箱连接孔中。

⑤ 用保存好的指示表及表架测量其在垂直面和水平面示值的改变量。

⑥ 根据改变量进行操纵箱的定位调整。垂直面内改变量所造成的垂直面内与表面5的平行度误差，可通过修刮床身前端安装操纵箱的安装基准面予以调整。由水平面内的改变量造成对床身表面2的平行度误差，可将操纵箱沿床身表面2向左移动等于改变量的距离，然后重铰定位销孔。

⑦ 操纵箱定位后应复查传动轴对床身表面2、5的平行度，并注意转动传动轴应轻便灵活。

⑧ 新结构的机床，已将操纵箱安装基准面铣除3mm，可用两块厚度大于3mm的垫片按量块实测尺寸进行配磨调整（图6-19）。

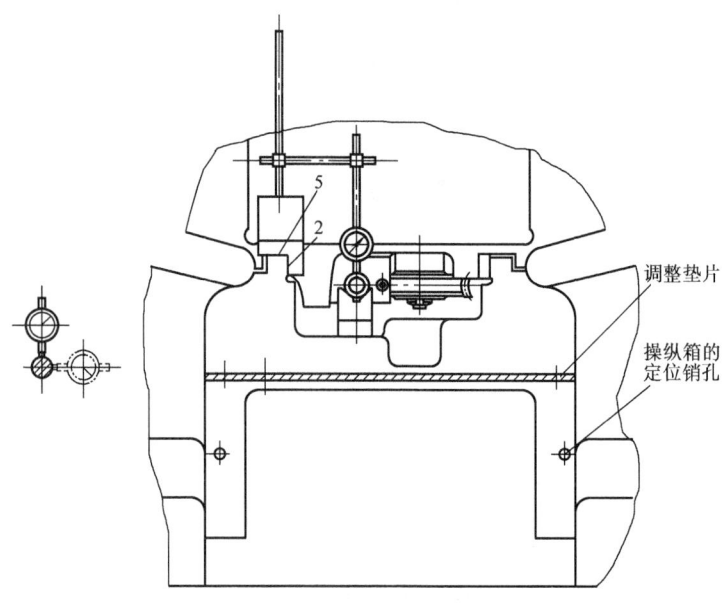

图6-19　工作台纵向移动传动轴的定位调整（新结构）

(5) 工作台横向移动传动轴定位调整工艺(图 6-20)

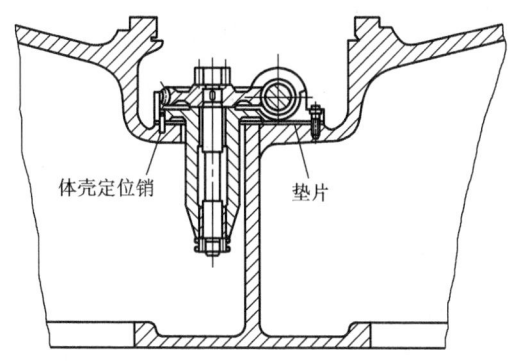

图 6-20 工作台横向移动传动轴的定位调整

1) 技术要求：蜗杆副的侧隙为 0.06~0.12mm；工作台横向移动传动轴在垂直面内对床身表面 5 的平行度在 300mm 长度范围内的公差为 0.01mm，在水平面内对机床床身表面 2 的平行度在 300mm 长度范围内的公差为 0.01mm。

2) 工具与检验量具：与上述纵向传动轴调整相同。

3) 定位调整步骤：

① 将工作台横向移动传动轴及其蜗杆副、齿轮轴和体壳，按原有位置安装在床身上，安装时，应将传动轴前端先装入操纵箱的原有连接孔中，再固定体壳和插入定位销。

② 按上述滑板蜗杆副侧隙检验调整方法检测调整蜗杆副侧隙。

③ 按上述纵向传动轴调整测量方法测量横向传动轴对床身表面 5 与 2 的平行度误差。

④ 垂直面内的误差通过调整垫片的厚度来消除，但垫片的厚度应保持一致。水平面内的误差可将蜗杆副体壳向左移动等于误差的距离，然后重铰定位销孔。

⑤ 蜗杆副体壳定位后，必须复查传动轴对床身表面 5 及表面 2 的平行度误差。

(6) 工作台齿条定位调整工艺

1) 技术要求：齿轮与齿条侧隙为 0.05~0.10mm；齿条与工作台表面 4 的平行度公差为 0.01mm。

2) 工具与检验量具：量块、0~25mm 外径千分尺。

3) 定位调整方法：

① 在工作台和滑板修复前后，测出工作台沿横向对滑板的相对位移量，根据此位移量定位工作台齿条。

② 在滑板和工作台修复后，分别进行测量。测量时，将齿条与齿轮无间隙

啮合，在齿条两端用量块同时测量齿条表面 1 对滑板表面 5 的距离 L（图 6-21），再将工作台仰放，测量尺寸 B（图 6-22），然后按公式 $H = L - B - \dfrac{0.025 \sim 0.05}{\sin\alpha}$ mm 计算（$\alpha = 20°$ 为齿条压力角），最后根据相对位移量 H 定位齿条。

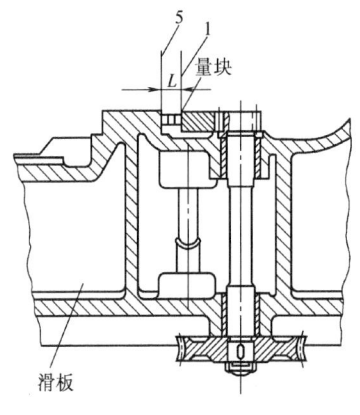

图 6-21　工作台齿条与滑板
表面 5 测量示意图

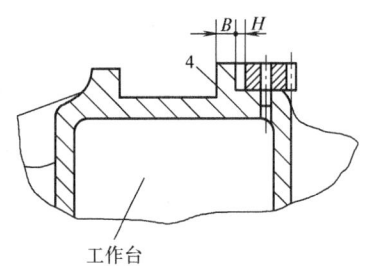

图 6-22　工作台齿条与工作台
表面 4 测量示意图

③ 由于工作台表面 4 修刮后可能使尺寸 B 出现不平行，此时应在齿条两端分别测出尺寸 B，调整对表面 4 平行后，重铰齿条定位孔进行定位。

4. 主轴套筒组件的组装

1) 在主轴、主轴套筒等主要零件装配前，应进行检验零件是否干净。

2) 同一滚柱轴承中的滚柱，要求其一致性在 0.001mm 以内，同类尺寸的滚柱必须对称分布在隔离器圆周上，滚柱在隔离器中应转动灵活，表面不得有毛边划痕。滚柱选配成套需保证前轴承过盈为 0.003 ~ 0.006mm，后轴承过盈为 0 ~ 0.003mm，前滚柱轴承装上弹性锁圈时，转动仍应灵活。

3) 在指示表比较仪上测量垫圈，调整垫片的两端面平行度误差，要求其平行度在 0.002mm 以内。若超差须在平板上配研，并清洗干净后涂上润滑油。

4) 用专用工具检验推力球轴承的端面与滚道的平行度，其公差在 0.002mm 以内。如图 6-23 所示，将套环放在三个支承点上，用指示表触头触及其中一个支承点，并转动轴承环，分别进行检查。

5) 上述各零件合格后，即可清洗涂敷润滑脂进行组装。组装后配研垫圈端面，要求端面与主轴套筒外圆表面的垂直度公差在 0.002mm 以内；配研带外螺纹螺母与垫圈端面的接触率，要求不少于 80%；调整锁紧螺母，使推力球轴承具有过盈配合，即用少量力推动，可以正反向扭动主轴，而主轴无轴向间隙即可。此时检验主轴的轴向窜动，应在 0.001mm 以内。同时，应对主轴

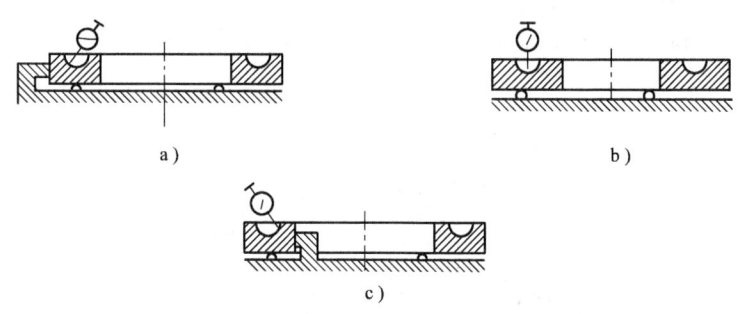

图 6-23 推力球轴承检验示意
a) 外侧检验 b) 底部检验 c) 内侧检验

锥孔的圆跳动、锥孔表面的接触率、表面粗糙度,以及主轴套筒外圆表面对轴线的径向圆跳动等主轴套筒组件的精度检验项目进行组装后的初检。

6)主轴套筒组件组装后应进行 2h 低速空运转试验,然后拆卸、检验主轴、滚柱、推力球轴承等不得有拉毛、凹痕、裂纹等不正常的磨损现象,然后再次组装,进行负荷试验 24h。主轴负荷试验用压缩测力计在 6000N 压力下进行,在最高转速下运行至少 30min 后,测定检验装配精度。

7)主轴套筒组在空运转及负荷试验下,主轴套筒组的温度应稳定在 30℃ 以下。

8)在试运转后的最后一次拆卸检查时,如需进行主轴套筒外圆的最后精加工,可对主轴套筒进行抛光,使其与主轴箱体壳孔的配合间隙为 0.005~0.007mm。

9)主轴锥孔一般可在装配后进行修磨,也可用手工进行研磨。粗研时采用图 6-24a 所示的铸铁半圆锥体研磨棒。精研时采用图 6-24b 所示的铸铁整圆锥体研磨棒,研磨时应注意锥孔轴线对轴颈的跳动量大小与方向,并配合锥度塞规检查其接触率。

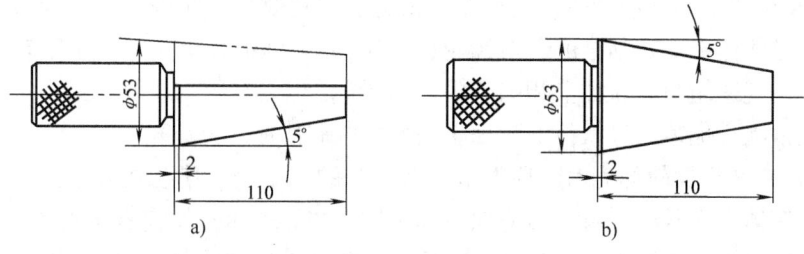

图 6-24 主轴锥孔研磨棒
a) 半圆锥体研磨棒 b) 整圆锥体研磨棒

10）如图 6-25 所示，调整胀套组件的高度位置，要求胀套端面至主轴端面距离为 165.5mm；胀套应定位可靠，胀紧与松开应灵活。

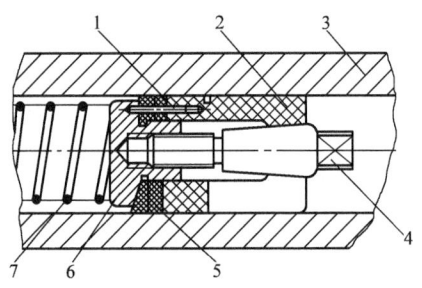

图 6-25　主轴胀套组件结构示意图
1—定位销　2—胀套　3—主轴　4—轴
5—垫片　6—螺母　7—弹簧

5. 立柱的总装

立柱部分的总装质量对垂向（Z 轴）与纵、横向（X、Y 轴）的垂直度影响很大，影响到加工各孔的同轴度误差、平行度误差及对基准面的垂直度误差。

1）主轴箱部装时，主轴套筒的行程应符合技术要求。调整弹簧扭矩，使主轴在极端位置时，能使主轴套筒组及万能刀夹的重量获得平衡。蜗杆副的啮合应均匀，并用修配镶条和调节螺钉的方法，保证蜗杆传动蜗轮时不致在环上空转滑动。当空载时，施加在主轴进给手轮上的力应小于 2N。主轴传动的花键轴在主轴套筒及主轴箱的两极端位置处，能移动自如。

2）变速箱部装中，在单独装配进给传动的摩擦锥时，应在轴向负荷为 120N 下调整。主轴正常负载时的转速与空载时转速相差不得大于 5%。变速箱工作时应没有过大的噪声，在带轮最大转速时，不大于 70dB。

3）机床如果在修理时，发现变速箱定位位置改变，在进给量变换系统中变速箱与导轨体壳上相啮合的一对齿轮（$z=20$、$m=2$）中心距变大；主轴转速变换系统中，变速箱与导轨体上相啮合的一对齿轮（$z=40$、$m=2$）中心距变小。为保证其正常啮合侧隙，导轨体上两个主动齿轮应调换成变位齿轮。

4）总装配导轨体壳时，应调节左右两侧的偏心销，使装在其上的滚珠轴承与主轴箱体壳平导轨接触，但应使主轴箱体壳与导轨体壳的棱形导轨之间留有很小的间隙，随后应调节螺母。使压紧块同时压紧主轴箱体壳表面。

5）变速箱定位时，根据已经定位的主轴箱的连接轴的孔，确定变速箱的位置。定位时，可将主轴箱内的花键轴及变速箱与主轴箱体壳的连接轴插入主轴箱。在两轴运转灵活时即可定位，定位后重铰变速箱的定位销孔。

第六章 典型金属切削机床的装配、空运行及负荷试验

6. 坐标床面部件的总装

坐标床面部件的总装质量，会直接影响工件的重复定位精度、光学装置的读数精度以及工作台、滑板移动是否轻巧、平稳。其装配质量应保证有关工序的精度要求。部件总装要点如下：

1）刻线尺应在支承上均匀旋转，不得有单边和轴向窜动现象。用显微镜的读数和调整刻度盘的读数相比较，检查是否有轴向窜动。

2）进一步调整镶条，应使刻线在显微镜的视野中平稳而没有跳动。

3）工作台与滑板锁紧后，刻线尺刻线对显微镜二等分线不得有相对位移。

4）滑板支承滚轮在工作台不受负载时调整，用涂色法检查，要求接触均匀。

5）各压板需相应平行于工作台和滑板的行程导向面，公差为 0.10mm。

6）工作台的侧基准面对工作台移动方向的平行度，应在精度范围内，全部 T 形槽的两侧面应保证平行，公差为 0.02mm。

7）蜗杆和齿条传动处用优质润滑脂润滑。

8）各油管连接处必须检查是否漏油，是否将油送至各需要的润滑处。

9）检查坐标定位精度时，在工作台纵向方向放置一精密刻线尺，刻线尺放置在工作台中间，高度应在工作台至垂直主轴端面最大距离的 $1/3 \sim 1/2$ 处。将读数显微镜（其示值精度为 $0.001 \sim 0.002$mm）固定在主轴套筒上，从显微镜能清晰地观察到刻线尺的刻线，使工作台在规定的长度上移动，进行检查。通常每移动 10mm，读数一次。在读数时，应先夹紧工作台，其误差是两次定位时示值的最大差值。

7. 万能转台的装配与调整

万能分度盘是坐标镗床的重要部件之一，T4163 型坐标镗床的万能转台装配图如图 6-26 所示，其装配与调整工艺如下：

1）用调节螺钉调整分度蜗杆副的中心距，并用固定螺钉紧固，如图 6-27 所示。此外应调整调节螺钉（图 6-27、图 6-28），使分度蜗轮与蜗杆脱开用手转动工作台时，校正板的表面不应与滚轮接触。

2）装配滚珠和滚柱轴承时，应将滚珠（或滚柱）按直径较大者与直径较小者交叉装配。

3）调整法兰盘（图 6-29），使 ϕ20H6 孔中心与万能回转台回转中心重合后重铰法兰销孔定位。

4）测量托架（图 6-30）校正销的轴线对转台表面 2 的平行度，如图 6-30 所示。当平行度超差时，可通过修刮托架表面 1 和调节螺钉予以调整，尺寸 E_0 和 H_0 的测定与调整精度为 0.001mm，如图 6-31 所示。

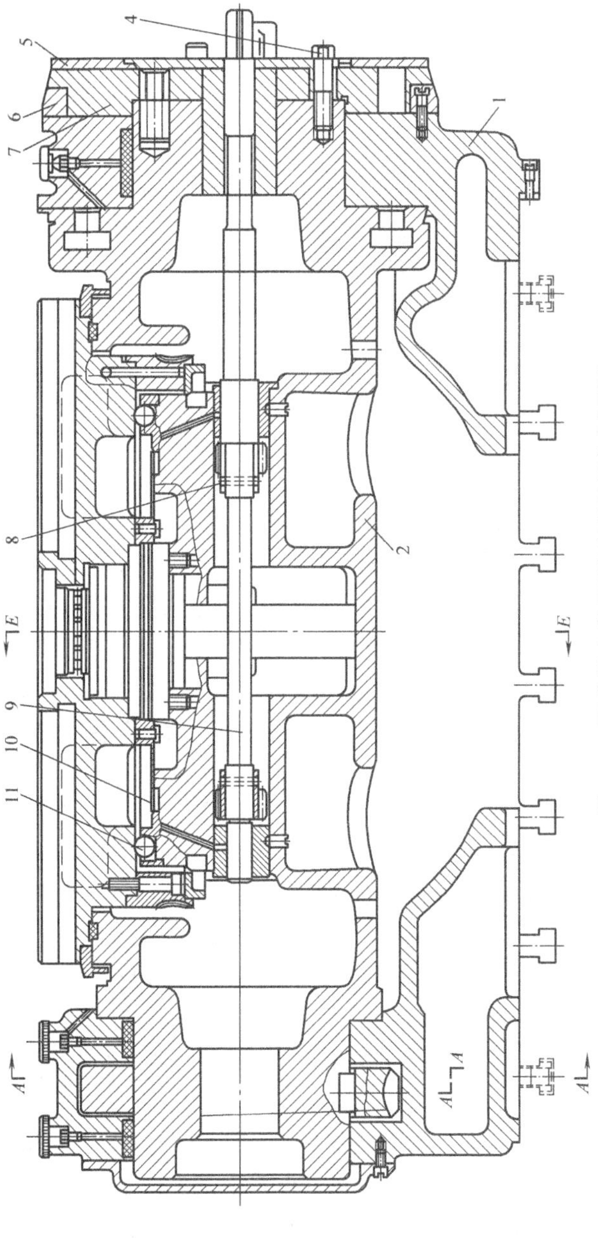

图6-26 万能转合装配图及重要部分剖面图

1—转合座 2—支座 3—螺钉 4—垫圈 5—游标盘 6—刻度盘 7—轴承 8—螺旋齿轮 9—小轴 10—挠性钢环 11—轴承

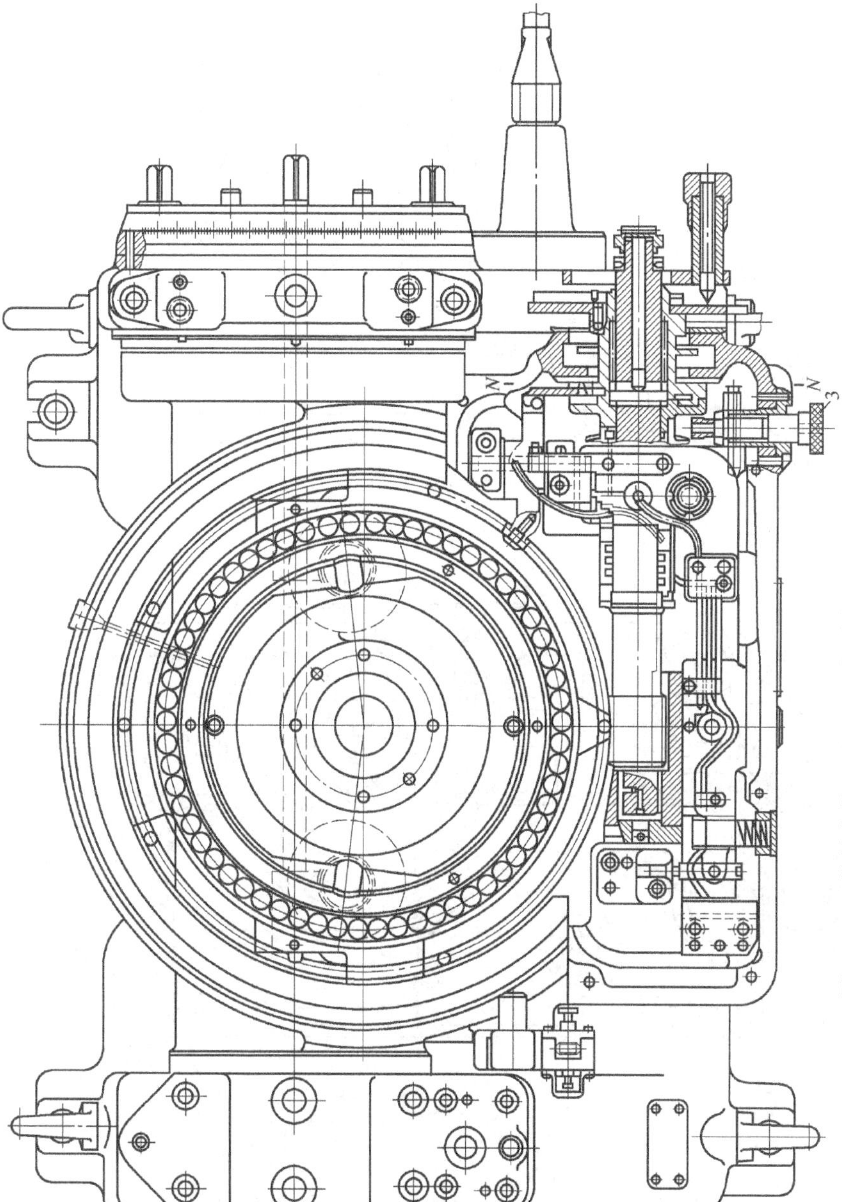

第六章 典型金属切削机床的装配、空运行及负荷试验

图6-26 万能转台装配图及重要部分剖面图（续）
3—精调手柄

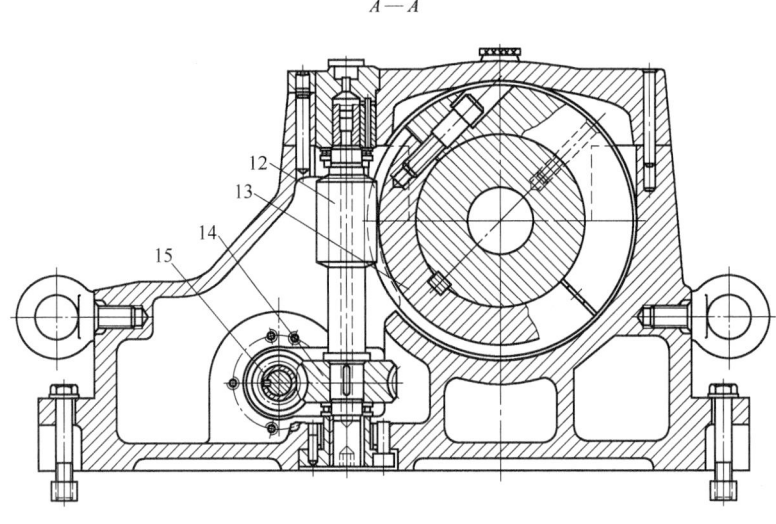

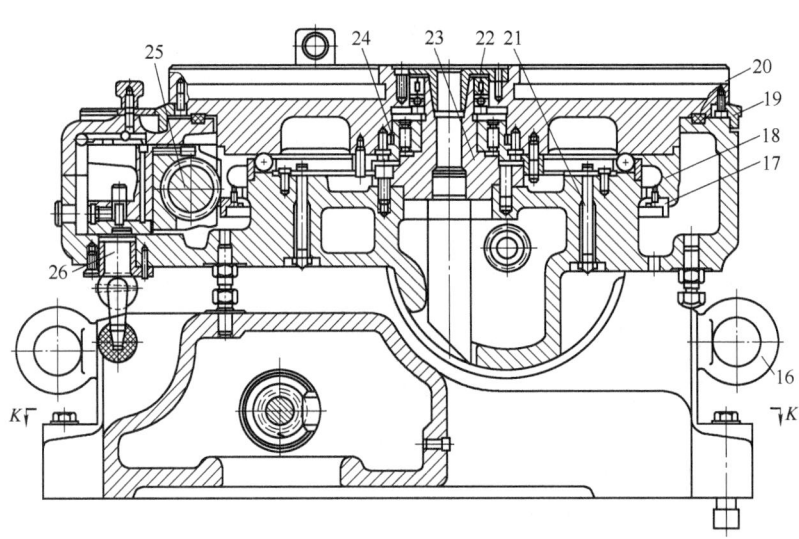

图6-26 万能转台装配图及重要部分剖面图(续)

12、15、18—蜗杆　13、14、25—蜗轮　16—吊环　17—校正环　19—刻度盘
20—工作台　21—螺栓　22—轴承　23—定心轴　24—套　26—偏心手轮

第六章 典型金属切削机床的装配、空运行及负荷试验

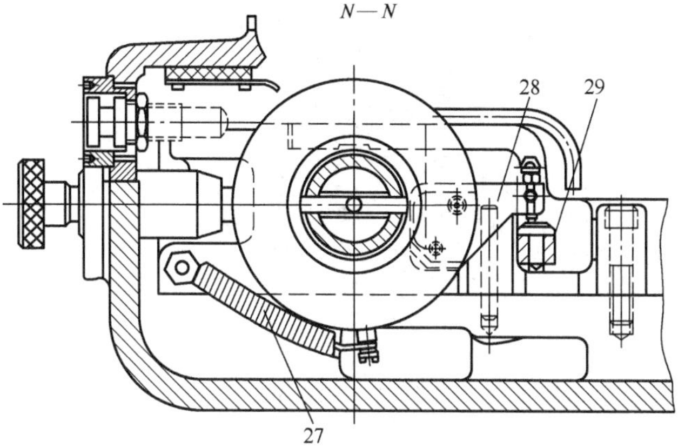

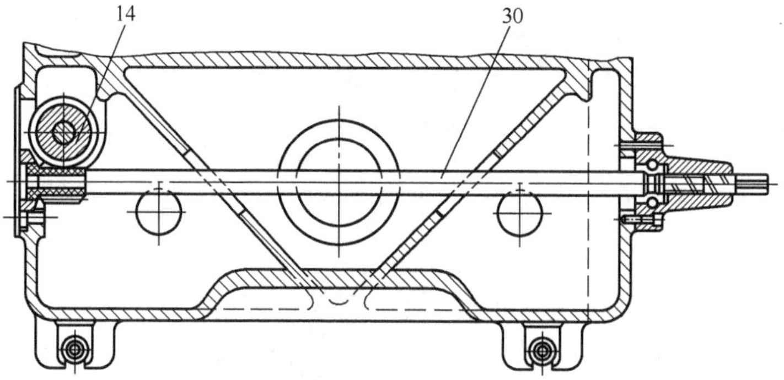

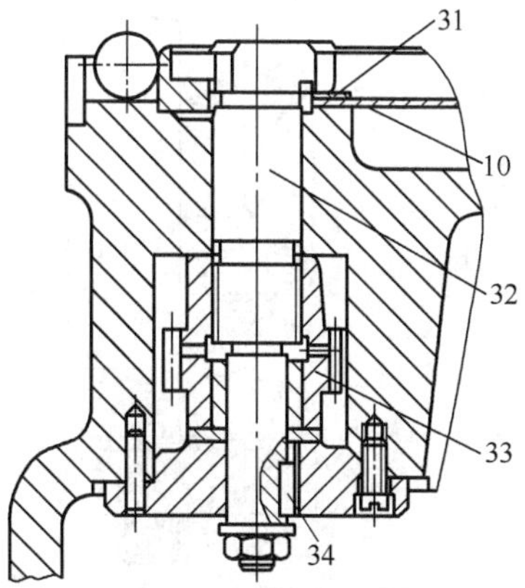

图 6-26 万能转台装配图及重要部分剖面图（续）

27—弹簧　28—杠杆分度盘　29—杠杆　30—小轴　31—挠性钢环
32—螺柱　33—带内螺纹螺旋齿轮　34—导向平键

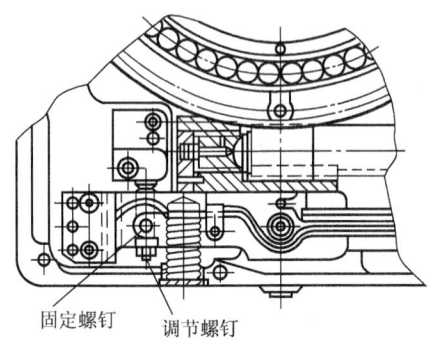

图 6-27 蜗杆座调节装置示意图

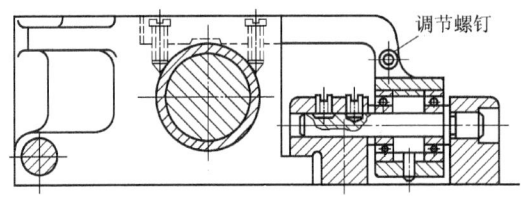

图 6-28 蜗杆座脱开装置调节示意图　　图 6-29 法兰盘示意图

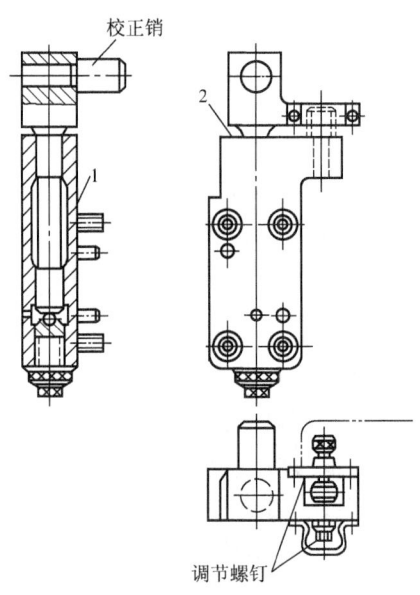

图 6-30 托架校正销调整示意图

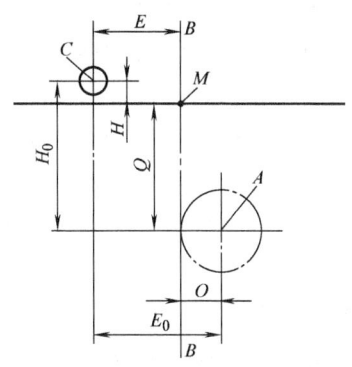

图 6-31 万能转台装配常数测量示意图

A—转台座轴颈回转中心 $B—B$—工作台轴线 H—校正销轴心至转台表面距离
Q—A 至转台表面距离 E—校正销轴心至 BB 距离 O—A 至 BB 距离
C—校正销中心 H_0、E_0—校正销中心至转台座轴颈回转中心距离

5）根据转台水平位置重新定位，使刻度盘零位与游标零点重合，并根据转台水平及 90°两位置重新调整定位螺钉。

三、T4163 型坐标镗床的空运转试验

机床空运转试验包括主轴的负荷试验，具体步骤如下：

1）机床空运转试验之前，应先检查各连接面是否紧固，按机床润滑图检查机床所有应润滑的地方，是否已注满润滑油。

2）试验前应检查各滑动面是否清洁。用手动操纵，在全行程上移动所有移动体，检查移动是否轻巧均匀，各移动体的最大行程是否符合技术规范；检查各手柄操纵机构动作是否正确，定位是否可靠；检查手轮的作用力大小，除有特殊要求之外，一律按相关标准规定。

3）试验前应检查防护装置是否齐全及其可靠性。

4）检查主轴每分钟的最低与最高转速，是否符合说明书技术参数规范，并进行空运转试验：主轴在转速 55～200r/min 范围内运转 2h；主轴在最高转速 2000r/min 下运转 30min；空运转后进行负荷试验，用压缩测力计在 200r/min 一级中，以 0.03mm/r 进给量手摇回转主轴，达到 9000N。主轴在空运转和负荷试验下，主轴温度应稳定在 30℃以下。

主轴套筒组在空运转和负荷试验后，应检验一次精度。

5）主轴的进给应作低、中、高速空运转试验，坐标床面自动移动的两挡（36～1000mm/min）速度也应进行空运转试验。

6）在机床空运转试验中，在所有速度下，机床工作机构应平稳、正常，没

有冲击、振动,整个机床的噪声应小于70dB。

7)检查电气设备的工作情况,包括电动机的起动、停止、反向、制动和转速调节的平稳性,检查磁力起动器、时间继电器、热继电器、信号及照明设备、按钮开关的始、终点开关、直流发电机的电阻组及其他标准仪器等的工作可靠性。

8)检查润滑系统工作情况是否正常,各结合面不得有渗、漏油现象。

9)检查冷却系统工作情况是否正常,切削液的流量及流向是否便于调节,返回切削液箱是否畅通,是否有漏水的地方。

四、T4163型坐标镗床的工作精度检验

1)机床工作精度检验应在机床空运转试验之后,而且确定机床所有工作机构均已处于正常状态之后才能进行。

2)机床工作精度检验所用的切削规范,必须符合加工性质、试件材料、刀具材料及其几何形状等条件。

3)试件粗加工应在其他机床上进行。

4)试件的孔径精镗后的表面粗糙度值不得低于 $Ra0.8$ mm。

5)试件上被加工各孔孔距的准确性,规定为任意两孔在纵向及横向上公差为0.008mm。

6)坐标镗床的试件如图6-32(精镗4个 ϕ20mm的孔)和图6-33(精镗1个 ϕ100mm的通孔)所示。

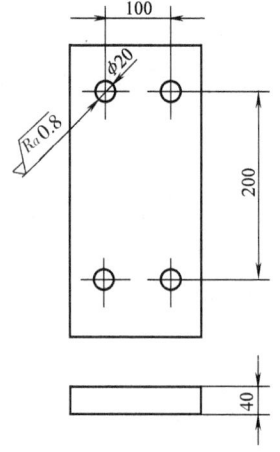

图6-32 试件示意图(一)

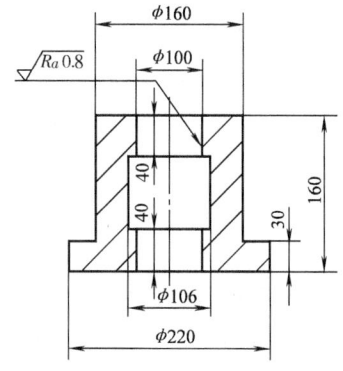

图6-33 试件示意图(二)

7) 万能转台的试件如图 6-34 所示，先精镗 6 个 ϕ20mm 的孔，其孔距等分精度公差为 0.006mm；后精镗 4 个 ϕ20mm 的斜孔，其轴线对基准倾斜 45°±10′，半径为 R（55±0.01）mm。

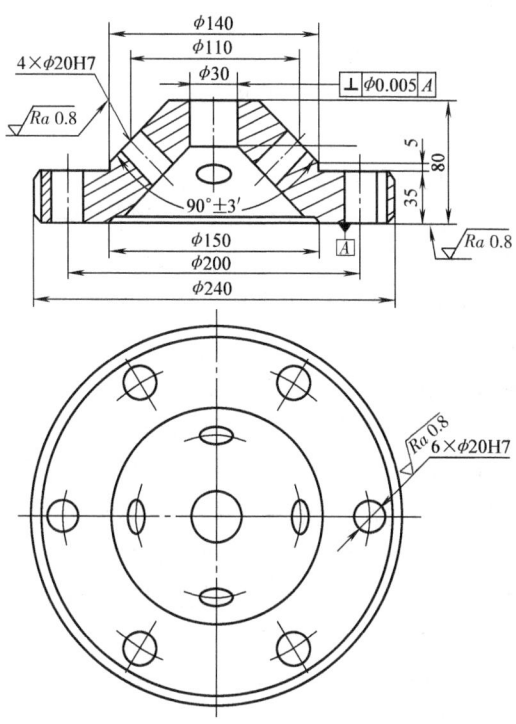

图 6-34　万能转台试件示意图

五、T4163 型坐标镗床的几何精度检验

（1）机床精度检验要点

1）机床几何精度检验和万能转台的几何精度检验，都应在机床工作精度检验合格后进行一次复验。

2）检查机床工作台安装水平误差不超过 0.02mm/1000mm。

3）精度检验时室温应保持在 (20±1)℃。

4）机床经冷态检验合格后，主轴以 1000r/min 运转一定时间；使主轴轴承达到稳定温度后，即温度上升幅度不超过每小时 5℃，便可认为已达到稳定温度。然后在 15min 内完成主轴锥孔的径向圆跳动和主轴轴线对工作台面的垂直度两项精度检验。

5）检验坐标精度时，室温应保持在 (20±0.25)℃。检验前，在 (20±0.25)℃ 的保温时间不少于 4h，包括工具恒温在内。

（2）机床精度检验项目　检验项目有工作台面的平面度、工作台移动在垂直面内的直线度、工作台移动在水平面内的直线度、工作台移动方向在垂直面内的扭曲度、工作台面对工作台移动的平行度、工作台纵向与横向移动的垂直度、工作台基准侧面对工作台纵向移动的平行度、主轴箱移动方向对工作台面的垂直度、主轴套移动方向对工作台面的垂直度、主轴的轴向窜动、主轴锥孔的径向圆跳动、主轴旋转中心线对工作台面的垂直度、工作台纵向移动的坐标精度和横向移动的坐标精度等。

其中，工作台移动的坐标精度检验时，如图6-35所示，在工作台面中间距台面250mm的高度上，平行于移动方向放置一根标准刻线尺，将显微镜固定在主轴上，纵向（或横向）移动工作台进行检验，每移动10mm读数一次，任意两刻线间读数的最大差值为检验误差。

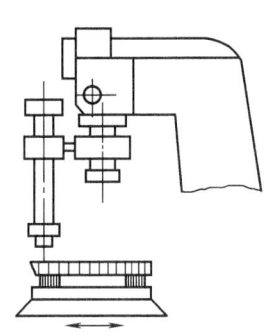

图6-35　工作台移动的坐标精度检验示意图

（3）万能转台精度检验项目　检验项目有万能转台台面的平面度、万能转台台面的圆跳动、万能转台台面对机床工作台移动的平行度、万能转台中心孔对转台回转轴线的同轴度、万能转台处于90°位置转台中心孔对旋转中心的同轴度、万能转台的游标盘和刻度盘的精度、万能转台面倾斜中心线在水平面内对工作台横向移动方向的平行度、万能转台台面倾斜中心线在垂直面内对工作台横向移动方向的平行度、万能转台台面倾斜中心线对工作台纵向移动方向的垂直度、万能转台倾斜轴的轴向间隙、万能转台旋转时的分度精度等。

其中，万能转台的游标盘和刻度盘的精度检验时，在转台台面上固定一个象限仪，转台倾斜分别在0°、30°、60°、90°位置上进行检验，公差为1″。

六、T4163型坐标镗床常见故障及其消除方法

机床常见故障及其消除方法见表6-1。

表6-1　机床常见故障及其消除方法

序号	故障内容	产生原因	消除方法
1	孔距误差超差	1. 机床床身及滑板刚性不足，或工作台在滑板上往复移动时，工作台相对于主轴中心线产生偏斜	重新调整三个主要支承使安装水平至最小值，然后分别调整四个辅助支承0.3~0.5格的水平仪读数，使与机床床身稍微接触，以防止床身变形，并对床身有关项目进行合格复验
		2. 机床导轨直线度误差对于坐标精度影响也很大，其中横向坐标尤为显著，因横向刻线尺至工作台面的距离，大于纵向刻线尺至工作台面的距离	局部重修有关导轨表面，特别是滑板床身导轨的精度应尽量提高，以克服横向坐标中的阿贝（Abbe）误差

(续)

序号	故障内容	产生原因	消除方法
1	孔距误差超差	3. 机床 X 向和 Y 向的垂直度误差，此项误差直接影响坐标精度，故对孔距精度影响较大	重新调整和修刮 X 向和 Y 向的垂直度直至检验要求
		4. 刻线尺的螺旋线在全长上任意两刻线间的螺距误差	1. 首先检查刻线尺本身的精度，将刻线尺在分度盘 0°、90°、180°、270° 四个位置上，分别每隔 50mm 测量一次，这四次测量结果均应在 6″之内。然后根据以上四次测量结果，选择精度误差最大，但也必须在 6″之内的一个位置，继续每隔 10mm 测量，若坐标精度在 6″之内即算合格 2. 由于大修等原因，若机床导轨精度曲线发生变化，对原有刻线尺的相对的精度也发生变化，通常无法重新抛光刻线，此时可根据标准刻线尺对照旧刻线尺在机床上的实际坐标精度，制订坐标精度修正表，以便根据修正表使用机床
		5. 光学装置的调整与定位不准，由于机床的定位精度直接取决于机床定位测量装置的精度，因此此项精度极为重要	1. 重新调整与定位光学系统，重新检查刻线尺对有关导轨的平行度 2. 在鉴定坐标精度时，请有经验的检验人员操作，鉴定读数，排除人为的影响 3. 有关光学装置的调整可参阅"机床光学装置的修理与调整"专业书籍相关内容
		6. 滑板、工作台锁紧机构装配调整不当，锁紧时产生的坐标变动量，直接影响工件孔距加工精度	检查锁紧机构中夹紧压板与钢片是否平行，间隙是否适当，钢片与锁紧固定面是否密合，这些因素都会使钢片产生变形，导致工作台、滑板在锁紧后产生扭转力矩，致使导轨变形而出现定位误差。因此要求在装配修理时，尽量提高零件装配精度，保证钢片与锁紧固定面的密合
		7. 鉴定坐标读数时，室温超过规定范围会影响机床坐标测量精度，若测量基准尺与机床内部的刻线尺测量温度不一致，加上环境温度的变化，也会对坐标精度带来影响	1. 在坐标精度测量过程中，室温应控制在 (20 ± 0.25)℃范围之内 2. 将测量基准尺浸在石蜡油中，室温变化 2h 后，基准尺才发生热变形，可以缩小测量基准尺与机床内部刻线尺的温度误差，使两者热变形趋于一致
2	各孔的同轴度、平行度及轴线对基准面的垂直度超差	1. 机床坐标床面有关导轨的垂直度超差 2. 主轴箱体壳导轨垂直度超差 3. 主轴轴线（Z 向）对坐标床面（X 向或 Y 向）的垂直度超差	1. 根据部件修理工艺，局部修刮有关导轨表面的直线度 2. 若 Z 向对 Y 向（纵向）垂直度超差时，可调整导轨体壳，并重铰定位销孔 3. 若 Z 向对 X 向（横向）垂直度超差时，可重新修刮主轴箱导轨表面等方法进行调整解决

(续)

序号	故障内容	产生原因	消除方法
3	孔的表面粗糙度不符合要求	1. 主轴轴向窜动超差	根据主轴套筒组件的组装工艺要求,若主轴的轴向窜动量超差时,可拆卸主轴套筒进行逐项检查: 1. 选用推力球轴承时应选用规定精度等级 2. 各垫圈端面平行度应小于0.002mm 3. 装配时应注意轴向接触面的清洁 4. 调整主轴末端的螺母,直至主轴转动灵活而主轴轴向窜动又在规定范围之内 5. 复验主轴套筒端面对轴线的垂直度是否超差
		2. 主轴进给量不均匀	主轴进给机构中,装置有可调整的钢环—摩擦锥体的无级调速机构。经常使用,摩擦锥体产生磨损。修理调节时,可以将变速箱的顶盖拆下,通过齿轮洞孔可看见一个调节螺母。用一个较宽的特种扳手,将螺母旋紧一些,使主轴套筒在进给时不致发生爬行。但须注意,若螺母调整过紧会使进给手柄使用时很费力
		3. 进给用的主轴套筒上,齿条与齿轮啮合状况不良,或啮合过紧,或有毛刺等使主轴进给出现爬行现象	检查修复,使齿轮与齿条副侧隙控制在0.05~0.10mm
		4. 主轴套筒与主轴箱体孔之间的配合间隙不均匀,使主轴进给时,出现突变或不规则的变化	根据装配修理工艺,检验主轴箱孔有无变形,然后再检查主轴套筒外圆,其最大配合间隙不得超过0.007~0.01mm
		5. 主轴套筒升降用的盘形弹簧,因卷紧与放松的扭力不均匀而引起主轴进给量不均匀	可在主轴套筒和配重铁之间改用链条连接,以实现平衡
		6. 切削液过脏	更换切削液
		7. 刀具角度、刀杆刚性不足及安装不正确	根据说明书及有关资料选用和安装刀具
4	工作台滑板进给失灵或有爬行现象	1. 工作台或滑板的移动,是通过操纵箱内的片式摩擦离合器输出转矩,由齿条齿轮副传动的,片式摩擦离合器磨损会造成进给运动打滑或爬行	调整操纵箱内摩擦离合器的调节螺母,使摩擦离合器能输出所需的转矩
		2. 对工作台或滑板的镶条调整不当,引起进给运动产生爬行	重新调整或修刮镶条滑动表面
		3. 工作台沿 X 向时齿轮齿条副啮合情况不良	重新调整齿轮齿条副啮合侧隙

(续)

序号	故障内容	产生原因	消除方法
5	主轴套筒垂直移动在热态时有卡紧现象	主轴轴承预加负荷选择不当,主轴在运转过程中产生温升,使主轴套筒外圆直径变大,造成与主轴箱体孔的配合过紧,从而使主轴套筒向上移动时出现卡紧现象	1. 重新调整主轴轴承的预加负荷,使轴承温升稳定在30℃以内 2. 更换新的润滑脂,改善润滑条件
6	孔的直线度超差	1. 主轴箱体孔的直线度超差 2. 主轴套筒外圆母线直线度超差 3. 进给用的主轴套筒上的齿轮齿条啮合不良(啮合过紧或有毛刺等)	1、2. 重新研磨有关表面 3. 检查修复,使齿轮齿条啮合侧隙在0.05~0.10mm
7	孔的圆度超差	1. 主轴上前后滚柱轴承内环外表面的几何精度及同轴度超差 2. 主轴套筒上,滚柱轴承外环内表面的几何精度及同轴度超差 3. 轴承滚柱圆柱度超差 4. 锁紧螺母的螺纹与工作端面的垂直度超差 5. 刀具刚性不足 6. 轴承的预加负荷太小,产生主轴前后滚柱轴间隙偏大,从而影响孔加工的圆度	1、2. 重新研磨有关表面 3. 更换或修复滚柱 4. 以主轴上滚柱轴承内环外表面为基准,修磨锁紧螺母的螺纹,然后旋紧螺母修磨端面 5. 根据说明书和有关资料选用和安装刀具 6. 适当调整轴承的预加负荷,但不能过多,以免引起温升过高

第二节 Y7131型齿轮磨床的装配与调整

一、Y7131型齿轮磨床的组成、主要参数与传动系统

1. Y7131型齿轮磨床的组成

如图6-36所示,Y7131型齿轮磨床由床身、工作台、蜗杆副、减速器、齿轮箱、磨头、砂轮修整器、工件立柱和尾架、后立柱、滑座等部分组成。

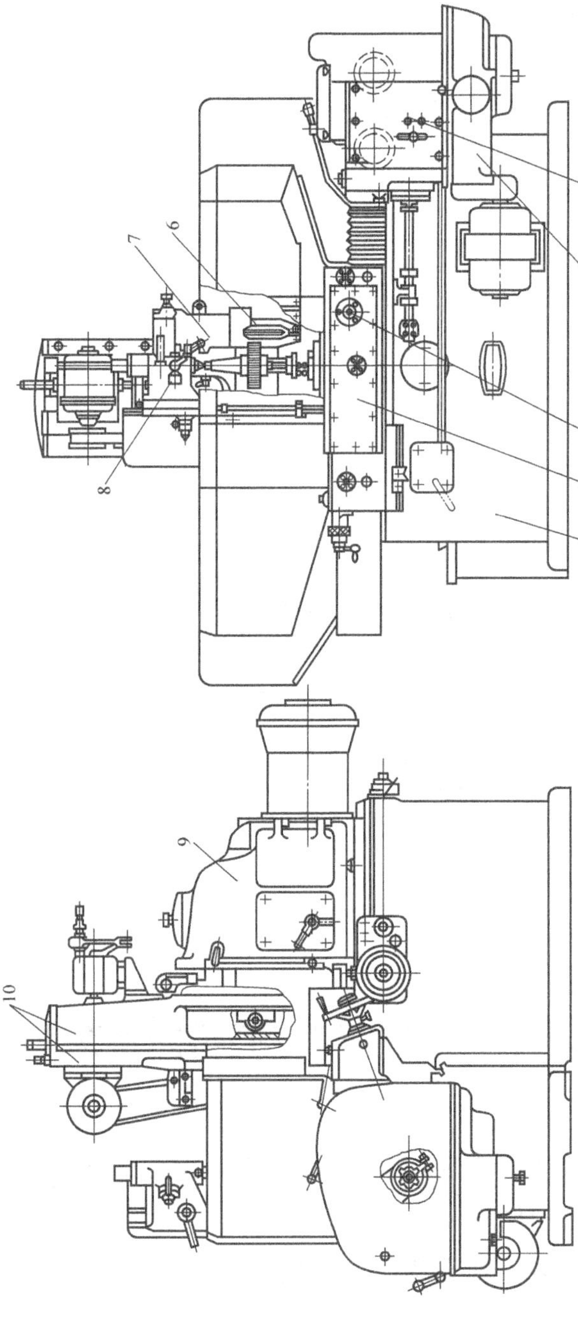

图6-36 Y7131型齿轮磨床的组成

1—床身 2—工作台 3—蜗杆副 4—减速器 5—齿轮箱 6—磨头 7—砂轮休整器 8—工件立柱和尾架 9—后立柱 10—滑座

Y7131型齿轮磨床用于磨削圆柱直齿轮和螺旋齿轮,被磨削齿轮的最大螺旋角可达±45°。该机床的加工方法是以滚切运动方式进行的,渐开线齿形是由待加工齿轮与砂轮(砂轮按齿条的齿形来修正)的相对滚动(无滑动)而形成的。

工作循环开始时,工件齿轮从砂轮左面向右面移动,如图6-37a所示,此时砂轮在齿面1之间。当工件齿轮向右滚动时,齿间右侧的齿面与砂轮的锥面接触,磨削作用自齿根起滚展到齿顶为止。与此同时,砂轮沿齿向作上下运动,使齿的全长上全部磨到。滚切运动终了后(即齿顶脱离了砂轮以后),工件齿轮返向,即自右向左运动,砂轮与齿间1左侧齿面接触,磨削自齿根开始,滚展到齿顶为止,如图6-37b所示。直到齿顶全部脱离砂轮锥面以后,快速向左退回,同时进行分齿运动。分齿完毕后,工件齿轮进行返向,快速引进使砂轮进入齿间2中间,新的磨削过程重新开始,如图6-37c所示。在粗磨全部行程中,磨削进给速度保持不变,精磨时进给速度应适当减慢。

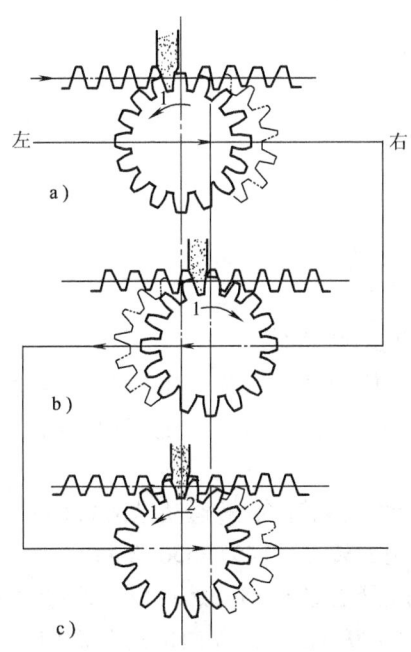

图6-37　Y7131型齿轮磨床的工作原理

分齿运动的开始和终了都是由行程撞块来控制。分齿时,运动以高速工作,全部齿轮磨削结束时,计数器使机床自动停止工作。

2. Y7131型齿轮磨床的主要技术规格

工件直径　　　　　　　　　　　　　　　　　　　$\phi 30 \sim 320$mm

工件模数	1.5~6mm
工件齿数	12~200
直齿轮工件最大齿宽	100mm
工件最大螺旋角	±45°
砂轮主轴转速	2700r/min
砂轮直径	φ160~240mm
砂轮中心至工作台中心的距离	120~300mm
砂轮中心至工作台面的距离	150~375mm
砂轮最大行程	120mm
工作台直径	φ320mm
砂轮架滑座每分钟行程数	50、70、100、140、200、280
磨削压力角	14.5°~25°
滑座行程电动机	
功率	(1.8/4.0/4.5)kW
转速	(720/1400/2800)r/min
主电动机	
功率	1.7kW
转速	1420r/min
最大承载质量	185kg
机床质量	4500kg

3. Y7131型齿轮磨床的传动系统

Y7131型齿轮磨床的传动系统如图6-38所示,主要由砂轮的旋转运动、砂轮架滑座的上下往复运动、工件(工作台)的滚切运动、工件(工作台)的进给运动、分度运动等组成。

(1) 砂轮的旋转运动　砂轮的旋转运动是由0.6kW,2800r/min的电动机经带传动使砂轮转动,砂轮的转速固定为2556r/min。

(2) 砂轮架滑座的上下往复运动　运动由三速电动机的旋转运动→$z22/z75$或$z29/z68$→中间轴$z28/z120$→偏心盘和曲柄连杆机构→砂轮架滑座的上下往复运动。

(3) 工件(工作台)滚切运动　此运动为联系工件(工作台)回转与工件(工作台)移动的内传动,当离合器4接通后,运动由滚切交换齿轮主动轴→滚切交换齿轮$i_{滚切}$→差动机构$i_{差动}$($z22/z24 \times z22/z32$)→蜗杆副$z2/z71$→工作台,从而使工件得到回转运动;由于滚切交换齿轮主动轴旋转→$z40/z72$→工作台移动丝杠(螺距$P=6$mm)→螺母,从而使工作台获得移动。

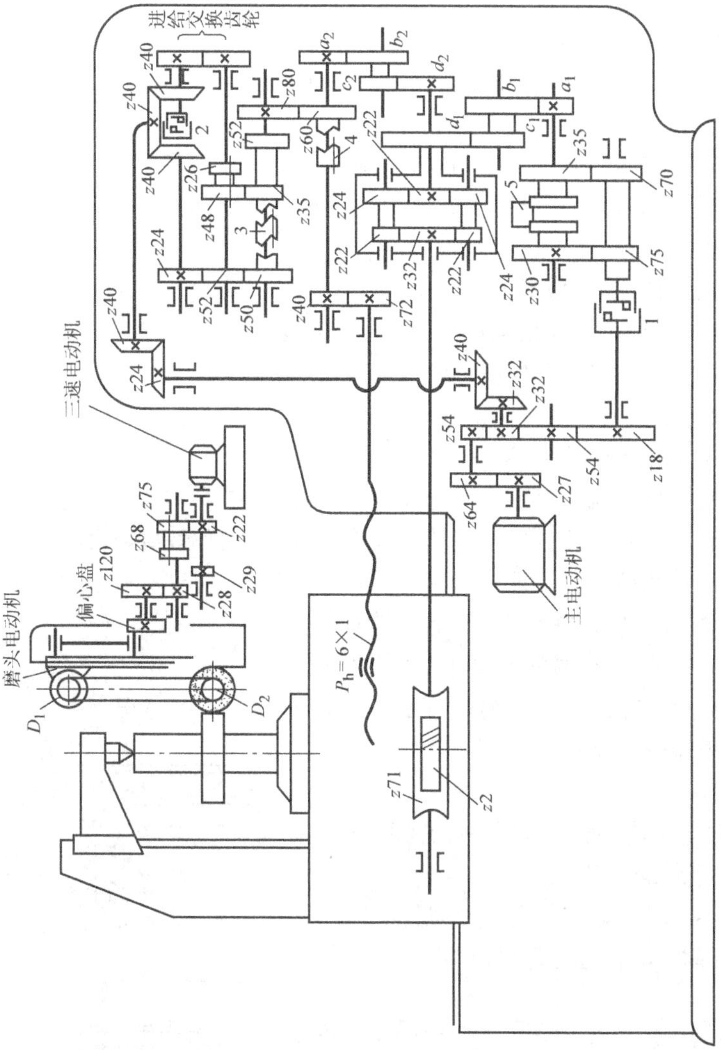

第六章 典型金属切削机床的装配、空运行及负荷试验

图6-38 Y7131型齿轮磨床传动系统

(4) 工件(工作台)的进给运动 传动路线由 1.7kW，1400r/min 的主电动机→$z27/z64$→$z54/z32$→锥齿轮副 $z32/z40$→锥齿轮副 $z24/z40$→锥齿轮副 $z40/z40$→$I_{进给}$→$I_{进变}$($z43/z35$ 或 $z26/z52$)→$z80/z60$→$z40/z72$→工作台移动丝杠→螺母，使工件(工作台)获得进给运动。

二、Y7131 型齿轮磨床主要部件的装配与调整

1. Y7131 型齿轮磨床的总装配顺序

Y7131 型齿轮磨床主要零部件的总装配顺序如下：

1) 装滑鞍和工作台。
2) 装齿轮箱和减速器，工作台移动螺母座固定螺钉和定位锥销。
3) 装立柱、立柱移动螺母座，固定螺钉和定位锥销。
4) 装滑体、滑座。
5) 装砂轮修整器与模具。
6) 装磨头电动机、立柱电动机和齿轮箱电动机。
7) 装工件立柱、尾座及防护罩。
8) 安装电动机、照明电路。

2. 工作台移动制动器的调整

在工作台滑鞍左端装有工作台移动制动器，如图 6-39 所示，装配后使用时应特别注意调节。制动器的作用是给工作台滑鞍的往复运动以恒定的阻力，这阻力使工作台滑鞍在换向时，即开始起动前保证机床传动链中的全部传动零件消除其正反向之间的间隙，并使其保持一定的安全紧度。同时在机床运动时不会因传动零件之间的间隙而使运动失去应有的精度。工作台移动制动器的调整步骤如下：

1) 松开制动器。

2) 转动间隙选择机构的左右两个手轮，使丝杠的轴向间隙等于零。

3) 开动机床至调节行程内的极右位置后，转动间隙选择机构手轮使丝杠在左边产生 8mm 的间隙。

4) 开动机床，在工作台滑鞍开始换向之前，丝杠应先开始移动 8mm 至间隙全部消除，然后工作台滑鞍才开始移动。在移动过程中，丝杠不应再有任何轴向移动，如有移动，逐步拧紧制动器的压紧螺母，直至没有移动位置。

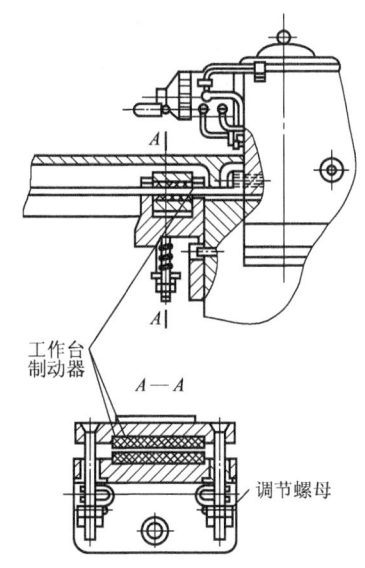

图 6-39 工作台移动制动器示意图

5）按上述步骤2）~4）相同方法，在工作台滑鞍的相反方向检查与调整。

3. 工作台回转制动器的调整

在工作台的下部装有工作台回转制动器，如图6-40所示，装配后使用时应特别注意该制动器的调节。回转制动器的作用是给工作台回转运动以恒定的阻力，消除滚动运动传动链及分度运动传动链各传动零件在正反转时的间隙。工作台回转制动器的调整步骤如下：

1）拆去床身前的盖板，将工作台滑鞍开至盖板所处的位置，松开制动器压紧螺母。

2）以手柄转动蜗杆座上的锥齿轮，再逐步旋紧制动器的压紧螺母，以手正反方向转动工作台时略有阻尼为度，然后再旋紧锁紧螺母，盖上床身上的盖板。

工作台回转制动器一般能产生一定阻尼即可，过紧会很快降低蜗杆副的精度，甚至损坏零件。

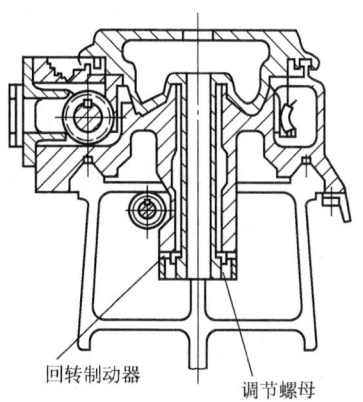

图6-40　工作台回转制动器示意图

4. 齿轮箱安全离合器的调整

齿轮箱片式摩擦离合器是安全装置，如图6-41所示。如果工作台滑鞍向左或向右移动时，由于挡块调整不正确使其不能换向，而造成在向右移动时螺母端面与丝杠接长轴套端面相碰；向左移动时滑鞍与床身上保险螺钉相碰，安全离合器能防止运动链发生过负荷而造成机床损坏。安全离合器的调整步骤如下：

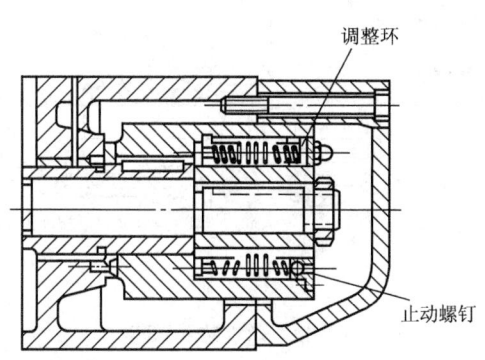

图6-41　齿轮箱片式摩擦离合器示意图

1）机床滚切交换齿轮的齿数按最小滚切直径调整。

2）拆去盖板，松开安全离合器的调整环，使齿轮箱电动机转动时，运动不会经过离合器而传动齿轮箱的各机构。

3) 逐步拧紧调整环使摩擦片接触,直至其传动力足以保证工作台滑鞍沿床身导轨作可靠而均匀的往复运动。如果在工件台上施以 50~60N 与其运动方向相反的力时,摩擦离合器应打滑。

4) 调整妥善后,用止动螺钉锁紧,盖上盖板。

5. 齿轮箱丝杠装配及其间隙选择装置的装配与调整

齿轮箱内的丝杠装置是带动工作台滑鞍作往复运动的部件,丝杠间隙选择装置是使工作台滑鞍在换向时使丝杠产生轴向移动,以补偿发生在齿轮箱运动链内的全部间隙;按照待磨削齿轮的齿形来调整切入深度和余量的大小;在被加工齿轮的滚动线上补偿工作齿间和砂轮厚度间的宽度差。丝杠装置的传动精度对工件的齿形误差影响较大。

(1) 丝杠传动装置的传动精度影响因素

1) 丝杠精度。

2) 丝杠径向支承的轴承精度及其配合精度,轴承端面的垂直度。

3) 推力滚珠轴承的精度。

4) 套筒的精度。

(2) 丝杠装置的轴向定位调整 如图 6-42 所示,丝杠的轴向定位由两个可调节的套筒调整。当转动手轮通过蜗杆带动蜗轮时,套筒便相对于壳体作轴向移动,使丝杠获得轴向间隙的调整。如套筒与丝杠端面有间隙,在工作台滑鞍开始换向时,丝杠本身先要在工作台滑鞍螺母中旋进或旋出直至丝杠的端面抵住套筒为止。

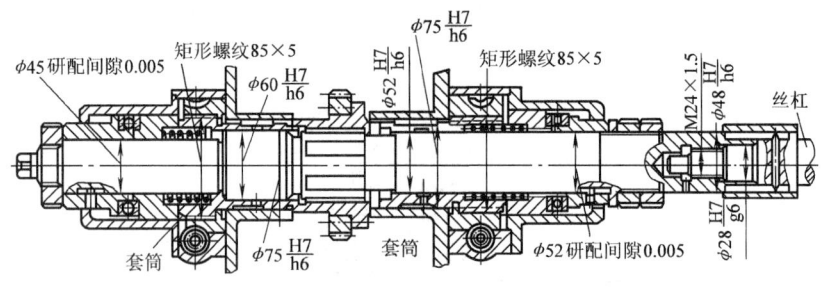

图 6-42 丝杠装置示意

(3) 丝杠装置及间隙选择装置的装配与调整

1) 如图 6-43 所示,找正孔 E 对床身导轨的平行度,公差为 100mm 长度上 0.01mm,若超差可修刮床身端面予以校正。

2) 如图 6-44 所示,找正工作滑鞍下的孔 E′对床身导轨的平行度,公差为 100mm 长度上 0.01mm;对 E 孔的同轴度公差为 0.01mm。若平行度超差,如孔

第六章 典型金属切削机床的装配、空运行及负荷试验

E′低于孔 E，可修磨齿轮箱下的垫块或修刮螺母座接合面，反之则增加垫块尺寸予以调整。如水平方向同轴度超差可重铰螺母座的定位锥销孔。

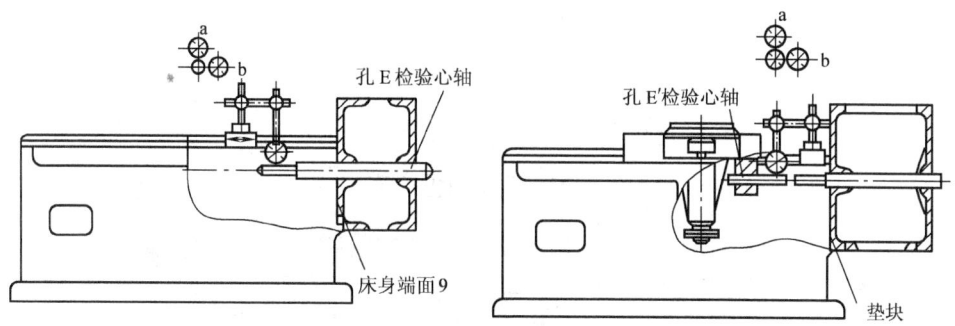

图 6-43　齿轮箱丝杠孔的检验　　　　图 6-44　丝杠孔与螺母孔的同轴度检验

3）修复、检验丝杠的精度，选择、更换垫圈和轴套，保证垫圈与轴套与轴颈的配合间隙为 0.005～0.01mm。

4）将丝杠间隙选择装置和丝杠装置全部装入齿轮箱，螺母装入工作台滑鞍的螺母座内。

5）转动丝杠间隙选择装置中的左右两个手轮，使丝杠的轴向间隙等于零。

6）将测量用的钢珠（φ6mm）用黄油粘入丝杠摇手一端的中心孔内开动机床，用测微仪测量丝杠在正反转时的轴向窜动在 0.002mm 以内。

7）丝杠间隙装置上的手轮刻度，待总装后重新定零位。老产品手轮的刻度在零位时，丝杠无间隙。新产品的手轮刻度在零位时，丝杠左右两端各有 4mm 间隙。

6. 分度机构的装配与调整

（1）分度机构的工作过程　如图 6-45 所示，当工作台滑鞍从右向左运动，完成了齿轮磨齿所需要的对砂轮的相对滚动后，挡铁压住工作台滑鞍快速装置的挡块，工作台滑鞍就从砂轮向左快速退出。在其继续向左移动时，另一挡铁使拉杆 1 提高，使拉杆 1 上的滚轮与牙嵌离合器 b 分离并使长爪及短爪与定位盘 a、b 脱开。这时，在弹簧 2 的作用下，牙嵌离合器 b 向左移动与牙嵌离合器 a 啮合，从而带动了齿轴上的齿轮 3、4 转动，分别又传动齿轮 5、6 转动。这时拉杆 1 上的挡铁已越过，拉杆 1 在自重的作用下回复到原位，拉杆上的滚轮便重新和牙嵌离合器 b 的斜面凸轮相接触，离合器 b 继续旋转到一定角度时，其凸轮上斜面就靠住拉杆 1 上的滚轮，使离合器 a、b 分离，从而切断了动力来源。

当齿轮 3、4 转动时，由于其齿数不等，齿轮 5、6 就获得不同的转速。固定在轴Ⅲ上的齿轮 5 转了 4 转时，而松套在轴上的齿轮 6 则转了 5 转。这时，分别

固定在齿轮 5、6 上的定位盘 b、a 的缺口又重新恢复到起动时的原位而对准,拉杆 1 连同在其上的短爪和长爪便分别重新落入定位盘 a、b 的缺口里自动将其楔住,从而完成了分度运动。

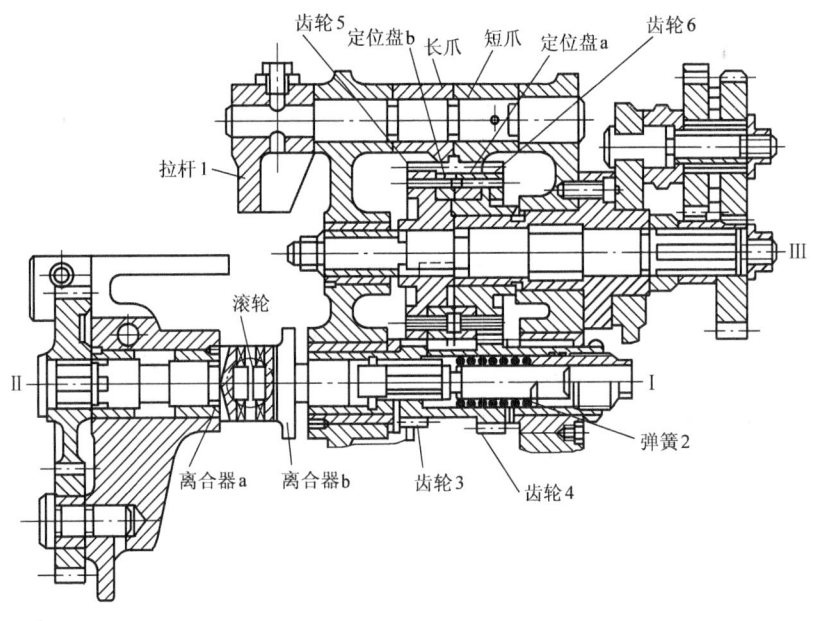

图 6-45 分度定位装置示意图

齿轮 5 在整个分度运动中,带动轴Ⅲ转了 4 整转,其运动经分度交换齿轮传给了行星机构中的齿轮 7(图 6-46),这时差动传动齿轮 5 除了由滚动运动链所得的运动外,与由分度运动链经齿轮 7 传动行星机构壳体 8 的附加运动汇合在一

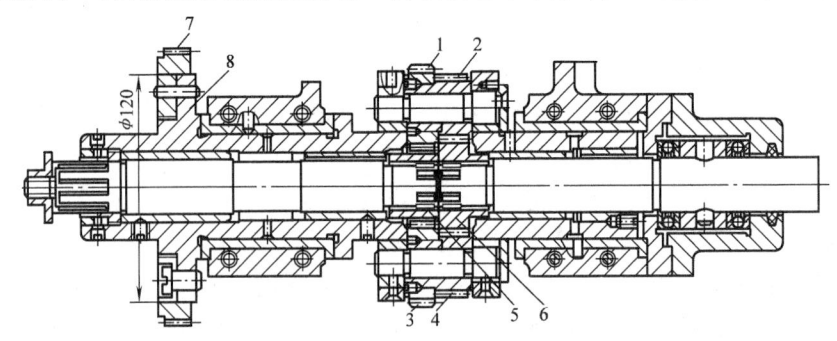

图 6-46 行星机构结构示意图
1~7—齿轮　8—壳体

起,经过差动齿轮1、2、3、4与6传至工作台的蜗杆副,工作台就等于待磨齿轮转过了一个齿的附加转动量。

完成了上述分度运动后,由"旗式操纵机构"操纵工作台反向,使工作台滑鞍和圆工作台的运动方向改变,机床的工作循环就又重新开始。

(2) 短爪与定位盘的定位与调整

1) 如图6-45所示,分别装好轴Ⅰ,选配双联齿轮3、4垫片,正确装配牙嵌离合器和齿轮3、4的内花键,要求移动灵活无啃住现象。

2) 将齿轮5、6及与其固定在一起的定位盘b、a装入轴Ⅲ,定位盘的缺口向上并重合。将短爪与长爪装入其配合轴,要求必须转动轻松灵活。

3) 检查并修正短爪表面1、2与定位盘的接触密合程度以及后部的间隙(图6-47a、b)。

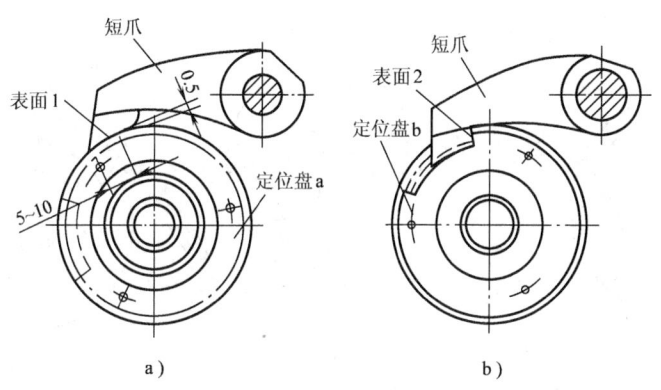

图6-47 短爪与定位盘的接触位置
a) 与a盘接触位置 b) 与b盘接触位置

4) 当短爪嵌入并紧靠定位盘缺口时,拉杆上的滚轮应处于离合器b上凸轮的最高点(图6-48),并保持离合器脱开0.5~1mm,如未脱开则可修磨离合器端面或加大滚轮直径;如不在凸轮的最高点,应调整定位盘a与齿轮5的相对位

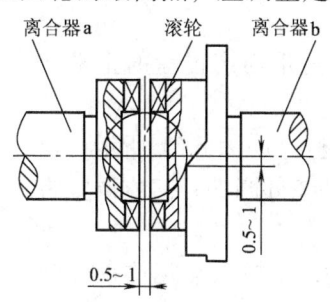

图6-48 长短爪嵌入定位盘时牙嵌离合器的啮合位置

置，并用螺钉固定。

5) 短爪表面与定位盘缺口使用久了会产生毛刺，一般在装入前应按图6-49所示在工具磨床上进行修磨。

(3) 长爪与定位盘的定位与调整　长爪与定位盘的定位调整与上述过程类似：

1) 短爪调整好后，转动离合器b，使滚轮与离合器位置刚好脱开，切断动力来源。

2) 在上述位置时，长爪与定位盘的接触位置应调整到如图6-50所示，以便在机动分度时靠惯性力使长短爪落入定位盘的位置，由于长短爪固定而无松动，从而可以保证正确的分度动作。

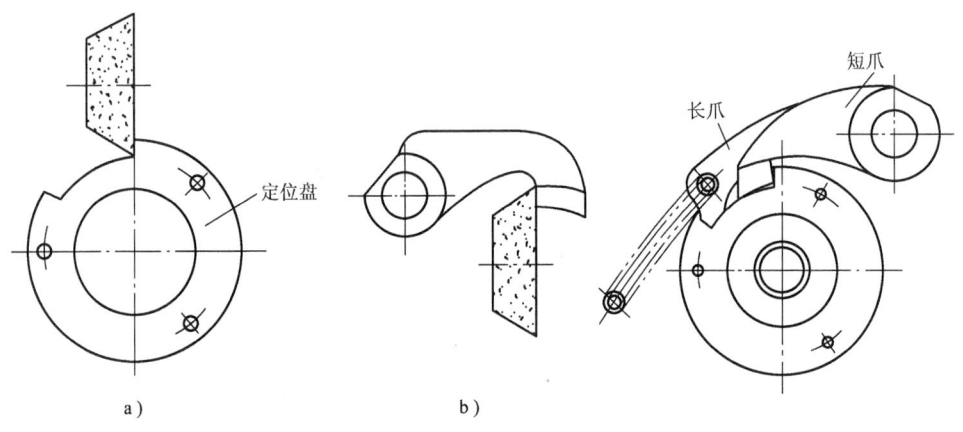

图6-49　短爪与定位盘的修磨
a) 定位盘的修磨　b) 短爪的修磨

图6-50　长短爪与定位盘的正常啮合位置

3) 调整达到以上各项要求后，重铰定位盘a、b与齿轮6、5的定位锥销孔，并紧固全部螺钉。

4) 长爪使用久了磨损后，也可采用短爪类似的方法进行修磨。

5) 全部调整好后，长短爪与定位盘的正常啮合位置如图6-50所示。

(4) 拉杆的定位与调整　如图6-51所示，拉杆上滚轮与离合器b上的凸轮外圆的距离应调整为0.2~0.3mm。

1) 用弹簧将长爪拉紧，使短爪与定位盘外圆靠住。

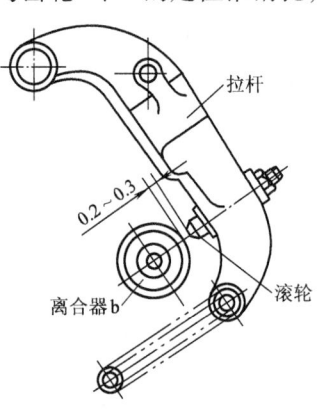

图6-51　拉杆位置

第六章 典型金属切削机床的装配、空运行及负荷试验

2) 转动拉杆, 使拉杆上滚轮与离合器 b 的凸轮外圆相距 0.2~0.3mm。

3) 上述调整达到要求后, 重铰短爪与其配合轴的锥销孔, 并以锥销定位。

4) 调整离合器 b 右部的弹簧, 要求当抬起拉杆时, 弹簧能将离合器 b 弹出并与离合器 a 啮合, 然后应用手转动电动机轴试验分度定位机构的动作是否准确。

(5) 行星机构的装配与调整　行星机构 (图 6-46) 的装配应保证差动齿轮的精度等级, 并采用误差相消法以提高装配精度。

1) 按技术要求修复和检验差动体壳两端内孔和外圆、端面。

2) 根据实测尺寸配装轴承, 轴承内孔可最后用研磨棒进行研磨。

3) 检查差动齿轮 1、2 和 3、4 的径向圆跳动及其最大值的方向, 并做好记号。将齿轮 1 与 2 的最大径向圆跳动方向调整至同一相位, 齿轮 3 与 4 也如此, 然后将齿轮 1、2 止头螺钉及定位销装好。

4) 将成对的差动齿轮副 1、2 和 3、4 相对于齿轮 5、6 的啮合位置安装好, 使差动齿轮 1、2 的径向圆跳动最大处的相位与齿轮 3、4 之间的相位差 180°。

5) 在对称的两对差动齿轮装好后, 以双手通过花键轴使齿轮 5 与 6 获得相反方向的转矩。这时如果两对差动齿轮不能同时与齿轮 5、6 相啮合, 会使差动齿轮 3、4 之间产生相对转动。随后拆下齿轮 3、4, 在已经扭转一定角度的位置钻铰销孔、攻螺纹孔, 装好定位销和止动螺钉。

6) 检查齿轮 5 的径向圆跳动及其花键轴花键部分的径向圆跳动, 也以相位差 180°方向装配。

7) 用同样方法检查体壳 ϕ120mm 外圆的径向圆跳动与齿轮 7 的径向圆跳动, 也用误差相消法装配。齿轮 7 若需磨齿进行修复, 可将其安装在差动体壳上进行。

(6) 行星机构与工作台蜗杆同轴度的位置调整

1) 技术要求: 行星机构中心线与床身导轨平行度在 100mm 长度上公差为 0.01mm; 行星机构中心线与工作台蜗杆中心线的同轴度公差为 0.01mm; 行星机构与箱体的接触点在 25mm×25mm 范围内部不少于 16 点。

2) 调整方法与步骤, 如图 6-52 所示:

① 拆去行星机构中与齿轮 6 相配的花键轴, 插入专用检验心轴, 检查行星机构与床身导轨的平行度。

② 将检验心轴插入工作台蜗杆花键孔内, 移动指示表检查两孔的同轴度。

③ 如果同轴度、平行度超差, 可以修刮行星机构与箱体结合表面予以调整。

7. 工件立柱与尾座的修理装配与调整

本部件包括工件立柱、尾座和尾座套筒等主要零件, 主要用作顶持工件及增强工件在磨削时的刚度。部件的装配精度对工件的齿向精度影响较大。工件立柱

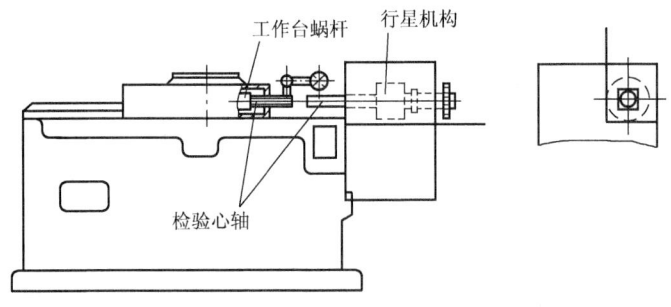

图 6-52　行星机构与工作台蜗杆两孔同轴度检验调整

与尾座的修理装配与调整方法与步骤如下：

（1）主要零件的精度检验

1）工件立柱（图6-53）修复后应达到表面1、2平面度公差为0.01mm；表面3、4对表面1的平行度为0.02mm；各表面的接触点为25mm×25mm不少于16点。

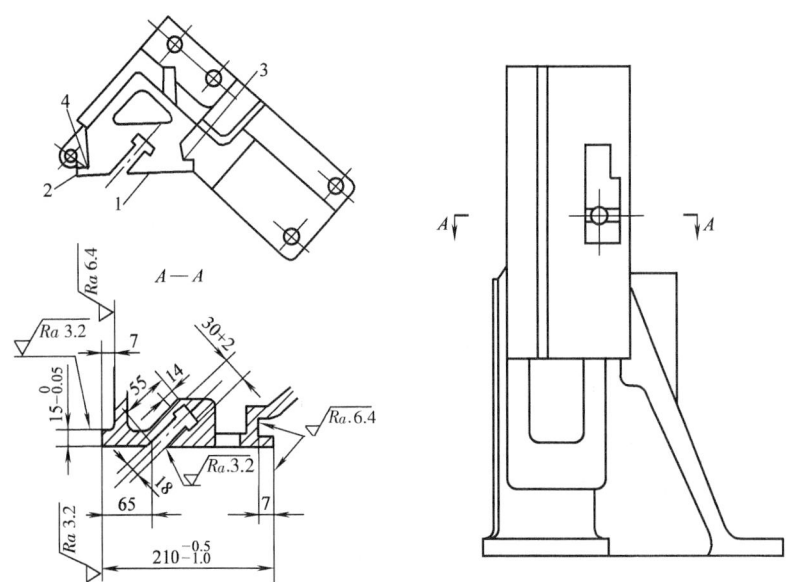

图 6-53　工件立柱

2）尾座如图6-54所示，孔F修复后应达到圆度值不超过0.005mm；锥度不超过0.005；表面粗糙度值为$Ra0.2\mu m$。尾座表面5、6对孔F的平行度在100mm长度上公差为0.005mm；表面7、8对表面5的平行度在全长上公差为

0.01mm；尾座与工件立柱导轨装配后的密合程度为 0.03mm 塞尺不得塞入；表面 5、6、7、8 接触点为 25mm×25mm 不少于 12 点。

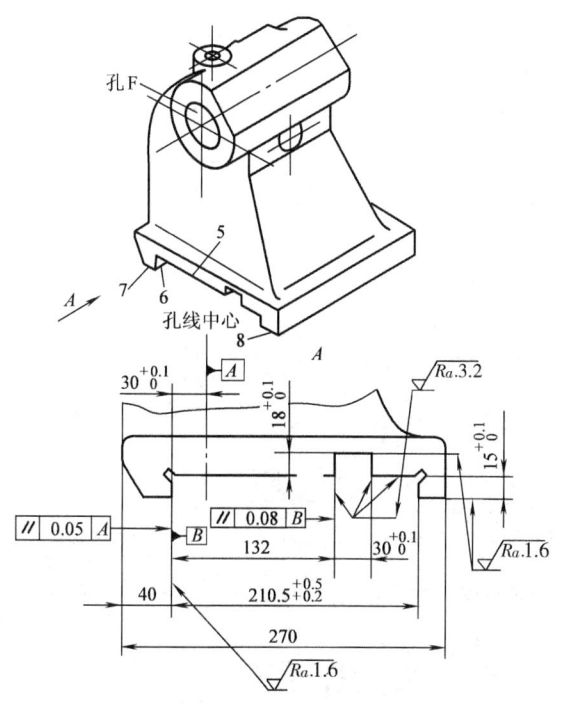

图 6-54 尾座

3）尾座套筒修复后应达到外圆圆度值不超过 0.005mm；锥度不超过 0.005；与尾座孔的配合间隙为 0.003~0.006mm；表面粗糙度值为 $Ra0.2\mu m$；锥孔中心线与外圆的同轴度为 0.015mm；锥孔与标准塞规的接触面 75% 以上；锥孔表面粗糙度值为 $Ra0.8\mu m$。

（2）工件立柱的装配调整 立柱装配后，按图 6-55 所示，分别移动尾座至上下两极端位置，用锥度检验棒和指示表检验尾座中心与工作台回转中心的同轴度均应在 0.005mm 以内。如果超差，可通过修刮立柱底面及重铰锥销孔进行调整。

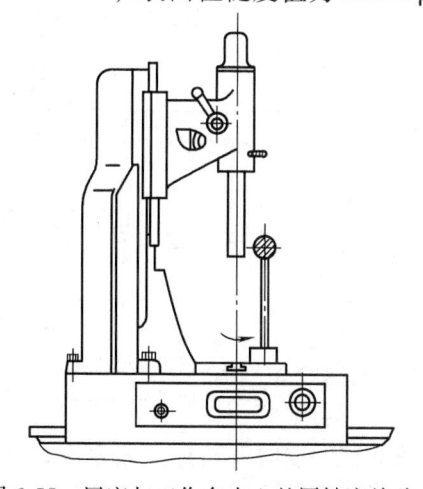

图 6-55 尾座与工作台中心的同轴度检验

8. 后立柱的装配与调整

机床后立柱是一个箱体结构，箱内分成两个相互间隔的部分，如图6-56所示。右腔内由三速电动机1带动一手轮和法兰式离合器2，传至立柱左腔内的双联齿轮，再经一对减速斜齿轮传至主轴3，使主轴获得六级转速。主轴3左端有一小法兰4，其四周由四个滚动轴承5支承，滑块6可在小法兰4上调节偏心（即调节滑体的行程量），滑块6通过销轴经连杆7带动滑体在滑座内上下运动。机床立柱下部有两条棱形导轨，在后床身上前后滑动，其间有丝杠螺母使立柱按照需要移近或移出圆工作台中心，以适应工件的尺寸。

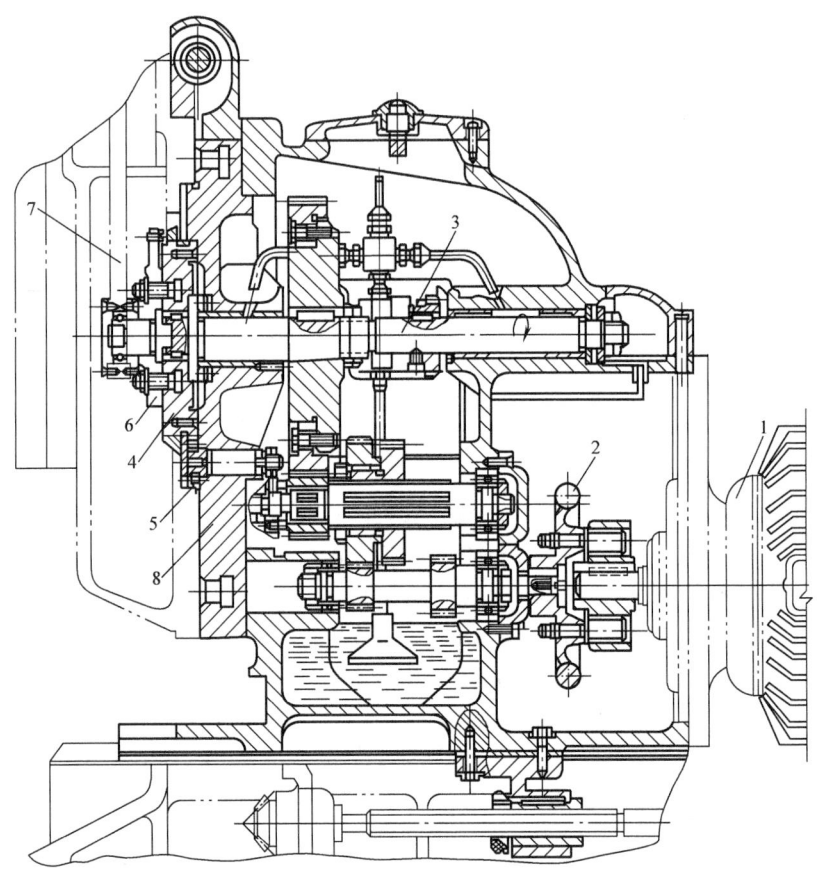

图6-56 后立柱装配图

1—三速电动机 2—手轮和法兰式离合器 3—主轴
4—小法兰 5—支承滚动轴承 6—滑块 7—连杆 8—法兰

后立柱的端面1和孔G是基准，如图6-57所示。端面1对工作台端面的垂直度、对床身导轨的平行度精度会影响工件（交错轴斜齿轮）的节圆锥度和齿向误差。

后立柱部件中三速电动机以及齿轮箱内的齿轮接触不良是造成加工工件齿面波纹的原因之一，因此在修理装配和调整中应注意：三速电动机的动平衡精度必须达到规定的技术要求；齿轮箱中的齿轮啮合接触面积应不小于40%，以使转动平稳。

后立柱装配和调整需达到以下技术要求（图6-57）：

1）检验端面1平面度为0.01mm；接触点为在25mm×25mm面积不少于16点。

2）检验导轨2、3与床身的接触点为在25mm×25mm面积上不少于16点。

图6-57 后立柱

3）如图6-58a所示，测量表面1对工作台端面的垂直度误差不超过0.015mm，且只允许后仰。如图6-58b所示，测量表面1对床身导轨的平行度误差不超过0.005mm，且只允许在齿轮箱一侧略高。

4）如图6-57所示，导轨表面4、5对表面2、3的平行度误差不超过0.01mm；接触点为在25mm×25mm面积上不少于10点。

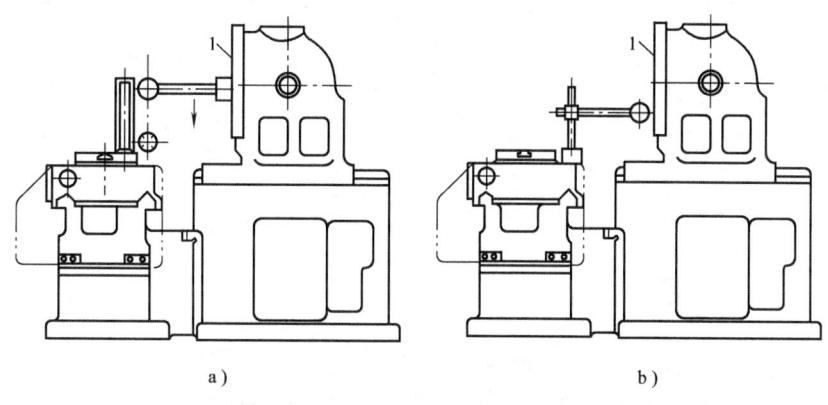

图6-58 后立柱端面装配位置检测
a）检测对工作台表面垂直度 b）检测对工作台导轨的平行度

5）检测螺母结合表面6对导轨表面2、3的平行度误差不超过0.01mm，接触点为在25mm×25mm面积上不少于10点。装配时将丝杠连同螺母一起装在后床身上，测量螺母座与表面的距离，配以垫片重铰锥销孔。

9. 滑座部件的装配与调整

（1）滑座部件的组成与调整要点　如图6-59所示，滑座部件由滑座体、滑板及磨头滑座组成，其结构和装配调整要点如下：

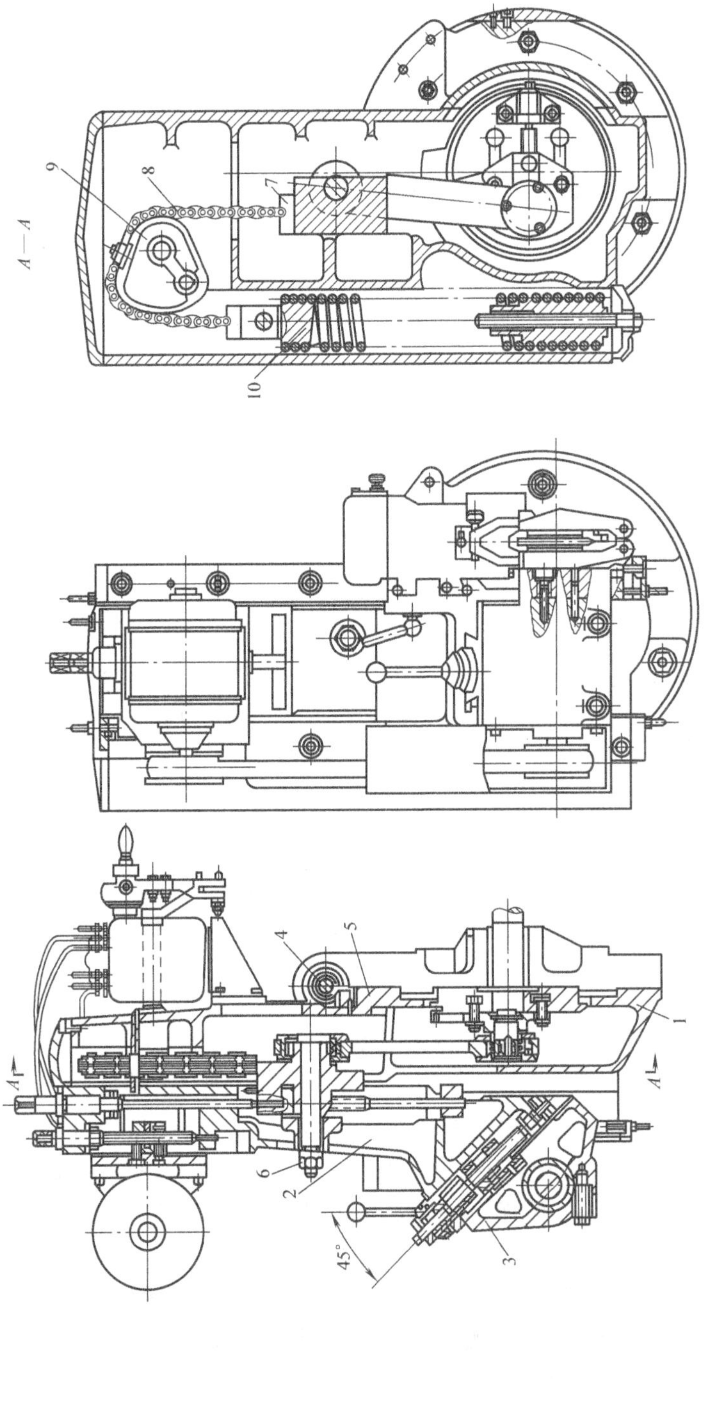

图6-59 滑座部件装配图

第六章 典型金属切削机床的装配、空运行及负荷试验

1) 滑座体 1 的后面下部为一带中央窝形的圆法兰，与后立柱部件中的法兰相结合，装配时应先修刮滑座体法兰，然后配刮后立柱法兰。滑座体可由蜗杆 4 和扇形蜗轮 5 在 ±45°范围内调整。滑座体的正面有两条导轨，分别为平面导轨和 V 形导轨。滑板 2 由曲柄连杆机构带动在滑座体 1 的导轨上作上下往复运动。

2) 滑板往复运动行程的始点终点是可以调节的，用以调整砂轮和被磨齿轮间的相对位置。调整时，先按逆时针方向松开螺母 6，再转动丝杠，使滑板上下相对移动，调整后必须重新拧紧螺母 6。

滑板 2 上部有一挂耳 7，经链条 8 及偏心凸轮 9 和等拉力弹簧 10 相连接，弹簧可以调节其张紧程度，此机构的作用是平衡滑板与模具的重量。偏心凸轮的作用使滑板在其上下移动时，弹簧的平衡力的变动量减至最少。

滑板在其正面的下部有一成 45°的燕尾导轨，供磨头滑板移动用。由于导轨与工作台中心线成 45°，磨头移动时，一方面使砂轮对砂轮修正器作修正进给运动，同时砂轮又移向工件，这样便补偿了由于砂轮修正后尺寸减小造成对工件尺寸变化的影响。

滑板的往复运动所形成的冲击力而引起滑座体与工件立柱的固有振动是造成工件齿面上形成明显波纹的主要因素，因而本部件中各导轨面的精度修复、镶条的修刮和调整、曲柄连杆正直性的校正以及等拉力弹簧的调整等需十分注意。

(2) 滑座部件的装配工艺（图 6-59）

1) 更换小法兰及后立柱中与主轴接触的三个滑动轴承，根据修复的主轴轴颈尺寸，保持配合间隙。

2) 小法兰上滚圈若与其四周的四个滚动轴承不接触时，可以转动滚动轴承内的偏心轴进行调整。调整时为了防止四个滚动轴承所支承的主轴回转中心与主轴滑动轴承产生同轴度误差，需用指示表触及主轴上端，先调整下部两个滚动轴承里的偏心轴，使主轴上升量等于轴承间隙量的一半，然后再压紧上部两个滚动轴承。

3) 为了保持曲柄与连杆安装正确，应该补偿滑板与滑座体的刮削量，如图 6-60 所示，将连杆上部轴承两边端盖各车去上述修刮量的厚度，左端盖车削表面 1，右端盖车削表面 2。

4) 装上连杆及滑板、磨头滑座等零件，调整弹簧平衡力，以手转动后立柱内带手轮和法兰的离合器，要求滑板上下移动时平稳无冲击力。

5) 如图 6-61 所示，检验滑板上下移动对工作台中心线的平行度误差，其步骤如下：

① 将圆柱检验棒顶装在工作台与尾座顶尖之间，其径向圆跳动应在 0.002mm 以内。

② 分别移动上下滑体，检查其对工作台中心线的平行度误差。

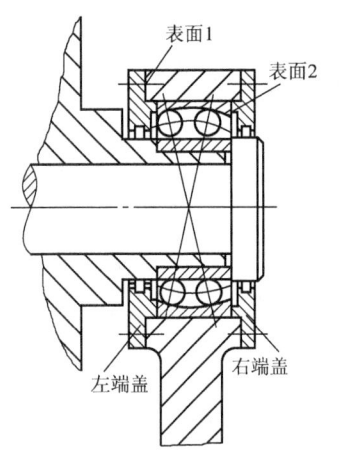
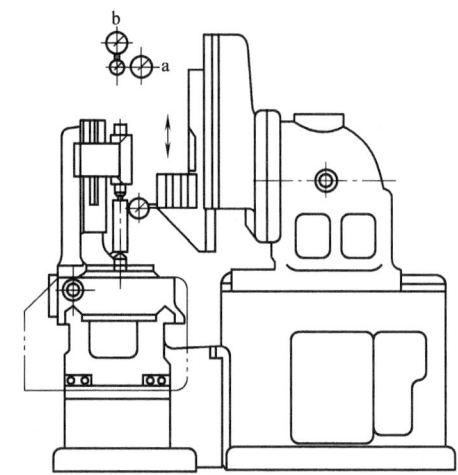

图 6-60　连杆的尺寸补偿　　　图 6-61　滑座部件总装精度检查

③ 若平行度横向超差可修刮滑座体后部圆法兰表面来调整，纵向超差可重刻滑座体的零位刻线。

10. 磨具的装配与调整

(1) 磨具的结构与装配调整要点(图 6-62)

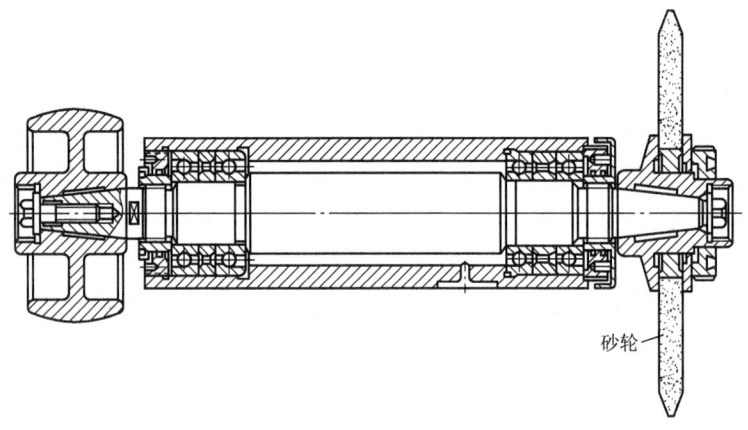

图 6-62　磨具装配图

1) 磨具结构的回转精度，主要取决于四个滚动轴承精度及其合理的预加负荷和正确装配。磨头的精度对加工工件的齿形精度及表面粗糙度影响较大。由于磨具转速较高，一般在运转 5000h 以后必须更换。

2) 轴承预加负荷量的测定，最好采用在外隔圈上打三个小孔，用小棒推动内外隔圈,以手的感觉来测定内外隔圈的阻力。这种方法可以获得比较正确的预加负荷量,而且工作温升也比较低。

3)主轴与轴承的装配应用专用工具,避免直接敲打,采用预热装配。装配前应将轴承、垫圈、螺母等零件用清洁剂进行清洗,并以误差相消法来补偿主轴与轴承的径向圆跳动。同样,套筒肩缘的轴向圆跳动可与轴承轴向圆跳动用误差相消法装配,以提高装配精度。

4)砂轮电动机的转子需重新校正平衡,动平衡的精度要求为振幅不大于0.002mm。

(2)磨具的装配调整工艺

1)选择轴承时,应按精度要求一致性成对选择两组轴承。考虑到主轴的修复修研量,除了对精度等级检验外,可选外径尺寸最大、内径尺寸最小的轴承。对轴承内、外圈的径向圆跳动最高点做好标记。

2)将已选成组的轴承,成对地进行预加负荷调整,具体方法如下:

① 在外隔圈的 120° 三个方向分别钻三个直径为 4mm 的孔。按图 6-63 所示,将轴承背对背方向安装,中间垫好内外隔圈,下部放一个内隔圈,上部压一个重 15kg 的重物。

② 用直径为 1.5mm 的钢丝顺次通过直径 4mm 的小孔触动内隔圈,检查内外隔圈在两轴承端面之间的阻力,要求凭手感达到内外隔圈的阻力相似。

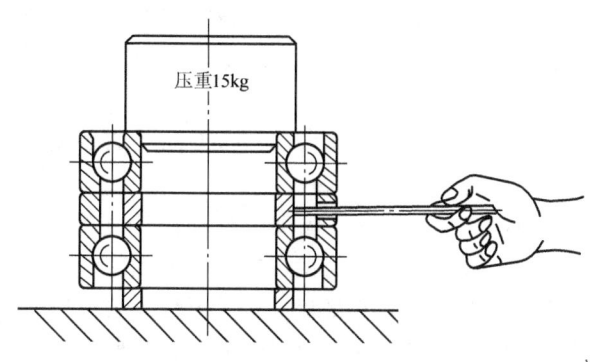

图 6-63 轴承的预加负荷检测

③ 如果内外隔圈的阻力大小不一,可将阻力大的隔圈用研磨方法加以修正。

3)检验修复的套筒和主轴精度,套筒应达到两端轴承配合内孔的圆度为 0.003mm、同轴度为 0.003mm、端面与孔轴线垂直度为 0.01mm、与轴承的配合间隙为 0.003~0.004mm、表面粗糙度值为 $Ra0.4\mu m$。主轴两端轴颈圆度 0.002mm、1:5 锥度部分与标准棒的接触率不小于75%、轴颈与轴承配合间隙为 0.0015~0.003mm、轴颈对锥部的径向圆跳动公差为 0.002mm。

4)磨具的装配与调整步骤:

① 以误差相消法来减少和抵消轴承环偏心对主轴回转精度的影响。将所有轴承内环的径向圆跳动最高点都对准主轴装砂轮端的轴颈径向圆跳动最低处的同一方向,将所有轴承外环的径向圆跳动最高点也应装在套筒孔内对准成一直线。

② 主轴、套筒以及轴承等零件经仔细清洗后按上述误差相消法的安装方向装入主轴。进行清洗后，在轴承内涂以润滑脂，推入套筒，然后再装另一组轴承与螺母等零件。

③ 装好后分别测量前后两锥部的径向圆跳动量，装砂轮端应在 0.003mm 以内，装带轮端应在 0.02mm 以内。测量主轴在施力 80N 时的轴向窜动应在 0.002mm 以内。

④ 总装后，用手旋转主轴时应均匀无阻碍的感觉。

⑤ 为了保证最后试运转成功，部件装配后应先作空运转试验，要求达到空运转 2h，轴承温升不应超过 15℃；不应有异常的噪声。

三、Y7131 型齿轮磨床的空运转试验

1. 空运转试验前的准备工作

1）机床电器设备必须良好接地。

2）检查砂轮防护罩、工作台防护罩应完整并固紧。

3）检查砂轮磨具的带轮尺寸是否与砂轮直径相适应，以免砂轮过速而发生事故。

4）砂轮应远离工作台，其余操纵手柄必须在停止位置，行程撞块必须调整妥当并固紧。

5）用 0.03mm 塞尺检查各滑动部位的端部，其插入深度应小于 20mm。用 0.03mm 塞尺检查各固定接合面的密合程度，要求不能插入。

6）检查各润滑油路装置是否正确，油路是否畅通。

7）按润滑技术要求规定的油质、品种及数量在各润滑点加注润滑油，切削液箱加注规定的切削液。

8）各部分机动动作，应先以手转动进行试验，动作应均匀灵活。如砂轮上下运动、工作台转动、工作台滑鞍移动及磨头转动等。

2. 空运转试验

1）空运转试验时应按规定对工作台移动制动器、工作台回转制动器和齿轮箱安全离合器进行调整。

2）机床各部动作，以低速开始，试运转时间为 2h。磨头上下滑动速度一般调整至 140 次/min 即可。在所有速度下，机床各部分机构应工作平稳、正常、无振动和异常的噪声。

3）检查各部分温升、横向进给丝杠空程量以及各手柄摇感重量等是否符合机床通用技术标准的规定。

4）检查各润滑系统不得有漏油现象。

四、Y7131 型齿轮磨床的工作精度检验

机床的工作精度检验应在机床空运转试验后进行。机床工作精度检验工件加工工艺的技术要求如下：

1）滚齿加工保留的磨削余量见表6-2，滚齿时一般保留磨削余量，滚切后的精度不低于二级精度。

2）热处理后内磨和平磨加工应达到的精度见表6-3。

3）磨齿用心轴的精度要求见表6-4。

4）试件的技术参数如图6-64所示。

5）试切件精磨前应对后立柱的滑座体油泵及工作台滑鞍手摇油泵用手摇动几次，在精磨过程中不能再摇，否则会因润滑油压力而使滑鞍略作上浮，以致影响试切件精度。

6）试磨工件应达到的质量要求：

① 齿距误差不超过 ±0.007mm。
② 圆周齿距的极限累积误差不超过 0.019mm。
③ 相邻圆周齿距极限误差不超过 0.0075mm。
④ 齿形误差不超过 0.009mm。
⑤ 齿向误差不超过 0.0105mm。
⑥ 齿面粗糙度值 Ra 0.4μm。

表6-2 滚齿时保留的磨削余量参考表 （单位：mm）

精度	模 数					
	1	2	3	4	5	6
1级	0.08~0.12	0.10~0.15	0.15~0.20	0.18~0.25	0.20~0.30	0.25~0.35
2级	0.10~0.15	0.15~0.25	0.20~0.30	0.25~0.35	0.30~0.40	0.35~0.45

表6-3 热处理后内磨与平磨加工精度 （单位：mm）

精度	项 目				
	节圆圆跳动	外径圆跳动	端面垂直度	端面平行度	内孔公差
1级	≤0.05	≤0.02	≤0.007	≤0.010	+0.016 0
2级	≤0.08	≤0.05	≤0.012	≤0.015	+0.025 0

表6-4 磨齿心轴的精度

精度	项 目		
	心轴径向圆跳动	定位轴向圆跳动	轴颈表面粗糙度
1级	≤0.005mm	≤0.002mm	Ra 0.2μm
2级	≤0.01mm	≤0.005mm	Ra 0.4μm

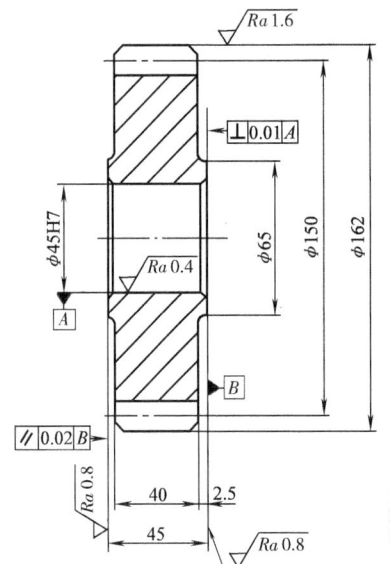

图 6-64　试切件

（模数：6；齿数：25；压力角：20°）

五、Y7131 型齿轮磨床的几何精度检验

（1）机床几何精度检验注意事项

1）机床几何精度检验在各部件部装时分别调整好，并在空运转试验前和工作精度达到要求后各进行一次。

2）在机床工作台上检查纵横安装水平误差都应在 ±0.02mm/1000mm 以内。

3）机床几何精度检验应按机床出厂精度标准和有关标准逐项进行。如超差，可以加以调整，但必须重新进行相关的空运转试验以及工作精度检验。

4）与磨具主轴温度有关的精度项目应在主轴轴承达到稳定温度时进行。

（2）检验项目　Y7131 型齿轮磨床几何精度检验项目包括：工作台面的平面度、工作台顶尖锥面的径向圆跳动、工作台面的轴向圆跳动、工作台面对工作台纵向移动的平行度、尾座顶尖中心线与工作台回转中心线的同轴度、砂轮主轴定位锥面的径向圆跳动、砂轮主轴轴向窜动、砂轮座横向移动对工作台纵向移动的垂直度、砂轮滑座上下移动对尾架和工作台中心的平行度等。具体检验方法参见有关标准。

六、Y7131 型齿轮磨床加工精度超差原因分析及其消除方法

Y7131 型齿轮磨床加工工件精度误差由以下原因造成：

1）齿距相邻误差、齿距累积误差和齿形误差主要决定于机床的传动链精度。

2）齿向误差主要决定于机床的几何精度。

3）齿面表面质量主要决定于机床磨头精度、工艺因素以及系统振动。

Y7131型齿轮磨床的传动链精度、几何精度、安装精度以及其他原因对工件各项精度影响见表6-5（表中符号"＋"的数量表示影响系数的大小），表6-6列出了机床精度超差原因分析及其消除方法。

表6-5 影响工件精度项目分析表

来源	因素	影响加工精度的误差项目	影响工件精度项目				
			齿形	相邻	累积	齿向	表面粗糙度及波纹
机床	传动链精度	1.滚动运动链，主要有					
		1）工作台丝杠误差及轴向窜动超差	＋＋＋（滚动）				
		2）工作台蜗杆误差及轴向窜动超差	＋＋＋（滚动）	＋＋＋（分度）	＋（分度）		
		3）工作台蜗轮的累积误差超差			＋＋＋＋（分度）		
		4）差动齿轮磨损或其轴承磨损	＋＋（滚动）	＋＋（分度）			
		5）滚切交换齿轮磨损过多或夹有脏物	＋＋（滚动）				
		2.分度运动链,除与1项中1)～4)项的共有部分外,还有					
		1）分度定位爪或定位盘磨损		＋＋＋	＋		
		2）分度主动轴有间隙或精度较差		＋＋			
		3）分度交换齿轮磨损过多或夹有脏物		＋			
		3.工作台移动制动器过松	＋＋				
		4.工作台回转制动器过松			＋＋	＋＋	
	几何精度	5.工作台移动导轨磨损	＋				
		6.工作台回转环形圆导轨磨损及对尾座中心的不同心			＋＋	＋＋	
		7.工作台回转顶尖的径向圆跳动、尾座调整螺钉未上紧			＋＋	＋＋＋	

(续)

来源	因素	影响加工精度的误差项目	影响工件精度项目				
			齿形	相邻	累积	齿向	表面粗糙度及波纹
机床	几何精度	8. 工作台端面轴向窜动				++	
		9. 滑座体导轨与工作台、尾座的两顶尖中心线不平行				+++	
		10. 砂轮上下行程不平稳、导轨松动或磨损		+		+	+++ (波纹)
		11. 砂轮主轴前锥部的径向圆跳动、轴向窜动、轴承间隙大,或砂轮主轴与砂轮法兰锥部接触不良	++	++			+++
	动力误差	12. 砂轮电动机转子动平衡精度不良					+++
		13. 工作台进给行程与砂轮行程量选择不当					+ (波纹)
安装与调整	调整误差	14. 滚动运动链交换齿轮比误差	++				
		15. 进给量过大造成工件退火烧伤			+		
	齿坯精度	16. 工件内孔配合精度低,端面与内孔不垂直			++	++	
		17. 心轴垫圈厚度不均匀、螺纹不垂直				++	
		18. 心轴径向圆跳动、端面不垂直			+++	++	
		19. 上道滚齿工序遗留的累积误差过大			++		
	砂轮误差	20. 砂轮修整器角度误差	++				
		21. 砂轮修整器移动不直	++				
		22. 金刚钻磨钝					++
		23. 砂轮未平衡好					++
砂轮		24. 砂轮选择不当(太软或太硬)或磨损过大	++	+	++		
其他		25. 其他因素及外在因素,如:					
		1) 切削液太脏,外界振动影响					++
		2) 操作时对刀不良		++	++		
		3) 精磨时工作台移动导轨加了润滑油	++				

表6-6 精度超差原因分析及其消除方法

序号	故障内容	产生原因	消除方法
1	工件齿形误差超差	1. 滚动运动链方面的影响： 1）工作台传动用丝杠精度低于Ⅰ级或装配后丝杠轴向窜动超过0.002mm	调整丝杠轴向窜动至0.002mm，如工件齿形误差仍超差，则按工艺检查与修复丝杠至Ⅰ级精度
		2）工作台回转用蜗杆的轴向窜动超过0.002mm	更换经选择的钢珠，研磨修复轴承圈及套筒，使蜗杆轴向窜动量≤0.002mm
		3）差动齿轮精度低于旧标准Ⅰ级精度或其轴承磨损造成间隙较大；差动齿轮的装配精度不够	检查并恢复差动齿轮的精度，更换轴承保持其配合，采用误差相消法来提高装配精度
		4）滚动交换齿轮磨损过多，碰毛或齿部夹有脏物	修去毛刺，清洗交换齿轮，然后检查其齿距相邻误差和累积误差是否在七级精度以上，如果超差则重新修磨齿部及外圆至要求或换新
		5）工作台移动的制动器过松，制动力不够	按"空运转试验"中介绍的"工作台移动制动器的调整"方法进行调整，要求在工作台滑鞍换向后，丝杠不应再有任何轴向移动产生
		2. 砂轮系统的影响： 1）砂轮修整角度大于或小于工件压力角	磨一块V形角度样板。检查样板的两个半角数值，要求为20°±2′，如果超差则调整砂轮修整器夹角，并试磨至要求，然后重新作砂轮修整器夹角的零位刻线
		2）砂轮修整器滑杆直线度不好或与其配合的孔的间隙大于0.003~0.006mm造成滑杆移动直线度超过0.001mm	测量滑杆移动的直线度，如果超差则修复金刚钻座壳的孔与滑杆。滑杆可以换新或镀铬后精磨研磨至要求
		3）砂轮的硬度、粒度选择不当或磨损过多，或金刚钻磨钝	砂轮的正确选择，对工件加工精度、表面粗糙度有很大影响。选择得正确，对砂轮的消耗及生产率都有关系。应当根据工件的模数、材料等决定砂轮的磨料粗细、软硬、组织等 砂轮基本上应按下列几个原则进行选择 1. 模数越小，砂轮粒度越细。模数越大，砂轮粒度应越粗 2. 工件硬度高，砂轮应该软一些，工件硬度低，砂轮应该选择硬一些。选择实例： 1）加工齿轮 $m = 1.5 \sim 2$mm，经热处理40~45HRC，材料：40Cr 砂轮可用氧化铝、粘土结合剂、粒度F120~F180粒，硬度Z、ZR_1 或 ZR_2 （由于齿轮磨床切削液是油，因而砂轮不宜采用橡胶粘结剂，因橡胶粘结剂与油易起化学作用）

（续）

序号	故障内容	产生原因	消除方法
	工件齿形误差超差		2）加工齿轮 $m = 2 \sim 6mm$，其他与上项相同。砂轮的粒度应用 F46～F60
		3. 几何精度方面的影响： 1）砂轮主轴前锥部的径向圆跳动，轴向窜动、砂轮主轴前锥部与砂轮法兰的锥部接触不良，磨具预加负荷不够造成刚度不足	1. 轴承的预加负荷可按修理工艺的方法检查，并修正隔圈的厚度以达到 150N 预加负荷量的要求 2. 磨具装配精度可以按修理工艺误差相消法进行装配与调整，以减少主轴前锥部的径向、轴向圆跳动量 3. 可以通过修磨来恢复主轴与法兰的锥部接触率
		2）精磨时工作台移动导轨加了润滑油	精磨前对工作台导轨应用手摇油泵加一次润滑油。在精磨过程中，不能再加注润滑油，以免工作台滑座上浮影响磨齿精度
2	工件齿距相邻误差超差	1. 滚动及分度运动链方面的影响： 1）工作台回转制动器过松，制动力不够	按"空运转试验"中介绍的"工作台回转制动器的调整"方法进行调整
		2）工作台回转用蜗杆的轴向窜动超过了 0.002mm	见本表序号 1
		3）差动齿轮精度降低或其轴承磨损造成间隙较大；差动齿轮的装配精度不够	见本表序号 1
		4）分度交换齿轮精度丧失、齿部碰毛或齿部夹有脏物	修去分度交换齿轮的毛刺，进行清洗。然后检查其齿距相邻及累积误差是否在七级精度以上，如果超差则重新修磨齿部及外圆至要求或换新
		5）分度定位爪及定位盘的重复定位精度不良	修磨定位爪及定位盘的定位接触面，并调整好分度机构的分度动作，以恢复分度定位机构的重复定位精度。修理时还应注意分度机构各轴（装定位爪与装定位盘的轴）与其轴承的配合
		2. 几何精度方面的影响： 1）工作台环形圆导轨精度不良	本项精度的修复工作因涉及蜗杆副，不能单独进行修理，因此需先按"精度标准"中第二项"台面中心套筒孔的径向圆跳动"及第三项"工作台工作面的轴向圆跳动"检查。如已超差并通过调整无法达到精度时，才按本机床修理工艺中的"工作台环形圆导轨副的修理"及"蜗杆副的修理"进行修理

(续)

序号	故障内容	产生原因	消除方法
		2）砂轮上下行程不平稳、导轨间隙过大	先调整平衡弹簧,如仍有冲击不稳现象,并用塞尺检查导轨的间隙,如间隙过大则重调四条镶条
3	工件齿距累积误差	1. 滚动及分度运动链方面的影响 1）工作台回转用蜗轮的分度精度超差	用机床的分度运动进行测量,如确认蜗轮的分度精度超差,则需进行修理。由于蜗杆副与工作台环形圆导轨二者不可分割,进行修理时可按本机床修理工艺中的"工作台环形圆导轨副的修理"及"蜗杆副的修理"进行修理
		2）工作台回转制动器过松、制动不够	按"空运转试验"中介绍的"工作台回转制动器的调整"方法进行调整
		2. 几何精度方面的影响: 1）工作台环形圆导轨磨损及尾座与其中心不同心	本项精度因涉及蜗杆副,为此不能单独进行修理,需先按"精度标准"中有关精度进行检查。如确认导轨磨损(蜗杆副的分度精度也必然丧失)的情况下,才按修理工艺对工作台环形圆导轨副及蜗杆副进行修理 如尾座中心线与工作台旋转中心线的同轴度超差则修理工件立柱及尾座
		2）工作台回转顶尖的径向圆跳动超过 0.005mm	重新调整顶尖的中心
		3. 工件心轴径向圆跳动过大,超过 0.005mm	更换心轴,心轴的精度要求如下 | 精度	项目		
	径向圆跳动	轴向圆跳动	表面粗糙度
1级	≤0.005mm	≤0.002mm	$Ra0.2\mu m$
2级	≤0.01mm	≤0.005mm	$Ra0.4\mu m$	

(续)

序号	故障内容	产生原因	消除方法
4	工件的齿向误差超差	1. 滑座体导轨与工作台、尾座的两顶尖中心线平行度超过0.005mm/100mm	可先进行测量并调整在公差范围以内,然后重定零位刻线
		2. 滑座体的导轨磨损间隙过大	用塞尺检查,如间隙过大则重新修刮导轨及镶条
		3. 心轴端面不垂直,压紧螺纹不垂直,压紧螺母不垂直或工件端面与内孔不垂直	按工件精度试验中的加工工艺要求检查工件的轮坯精度与工具的精度
5	工件齿面表面粗糙度超差	1. 磨头主轴的径向圆跳动超过0.003mm,轴向窜动超过0.002mm	按工艺方法正确进行预加负荷,并采用误差相差法进行装配与调整,以提高装配精度减少主轴的径向圆跳动与轴向窜动量
		2. 砂轮电动机转子动平衡不良	重新校正砂轮电动机转子的动平衡,要求振幅不大于0.002mm
		3. 砂轮未平衡好	1. 新砂轮应先经静平衡再装上砂轮,修整后再作一次静平衡 2. 工作后应先关闭切削液,继续转动砂轮1min,使其切削液脱去,再关砂轮电动机,否则,砂轮内的切削液集中到下部,破坏砂轮的平衡
		4. 切削液太脏	更换切削液

复习思考题

1. 简述 T4163 型坐标镗床主要部件的装配顺序。
2. 试述 T4163 型坐标镗床刻线尺的定位调整方法。
3. T4163 型坐标镗床滑板蜗杆副的组装与调整工艺包括哪些主要内容?
4. T4163 型坐标镗床主轴装配应注意哪些要点?
5. 简述 T4163 型坐标镗床坐标床面部件的总装要点。
6. T4163 型坐标镗床万能转台常数测量有哪些内容?
7. T4163 型坐标镗床精度检验有哪些项目?
8. 试述 Y7131 型齿轮磨床的基本结构和主要参数。
9. 简述 Y7131 齿轮磨床的磨齿过程。
10. 简述 Y7131 型齿轮磨床工作台移动制动器的工作原理和调整过程。

11. 为什么Y7131型齿轮磨床齿轮箱丝杠传动装置的传动精度对工件的齿形精度影响较大？影响丝杠装置传动精度因素有哪些？

12. 简述Y7131型齿轮磨床分度机构的工作过程。

13. 如何采用误差相消法提高Y7131型齿轮磨床行星机构的装配精度？

14. Y7131型齿轮磨床滑座部件的装配调整有哪些主要步骤？

15. 简述Y7131型齿轮磨床磨具修理装配要点。

16. Y7131型齿轮磨床加工精度超差原因有哪几个方面？

第七章

作业指导的基本方法与指导实例

> **培训学习目标** 掌握钳工作业指导讲义编撰的基本方法，了解钳工作业指导的意义和作用，掌握作业指导的基本方法和相关准备工作，熟练掌握初级、中级钳工作业指导的具体步骤和方法，掌握指导效果的分析和评价方法。

◇◇◇ 第一节 作业指导讲义编撰的基本知识

一、作业指导讲义的基本要求

（1）系统性 作业指导讲义是工种工艺系统知识的一部分，适用于职业技术鉴定的作业指导讲义，其内容必须在职业鉴定知识范围之内，符合本工种职业鉴定标准规定的要求。在针对不同等级的鉴定对象进行培训前，讲义的难度应符合各个等级的具体要求，应尽可能避免超过和低于鉴定等级的知识点，以免打乱职业技术等级鉴定的系统性。如对中级工进行培训，作业指导的内容应选用中级工考核的知识点和工种工艺及其实例。在必要的时候，可以向两端适当延伸，以便采用工种工艺系统知识循序渐进的讲授方法。向低一等级延伸，便于导入作业专题的内容；向高一等级延伸，有利于学员拓展思路，进行系统思考，全面掌握讲义中某些系统性较强的知识技能点。

（2）科学性 工种作业指导讲义通常是某一个作业专题构成的。讲义的内容应该是科学的，即内容必须是正确的、具有先进性特点的、符合国家现行标准的文本和图样。讲义的标题设置、表达方式、正文内容都应具有逻辑性、连贯性和可读性。

(3) 理论联系实际　工艺理论与一般专业理论的主要区别是具有较强的实践性。事实上，工种工艺理论是经验的积累和提炼，源于技能而又高于技能，是技能与相关理论密切结合演绎而成的结果。因此，专业工种作业指导的讲义应充分体现理论联系实际的特点，讲义的内容结构应由实践提升到理论，由理论溯源至实践。

(4) 便于学员自学和复习　讲义的功能之一是为学员提供可以阅读、自学和复习的书面或电子教学资料。学员的视角与教员的视角是不同的，因此在编写讲义的时候不能只顾教员一方的功能，而应首先从学员使用的角度考虑，使讲义内容编排和叙述方法便于学员自学和复习，便于在讲授过程中起到指导和被指导者互动的纽带作用。

(5) 便于教员讲授和考试　讲义的目录能引导教员的讲授思路，便于教员书写板书和重点讲授。文本和图样应便于分析和讲述，实例应简明、恰当，避免讲述中过多的知识延伸。讲义中知识技能点应比较突出和明显，以利于考试范围的确定和试卷组合。复习题和作业题应与讲义中的例题相关，具有知识内在联系和形式的仿效性，便于教学和课外作业的布置与提示。

(6) 图文并茂与条理清楚　讲义应配置一定数量的图样，作业指导的讲义应该在文中插入简洁明了的图样，以使讲义图文并茂，具有更通俗的可读性。插入的图样应与文中内容密切相关。插入的图样应删除不需要的部分和烦琐的标注，突出主要内容。讲义内容的结构应条理清楚，以利于突出重点，分析难点。

二、作业指导讲义的基本组成及其作用

(1) 相关知识复习　相关知识的复习是讲义的前导部分，通常在讲授一个作业专题内容前，可以重点复习以前学习过的有关知识。譬如，在讲解齿轮箱装配作业专题前，可以适当复习齿轮精度的测量、轴类零件的装配、轴承的装配等知识，以便在讲授齿轮箱装配时，减少对以往知识技能的插入式讲授。

(2) 知识技能系统提示　知识技能系统提示是讲义作业专题纳入专业工艺系统知识的重要部分。譬如，在讲授齿轮箱的装配时，应注意阐述部件装配与整机装配的关系，齿轮箱装配与轴承装配、齿轮精度检测的关系，装配过程如何符合装配工艺规程等。以便使学员了解齿轮箱装配不是孤立的专题，是部件或组件装配的典型实例。

(3) 作业专题导入　通常学员对作业专题的内容是不熟悉的，为了提高学员的学习兴趣，便于引导学员跟随教员讲授、示范的进程，可以通过实例介绍、知识技能延伸、图样的演示分析，引导学员进入作业专题的讲解过程。

(4) 作业专题正文内容

1) 主要内容。讲义主要内容应包含所有知识技能点，正文内容按提纲循序渐进，有详有略。

2）重要概念。在正文中的重要概念是讲授的重点，如大型零件的测量作业专题，关于测量数据的处理属于重要的概念性内容，在正文中应比较详细地叙述。

3）分析方法。属于中、高级的讲义应包括分析方法的内容，以便学员举一反三，触类旁通。

4）容易混淆的知识难点。在讲义中出现容易混淆的知识点时，应在正文的某一部分进行辨析阐述，以使学员的思路清晰、概念准确。譬如齿轮的分度圆和节圆分别是齿轮零件的参数和齿轮传动的参数，应注意引导学员进行辨别。

5）例题分析。在使用计算公式或某些估算的方法时，一般应设置直接应用该计算公式或估算方法的例题，便于讲解其应用方法，加深学员的理解。

（5）作业专题归纳总结 一份完整的作业指导讲义，在主题内容基本讲完后，可以用很小的篇幅进行归纳总结，把作业专题的主要内容、重点、难点进行简要的回顾和归纳，以便学员对本次作业指导有一个回顾和总体印象。

（6）作业和提示 讲义一般附有复习题或实训题，便于学员在课后复习和巩固理解接受的知识，巩固技能实训效果。布置作业时，可根据学员在课堂或实训过程中的理解、掌握程度，挑选重点。对一些较复杂的习题和实训作业，应进行难点提示。

三、作业指导讲义的编撰要点

（1）搜集资料 在编写讲义前，应围绕作业专题的重点内容搜集资料。搜集资料时应掌握以下要点：

1）搜集通俗易懂的资料。在各种技术书籍和教材中，与讲义相关的内容是很多的，应该搜集那些通俗易懂的资料作为讲义的内容，避免讲义中出现过多的理论和计算。

2）搜集相应程度的资料。各种讲义的作业专题内容属于某一等级的，应注意选择相应等级的资料，避免超过鉴定等级标准的知识技能要求。

3）搜集现行标准的资料。技术讲义通常应注意采用现行标准，以免落后陈旧，使讲义符合当前行业的特点和技术要求。

4）搜集适合学员的资料。对于不同的作业指导对象，应注意搜集与其程度相适应的资料编写讲义，达到因材施教的要求。

（2）编写提纲 资料汇总后，应按讲义的内在逻辑编写讲义提纲。通常提纲应有几个层次，以便在编写讲义内容时循序渐进地进行正文编撰。

（3）确定讲授知识点和作业指导重点 讲义中的知识点不能疏漏，在正文编撰过程中，应确定知识点的位置和叙述方法，作业指导重点内容应详细列出步骤和要点。讲义编撰后，可通过几次修改，使内容充实，知识和技能达到鉴定标准要求。

(4) 确定重点和难点　在讲义正文中，不可避免地会出现知识、作业的难点和重点，编撰时可以采用多种形式予以提示和注解，提醒学员进行重点学习。

(5) 实例描述　作业指导讲义是一种源于技能又高于技能的教学资料，正文中会选用一定数量的实例对一些理论知识进行分析和佐证，实例的描述应简洁明了，便于对理论进行有效佐证。

(6) 图样选用　讲义的某些内容仅用文字是较难表达的，比如标准齿轮渐开线的特点，需要采用图文结合的方式进行介绍。选用的图样应删除不必要的内容，使图样突出重点，能简明扼要地表达与文衔接的内容。

四、作业指导讲义的使用和修订

1. 讲义的使用

(1) 讲义与培训教材的衔接　使用讲义注意与鉴定标准编写的技术教材衔接，讲解的内容应与有关教材基本相同，不宜增加和减少内容，但可以适当增加一些实例，以使讲义使用具有较强的实践性。

(2) 讲义与作业指导的衔接　通常使用讲义后，需要对学员进行一定的实训予以配合，因此，讲义使用时应注意与实训作业指导的衔接，以免脱节，造成学员学习困难。

(3) 讲义内容的选用　讲义的内容一般比较充实，篇幅略大于作业指导的内容。因此，在有限的作业指导时间内，可以对讲义进行选用，挑选比较重要的内容进行讲解、示范，一些次要的部分可以留给学员自己学习。

(4) 讲义使用信息的收集和处理　讲义在使用过程中，会发现很多疏漏之处，还有许多学员会提出各种知识技能问题，从各个侧面反映出讲义的不足之处，收集和汇总这些信息，对于进一步修订讲义具有十分重要的实际意义。为了能尽可能早地对不妥之处进行更正，应主动搜集对讲义的意见进行分析处理。处理的方式通常有删除不必要的内容、更正不完全或不正确的部分和内容、改善和提高需要优化的内容。

2. 讲义的修订方法

讲义修订应首先列出应该修订的内容，其次是对讲义内容进行处理，若是进行删除处理，应注意内容的衔接，避免出现短缺，使讲义不连贯，如删除插图需更改相关的图号，否则图号会不连贯。若进行更正，应注意同类内容的相应更正，避免出现一些部分更正，另一些部分未更正的自相矛盾。若是补充和提高的内容，注意控制内容的水准，避免超出鉴定标准的等级范围。修订后的讲义应注意校对，避免错、漏，保持条理性和完整性。

◆◆◆ 第二节　作业指导必备的专业知识

一、作业指导的目的、作用和基本方法

1. 作业指导的目的和作用

（1）作业指导的目的　钳工是一个比较复杂的金属切削加工工种，钳工加工的内容较多，加工计算和作业方法也比较复杂，特别是一些典型零件的加工和典型机械部件的装配，依靠个人的自学来达到全面掌握知识技能是很困难的。因此，通常需要通过作业指导，进行技术传授，使被指导者把学到的专业理论知识运用到钳工加工作业过程中，以达到全面掌握规定范围的知识和技能，能按图样技术要求完成相应等级的典型零件的加工与典型机械部件的装配和调整，符合钳工职业鉴定标准的各项要求。

（2）作业指导的作用和要求

1）通过现场指导，复习专业理论知识和相关知识。

2）通过专题的指导，掌握典型零件的钳工加工工艺过程。

3）通过钳工加工操作技能的传授，熟练掌握规定加工内容的具体操作步骤和方法。

4）通过现场的具体辅导，掌握钳工加工规定内容的要点和难点，掌握典型机械及其部件的装配工艺和作业过程。

5）通过各作业环节的提示和讲解，达到规范的操作动作要求。

6）通过对加工件与装配产品的质量检验和分析，传授对规定内容的测量检验方法和质量分析方法。能寻找出现质量问题的原因，并能提出改进的方法和措施。

2. 作业指导的基本方法

（1）讲授　讲授是指导操作中的基本方法，被指导者通过指导者的讲授，了解指导的内容、要求、要点及注意事项等。讲授前，指导者应熟悉与指导内容相关的知识，并对图样进行分析，对操作过程进行归纳，提炼成清晰的步骤，便于讲解和传授。讲授时，应口齿清楚、表达明确、用语准确，条例清晰，同时要注意重点内容详细讲、次要内容简略讲，一般操作概括讲，关键步骤反复讲等，以突出讲授重点。讲授结束时，应把讲授重点作出归纳、强调，以使被指导者引起足够的重视。

（2）演示（示范）　演示是作业指导中十分重要的方法，钳工作业方法既含有大量的专业知识和基本技能，又包含了丰富的经验和技巧。指导时，一

一般要运用边讲解操作方法，边演示操作动作，使被指导者直观地看到规定内容的具体操作方法和动作要领。

演示前，指导者应预习规定内容中的演示过程，并设定整个加工过程中应演示的关键步骤和方法。在指导初级工时，要有一个反复演示重要动作和操作过程的环节，以加深演示的印象效果。在指导中级工时，可采用示范提示和引导方法，如可以设问，"为什么某某动作必须这样做？"等，引导被指导者对关键作业过程和动作的理解、记忆和模仿。演示时动作不宜过快，要有连续性，避免动作的不完整引起误导。错误的动作不宜演示，可以口头表述，提醒注意。演示结束后，要概括讲述整个操作过程的关键动作、关键环节，重复提示注意事项，使被指导者在动手前有一个完整的操作思路，明确必须注意的问题，避免事故发生。

（3）辅导(指导) 演示结束后，被指导者对相关知识、工艺要点、操作步骤、关键环节、注意事项等有了初步了解，形成了一定程度的印象和记忆，但在动手操作时，还是会出现各种差错，这就需要指导者及时进行辅导，及时指出其图样分析、计算准备工作中的错误，及时指出和纠正其操作中的错误，使被指导者完成整个加工过程。辅导操作应掌握以下要点：

1) 集中精力，注意观察被指导者的动作是否规范，以便及时指正，避免事故发生。

2) 掌握关键环节的辅导，不要代替被指导者进行作业，但可以示范部分关键动作的操作。

3) 注意操作提示的及时性和准确性，辅导时做到：一般操作不吹毛求疵，重点操作严格要求，使辅导突出重点，解决难点，引导被指导者纠正主要技能缺陷。

4) 引导被指导者思考作业不规范的后果，对质量缺陷，应结合作业和现场分析，辅导被指导者寻找原因，提示改善的措施。

二、作业指导的准备工作

作业指导实质上是一种教学过程，与技工实习教学有很多相似之处。作业指导准备工作的基本依据是钳工加工和装配的操作规范、钳工通用工艺规范，以及专题内容的工艺和基本操作方法。为了达到作业指导的预期目标，通常指导的双方都应做好作业指导的准备。对一般的作业指导内容，准备工作包括以下两个方面：

1. 指导者准备工作要点

（1）讲授内容准备 根据规定内容列出讲授提纲、计算公式和计算例题、实例图样、关键内容的提问问题与答案，以及相关资料的收集等。

(2) 演示设备和器具准备

1) 选定机床或装配用的部件、组件等，进行精度检验和完好性检查，并进行必要的调整和测量。

2) 按规定内容准备作业指导预制件和作业预制件，并进行检验。

3) 选择适用的演示用夹具、量具、刀具、辅具和工具等。

4) 机床加工作业安装、找正夹具、工件、刀具等，装配作业准备必要的装配场地、钳工工作台和装配用工具、量具等。

5) 预习演示过程。

(3) 辅导准备　辅导前，需了解被指导者的知识技能水平，重点掌握现有技能情况。辅导时应先摸清被指导者提问和发现错误的原因，然后再进行针对性的辅导。

2. 被指导者的准备要求

1) 复习有关的工艺知识和专业基础知识。

2) 回顾相关的基本操作技能和动作规范。如齿轮箱装配作业指导前，应回顾齿轮精度检验、轴承的装配方法、箱体装配的一般工艺要求等内容。

3) 熟悉所用工具、量具、辅具的性能和使用方法、安全知识。

4) 明确作业指导的内容和目标、技术精度和规范操作要求等。

5) 善于思考，注意知识应用与技能培训之间的关系，预先分析自身作业能力的缺陷和指导需求的重点。

三、作业指导的效果评价和分析方法

1. 作业指导效果的评价依据和测定方法

(1) 测定内容和方法

1) 作业过程能力的测定。作业过程能力测定是指对被指导者作业过程中关键环节掌握程度的测定。例如，钳工划线作业指导后，学员对分度头的使用应具有分度计算能力，此时可分别设置采用不同孔圈的等分数，检测学员对分度头分度划线能力的测定。

操作过程能力测定预先应制定一个衡量标准，衡量标准可以确定几个关键操作环节或动作，即将这些环节或动作作为衡量标准的要素或标志，若达到这些要素或标志，应视为合格或更高的评价。其中要素具有梯度要求的，可将能力分为几个等级。如分度头划线，一次达到划线精度要求的，可评为优；二次达到划线精度要求的，可评为良……多次仍达不到要求的，则评为不合格。

2) 计算等相关能力测定。钳工的加工估算比较多，在独立操作中，被指导者的计算速度和结果的准确性，比较集中的反映了知识运用的基本能力。例如分度手柄的转数计算、交换齿轮传动比和齿数计算等，均可作为计算能力的测定依

第七章 作业指导的基本方法与指导实例

据。一些常用数据表的使用也可以作为计算能力测定的一部分依据。计算能力的评定等级常可按计算速度（在规定时间内得出结果）和结果的准确性作为两项要素和标志。

3) 工件的加工质量测定。根据图样对被指导者加工的工件进行检验是加工质量测定的主要内容。记录测量得出的对应技术要求的各项实际数据，然后按预定的权分评定工件得分。评分表应有评分项目、评分标准、检验手段、允许使用工具和操作手段等限定条件细则，而且应在指导操作前让双方都了解这些要求。

(2) 综合测定 包括作业指导过程中的提问应答、独立完成操作的能力、实施重点和难点操作的能力，以及质量问题的原因分析和解决质量问题的能力等。指导者应对被指导者的作业过程作适当的记录，以便作业指导完成后，整理记录得出综合性评价。综合性评价最好反馈至被指导者，以利于被指导者的自身总结和提高。

2. 作业指导效果评价的分析

(1) 工件质量分析 除了与一般的工件加工和装配质量分析类似的内容和方法外，作业指导的质量分析还应有以下内容：

1) 分析加工、装配精度超差与作业技能的对应原因。在一般的工件和装配质量分析中，一项技术精度要求超差，有多种原因。如钻孔加工中的位置度超差，有对刀误差、计算差错、测量误差等多种原因。但对作业者掌握技能不完整所对应的具体原因要分析清楚，要明确诸多原因中究竟是什么原因引起的，这样才能分析出被指导者知识和技能的缺陷所在，以便对症下药予以补充指导。

2) 分析加工、装配精度超差与知识及其运用能力的对应原因。如装配轴承时，过盈量较大，用排除法发现是箱体轴承孔精度差造成的；检查测试记录，发现其对配合过盈量的理解有问题。因此，分析得出被指导者在相关知识的运用能力和掌握程度上还有缺陷，需要进行补缺指导。

3) 分析加工精度超差与指导缺陷的对应原因。若指导过程中，重点不突出，讲授内容有缺漏，可能使被指导者在作业过程中出现指导盲区，以至于加工、装配出现质量问题。此时，应仔细检查指导者的作业指导过程和内容，找出相关原因，予以纠正和补充。

(2) 作业指导效果的综合分析

1) 对指导者自身的分析，包括指导经验、因材施教能力、传授方法、准备工作完成程度等方面的分析。

2) 对被指导者的分析，包括基础知识和技能实际水平、本专题的知识掌握程度、对机床和钳工作业步骤的熟悉程度、作业指导的准备程度等方面的分析。

3) 对指导环境等的分析。包括气候、噪声、场地布置、加工和装配预制件质量、其他用具的质量和完好程度等方面的分析。

◈◈◈ 第三节 万能分度头划线应用与装配作业指导

一、万能分度头划线应用与装配作业指导准备

1. 讲解回顾分度头的种类

分度头是等分划线常用的工艺装备，许多需要角度分度、等分划线的机械零件需要利用分度头进行圆周角度分度和等分分度，才能划出加工所需要的辅助线。划线使用的分度头有万能分度头、半万能分度头和等分分度头。

目前常用的万能分度头型号有 F11100、F11125、F11160 等。

2. 讲解回顾万能分度头划线应用时的主要功能

1) 能够将工件作任意的圆周等分和角度分度。

2) 能在 $-6°\sim +90°$ 的范围内，将工件轴线放置成水平、垂直或倾斜的位置。

3. 讲解回顾万能分度头的外形结构与传动系统

F11125 型万能分度头常用于零件的角度和等分划线，其主要结构和传动系统如图 7-1 所示。

分度头主轴 9 是空心的，两端均为莫氏 4 号内锥孔，前端锥孔用于安装顶尖或锥柄心轴，后端锥孔用于安装交换齿轮心轴，作为差动分度时安装交换齿轮之用。主轴的前端外部有一段定位锥体，用于自定心卡盘连接盘的安装定位。

装有分度蜗轮的主轴安装在回转体 8 内，可随回转体在分度头基座 10 的环形导轨内转动，因此，主轴除安装成水平位置外，还可在 $-6°\sim +90°$ 范围内任意倾斜，调整角度前应松开基座上部靠主轴后端的两个螺母 4，调整之后再予以紧固。主轴的前端固定着刻度盘 13，可与主轴一起转动，刻度盘上有 $0°\sim 360°$ 的刻度，可作分度之用。

分度盘(又称孔盘)3 上有数圈在圆周上均布的定位孔，在分度盘的左侧有一分度盘紧固螺钉 1，用以紧固分度盘，或微量调整分度盘。在分度头的左侧有两个手柄：一个是主轴锁紧手柄 7，在分度时应先松开，分度完毕后再锁紧；另一个是蜗杆脱落手柄 6，它可使蜗杆和蜗轮脱开或啮合。蜗杆和蜗轮的啮合间隙可用偏心套调整。

在分度头右侧有一个分度手柄 11，转动分度手柄时，通过一对传动比为 1:1 的直齿圆柱齿轮及一对传动比为 1:40 的蜗杆副使主轴旋转。此外，分度盘右侧还有一根安装交换齿轮用的交换齿轮轴 5，它通过一对速比为 1:1 的交错轴斜齿轮副和空套在分度手柄轴上的分度盘相联系。

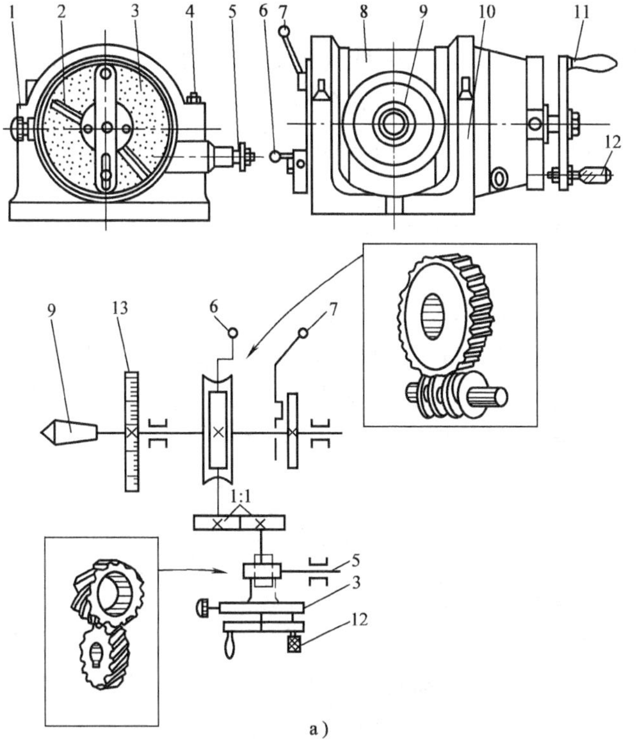

第七章 作业指导的基本方法与指导实例

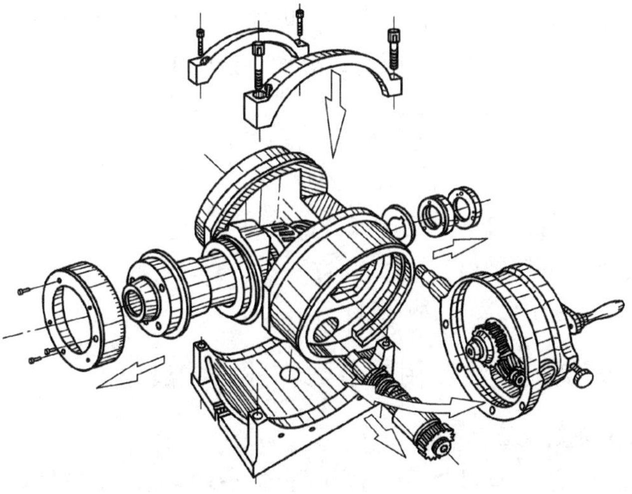

图 7-1 F11125 型万能分度头的外形、传动系统和结构
a) 分度头外形与传动系统　b) 结构示意
1—分度盘紧固螺钉　2—分度叉　3—分度盘　4—螺母　5—交换齿轮轴　6—蜗杆脱落手柄
7—主轴锁紧手柄　8—回转体　9—主轴　10—基座　11—分度手柄　12—分度定位销　13—刻度盘

4. 工量具准备

(1) 划线工具准备　采用带划线头的游标高度尺，检测划线头与底座基准面共面时高度尺的刻线零位，若有偏差应进行调整。

(2) 分度头装配精度测试量具准备　可以是等分精度高的测试标准件，有条件可以使用光学分度头。

(3) 常用工量具准备　如指示表、磁性表座表架、分度头装配调整使用的内六角扳手、套筒扳手等。

5. 简单分度方法与计算演示

(1) 简单等分分度法　简单分度法是万能分度头分度中最常用的一种方法。分度时，先将分度盘固定，转动手柄使蜗杆带动蜗轮旋转，从而带动主轴和工件转过所需的度(转)数。由分度头的传动系统可知，分度手柄的转数 n 和工件圆周等分数关系如下

$$n = \frac{40}{z}$$

式中　n——分度手柄转数(r)；

　　　40——分度头定数；

　　　z——工件圆周等分数(齿数或边数)。

举例演示公式应用计算实例(略)。

(2) 简单角度分度法　从分度头结构可知，分度手柄摇 40r，分度头主轴带动工件转 1r，也就是转了 360°。因此，分度手柄转 1r 工件转过 9°，根据这一关系，可得出角度分度计算公式

$$n = \frac{\theta}{9°}$$

式中　θ——工件所需转过的角度(°或′)；

　　　n——分度手柄转数(r)。

举例演示公式应用计算实例(略)。

二、万能分度头划线应用与装配作业指导过程

1. 分度头等分划线应用作业指导

(1) 示范、讲解用 F11125 型分度头等分划线作业　如图 7-2 所示，用分度头在连接盘端面划圆周均布的螺栓孔中心位置线，具体作业步骤如下：

1) 将分度头放置在划线平板上，调整分度头主轴处于水平位置，检验划线游标高度尺划线头刻度零位。

2) 装夹连接盘，用指示表或划针校核工件外圆与分度头回转轴线的同轴度误差，检验端面与分度头回转轴线的垂直度误差。

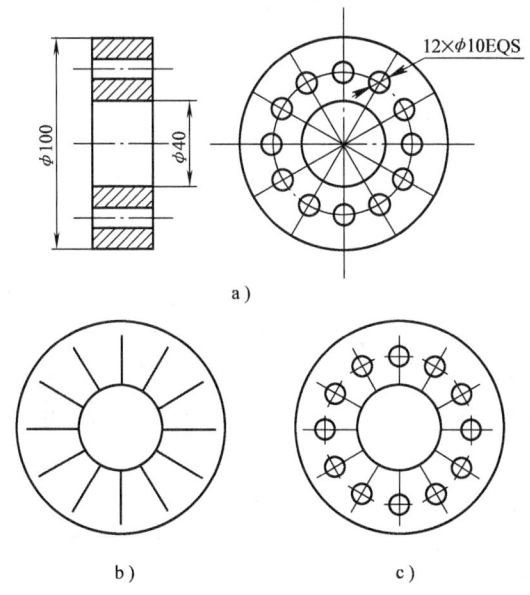

图 7-2 连接盘等分孔划线
a）连接盘零件图 b）划水平中心线 c）划等分孔位置线

3）在工件划线部位涂色。

4）在色剂干燥期间，计算分度头手柄转数 n

$$n = \frac{40}{z} = \frac{40}{12}r = \frac{10}{3}r = 3\frac{1}{3}r = 3\frac{22}{66}r$$

5）调整手柄的分度定位销位置，将定位销插入孔盘 66 圈孔位置。

6）检验分度头等分角度，按计算结果，分度手柄转 3 圈又 66 圈孔中的 22 孔距，分度头主轴应转过 30°。

7）调整划线高度尺的位置，使划线头基本对准分度头轴线中心位置，通常 F11125 分度头的中心高度为 125mm。

8）采用翻转 180°的方法在工件端面准确划出水平中心线，如图 7-2b 所示。

9）按等分数和分度头手柄转数依次划出 6 条等分的水平中心线。

10）按图样螺栓孔分布圆的直径，调整划线高度尺，分别在处于垂直位置的中心线上划出 12 个螺栓孔的中心位置，如图 7-2c 所示。

11）在各孔交点上打样冲眼，并用划规划出螺栓孔圆周线。

（2）作业指导 示范后，对被指导者应用分度头等分划线作业进行指导。引导被指导者简要叙述作业步骤后，在过程指导中注意提示以下要点：

1）调整分度头手柄分度销位置时，应注意对准所用的分度圈孔。

2）分度手柄转过 3 圈又 66 圈孔中的 22 孔距，应注意 22 孔与 22 孔距的区别,以免分度时手柄多转或少转引起分度误差。

3) 可以指导使用分度叉控制 22 孔距的操作方法。

4) 划线结束时,可回复到起始位置,用高度尺校核第一条划线的位置,以判断等分划线过程是否有误。

5) 注意使用控制手柄分度转数和观察分度头主轴转过角度相结合的分度验证方法。

2. 应用分度头凸轮划线作业指导

(1) 示范、讲解圆盘凸轮划线作业　简要讲解凸轮的种类,圆盘凸轮的三要素:导程、升高量和升高率,介绍角度分度的计算方法。分析凸轮参数,如图 7-3 所示的圆盘凸轮由等速螺旋面 AB 段和 CD 段组成,AD 和 BC 段由直线和圆弧构成,起工作曲线回程和连接作用,工作型面 AB 段对应的中心角为 90°,升高量为 $(45-25)$ mm $= 20$ mm;CD 段对应的中心角 260°,升高量为 $(75-25)$ mm $= 50$ mm。圆盘凸轮厚度尺寸为 16mm,基圆直径为 $\phi 50$ mm,从动件的直径为 $\phi 12$ mm。基准孔键槽与工作曲线 AB 段的起点 A 处于同一周向位置,也即直线段 AD 与键槽对称中心平面的夹角为 $5° \pm 20'$。

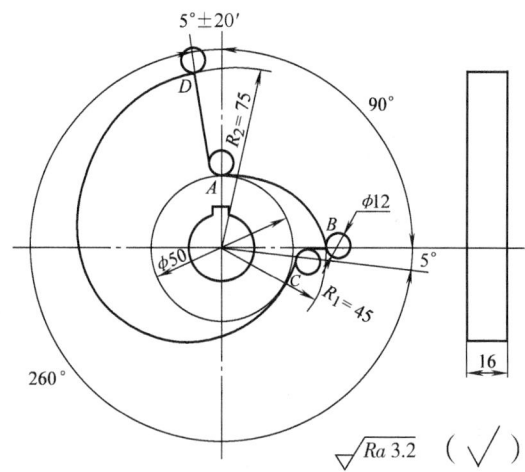

图 7-3　对心双动作等速圆盘凸轮

示范如图 7-3 所示的圆盘凸轮划线作业步骤如下:

1) 将分度头水平放置在划线平板上,用径向中心线划出各部分型面的起、终点角度位置的径向中心线。

2) 用升高量的基本要素,例如设定工件每转过 10°径向升高 1mm,先划出相间 10°的所用径向中心线,如图 7-4a 所示。然后按起点位置相应划出工作曲线的各坐标点,如图 7-4b 所示。

3) 用划规和曲线板连接各坐标点,划出工作型面螺旋线。

4) 用划规划出连接圆弧。

5) 在各坐标点和连接曲线上打样冲眼。

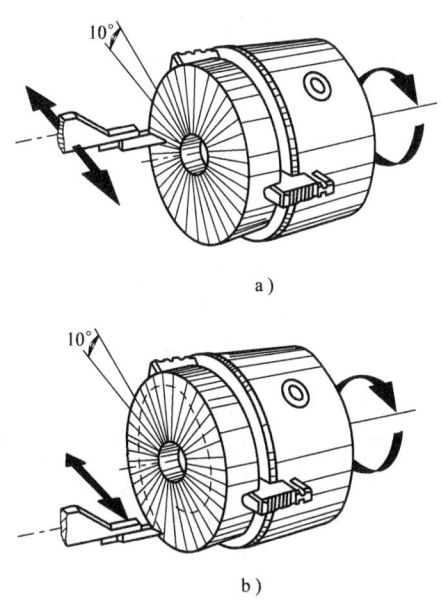

图 7-4 等速圆盘凸轮表面划线

(2) 示范、讲解圆柱凸轮划线作业　简要介绍圆柱凸轮与盘形凸轮的区别，分析如图 7-5 所示圆柱凸轮的基本参数，讲解圆柱凸轮划线的步骤方法。图 7-5a 中的圆柱凸轮由 4 个部分组成，如图 7-5b 所示，0°～45°为右螺旋槽，升高量为 60mm；45°～105°为圆柱环形槽，与端面的距离为 80mm；105°～315°与 315°～360°均为左螺旋槽，升高量分别为 9.5mm 与 50.5mm。三条螺旋槽与环形槽首尾相接。螺旋槽法向截面为矩形，槽宽尺寸为 $14^{+0.07}_{0}$ mm，槽深 10mm。0°(360°) 位置槽的中心与基准端面的距离为 20mm。

示范如图 7-5 所示圆柱凸轮表面划线的步骤如下：

1) 如图 7-6 所示，将分度头水平放置在划线平板上，把工件装夹在分度头自定心卡盘内。

2) 按图样要求在工件圆柱面上分别划出 0°(360°)、45°、105°、315°水平中心线Ⅰ、Ⅱ、Ⅲ、Ⅳ，如图 7-6a 所示。

3) 取下工件，将基准平面放置在平板上，分别按 20mm、80mm、80mm、70.5mm 与中心线Ⅰ、Ⅱ、Ⅲ、Ⅳ依次相交，如图 7-6b 所示。在各交点上打样冲眼。

4) 用划规以各交点为圆心，以 7mm 为半径划圆，在圆周线上打样冲眼。

5) 用边缘平直的铜皮包络在凸轮圆柱面上划出凸轮螺旋槽，如图 7-6c 所示。

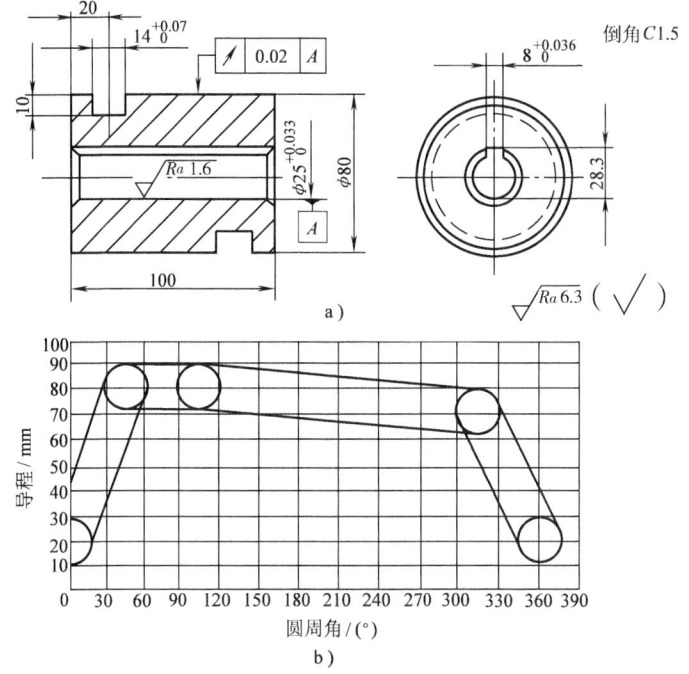

图 7-5 等速圆柱凸轮
a）零件图 b）表面坐标展开图

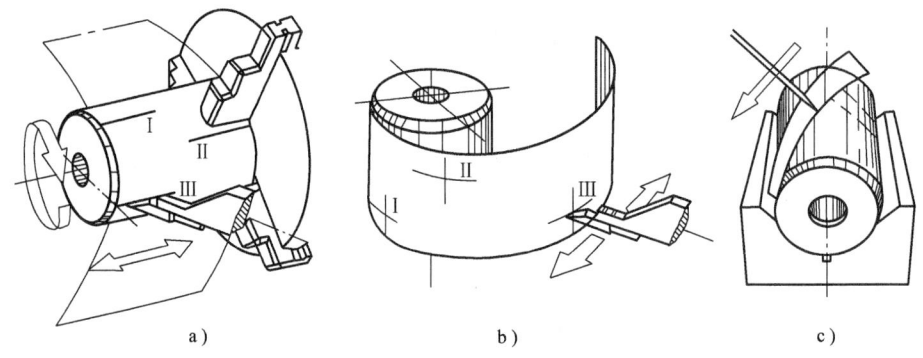

图 7-6 等速圆柱凸轮表面划线

(3) 凸轮划线作业指导 示范后，对被指导者圆盘凸轮和圆柱凸轮划线进行作业指导，指导要点如下：

1）划线前强调应对凸轮图样进行分析，找出、计算与划线相关的参数备用，角度和升高量数据注意对应使用。

2）工件在分度头上装夹后，应注意找正工件与分度头回转轴线的同轴度等位置精度。

第七章 作业指导的基本方法与指导实例

3)圆盘凸轮的曲线坐标间隔角度可自行选定,但应符合分度计算及升高量计算方便,以及划线尽可能准确的要求。

4)使用曲线尺连接凸轮曲线时,应注意一次连接点数量和交叉连接点数量,以使曲线尽可能逼近凸轮曲线。

5)圆柱凸轮划线按曲线段拐点坐标分段,圆周曲线连接的专用铜皮应具有近似于直尺的精度。

3. 分度头装配作业指导

(1) 示范、讲解分度头装配作业 简要回顾分度头的传动系统和分度头的结构,讲解分度头的内部结构(图7-1b)。示范分度头装配作业步骤如下:

1)装配蜗杆组件:将偏心套套装在蜗杆轴上,在蜗杆轴肩上安装平键和直齿圆柱齿轮,并用六角螺母锁紧。

2)装配主轴组件:将平键和蜗轮装在主轴轴颈上,用锁紧螺母锁紧。

3)装配侧轴箱组件:装配侧轴、平键和交错轴斜齿轮锁紧螺母;装配分度手柄传动轴、平键和圆柱齿轮及锁紧螺母;装配孔盘、连接套和交错轴斜齿轮孔盘锁紧螺钉;装配分度叉、弹性圈、平键和分度手柄及分度定位销。

4)回转体部件装配:主轴组件从回转体前端装入,在回转体后端套装主轴调整垫片、锁紧螺纹圈,主轴前端装配刻度盘;装配主轴锁紧轴和手柄;装配蜗杆组件,蜗杆组件从侧轴箱一侧装入,在另一侧装配扇形蜗杆脱落手柄。

5)装配回转体部件:将回转体部件圆柱定位面与底座内圆弧定位面贴合,回转体用两块弧形压板、内六角螺栓紧固在底座上。

6)装配侧轴箱组件:将侧轴箱组件沿回转体和侧轴箱定位台阶装入,用内六角螺栓在侧轴箱下部与底座联接紧固。

(2) 作业指导 示范后,对被指导者分度头装配调整作业进行指导。指导要点如下:

1)主轴组件装入回转体时,注意不能碰擦回转体上的主轴锥度滑动轴承。调整时,可松开锁紧圈的紧定螺钉,旋转锁紧螺纹圈,调节主轴的轴向和径向间隙。检查间隙时可用手旋转主轴,并作轴向推拉,以观察和感觉主轴的间隙和装配精度。

2)蜗杆组件装入回转体时,应注意偏心套转至蜗轮与蜗杆脱开的位置装入,在另一侧装配蜗杆脱落机构及手柄后,可通过顶端的螺母调节蜗杆轴向间隙,通过扇形板带动偏心套调节蜗轮蜗杆的啮合间隙。此项调整需仔细操作,反复进行,以达到分度机构啮合精度要求。

3)侧轴箱组件装配时,注意交错轴斜齿轮的啮合位置和啮合间隙。

4)侧轴箱组件与底座、回转体组装时,注意微量转动分度手柄,以使圆柱齿轮能顺利啮合,并具有一定的齿侧间隙。

三、作业质量检验和指导评价

(1) 等分划线作业质量检验　等分划线作业可使用游标卡尺等量具检测等分孔中心距离。

(2) 凸轮曲线划线作业质量检验　圆盘凸轮可通过分段曲线的各点的坐标尺寸检验。圆柱凸轮可通过对螺旋槽、环形槽的交点坐标尺寸进行检验。

(3) 分度头的装配精度检验

1) 主轴组件装配后，蜗轮在主轴上应无轴向和周向间隙。

2) 蜗杆组件装配后，蜗杆应能转动灵活，但与偏心套内孔之间的间隙应在 0.02mm 以内。

3) 侧轴箱组件装配后，松开孔盘锁紧螺钉，侧轴与孔盘应能互相带动，转动灵活无阻滞。

4) 主轴组件装入回转体，并经过间隙调整后，主轴锥体部与回转体锥度轴承之间的间隙在 0.01mm 以内，主轴的圆跳动在 0.01mm 以内。

5) 总装后，摇动分度手柄，分度头主轴应在 360° 范围内转动灵活无阻滞；将分度定位销插入圈孔，松开孔盘锁紧螺钉，转动侧轴，分度头主轴应转动灵活无阻滞。

6) 脱落蜗杆机构在蜗杆脱离位置，分度头主轴应能用手转动；主轴锁紧手柄处于松开位置，转动分度手柄分度头转动应无阻滞，锁紧后主轴应无法转动；孔盘的锁紧螺钉应能锁紧孔盘，此时侧轴不能转动。

(4) 作业指导质量评价　检测被指导者的作业质量后，可从以下方面评价作业指导质量：

1) 划线作业步骤正确程度；划线分度计算结果正确性；划线工件的质量检验结果。

2) 装配步骤和作业方法正确程度；调整方法和步骤正确性；组件装配和总装后的检验结果。

◈◈◈ 第四节　典型铣床主轴、工作台装配调整作业指导

一、铣床装配调整作业指导准备

1. 复习提示相关知识

1) X6132 型和 X62W 型铣床主轴和工作台的结构，重点为主轴支承的方式，工作台双螺母间隙调整机构的工作原理。

2）X6132 型和 X62W 型铣床主轴和工作台的装配步骤和要点。
3）铣床主轴轴承的结构特点和间隙调整的常用方法。
4）铣床平导轨、燕尾导轨的结构特点与间隙调整的常用方法。

2. 示范讲授装配后铣床的操纵方法

1）示范用手轮移动铣床工作台，引导被指导者辨清铣床纵向、横向和垂向三个进给方向，以便在调整时使用手轮移动工作台进行调整精度检测。

2）示范用变速操纵手柄改变主轴转速，引导被指导者学会主轴的起动、变速、停止，以便在调整后进行主轴精度测试。

3）讲解双螺母调整机构的调整步骤，引导被指导者从双螺母调整机构的工作原理角度来理解调整的操作步骤。

3. 准备必要的工具和量具

准备时应注意以下事项：

1）检测主轴与工作台或进给方向垂直度的指示表等量具，应具有相应的精度等级，预先应进行检定测量。

2）准备适用的测温量仪和测力量仪，用以检测主轴调整后的温升，工作台调整后的转矩等。

3）调整主轴轴承间隙时的调整位置比较紧凑，使用的工具应能方便地进行操作调整。

4. 讲授铣床装配后调整不当对铣床运动精度的影响

强调间隙过小或过大对机床操纵和铣削加工的影响。

二、铣床装配调整作业指导步骤

1. 引导被指导者检查装配后的部件的基本运动状况

1）检查主轴的旋转运动精度，作为调整的依据。

2）检查工作台回转锁紧机构锁紧和松开作用是否可靠，用手扳转工作台能否回转。检查立铣头在用锥销定位后，主轴轴线与工作台面的垂直度，作为调整精度的依据。

3）用手轮移动工作台，检查正转与反转的空程刻度，通过刻度盘空转格数，初步判断丝杠螺母的传动间隙。

4）用手轮移动工作台，根据手摇的轻重程度，或用扭力扳手测出工作台的移动所需施加在手轮上的转矩。

2. 辅导被指导者按步骤调整铣床主轴

讲解铣床装配后，必须对主要部位进行调整，否则会影响铣床的精度，从而直接影响铣削加工质量。主轴调整的内容主要有以下几项：

（1）指导者示范、讲解主轴轴承间隙的调整　铣床主轴装配后，若主轴轴承间隙太大，会产生轴向窜动和径向圆跳动，铣削时容易产生振动、铣刀偏让（俗称让刀）和加工精度难以控制等弊病；若间隙过小，则又会使主轴发热卡滞。主轴前轴承，使用较多的有圆锥滚子轴承和双列向心短圆柱滚子轴承，其间隙的调整方法也有所不同。

1）圆锥滚子轴承间隙的调整。主轴前轴承采用圆锥滚子轴承的结构，如图7-7所示，X62W等型号的铣床主轴采用这种结构，其前轴承的精度为P5级，中轴承的精度为P6X级。调整间隙时，先将床身顶部的悬梁移开，拆去悬梁下面的盖板。松开锁紧螺钉2，就可拧动螺母1，以改变轴承内圈3和4之间的距离，也就改变了轴承内圈与滚柱和外圈之间的间隙，这种结构的轴向和径向间隙可同时调整。

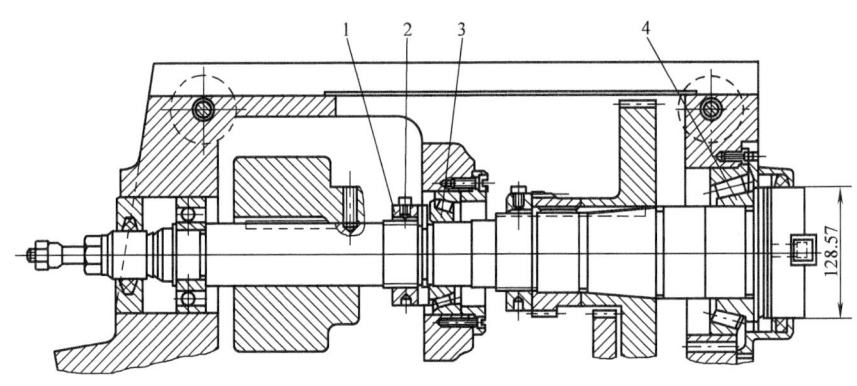

图7-7 采用圆锥滚子轴承的主轴结构
1—调整螺母 2—锁紧螺钉 3、4—轴承内圈

轴承的松紧取决于铣床的工作性质。一般以200N的力推和拉主轴，顶在主轴端面和颈部的指示表示值在0.015mm的范围内变动。在1500r/min转速下运转1h，轴承温度不超过60℃，则说明轴承间隙合适。调整合适后，拧紧锁紧螺钉，并把盖板和悬梁复原。

2）双列向心短圆柱滚子轴承间隙的调整。主轴前轴承采用双列向心短圆柱滚子轴承的结构，如图7-8所示。X52K等型号的铣床主轴采用这种结构，其前轴承是P5级精度，上中部的两个单列向心推力球轴承的精度是P5(P6X)级。调整时，先把立铣头上前面的盖板或卧铣悬梁下床身顶部的盖板拆下，松开主轴上的锁紧螺钉2，旋松螺母1，再拆下主轴头部的端盖5，取下垫片4，垫片由两个半圆环构成，以便装卸。调整垫片的厚度，即可调整主轴轴承的间隙。由于轴颈和轴承内孔的锥度是1:12，若要减少0.03mm的径向间隙，则需把垫片厚度磨去0.36mm装入原位，用较大的力拧紧螺母1，使轴承内圈胀开，一直到把垫片压紧为止，然后拧紧锁紧螺钉，并装好端盖及盖板等。

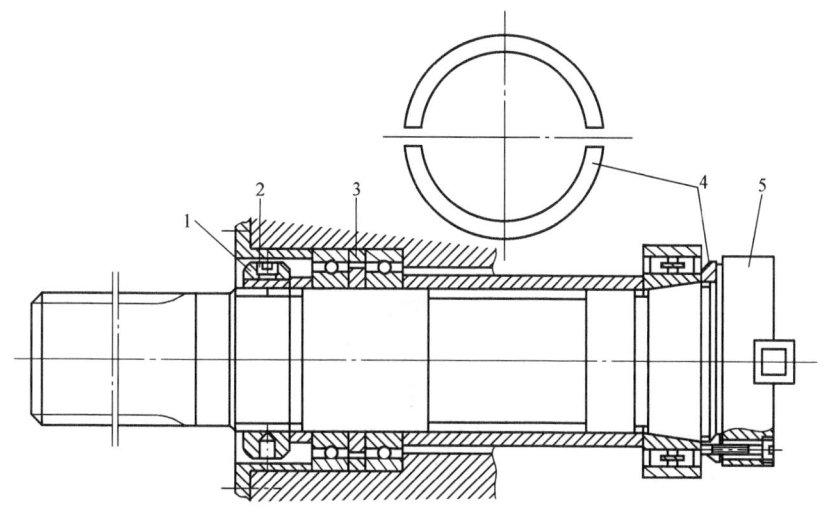

图7-8 采用双列向心短圆柱滚子轴承的主轴结构
1—螺母 2—锁紧螺钉 3—外垫圈 4—垫片 5—端盖

主轴的轴向间隙靠两个向心推力球轴承来调节。在两个轴承内圈的距离不变时，只要减薄外垫圈3的厚度，就能调整主轴的轴向间隙，垫圈的减薄量与减少间隙的量基本相等。调整时，应与调整径向间隙同时进行，调整后，需作轴承松紧的测定。

（2）指导作业 示范后，对被指导者的主轴调整作业进行指导，指导过程注意以下要点：

1）注意各种不同轴承的预紧力是不同的，应控制适当。

2）注意讲解不同支承方法的特点，各位置轴承对主轴运动精度的不同作用和影响。

3）采用垫片修磨进行调整的主轴，应估算准确，否则会引起调整失误。

3. 辅导被指导者按步骤调整铣床主轴与工作台的位置精度

（1）指导者示范、讲解卧式万能铣床工作台零位的调整 如果铣床工作台零位不准，则工作台纵向进给方向与主轴轴线不垂直。此时，若用三面刃铣刀铣削直角槽，铣出的槽形将上宽下窄，且两侧面呈凹弧状，影响形状和尺寸精度；如果用面铣刀铣削平面，铣出的是凹形面；用锯片铣刀铣削较深的窄槽和切断时，容易把锯片铣刀扭碎。因此在铣床装配后，必须对工作台零位进行调整，如图7-9a所示。常用的调整方法如下：

1）在工作台上固定一块长度大于300mm的光洁平整的平行垫块，用指示表找正面向主轴一侧的垫块表面与工作台纵向进给方向平行。若中间T形槽与纵

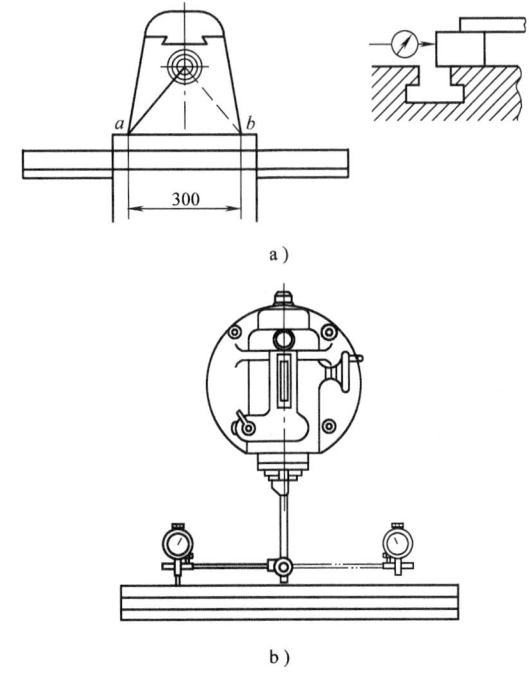

图 7-9 工作台和立铣头零位调整
a) 工作台零位调整方法 b) 立铣头零位调整方法

向进给的平行度很好，则可在 T 形槽中嵌入定位键代替平行垫块。

2) 将装有角形表杆的指示表固定在主轴上，扳动主轴，使指示表的测头与平行垫块两端接触，指示表的示值差应在 300mm 长度上不大于 0.03mm。

调整准确锁紧回转盘后，可在工作台床鞍上刻制零位基准线。

(2) 指导者示范、讲解立式铣床回转式立铣头零位的调整 若立铣头零位不准，则主轴轴线与工作台面不垂直。此时，如果用面铣刀端铣平面，纵向进给时会铣出一个凹面，横向进给时会铣出一个斜面；如果用垂向进给镗孔，会镗出椭圆孔，用主轴套筒进给会镗出一个与工作台面轴线倾斜的圆孔。

立铣头垂直位置的零位，其位置精度由定位销保证，不需要校核和调整，但必须按精度要求检测定位销。若因定位销孔加工精度和装配位置等原因，造成零位不准而需要调整时，可将装有角形表杆的指示表固定在主轴上，使指示表的测头与工作台面接触，扳动主轴在纵向方向回转 180°，如图 7-9b 所示，指示表示值差在 300mm 长度上，一般不应大于 0.03mm。调整准确紧固立铣头后，可对定位锥销孔进行修研，以保证立铣头的主轴与工作台面的垂直度。

(3) 作业指导 示范后，对被指导者工作台调整检测作业进行指导，指导

要点如下:

1) 若卧式铣床工作台的导轨间隙没有进行调整,不宜进行此项精度检测和零位调整。

2) 由于立铣头的零位定位锥销通常是在精度校正后精铰完成的,所以修研实际上是精铰过程。此作业只需了解,不需实际操作。

3) 卧式铣床回转盘的锁紧机构的装配质量对转动角度的准确度有一定影响,锁紧作业时注意四个螺钉应对角顺序拧紧。

4) 使用指示表检测时应注意表架的松动对测量准确性的影响。

4. 辅导被指导者按步骤调整铣床工作台纵向传动丝杠间隙

(1) 指导者示范、讲解工作台纵向传动丝杠间隙的调整　工作台部件装配后,若丝杠间隙过大,会使工作台产生窜动现象,这样将会影响铣削质量,甚至使铣刀折断,因此应进行调整。一般应先调整丝杠安装的轴向间隙,然后再调整丝杠和螺母之间的间隙。

1) 工作台纵向丝杠轴向间隙的调整。纵向工作台左端丝杠轴承的结构,如图7-10a所示,调整轴向间隙时,首先卸下手轮,然后将螺母1和刻度盘2卸下,扳直止动垫圈4,稍微松开螺母3之后,即可用螺母5调整间隙。一般轴向间隙调整到0.01~0.03mm之间。调整后,先旋紧螺母3,然后再反向旋紧螺母5,其目的是为了防止螺母3旋紧后,会把螺母5向里压紧(扳紧螺母的松紧程度一般以用手刚能拧动垫块6即可)。最后再扣紧止动垫圈4,装上刻度盘和螺母1。

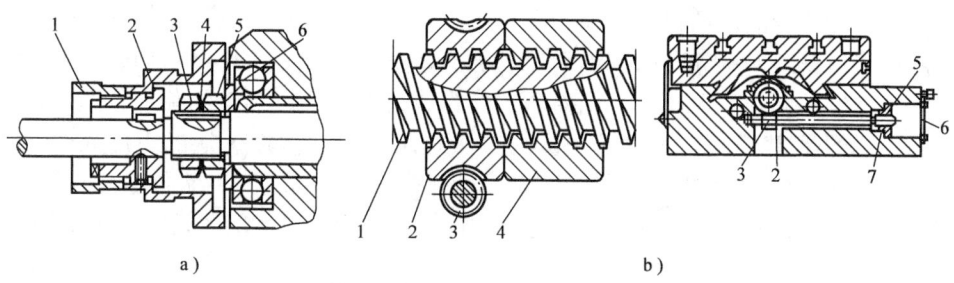

图7-10　纵向传动丝杠间隙的调整
a) 丝杠左端轴承结构　b) 丝杠螺母间隙调整

2) 工作台纵向丝杠螺母的间隙调整。X62W型等铣床工作台纵向丝杠螺母的间隙调整机构,如图7-10b所示,丝杠传动副的主螺母4固定在工作台的导轨座上,左边的调整螺母2和它的端面紧贴,螺母2的外圆是蜗轮并和蜗杆3啮合。当需要调整间隙时,先卸下机床正面的盖板6,再拧松压环7上的螺钉5,然后顺时针转动蜗杆3,螺母2便会绕丝杠1微微旋转,直至螺母4、2分别与丝杠螺纹的两侧接触为止,这样就消除了丝杠与螺母之间的间隙。丝杠与螺母之间

的配合松紧程度应达到下列要求:

① 用转动手轮的方法进行检验时,丝杠和两端轴承的间隙不超过$\frac{1}{40}$r,即在刻度盘上反映的倒转空位读数不大于 3 小格。

② 在丝杠全长上移动工作台不能有卡滞现象。

为了达到上述要求,在调整时,应在工作台传动丝杠的全长内调整,以保证丝杠和导轨在全长上间隙均匀,否则,在调整间隙时,无法同时达到以上两点调整要求。

(2)作业指导 示范后,对被指导者调整铣床纵向工作台丝杠间隙作业进行指导,指导要点如下:

1)先调整丝杠轴向间隙,后调整丝杠螺母间隙的步骤不能颠倒。

2)利用刻度盘检测丝杠螺母间隙的方法应以$\frac{1}{40}$r 为准。

3)在全长内进行间隙检测十分重要。

5. 辅导被指导者按步骤调整铣床工作台导轨间隙

(1)指导者示范、讲解调整铣床工作台导轨间隙 铣床工作台纵、横、垂直三个方向的运动部件与导轨之间装配后,应有合适的间隙。间隙过小时,移动费力,动作不灵敏;间隙过大时,铣削过程工作不平稳,易产生振动,甚至会使工作台上下跳动和左右摇晃,影响加工质量,严重时还会使铣刀崩碎。因此,在工作台装配后,应进行工作台导轨间隙调整。

铣床导轨间隙调整机构,如图 7-11 所示,它是利用导轨镶条斜面的作用使间隙减小。调整时,先拧松螺母 2、3,再转动螺杆 1,使镶条 4 向前移动,以消除导轨之间的间隙。调整后,先摇动工作台或升降台,以确定间隙的合适程度,最后紧固螺母 2、3。检查镶条间隙的方法是用手摇动丝杠手柄的力度来测定。对纵横手柄,以用 150N 左右的力摇动手柄比较合适;对升降手柄向上以用 200N 左右的力摇动比较合适。如果比上述所用的力小,表示镶条间隙较大;所用的力

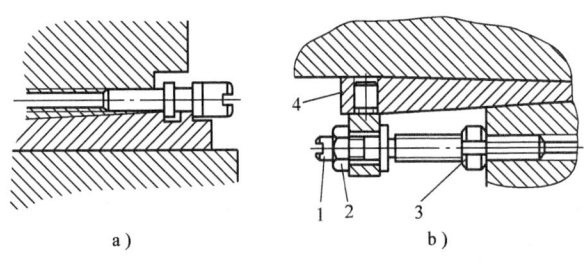

图 7-11 铣床工作台导轨间隙调整机构
a)横向导轨间隙调整机构 b)纵向导轨间隙调整机构

大，则表示镶条间隙较小。另外，由于丝杠螺母之间的配合不好，或受其他传动机构的影响（尤其是升降系统），虽然在摇手柄时不感到轻松，但镶条间隙可能已过大，此时可用塞尺来测定，一般以0.04mm的塞尺不能塞进为宜。

（2）作业指导 示范后，对被指导者的导轨间隙调整作业进行指导，指导要点如下：

1）注意镶条与导轨接触面的贴合接触精度。若接触不好，首先应修研镶条，然后进行间隙调整。

2）调整过程中应注意紧固螺钉的使用，每次检测间隙大小，应在紧固螺钉锁紧时进行，否则，紧固后对导轨间隙会有微量影响。

3）升降工作台导轨间隙的调整应特别注意工作台自重对手柄测力的影响，此时应采用塞尺配合检测导轨间隙。

三、铣床装配调整作业指导质量检验

（1）提问检验 向被指导者提问检验作业指导效果。如可以在作业示范过程中用提问方式了解被指导者对铣床主轴支承方式的掌握程度，以检验知识复习提示的效果以及被指导者的知识技能相结合的能力。

（2）观察检验 示范讲解后，观察记录被指导者调整步骤和作业方法，以检验作业指导示范的效果。

（3）量具检验 如使用扭力扳手，可以测得主轴间隙调整是否适当；复核被指导者校正的主轴与工作台的垂直度，检验被指导者位置精度测量技能的熟练程度，通过检查校正位置作业方法，检查作业指导的效果和被指导者的掌握程度。

◆◇◆ 第五节 机床床身精度检测作业指导

一、机床床身精度检测作业指导准备

1. 讲解分析被测机床床身的结构和导轨精度要求

（1）床身结构分析 如图7-12所示为Y225型弧齿锥齿轮铣齿机的床身。该床身为阶梯式箱体结构，其导轨形式为滚动摩擦矩形导轨，导轨表面1、2、3主要保证床鞍移动时的平稳性和运动精度，侧面导轨表面4、5主要起导向作用，保证床鞍移动时沿直线垂直于摇台端面。

（2）床身导轨精度要求分析

1）表面8、9为安装基准面，表面1、2、3的直线度在全长上公差为0.01mm，同一平面性为0.01mm，对基准面9的平行度公差：纵向为0.01mm/

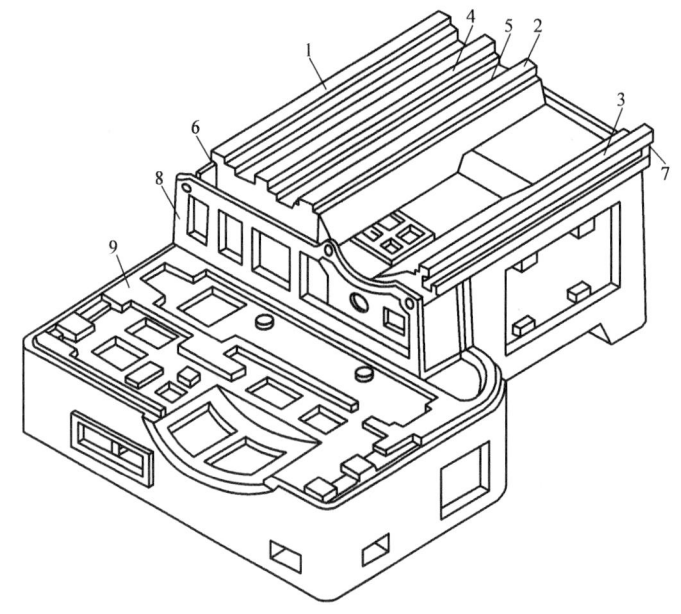

图 7-12 弧齿锥齿轮铣齿机床身示意图

300mm，横向为 0.01mm/200mm。

2）表面 5 的平面度公差为 0.02mm，对基准面 8 的垂直度公差为 0.01mm/300mm，对表面 1、2、3 的垂直度公差为 0.005mm/40mm。

3）表面 4 的平面度公差为 0.02mm，对表面 5 的平行度公差为 0.01mm/200mm。

4）表面 6、7 对表面 1、3 的平行度公差为 0.01mm/200mm。

2. 讲解分析机床结构

检测机床导轨，应了解机床的基本结构，有利于了解误差对机床精度和加工精度的影响。如 Y225 型弧齿锥齿轮铣齿机的结构，如图 7-13 所示，它由床身、床鞍、工件箱、摇台、进给机构、换向机构和驱动机构 7 个部分组成。

3. 选择测量方法和量具量仪

测量机床床身导轨可以选用直尺、直角尺、指示表、专用角度规、平行平尺、框形水平仪等常用量具测量，也可选用光学平直仪等进行测量。

二、机床床身导轨检测作业指导过程

（1）示范、讲解用常用量具测量 Y225 型机床床身导轨面的作业方法　示范作业步骤如下：

1）测量前，应按机床出厂合格精度要求（0.02mm/1000mm），调整床身纵向和横向的水平。

第七章 作业指导的基本方法与指导实例

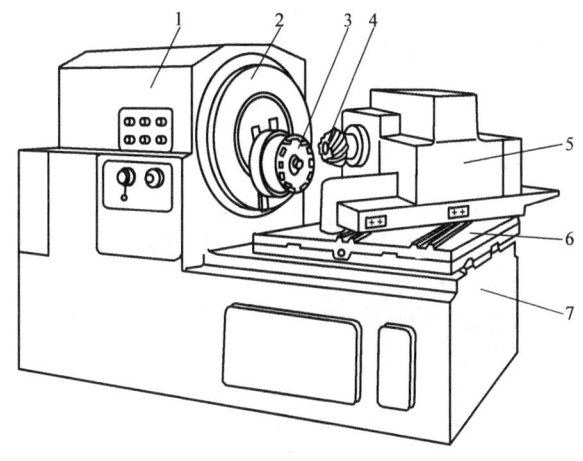

图 7-13 弧齿锥齿轮铣齿机全外形示意图
1—驱动机构 2—刀具摇台 3—铣刀盘 4—工件
5—工件箱 6—床鞍 7—床身

2）如图 7-14 所示，用水平仪分别沿表面 1、2、3 纵向移动，检查表面 1、2、3 的直线度误差。

3）如图 7-14 所示，用平行平尺、水平仪检查表面 1、2、3 对基准表面 9 的纵向和横向平行度误差。

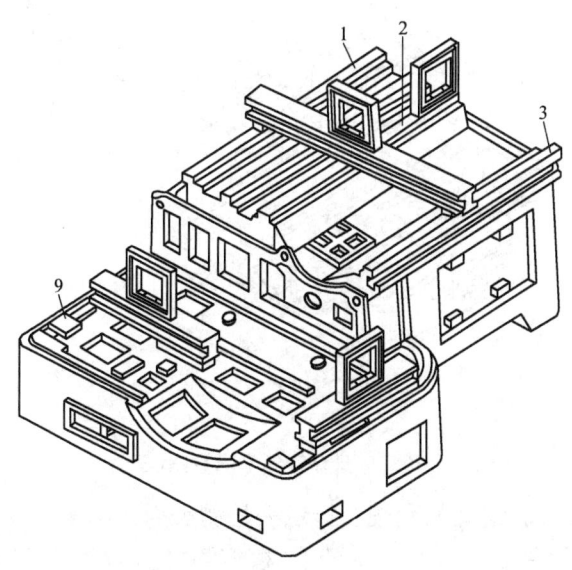

图 7-14 床身导轨测量示意图（一）

4）如图7-15所示，在表面1、3上用两块等高量块，将平行平尺或直尺垫起，然后再用量块垫塞法检测其他部位检测平面与平尺之间的尺寸，以检测表面1、2、3的同一平面性（纵、横、四角需分别进行）。

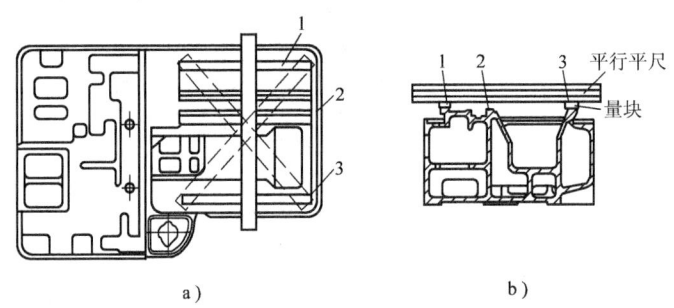

图7-15　床身导轨测量示意图（二）

5）用直角规吸附磁性表座装夹指示表，按如图7-16所示方法，检测表面5对基准面8的垂直度误差。表面5的平面度误差及与表面1、2、3的垂直度误差用直角刮研板的精度对研修刮保证，如图7-17所示。

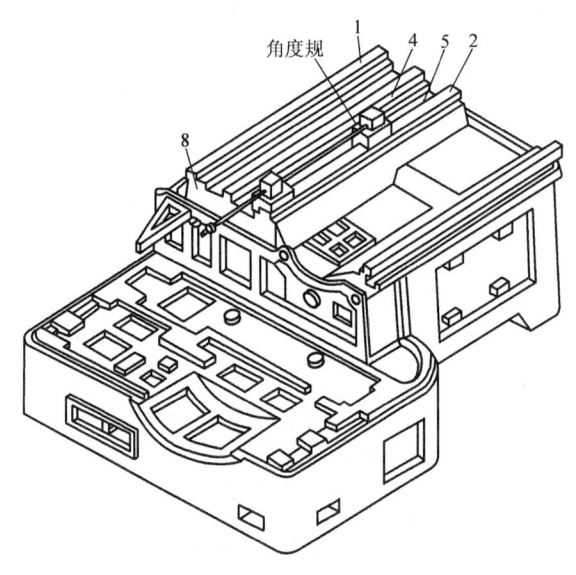

图7-16　床身导轨测量示意图（三）

6）如图7-16所示，用直角规、指示表检测表面4与表面5的平行度误差。表面4的平面度误差及与表面1、2、3的垂直度误差用直角刮研板的精度对研修刮保证。

7）用千分尺测量面6、7与表面1、3的平行度误差，其平面度误差用直尺

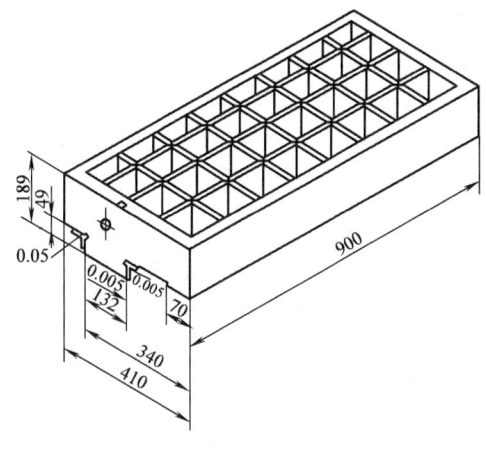

图 7-17　直角刮研板示意图

的精度对研修刮保证。

（2）示范、讲解用光学平直仪测量 V 形导轨直线度作业方法　示范作业步骤如下：

1）选用光学平直仪，讲解使用方法，并在标准平板上校核测量精度。为避免读数误差，应在测量前预先判断仪器读数是否符合直角坐标的正负规则，即以反射镜移动方向为横轴，向上倾斜时仪器读数值为正。预先判断时，可调整好起始位置后，用量块垫塞有意使反射镜向上倾斜，然后根据读数的正负来进行判断。

2）V 形导轨的直线度需分别在垂直平面和水平面内进行测量。

3）如图 7-18 所示，测量 V 形导轨在垂直平面内的直线度误差：

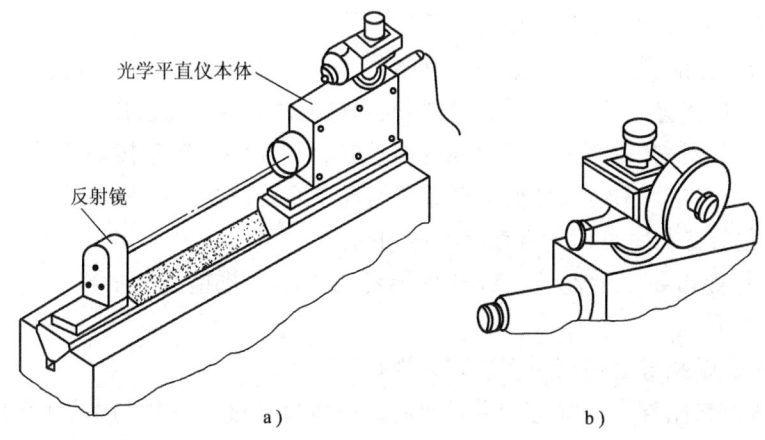

图 7-18　光学平直仪测量 V 形导轨直线度误差示意图

① 将光学平直仪分别置于被测导轨的两端，垫上 V 形垫板。
② 移动平面反射镜垫板，使其靠近平直仪本体。
③ 摆动反射镜，通过目镜观察，使反射回来的亮十字线像位于视场中心。
④ 将反射镜和垫块移至导轨另一端，再观察十字线像是否仍在视场中；若有偏差，再作微调。调整好后，将反射镜和本体与垫块固定，以免测量中发生位移造成测量误差。
⑤ 进行每段测量和读数。先从初始位置读数，转动测微鼓轮，使目镜中指示准线位于十字线中间，记下鼓轮刻度读数。目镜视场的情况如图 7-19a 所示准线与十字线重合，当鼓轮读数为零时，表示没有误差；如图 7-19b 所示准线与十字线不重合，距离 Δ 表示误差。

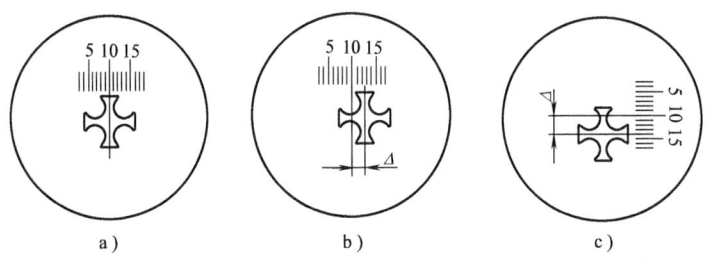

图 7-19　平直仪目镜观察视场图

⑥ 按反射镜垫板一单位长度移动一次反射镜，从目镜中观察准线与亮十字线是否重合，若不重合，再调节鼓轮使准线仍如第一挡位置一样对准，记下鼓轮刻度读数。
⑦ 依次检测，直至测完导轨全长。
⑧ 为了保证测量精度，避免因仪器位移造成测量误差，通常将反射镜向相反方向移动再测量一遍，取每挡位置两次测量的读数的平均值作为测量数据。
4）测量导轨在水平面内的直线度误差时，只需将目镜座按顺时针方向转过 90°，使测微鼓轮与物镜的光轴垂直即可实现，而目镜视场情况如图 7-19c 所示，具体的测量方法与垂直面内直线度测量相同。

(3) 作业指导　示范后，对被指导者的机床导轨精度测量作业进行指导，指导要点如下：
1）注意被指导者使用平直仪读数规则是否准确。
2）提醒被指导者调整好十字线像后，应将反射镜和本体与垫块固定，以免测量中发生位移造成测量误差。
3）引导被指导者认真仔细地记录测量数据。

三、机床床身导轨检测作业数据处理与指导质量评价

平直仪测量法直线度误差的计算指导

（1）讲解用作图法求得导轨直线度误差　作图法相当于方框水平仪测量作图法。例如测量长6m的刨床导轨，一般取反射镜垫板长度为导轨被测长度的1/12左右；为计算方便，常取垫板长度为200mm、250mm和500mm三种；本例取500mm。光学平直仪两次测量后得到的原始数据（两次读数的平均值）为：17、19、21、23.5、26、27、27、29、31.5、33、35、35，各原始数据值分别减去一个读数17后，得到基准为"0"的数组：0、2、4、6.5、9、10、10、12、14.5、16、18、18，根据这些数据在坐标图上画出直线度误差曲线Ⅰ和连接两端数据的基准线，如图7-20所示，按比例可知所测导轨全长上的最大直线度误差为0.0285mm（曲线与基准线在$O\text{-}y$方向上的最大距离），并且中凹。

为了减少差错，用作图法求导轨直线度误差时，可将所有数据列表，本例见表7-1。

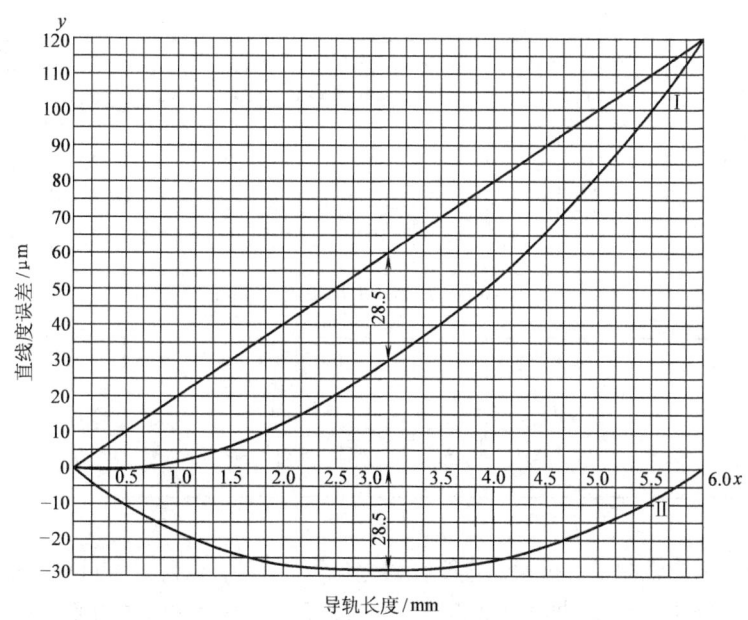

图7-20　导轨直线度误差曲线

表 7-1　导轨直线度误差计算表（作图法）　　　　（单位：μm）

序号	测量位置/mm	0~500	50~1000	1000~1500	1500~2000	2000~2500	2500~3000	3000~3500	3500~4000	4000~4500	4500~5000	5000~5500	5500~6000
1	原始读数	17	19	21	23.5	26	27	27	29	31.5	33	35	35
2	简化读数	0	2	4	6.5	9	10	10	12	14.5	16	18	18
3	逐项叠加（原点为0）	0　0	2	6	12.5	21.5	31.5	41.5	53.5	68	84	102	120

（2）讲解用计算法求得导轨直线度误差　首先将原始数据简化，求出简化后的读数算术平均值，再将各简化读数减去算术平均值，最后把减后读数值顺序连续叠加，得到一组数据。该组数据中绝对值最大者即为被测导轨的最大直线度误差。本例用计算法，计算过程见表 7-2。将表 7-2 中第五行的数据标在坐标图上，将得到图 7-20 中曲线 Ⅱ。由于曲线的始终端连线与 $O\text{-}x$ 轴重合，导轨直线度形状较为直观，但导轨直线度误差值不变，仍为 0.0285mm。

表 7-2　导轨直线度误差计算表（计算法例1）　　　　（单位：μm）

序号	测量位置/mm	0~500	50~1000	1000~1500	1500~2000	2000~2500	2500~3000	3000~3500	3500~4000	4000~4500	4500~5000	5000~5500	5500~6000
1	原始读数	17	19	21	23.5	26	27	27	29	31.5	33	35	35
2	简化读数	0	2	4	6.5	9	10	10	12	14.5	16	18	18
3	求算术平均值	$\dfrac{0+2+4+6.5+9+10+10+12+14.5+16+18+18}{12}=10$											
4	求减后读数	-10	-8	-6	-3.5	-1	0	0	+2	+4.5	+6	+8	+8
3	各点叠加数（原点为0）	0　-10	-18	-24	-27.5	-28.5	-28.5	-28.5	-26.5	-22	-16	-8	0

（3）讲解导轨曲线波折状的直线度误差计算　若用计算法运算得出的数列中出现负数时，说明被测导轨曲线呈波折状，此时，只要将最大的正数和负数的绝对值相加，即为导轨的最大直线度误差值。例如，用光学平直仪测量长 2m 的导轨，反射镜垫板为 200mm，计算法运算过程见表 7-3。导轨直线度误差值 = |-11| + |+6| = 17μm。按表 7-3 第五项叠加数作图 7-21 后可直观显示导轨的波折曲线形状。

表 7-3　导轨直线度误差计算表（计算法例 2）　　　（单位：μm）

序号	测量位置/mm	0~200	200~400	400~600	600~800	800~1000	1000~1200	1200~1400	1400~1600	1600~1800	1800~2000
1	原始数据	35	42	51	49	46	45	42	47	45	38
2	简化读数	0	7	16	14	11	10	7	12	10	3
3	求算术平均值	$\dfrac{0+7+16+14+11+10+7+12+10+3}{10}=9$									
4	求减后读数	-9	-2	7	5	2	1	-2	3	1	-6
5	逐项叠加（原点为0）	0 -9	-11	-4	+1	+3	+4	+2	+5	+6	0

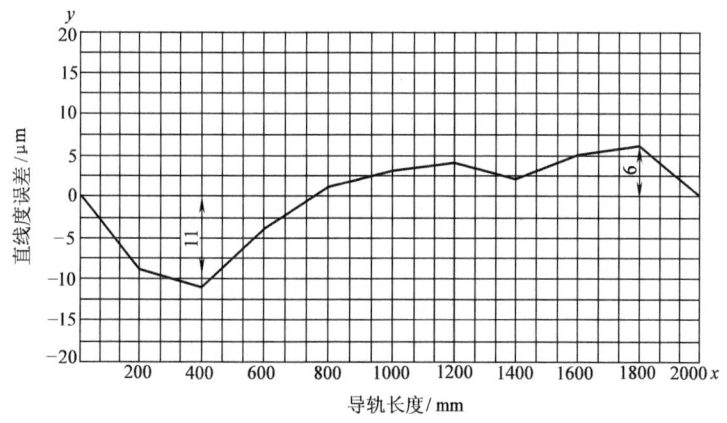

图 7-21　导轨直线度误差曲线

（4）作业指导质量评价　机床导轨精度检测作业指导的质量通过以下内容予以评价：

1）被指导者是否能独立完成光学平直仪的十字线像调整。
2）被指导者是否能独立准确测出、记录测量数据。
3）被指导者是否能独立进行数据分析处理。

若通过本次作业指导，被指导者能独立完成以上内容作业，指导质量评价为较好；若三项内容能独立完成两项，另一项数据处理经辅导后完成，可视为合格；若三项内容仅能完成两项，视为不合格。

复习思考题

1. 简述钳工专业作业指导讲义的基本要求。
2. 专业作业指导讲义的正文包括哪些部分?
3. 简述钳工专业作业指导讲义编写的基本方法。
4. 钳工作业指导包括哪些基本环节?
5. 试确定圆柱凸轮和圆盘凸轮划线作业指导示范操作的关键步骤和方法。
6. 试分析确定铣床主轴间隙调整和工作台导轨间隙调整巡回作业指导的步骤和方法。
7. 在实习指导前,指导和被指导者应分别做好哪些准备工作?
8. 如何对被指导者进行能力测定?
9. 试编撰用光学仪器测量机床导轨面直线度的作业指导讲义。
10. 试编撰分度头装配作业指导讲义。

第八章

生产与质量管理基础知识与应用实例

> **培训学习目标** 了解机械制造业的质量管理标准,掌握质量分析与控制的方法。熟悉生产现场管理的基本方法,掌握生产计划、调度、工时定额和生产成本的基本管理方法。

第一节 质量管理

一、机械制造业质量管理标准

1. 机械产品质量的基本概念

(1) 产品质量的含义 产品满足规定要求(或需要)的特征和特性的总和。产品质量也可定义为产品的适用性,即产品在一定条件下,实现预定目的或规定用途的能力。

(2) 产品适用性参数 适用性参数是指产品适用性的构成要素。适用性参数一般由设计质量、制造质量、使用质量和服务质量等构成。

1) 设计质量是通过产品设计,将规定要求和需要转化为产品特征和特性的程度,以及易于制造、使用、维修,外观造型和经济性等的综合体现。

2) 制造质量是指产品或零部件符合设计规定的标准的程度,又称符合性质量,制造质量是机器、工艺、工具、人员素质、管理水平等因素的综合结果。

3) 使用质量是产品的使用效果,也就是产品在使用中能连续运转,随时可用的能力,一般反映在与产品使用时间有关的因素上,如可靠性、保养性及备件供应能力等。

4) 服务质量是指产品销售到用户后在现场的服务能力,一般包括:服务的及时性（迅速、主动、及时为用户服务）；服务能力（足够的维修力量和服务、指导能力）；服务信誉（热情、诚恳、周到的服务态度和良好的服务信誉）。

(3) 机械产品的质量特性与参数　质量特性是指在产品的一定总体中，区分各个体之间质量差别的性质、性能和特点。这些质量特性是由企业通过一系列的技术转化工作，将用户的需求尽可能定量化地表达出来，定量化的质量特性称为质量参数。机械产品的质量参数通过产品的图样、标准等体现，一般包括性能、可靠性、寿命、安全性和经济性五个方面。为了便于用户的使用和适应商品经济竞争的需要，对产品的外观和适宜性要求（包括在性能中）也应作间接定量的规定。

(4) 质量管理相关的基本术语　在生产线的质量管理和质量控制过程中，会经常涉及一些常用的术语，理解和熟悉管理术语，能有效地开展质量管理和控制工作。常用的质量管理和质量控制术语及其含义见表8-1。

表8-1　常用的质量管理和质量控制术语及其含义

术　语	定　义
质量	产品、过程满足规定或潜在要求的特征和特性的总和
质量方针	由某机构的最高管理者正式颁布的总质量宗旨和目标
质量控制	为保证某一产品、过程或服务质量满足规定的要求所采取的作业技术和活动
质量保证	为使人们确信某一产品、过程或服务质量能满足规定质量要求所必需的有计划、有系统的全部活动
质量管理	对确定和达到质量要求所必需的职能和活动的管理
质量特性	在产品、过程或服务的一定总体中，区分各个体之间质量差别的性质和特点
控制点	在质量管理和质量保证活动中，对质量循环中需要重点控制的质量特性、关键（主要）部位或薄弱环节
PDCA循环	按计划（P）、实施（D）、检查（C）、处理（A）四个阶段顺序开展的质量工作循环，是开展生产活动应遵循的科学程序
质量目标	在一定时间内，产品、过程或服务预定要达到的质量指标
质量计划	针对某项产品、过程、服务、合同或任务，专门规定的质量措施、资源和获得文件
质量信息	质量活动中的各种数据、报表、资料和文件
质量成本	将产品质量保持在规定水平上所需的费用，包括预防成本、鉴定成本、内部损失成本和外部损失成本
合格品	满足全部规定要求的产品
不合格品	不满足规定要求的产品
缺陷	不满足预期的使用要求（一种或多种质量特性偏离了预期的使用要求或没有这些特性）

第八章　生产与质量管理基础知识与应用实例

（续）

术　语	定　义
关键工序	对产品的质量起决定性作用的工序
特殊工序	难以准确评定其质量的关键工序
制造质量控制	为保证达到图样和规范中所要求的制造质量而采用的有效的操作技术和作业活动
工序质量控制点	为保证工序处于受控状态，在一定时期和条件下，在产品制造过程中必须重点控制的质量特性、关键部位或薄弱环节
工序质量表	对工序质量控制点按质量波动因素进行分析、控制的图表
操作指导卡片	指导工序质量控制点上的个人生产操作的文件
检验	对产品、过程或服务的一种或多种特性进行测量、检查、试验、计量，并将这些特性与规定的要求进行比较的活动
首件检验	对产品开始时和工序要素变化后的首件产品质量所进行的检验
工序间检验	为判断半成品能否由上一道工序转入下一道工序所进行的检验
巡回检验	对制造过程中进行的定期或随机流动性的检验
末件检验	对一批产品制造完了的最后一件（或几件）的检验
校准	测定和校正计量器具误差值的各种活动

2. 质量管理的体系及其运行方式

（1）质量管理体系的基本概念　质量管理体系的基本要素包括：工厂方针（质量政策、目标）；质量管理组织（包括质量责任和权限、工作程序、标准）；质量体系准则（质量循环、组织体系、体系文件、体系审核、复核）；产品的经济性与质量成本；市场研究的质量；产品开发设计的质量；生产技术准备的质量；采购的质量；制造的质量；质量检验；测量与试验装备的质量控制；不合格品的控制；纠正措施；搬运、包装和储存的质量；销售的质量；服务的质量；质量文件和记录；人员；产品安全和产品责任；质量信息；统计技术方法的应用等。

（2）质量管理体系的内容　主要包括工厂方针管理；严格、协调、高效的组织机构和体制；明确的质量职能、权限和相互关系；完善的工作程序和工作标准；迅速准确的信息系统；完善的制度、考核办法；灵活正确地应用质量管理手段和方法；质量体系图；质量手册。

（3）质量管理体系的运转方式　质量管理体系运转的基本方式，一般是采用 PDCA 循环法。这种方法是按照计划（Plan）、实施（Do）、检查（Check）、处理（Action）四个阶段来开展质量管理活动的科学管理工作程序的。PDCA 循环的特点是：整个企业是一个大的 PDCA 循环，各车间、各部门的质量管理都有各自的 PDCA 循环，依次又有更小的 PDCA 循环，直到把任务落实到每个人。通过这个循环，把企业各项工作有机地联系起来。PDCA 循环周而复始地运转，而每转动一圈都有新的内容和目标。在质量管理中，经过一次循环，解决一批存在的问题，质量就得到新的提高。

（4）全面质量管理与 ISO9001 族标准

1）全面质量管理的初级阶段可概括为：全员参加、全企业、全过程的质量管理；全面质量管理的发展阶段是"开发"的质量管理、全面质量管理成熟阶段是"经营"的质量管理。现代质量管理的基本思想：预防的思想、全面管理的思想、"源泉管理"的思想、持续改进的思想。

2）ISO9001 族标准是继承世界各国在质量管理和质量保证方面的理论和实践经验，特别是全面质量管理的理论与方法的基础上，把建立与完善质量管理体系、质量保证体系的理论与方法予以标准化。ISO9001 族标准是由国际标准化组织 ISO 发布的，当前是各个企业质量认证的基本依据。ISO 族标准中的八项原则包括：以客户为中心、领导的作用、全员参与、过程的概念、系统管理的概念、持续改进、以事实为决策依据、互利的供方关系。

二、质量管理与分析控制方法及其应用

（1）产品质量检验的管理

1）检验器具的校准和周期检定　检验存在一定的误差，如果不进行检验前检验器具的校准和规定期限的周期检定，可能由于测量器具误差引起错误的测量和不准确的测量而导致不合格品。在使用各种量具和量仪之前，应使用标准件对测量器具的精度进行校准，使之处于测量误差允许的范围之内。计量器具应进行周期检定，对因测量引起磨损的测头、测砧、测爪、气动量仪、电测量仪、光学量仪的灵敏度和零线位置等进行修正和检定，处于合格使用期内的器具才能在生产中使用。

2）产品检验的控制　在生产线上，一般在工艺上规定产品的检验工序和检验方法，在遵循基本检验控制的基础上，应严格遵守工艺规定的检验规范，包括所使用的检验器具编号、规格和检验作业方法指导等。特别需要注意的是首件检验、末件检验和工序间的检验，过程中的巡回检验，通过各种检验手段，确保产品实现全过程的质量控制。检验由专职人员和操作人员配合进行，首件检验和末件检验应取得专职检验人员签署的合格证。操作人员的自检和互检都是进行检验质量控制的有效方法。对于调整刀具、机床维修、交接班和工位操作者调换等可能影响产品加工质量的情况，必须进行首件检验，以避免出现产品批量不合格的质量事故。

（2）工序质量控制点的控制管理　质量控制点一般是指对关键、特殊工序和生产线的薄弱环节的质量控制，实施质量点的控制常用的质量控制文件见表 8-2。

第八章 生产与质量管理基础知识与应用实例

表8-2 工序质量控制点常用的控制文件

文件	说明
工序质量分析表	工序质量分析表规定了控制项目的质量特性值、重要度等级、明确检验方法和检验频次，对影响产品质量特性值的机、料、法、环、测进行层层分析，并明确责任者
作业指导书	作业指导书是正确指导生产工人操作、控制和检查的规程
设备定期检查记录卡	设备定期检查记录卡是根据工序质量分析表的要求，对工序质量控制点上的设备进行控制并定期检查的一种记录表
设备日点检记录卡	设备日点检记录卡是指导操作者在开工前按照规定的要求对设备进行检查的一种控制文件
工装定期检查卡	工装定期检查卡是根据所规定的检查内容、检查周期，对工序质量控制点所用的工装进行定期检查的一种控制文件
量检具周期检定记录卡	量检具周期检定记录卡是根据所规定的周期，对工序质量控制点在用的量检具进行定期检定的一种记录文件
检验指导书	检验指导书是用来指导检验人员正确进行检验的指导性文件，对于控制点上的操作人员自检也同样适用
自检记录表	自检记录表是控制点操作人员对规定的自检项目，在自检以后做好记录的一种数据表，适用于各种生产类型的产品，在不采用控制图的控制点上，采用自检记录表特别重要
控制图	控制图主要用于监控工序是否处于受控状态，及时发现异常，以便采取纠正措施及时进行调整

（3）工序能力的判断和处置　在生产线管理中，各工序能力的判断和处置是生产线质量管理的基础工作，在制造过程中，工序能力是体现工序质量保证能力的重要参数，是指生产过程在一定时间内处于统计控制状态下制造产品的质量特性的经济波动幅度，又称加工精度。若以特性值大小作为横坐标，以频数作为纵坐标，将几个特性值在某一数值区间内出现的次数作矩形，可得到直方图。若 n 无限增大，区间无限减小，最后可得到一正态分布曲线，如图8-1a所示。由图8-1b可知，当生产过程处于控制状态时，在 $\mu \pm 3\sigma$ 范围内（μ 为公差中心值），根据数理统计理论，在正态分布情况下，质量特性值落在 6σ 范围内的概率为99.73%，因此工序能力 $=6\sigma$。σ 是处于控制状态下工序的标准差，当工序处于控制状态时，用样本的标准差 s 代替工序总体标准差 σ，则工序能力 $=6s$。工序能力是工序本身的属性，为了衡量生产过程的质量水平，判断工序能力能否满足公差要求，需要将工序能力与技术要求进行比较才能得出结论，通常比较时是通过工序能力指数进行分析判断的，工序能力指数是技术要求与工序能力的比值：

$$C_\mathrm{p} = \frac{技术要求}{工序能力} = \frac{T}{6\sigma} = \frac{T}{6s}$$

式中　T——公差范围；
　　　σ——总体的标准差；
　　　s——样本的标准差。

工序能力判断及其处置见表8-3。

表8-3　工序能力判断及其处置

范围	等级	判断	处　　置
$C_p \geq 1.67$	特级	能力过剩	1）提高产品质量要求 2）放宽波动幅度，或者移动波动幅度的平均值 3）改用精度较低的设备加工或延长调整周期
$1.33 < C_p \leq 1.67$	1级	能力充分	1）非关键特性时，措施同$C_p \geq 1.67$措施第二条 2）简化质量检验过程
$1 < C_p \leq 1.33$	2级	能力尚可	1）批量生产时，必须对工序过程进行控制和监督 2）按规定进行检验 3）C_p值接近1时，对影响工序能力的主要因素严加控制
$0.67 < C_p \leq 1$	3级	能力不够充分	1）分析离散程度大的原因，制订措施加以改进 2）在不影响最终产品性能和不增加装配困难的情况下，可以放大公差范围 3）实行全数检验，或进行分级筛选
$C_p \leq 0.67$	4级	能力严重不足	1）应停止加工，找出原因，采取措施 2）必须进行全数检验

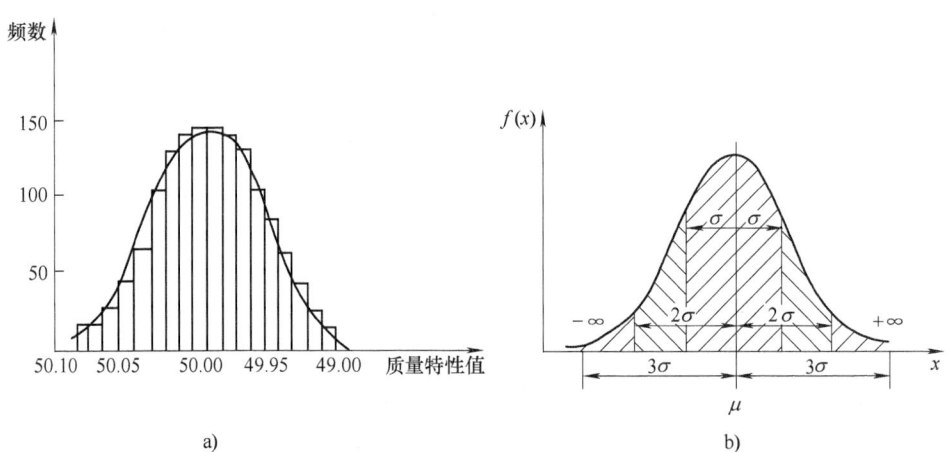

图8-1　加工精度正态分布曲线

a）直方图与正态分布曲线　b）正态分布的特点

(4) QC 活动和质量持续改进

1) QC 活动是群众性质量控制活动，QC 活动的程序通常都是按照美国著名的质量管理专家戴明所发明的 PDCA 循环的四个阶段、八个步骤进行的。具体程序见表 8-4。

表 8-4　QC 活动程序表

阶段	步骤	内容和要求
P 计划	1. 选定课题	1）选题要符合工厂方针，应是本部门的问题点 2）选题应该围绕提高质量、降低消耗、改善管理、增加效益为目的 3）选题要有充分的数据和资料来说明
P 计划	2. 掌握现状	1）要掌握现场存在的主要问题点 2）确定活动的目标
P 计划	3. 分析问题产生的原因	1）要让成员畅所欲言，群策群力地进行分析 2）要充分运用专业技术和管理技术 3）问题产生的原因要分析到能采取措施为止
P 计划	4. 确定主要原因	1）找出影响问题诸因素中的最大的因素 2）用各种方法确认要因，如现场调查确认，正交试验法等
P 计划	5. 制订对策	1）针对要因制订对策措施 2）措施落实到各有关部门和人员并规定完成日期
D 实施	6. 实施对策	1）按对策计划要求贯彻实施 2）做好协调工作 3）做好实施过程的记录
C 检查	7. 效果检查	1）检查实际效果是否达到预期目标，是否稳定 2）若没有达到目标，尚需进一步查找原因重新制订对策 3）检查要有数据、事实表达
A 处理	8. 巩固成果防止问题再次发生	1）达到目标 2 个月后进行总结 2）对确有成效的措施进行标准化，纳入图样、工艺、标准及制度中，以防问题再次发生 3）对遗留的问题经总结后转入下一个循环中去

2) 质量持续改进也是采用戴明博士的 PDCA 循环，PDCA 是使用最为广泛的质量改进方法，是全面质量管理 TQM 的四大支柱之一，质量持续改进的示意图如图 8-2 所示，质量持续改进实施各阶段的具体步骤的主要内容见表 8-5。

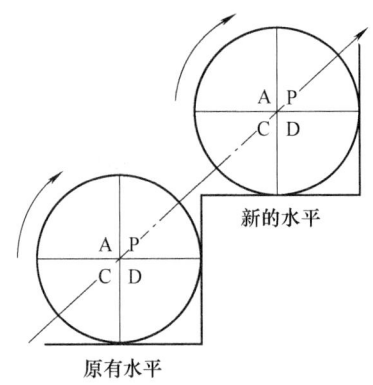

图 8-2　质量持续改进 PDCA 循环的逐步提高示意图

表 8-5　质量持续改进实施各阶段的具体步骤的主要内容

阶　段	主要步骤	工作内容
P 计划	改进原因	1）识别存在的问题 2）论证改进的必要性
P 计划	现状调查	1）评价现有过程效率 2）收集分析数据 3）选择问题，确立改进目标
P 计划	分析原因	1）识别问题原因 2）论证问题原因
D 实施	确定和实施措施	1）确定改进措施 2）实施改进措施
C 检查	评价效果	1）确认问题已减少 2）确认问题根源已减少 3）确认改进目标已实现
A 处理	规范新办法	1）新过程替代老过程 2）防止问题再次发生
A 处理	进一步改进	1）评价改进措施有效性 2）解决遗留问题 3）策划进一步改进目标

（5）计数值的处理与分析　在质量管理中，对计数值的处理与分析，一般采用排列图和因果分析图，并配合起来使用。

1) 排列图。如图 8-3 所示为齿轮不合格排列图,其作图步骤是:先收集数据,经统计后按项目由高到低分类排队,列出表格,如表 8-6 所示。然后计算各项目数据的比率(%)和累积比率(%),作出排列图,并划出累积曲线;在排列图上写明标题。排列图作出后,一般还要把累积百分数分成三类:A 类为 0 ~ 80%(主要因素);B 类为 80% ~ 90%(次要因素);C 类为 90% ~ 100%(一般因素)。

2) 因果分析图。因果分析图是用来整理分析影响产品质量(结果)的各个因素(原因)之间关系的工具,因果分析图通过带箭头的线,将质量问题与原因之间的关系表示出来,如图 8-4 所示。其作图步骤是:先确定分析对象,然后分析存在的质量问题,并整理出原因,将其从小到大按关系画图。主要原因应标上记号(如 * 号等)。作因果分析图,要进行调查研究,听取有关人员的意见。大原因可以从人、机(设备)、料(材料)、环(环境)、法(方法)等方面进行分析。找出主要原因后,应到现场调查,然后确定改进措施。措施实施后,可用排列图检查结果。

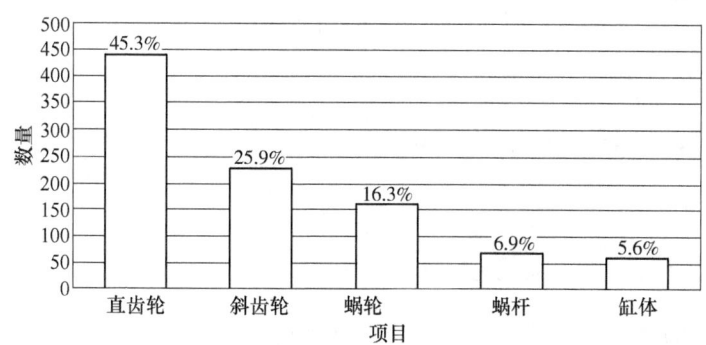

图 8-3 齿轮不合格排列图

表 8-6 齿轮与缸体不合格调查表

项目	数量(件)	比率(%)	累积比率(%)
直齿轮	440	45.3	45.3
斜齿轮	252	25.9	71.2
蜗轮	158	16.3	87.5
蜗杆	67	6.9	94.4
缸体	55	5.6	100.0
合计	972	100.0	

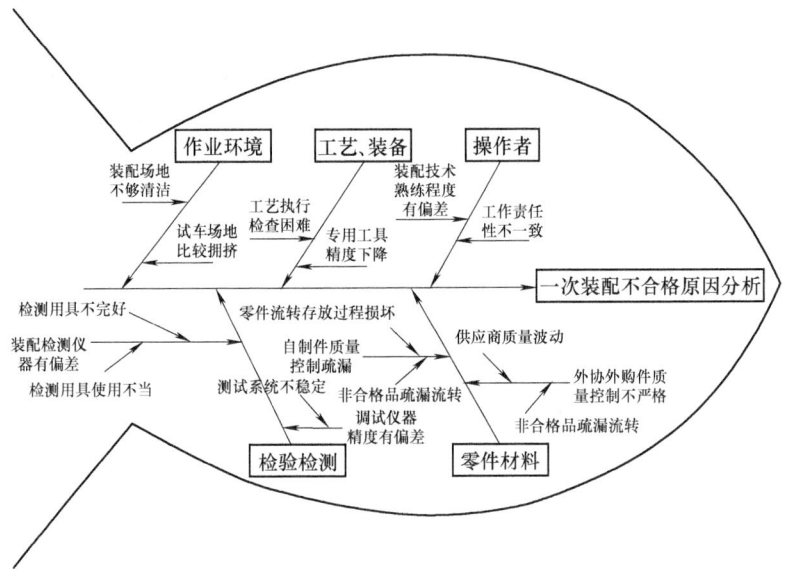

图 8-4 因果分析图

◆◆◆ 第二节 生产管理

一、5S 与生产现场管理

(1) 5S 的含义　5S 管理是指在生产现场中对人员、机器、材料、方法等生产要素进行有效管理的方法。5S 指的是整理、整顿、清扫、清洁和素养。

1) 整理：区分要和不要的东西，现场不放置非必需品。
2) 整顿：将需要的东西按规定摆放，寻找的时间减少为零。
3) 清扫：将岗位保持在无垃圾、无灰尘，干净整洁的状态。
4) 清洁：将整理、整顿、清扫持续进行，并制度化、规范化。
5) 素养：人人按规定做事，养成习惯。

(2) 5S 在管理中的作用　5S 是企业管理和现场改善的基础，企业管理和改善的核心内容包括品质、成本、交货期、安全、员工精神面貌、企业形象等。

1) 做好 5S，使现场干净整洁，一尘不染，机械和产品的精度及稳定的品质就能够得到有效的保障。
2) 成功地推行 5S 可提高场地的利用率，减少物品的库存量，减少不良品的产生，提高作业效率和设备的运行效率等，从而降低企业的成本，改善企业的经营效率。

3) 推进 5S 可提高工作效率，有效控制影响生产周期的各种因素，达到及时交货的经营目标。

4) 做好 5S 工作将有效提升企业的内外部形象，能给客户以信心，得到社会和公众的信赖，从而提高企业的产品销售额。

(3) 5S 的内在关系 5S 管理不是各自独立、互不相关的，它们之间是相辅相成、缺一不可的关系。整理是整顿的基础，整顿是整理的巩固，清扫显现整理、整顿的效果，而通过清洁和修养的提高，则在企业形成整体的改善氛围。5S 的目标是通过消除组织的浪费现象和推行持续改善，使企业管理维持在一个理想的水平。

(4) 5S 与其他活动的关系 5S 是管理的基础，是 TPM（全员生产性维护）的前提，TQM（全面质量管理）的第一步，也是 ISO9000 推行的捷径。公司的任何活动，都需要以 5S 为基础。5S 是现场管理的基础，现场管理的水平制约着 ISO、TPM、TQM 活动的推行，因此，持续开展 5S 管理，才能保障企业各项活动的正常开展。

(5) 生产现场 5S 管理的常用方法

1) 目视管理。目视管理是生产现场 5S 管理中常用的方法之一，涵盖了生产活动的各个方面，如作业管理、品质管理、设备管理、安全管理等。目视管理的应用范围、管理手法和实现手法参见表 8-7。

表 8-7 目视管理的应用范围、管理手法和实现手法

序号	应用范围	目视管理手法	实现手法
1	品质管理	区域划分	画上分界线等
		分色管理	用油漆等涂色
		特性值管理	文字标识
		不良状态识别	分色或使用道具
		品质异常提示	使用道具等
2	备品管理	定位管理	画线或形迹定位
		数量管理	文字标识或其他
		异常管理	状态标识
		购买点管理	限量和购买点标识
3	设备管理	定位管理	画线等
		状态管理	看板标识
		点检标准管理	点检标识
		异常管理	极限标识

（续）

序号	应用范围	目视管理手法	实现手法
4	物料管理	限量管理	最大最小值标识
		限高管理	极限高度标识
		购买点管理	数量和购买点标识
		异常管理	状态标识
5	文件管理	文件摆放	定位标识
		分类	分色、分段、分柜
		提示	构建文件索引体系
		查询	构建文件索引体系
6	场所管理	场所标识	趣味命名
		区域划分	画线
		提示物整顿	格式和高度等统一
		规范化管理	揭示物认可制
7	环境管理	垃圾回收管理	分色、分类
		环境美化	各类制作
		节能降耗提示	温馨文字提示
8	物流管理	操作程序提示	以多种方式揭示在地面、墙面、通道、设备上
		作业要点揭示	在指定场所悬挂
		办事流程揭示	在指定场所悬挂
9	目标管理	方针的揭示	在指定场所悬挂
		目标的展示	制作管理看板
		指标推移情况揭示	制作管理看板

2）局部推进 5S 的步骤。

① 现场诊断：发现生产现场存在的问题、5S 开展的整体水平。

② 选定样板区：选取典型、有代表性的区域，集中力量进行改善，突破后获得推动全面推行的经验。

③ 实施改善：在改善中应注意各类信息数据的收集，如重点问题、改进过程、改善结果等。

④ 效果确认：效果确认是一个总结检查、评价反省的过程，便于克服缺点和纠正偏差；通过对前期工作的分析和评价，有利于统一认识，为后续工作在组织、资源、经验、方法上做好准备。

3）全面推进5S的步骤。

① 将5S的内容规范化，成为员工的岗位责任。

② 制订评价标准，以便对5S工作进行评估。

③ 通过巡视、检查、自检等方式进行评估监督。

④ 在5S活动的组织推进中，体现激励机制，具体作业中应通过可视化的辅助，如现场拍照、录像等方式对活动前后的现场进行对比，并通过评比和奖励进行激励和鞭策。

⑤ 维持管理效果，将5S管理制度化和规范化，使之成为员工工作的一部分。

⑥ 不断挑战新的目标，5S的管理目标应随企业的发展和整体水平的提高而逐步提高。

二、生产计划与调度管理

1. 生产计划与调度

（1）生产计划　生产计划管理是企业计划管理的核心，是企业连接经营与生产的桥梁。生产计划管理是通过品种搭配，人财物、产供销、技术、质量综合平衡，确定生产指标，制订生产计划，进行生产准备，实施工艺要求的具体任务，使生产过程在时间上衔接起来，为生产过程的连续性、比例性、平衡性、节奏性、经济性创造条件。企业内各有关部门的活动，如技术、质量、劳动、物资、设备、工具、财务等各方面工作，都要围绕生产计划配合、协调，以共同保证经营目标的实现。生产计划工作内容包括：确定生产的产品品种、产量、质量和产值等指标；进行生产能力的核算与平衡；制订各项标准；编制年度生产计划和生产作业计划；组织实施计划与调整工作；考核计划完成情况。提高企业生产能力的途径如下：

1）提高设备的完好率、工时利用率，改善设备的时间利用，减少无效工作时间。

2）制订设备先进合理的台时消耗定额，包括改进产品结构设计，提高产品的标准化、系列化水平，采用先进的工艺和操作方法，改进设备和工具，提高工人的操作水平和改进生产组织、劳动组织。

3）增加投入生产中的设备数量。

4）充分利用生产面积。

（2）生产调度　生产调度是组织执行生产计划的工作。生产调度的任务，就是在企业日常生产活动中，按照生产作业计划的要求和生产中的实际情况，对企业的生产进行监督和控制,并且通过对各种信息的收集和处理,积极预防生产中的事故和失调,使生产过程的各个环节能够协调进行,保证生产作业计划的完成。生产调度工作的具体内容包括组织和实现生产作业计划;检查生产作业前的准备工作;根据生产需要合理调配劳动力;检查生产过程中的供应工作;检查生产设备的运行情况;控制厂内的运输工作;检查、记录、分析作业计划完成的情况,并向上级报告;组织好厂部与车间的生产调度会。为了做好调度工作,应建立起有效的调度系统和调度人员的岗位责任制,建立和执行调度会议、值班、报告、日记等调度工作制度。

2. 生产节拍与能力平衡

(1) 生产节拍

1) 机械加工生产自动线的生产节拍一般是根据年生产纲领的大小进行计算的,计算公式如下

$$t_{jp} = \frac{60T}{N}\eta$$

$$N = Qn(1 + p_1 + p_2)$$

式中 t_{jp}——自动线的生产节拍(min/件);

T——年基本工时(h/y);

N——自动线年产品(零件)生产纲领(件/y);

η——自动线的负荷率,一般为 0.65~0.85,复杂的自动线取较低值,简单的自动线取较高值;

Q——产品(整机)的年产量(台/y);

n——每台整机包含产品零件的数量(件/台);

p_1——备品率;

p_2——废品率。

2) 典型生产线的生产节拍计算示例　某制造企业发动机年产量为 10000 台,年基本工时为 2160h/y,备品率为 10%,废品率为 0.5%,每台发动机所需的气缸盖为 3 件,试计算气缸盖生产自动线应达到的生产节拍。

解　气缸盖的年生产纲领:

$N = Qn(1 + p_1 + p_2) = 10000 \times 3 \times (1 + 0.1 + 0.05)$ 件/y $= 34500$ 件/y

气缸盖自动线应达到的生产节拍:

$$t_{jp} = \frac{60T}{N}\eta = \frac{60 \times 2160}{34500} \times 0.70 \text{min/件} = 2.62 \text{min/件}$$

(2) 生产线工序节拍的平衡　生产线所需的工序和加工顺序确定后,可能出现各工序的生产节拍不相等的情况。如有的工序节拍比自动线的生产纲领节拍 t_j 长,这些工序将不能完成生产任务;而另外一些工序的节拍又比 t_j 短得多,这

些工序的设备负荷不足,将不能充分发挥其生产效能。因此必须平衡各工序的节拍,使所有工序的节拍与 t_j 相等或略短一些,才能使生产自动线取得良好的经济效益和所需的生产效率。自动线所需的设备台数,在按工艺流程初步确定后,需要平衡工序节拍来核实或适当增减才能最终确定。平衡工序节拍时,可按下式计算每个工序的工作循环时间 t_g

$$t_g = t_j + t_f$$

$$t_j = \frac{L + l_r + l_c}{v_f}$$

式中　t_g——工序工作循环时间(min);

　　　t_j——工序基本时间,包括切入切出时间(min);

　　　L——工作行程长度(mm);

　　　l_r——切入行程长度(mm);

　　　l_c——切出行程长度(mm);

　　　v_f——切削加工进给量(mm/min);

　　　t_f——与 t_g 不重合的辅助时间(min)(通常取 0.3~0.5min,主轴需要定位的取 0.6min)。

生产线节拍平衡的目标是 $t_g \leq t_{jp}$,为了达到所有工序节拍时间小于等于并尽可能接近自动线节拍的要求,可将所有工序的工作循环时间与生产线节拍时间进行比较,找出 $t_g > t_{jp}$ 的工序,这些工序成为限制性工序,或俗称为"瓶颈"工序,通常对限制性工序缩短循环工作时间可采取的平衡措施如下:

1) 提高切削用量:对 t_g 与 t_f 相差不多的工序,可以采用适当提高切削用量或改用高效率加工方法等以缩短工作循环时间 t_g,当 t_g 比 t_f 大得多时,采用此方法不能满足要求。

2) 增加顺序加工工位:采用工序分散的方法,将限制性工序的工作行程分为几个工步,分摊在几个工位上完成。

3) 实行多件加工:把 t_g 调整为 t_{jp} 的整倍数,在限制性工位上实行多件加工。

4) 增加同时加工的工位数:当工件体积较大,不便于使用多件加工方法时,可以增加同时加工的工位数,即在自动线上设置若干台同样的机床,同时加工同一道限制性工序。

三、工时定额与生产成本管理

(1) 时间定额的组成　时间定额是在一定生产条件下,规定生产一件产品或完成一道工序所需消耗的时间。时间定额是安排生产计划、成本核算的主要依据,是生产线计算设备数量、布置车间、计算工人数量的依据。时间定额的组成见表 8-8。

表 8-8 时间定额的组成

时间定额组成	代号	含 义
基本时间	t_j	直接改变生产对象的尺寸、形状、相对位置、表面状态或材料性质等工艺过程所消耗的时间
辅助时间	t_f	为实现工艺过程所必须进行的各种辅助动作所消耗的时间 基本时间和辅助时间的总和称为作业时间（t），即直接用于制造产品零、部件所消耗的时间 $t = t_j + t_f$
布置工作场地时间	t_b	为使加工正常进行，工人照管工作地（如更换刀具、润滑机床、清理切屑、收拾工具等）所消耗的时间，一般按作业时间的百分数 α 计算
休息与生理需要时间	t_r	工人在工作班内为恢复体力和满足生理上的需要所消耗的时间，一般按作业时间的百分数 β 计算
准备与终结时间	t_e	工人为了生产一批产品和零、部件，进行准备和结束工作所消耗的时间

（2）与工序加工相关的工艺要素及其含义见表 8-9。

表 8-9 与工序加工相关的工艺要素及其含义

术　语	定　义
工序	一个或一组工人，在一个工作地对同一个或同时对几个工件所连续完成的那一部分工艺过程
工步	在加工表面和加工工具不变的情况下，所连续完成的那一部分工作
辅助工步	由人和（或）设备连续完成的一部分工序，该部分工序不改变工件的形状、尺寸和表面粗糙度，但它是完成工步所必需的，如更换刀具等
工位	为了完成一定的工序部分，一次装夹工件后，工件与夹具或设备的可动部分一起相对刀具或设备的固定部分所占据的每一个位置
工序基准	在工序图上用来确定本工序所加工表面加工后的尺寸、形状和位置的基准
工序尺寸	某工序加工后应达到的尺寸
工序余量	相邻两工序的尺寸之差
工序能力	工序处于稳定状态时，加工误差正常波动的幅度。通常用 6 倍的质量特性值分布的标准偏差表示
工序能力系数	工序能力满足加工精度要求的程度
工作行程	刀具以加工进给速度相对工件所完成一次进给运动的工步部分
空行程	刀具以非加工进给速度相对工件所完成一次进给运动的工步部分
切入量	为完成切入过程所必须附加的加工长度
切出量	为完成切出过程所必须附加的加工长度

（3）机加工时间定额基本时间计算方法与示例

1）车削与镗削加工基本时间计算。车削镗削的机动时间计算有类似之处，

第八章 生产与质量管理基础知识与应用实例

车削是工件旋转,镗削是刀具旋转,而机动时间的主要部分都是进给运动时间。车削和镗削基本时间计算示例见表 8-10。

表 8-10 车削和镗削基本时间计算示例

工序及加工示意图	计算公式	备 注
车外圆和镗孔 （图示）	$t_j = \dfrac{L}{fn}i = \dfrac{l + l_1 + l_2 + l_3}{fn}i$ $l_1 = \dfrac{a_p}{\tan\kappa_r} + (2 \sim 3)$ $l_2 = 3 \sim 5$ l_3——单件小批生产时的试切附加长度（mm） f——每转进给量（mm/r） n——主轴转速（r/min）	1. 主偏角 $\kappa_r = 0$ 时 $l_1 = 0$ 2. 当加工到定位器或台阶时 $l_2 = 0$ 3. l_3 的值见有关数据

2) 铣削加工基本时间计算。铣削加工是刀具旋转,工件和刀具相对运动所进行的加工,基本时间的主要部分是进给运动时间。铣削加工的内容比较多,铣削加工的切入和切出部分与铣削加工的内容有直接关系,如用可转位面铣刀对称铣削平面,切入、切出量基本上等于刀具回转直径。典型铣削加工的基本时间计算示例见表 8-11。

表 8-11 铣削基本时间计算示例

工序及加工示意图	计算公式	备 注
铣键槽（两端开口）	$t_j = \dfrac{l + l_1 + l_2}{v_f}i$ $l_1 = 0.5D + (1 \sim 2)$ $l_2 = 1 \sim 3; i = \dfrac{h}{a_p}$	1. $i = 1$ 时即为一次进给铣削时的计算 2. h 为键槽深度（mm）
铣键槽（一端闭口）	$l_2 = 0$ $t_j = \dfrac{l + l_1 + l_2}{v_f}i$ $l_1 = 0.5D + (1 \sim 2)$	

3）钻削加工基本时间计算。钻削加工是刀具旋转，工件和刀具相对运动所进行的加工，基本时间的主要部分是进给运动时间。钻、扩、锪、铰加工的切入和切出部分与加工的内容有关，钻、扩、铰加工的基本时间计算示例见表8-12。

表8-12　钻、扩、铰加工的基本时间计算示例

工序及加工示意图	计算公式	备 注
钻孔和钻中心孔	$t_j = \dfrac{L}{fn} = \dfrac{l + l_1 + l_2}{fn}$ $l_2 = \dfrac{D}{2}\cot\kappa_r + (1 \sim 2)$ $l_2 = 1 \sim 4$	1. 钻中心孔和钻不通孔时 $l_2 = 0$ 2. D 为孔径（mm） 3. f——每转进给量（mm/r） 4. n——主轴转速（r/min）
扩钻、扩孔和铰圆柱孔	$t_j = \dfrac{L}{fn} = \dfrac{l + l_1 + l_2}{fn}$ $l_1 = \dfrac{D - d_1}{2}\cot\kappa_r + (1 \sim 2)$ 扩钻、扩孔时，$l_2 = 2 \sim 4$；铰圆柱孔时，l_2 按铰刀导向部分长度确定	1. 扩钻不通孔、扩不通孔和铰不通孔时 $l_2 = 0$ 2. d_1 为扩、铰前的孔径（mm），D 为扩、铰后的孔径（mm）

（4）生产成本管理

1）狭义的产品成本亦称为产品的制造成本，是指产品在生产过程中所支付的直接费用和间接费用，包括直接材料费、直接人工费和间接制造费用。广义的产品成本亦称为产品的经营成本，是指企业在组织生产和销售产品过程中，以货币表现的已耗费生产资料的价值，劳动者为自己劳动制造的价值，以及为组织管理生产和销售产品所支付的各种费用，是企业在组织产品生产和销售过程中的资金耗费量。

2）产品成本管理的基本要求：加强企业全体职工的成本意识，树立社会经济效益观念；企业必须遵守国家有关成本管理的政策、法令和制度，维护财经纪律；企业必须建立和健全成本管理责任制，实行全员成本管理；生产技术管理与成本管理相结合，不断降低产品成本提高企业的经济效益；不断完善成本管理的各项基础工作，为降低产品成本提供必要的条件。

3）成本控制是指在整个生产经营活动过程中，采用一定的控制标准和手段，对每一项成本形成的具体活动加以组织、调节和监督，使劳动耗费和各项费

用开支，控制在预算的范围之内，发现偏差，及时找出原因，采取有效的措施，从而实现企业的目标成本。成本控制有事前成本控制、日常成本控制和事后成本控制。成本控制的程序包括制订成本控制标准、监督产品成本形成过程、分析成本偏差等。

复习思考题

1. 简述产品质量的含义。产品的适用性参数一般包括哪些质量内容？
2. 什么是质量控制点？什么是 PDCA 循环？
3. 质量管理体系包括哪些基本要素？什么是全面质量管理？
4. 怎样判断和处置工序能力？
5. 什么是 5S 管理？目视管理包括哪些内容？
6. 生产计划和生产调度包括哪些工作内容？
7. 怎样进行生产能力平衡？怎样计算孔加工的时间定额？
8. 生产成本管理有哪些基本要求？怎样控制生产成本？

试 题 库

知识要求试题

一、判断题(对画√,错画×)

1. 装配工作仅是将若干个零件结合成部件的过程。　　　　　　　　(　　)
2. 大批量生产其产品固定,生产活动重复,但生产周期较长。　　　　(　　)
3. 大批量生产的装配方法按互换法装配,允许有少量简单的调整。　(　　)
4. 产品的质量(指整台机器)最终是由装配工作来保证的。　　　　　(　　)
5. 装配精度中的距离精度是指相关零件本身的尺寸精度。　　　　　(　　)
6. 装配精度中的相互位置精度是指相关零部件之间的平行度、垂直度和各种跳动精度。　　　　　　　　　　　　　　　　　　　　　　　　　(　　)
7. 装配精度中的相对运动精度是指有相对运动的零部件在运动方向和相对速度上的精度。　　　　　　　　　　　　　　　　　　　　　　　(　　)
8. 装配精度主要由零部件的加工精度来确定。　　　　　　　　　　(　　)
9. 无论采用哪种装配方法,都需要应用尺寸链来进行分析,才能得到最经济的装配精度,保证机械的性能和正常运行。　　　　　　　　　　　(　　)
10. 完全互换装配法,是指在同类零件中,任取一个装配零件,不经任何修配即可装入部件中,并能达到规定的装配要求。　　　　　　　　　(　　)
11. 分组装配法的配合精度取决于零件的本身精度。　　　　　　　(　　)
12. 静压导轨的工作原理是使导轨处于液体摩擦状态。　　　　　　(　　)
13. 油膜厚度与油膜刚度成正比。　　　　　　　　　　　　　　　(　　)
14. 塑料涂层导轨在粘接时,通常是塑料软带粘接在机床的动导轨上(即工作台或溜板上)。　　　　　　　　　　　　　　　　　　　　　　　(　　)
15. 对于细长的薄壁件采用过盈配合时,要特别注意其过盈量和形状偏差,装配时最好垂直压入。　　　　　　　　　　　　　　　　　　　　(　　)

16. 红套装配是在孔与轴有一定过盈量的情况下,把孔加热胀大,然后将轴套入胀大的孔中。( )

17. 红套配合是依靠轴、孔之间的摩擦力来传递转矩的,因此摩擦力的大小与过盈量的大小是没有关系的。( )

18. 冷缩装配过盈量的确定方法是与红套装配不一样的。( )

19. 精密机床的精密性,是依靠其主运动与进给运动的精密性来保证的。( )

20. 转子轴颈的圆度误差,较多的是产生椭圆形状。( )

21. 转子的弯曲主要是在加工过程中造成的。( )

22. 挠性转子是工作转速高于临界转速以上的转子。( )

23. 高速旋转机械上大多采用高精度滚动轴承而不采用滑动轴承。( )

24. 轴系找中过程中,务必使两个转子同时转过相同的角度。( )

25. 高速机械试运转时,如从低速到高速无异常现象,可直接进行满负荷试运转。( )

26. 机床传动链中的齿轮传动副,对传动精度影响最大的是齿距累积误差。( )

27. 传动比为1:1的齿轮副啮合时,两齿轮的最大齿距处于同一相位时,产生的传动误差为最小。( )

28. 蜗杆副的静态综合测量法,其测量结果接近于蜗杆副的实际工作状态。( )

29. 蜗杆自由珩磨法是在变主动力矩的控制下进行的。( )

30. 工作台环形圆导轨修刮时,应在V形导轨面两工作表面均匀刮去同等的金属。( )

31. 大型床身拼装时,如接合端平面与导轨面垂直度误差超过0.04mm/1000mm时,应对端面进行修刮。( )

32. 蜗杆蜗条副侧隙过大,会造成工作台移动时的爬行。( )

33. 大型机床的基础,使用多年后,会变得疏松,应对其进行整修。( )

34. 润滑油循环的初期,最好使润滑油通过轴承,以清洗掉轴承中的污物。( )

35. 挠性转子的高速动平衡,必须在真空舱内进行。( )

36. 无论何种联轴器,其内孔与轴的配合应为过渡配合,以便于装配。( )

37. 拼装多段拼接的床身时,如接头处有较大的缝隙,可用千斤顶等工具,将其逐渐拼合。( )

38. 滑动轴承选用润滑油牌号的原则是,高速低载时,用低粘度的油;低速

重载时用高粘度的油。( )

39. 机床试运转时,应密切注意油温的温升情况,试运转 2h 内,其温度不得大于室温 20℃。( )

40. 为了保证转子在高速下旋转的平稳性,转子上的内孔、外圆必须对轴颈有较小的位置度误差。( )

41. 转子有一阶、二阶、三阶……等一系列临界转速,其中一阶临界转速最低。( )

42. 转子旋转时,振动高点滞后于重点一定角度。( )

43. 车床和磨床的振动主要是切削加工时的自激振动,即颤振。( )

44. 精密机床在其基础周围挖出防振沟,是一种积极的隔振措施。( )

45. 用轴振动值来评定旋转机械的振动,比用轴承振动值来评定更具先进性。( )

46. 转子转速越高,其振动的双振幅允许值也越高。( )

47. 测量轴承振动时常用的是速度传感器。( )

48. 用涡流式位移传感器测量轴振动时,传感器与轴表面间的距离应小于 1mm。( )

49. 转子的轴颈呈椭圆形,旋转时将产生两位频振动。( )

50. 只有工作转速高于一阶临界转速两倍的挠性转子,才可能产生油膜振荡。( )

51. 减小轴承比压,可防止油膜振荡发生。( )

52. 噪声主要是由于机械和气体的振动而引起的。( )

53. 在噪声的测量评定中,一般都用 A 声级、即 dB(A) 表示。( )

54. 为消除滚珠丝杠螺母副的轴向间隙,可采用预紧的方法,预紧力越大,效果越好。( )

55. 静压导轨滑动面之间油腔内的油膜,需在运动部件运动后才能形成压力。( )

56. 塑料导轨粘贴时,塑料软带应粘贴在机床导轨副的短导轨面上。( )

57. T4163 型坐标镗床主轴转速由齿轮变速实现,因此属于有级调速。( )

58. T4163 型坐标镗床进给运动采用可调整的钢环—摩擦锥体无级调速机构。( )

59. T4163 型坐标镗床刻线尺及光学装置的安装精度会直接影响工件的定位精度。( )

60. T4163 型坐标镗床刻线尺的调整是通过假刻线尺进行的。( )

61. T4163 型坐标镗床操纵箱的定位顺序是先根据工作台纵向移动轴,进行

操纵箱定位,再进行床身蜗杆副壳体定位。 ( )

62. T4163 型坐标镗床滑板蜗杆副的间隙超差过多时,可改变其啮合中心距予以修复。 ( )

63. T4163 型坐标镗床的主轴锥孔一般应预先进行修磨,以保证锥孔与主轴的回转精度。 ( )

64. T4163 型坐标镗床主轴正常负载时的转速与空载时的转速相差不得小于 5%。 ( )

65. T4163 型坐标镗床万能转台装配和调整时,不应将滚珠(或滚柱)按直径较大者和直径较小者交叉装配。 ( )

66. T4163 坐标镗床空运转试验时,主轴的进给应作低、中、高速空运转试验,不包括坐标床身的移动。 ( )

67. Y7131 型齿轮磨床的加工方法是以滚切运动方式进行的。 ( )

68. Y7131 型齿轮磨床工作台移动制动器的作用是增加移动阻力。 ( )

69. Y7131 型齿轮磨床分度机构精度是由短爪、长爪与定位盘的接触密合精度保证的。 ( )

70. Y7131 型齿轮磨床行星机构的装配精度采用误差叠加法予以保证。 ( )

71. Y7131 型齿轮磨床工作立柱装配时,若尾架中心与工作台回转中心的同轴度超差,应通过修刮立柱底面及重铰销孔进行调整。 ( )

72. Y7131 型齿轮磨床滑座部件中滑板往复运动所形成的冲击力而引起的滑座体与工件立柱的固有振动是造成齿面波动的主要因素,因此调整工作需十分注意。 ( )

73. Y7131 型齿轮磨床砂轮电动机转子的动平衡精度与磨头的精度关系不大,不需重新校正。 ( )

74. Y7131 型齿轮磨床磨具装配时,应按精度要求一致性成对选择两组轴承,并成对进行预加负荷调整。 ( )

75. Y7131 型齿轮磨床磨具装配后,只需测量前锥部的径向圆跳动精度。 ( )

76. Y7131 型齿轮磨床空运转试验时,磨头上下滑动速度一般调至 140 次/min。 ( )

77. 专业工种作业指导的讲义应充分体现专业理论的特点。 ( )

78. 编写钳工作业指导讲义应注意搜集适合学员的资料,以达到因材施教的目的。 ( )

79. 作业指导不需要讲授,一般只需要示范即可。 ( )

80. 在使用万能分度头进行精度较高的划线作业指导时,应强调用主轴刻度

盘来控制角度和等分划线的精度。（　）

81. 在进行铣床主轴间隙调整的作业指导中，在调整好间隙后试车时，应指导学员注意主轴的温升。（　）

82. 在进行铣床纵向工作台间隙调整作业指导时，应强调先调整丝杠螺母间隙，后调整丝杠安装的轴向间隙。（　）

83. 在万能分度头装配作业指导中，应注意指导学员进行蜗杆轴向间隙的调整，但分度蜗杆的轴向间隙与分度精度无关。（　）

84. 在指导使用光学平直仪检测大型机床导轨直线度时，应提示学员注意平直仪读数的正负规则。（　）

85. 在进行钳工作业指导的评价时，应根据实际情况随时确定质量评价标准。（　）

86. 在进行作业指导效果分析时，主要是分析寻找被指导者的素质原因。（　）

87. 精密导轨刮削的测量应根据温差控制刮削精度，合理确定测量的最佳时间。（　）

88. 研具的材料一般比工件的材料硬度低，并具有一定的磨料嵌入性和浸含性。（　）

89. 研具的长度为工件的1.5~2倍。（　）
90. 数控机床与普通机床的操作是相同的。（　）
91. 数控程序的编制只能采用手工编制方法。（　）
92. G指令是数控机床的辅助功能指令。（　）
93. 电火花加工是基于脉冲放电蚀除原理的放电加工。（　）
94. 汽轮机叶片的加工应选用电解加工。（　）
95. 陶瓷材料具有高硬度和高韧性。（　）
96. 激光扫描仪是通过激光测距的方法获得点云数据的。（　）
97. 经纬仪可检测工作台分度精度。（　）
98. 延伸、图案填充都属于CAD中的修改方法。（　）
99. 机床热变形是随时间变化的非定常现象。（　）
100. 改善零件结构是控制热处理变形的主要措施。（　）

二、选择题（将正确答案的序号填入括号内）

（一）单项选择题

1. 单件小批生产的产品种类、规格经常变换，不定期重复、生产周期一般（　）。

A. 较短　　　　B. 根据产品质量来定　　C. 较长

2. 汽轮机叶轮与轴的配合是采用( )的方法。
   A. 冷缩   B. 压入法   C. 热胀

3. 装配精度中的距离精度是指相关零部件的( )精度。
   A. 距离尺寸   B. 相对位置   C. 零件形状

4. 静压导轨的主要特点是摩擦因数小,一般为( )左右。
   A. 0.001   B. 0.005   C. 0.0005

5. 对于开式静压导轨如压力升到一定值,台面仍浮不起的原因是( )。
   A. 油泵规格不符
   B. 节流阀堵塞或管路有漏油
   C. 导轨面之间卡死

6. 高速机械的( )是可能引起振动的主要部件。
   A. 支架   B. 轴承   C. 转子   D. 电动机

7. 挠性转子的动平衡转速在一阶临界转速或以上时称为挠性转子的( )。
   A. 静平衡   B. 动平衡   C. 高速动平衡

8. 椭圆形和可倾瓦等形式轴承,可有效地解决滑动轴承在高速下可能发生的( )问题。
   A. 工作温度   B. 油膜振荡   C. 耐磨性   D. 抱轴

9. 可倾瓦轴承各瓦块背部的曲率半径,均应( )轴承体内孔的曲率半径,以保证瓦块的自由摆动。
   A. 大于   B. 小于   C. 等于   D. 无明显规定

10. 齿式联轴器内齿轮在轴向有一定的游动量,以保证两轴都有( )。
    A. 存油空间   B. 热胀冷缩的余地
    C. 受力变形的余地   D. 装配误差的调整量

11. 轴系找中的目的,是要保证两个转子在正常运行状态时的( )要求。
    A. 同轴度   B. 平行度   C. 位置度   D. 对称度

12. 高速旋转机械的起动试运转,开始时应作短时间试运转,并观察其转速逐渐( )所需的滑行时间。
    A. 升高   B. 运行   C. 停止   D. 降低

13. 齿轮传动副中,影响传动精度较大的主要是( )误差。
    A. 齿距   B. 齿距累积
    C. 齿圈径向圆跳动   D. 装配

14. 分度蜗杆副修整时,常采用( )方法。
    A. 更换蜗杆,修正蜗轮   B. 更换蜗轮,修正蜗杆
    C. 更换蜗杆和蜗轮   D. 修正蜗杆和蜗轮

15. 分度蜗杆的径向轴承是青铜材料制成的滑动轴承,修正时需用( )材

料制成的研磨棒研磨。

A. 铸铁　　B. 低碳钢　　C. 铝合金　　D. 巴氏合金

16. 用强迫珩磨法修整分度蜗轮，其原理相当于滚切蜗轮，因此需在（　　）上进行。

A. 高精度滚齿机　　　　B. 普通滚齿机
C. 原机床　　　　　　　D. 带变制动力矩的专用滚齿机

17. 工作台环形圆导轨的圆度误差，主要影响齿轮加后的（　　）。

A. 齿距　　B. 齿距累积　　C. 齿形　　D. 齿厚

18. 多段拼接床身接合面与导轨的垂直度要求较高，其公差在0.03mm/1000mm以内，且要求相互接合面的两端面其误差方向应（　　）。

A. 一致　　B. 相反　　C. 无明确规定

19. 多段拼接床身的各段床身在联接螺栓紧固接合面用（　　）的塞尺检查时应不得塞入。

A. 0.01mm　　B. 0.02mm　　C. 0.04mm　　D. 0.1mm

20. 长导轨刮削时应考虑到季节气温的差异，在夏季气温较高条件下，导轨面应刮削成（　　）状态。

A. 中间凸起　　　　　　B. 中间凹下
C. 中间与两端一样平　　D. 凸凹均可

21. 安装大型机床的混凝土底座干固后，必须进行预压，使地基更加坚固而不变形，预压重量为机床自重加上最大工件重量总和的（　　）。

A. 50%　　B. 100%　　C. 150%　　D. 200%

22. 大型机床横梁、立柱拼装检查合格后，应将原定位锥销重新铰孔并配制新的锥销，锥销与孔的接触率应达到（　　）。

A. 50%　　B. 60%　　C. 70%　　D. 80%

23. 大型机床蜗杆蜗条副侧隙过大，会导致工作台移动时产生爬行的弊病，对工件的加工质量带来严重影响，尤其是影响工件的（　　）。

A. 平行度　　B. 平面度　　C. 直线度　　D. 表面粗糙度

24. 转子有一阶、二阶……等多个临界转速，其中（　　）临界转速最低。

A. 一阶　　B. 二阶　　C. 三阶　　D. 四阶

25. 工作转速高于一阶临界转速的转子称为（　　）转子。

A. 刚性　　B. 高速　　C. 挠性　　D. 临界

26. 当转子转速达到一阶临界转速时，振动高点滞后于重点的相位角为（　　）。

A. 45°　　B. 90°　　C. 135°　　D. 180°

27. 机床在切削过程中产生的内激振动力而使系统产生的振动，

称为（　　）。

  A. 受迫振动　B. 自激振动　C. 自由振动　D. 切削振动

28. 工作转速为 1500r/min 的转子，其振动频率为(　　)Hz。

  A. 1500　　　B. 150　　　C. 15　　　D. 25

29. 研究表明(　　)的轴最易发生油膜振荡。

  A. 高速轻载　B. 高速重载　C. 低速轻载　D. 低速重载

30. (　　)可以提高旋转机械轴承的稳定性，减少油膜振荡发生的机会。

  A. 增大轴承宽度　　　　B. 减小轴承宽度

  C. 增大轴承厚度　　　　D. 减小轴承厚度

31. 在噪声测量评定中，一般都用(　　)表示。

  A. dB(A)　　B. dB(B)　　C. dB(C)　　D. dB(D)

32. 噪声的声压增大 10 倍时，其声压级增大(　　)倍。

  A. 10　　　B. 2　　　C. 1　　　D. 0.5

33. 机床的机械噪声主要来源于机床中齿轮、滚动轴承和(　　)等部件。

  A. 联轴器　　B. 溢流阀　　C. 液压泵　　D. 电器元件

34. 为了提高滚珠丝杠的支承刚度，中、小型数控机床多采用接触角为(　　)的双向推力角接触球轴承。

  A. 30°　　　B. 60°　　　C. 90°　　　D. 120°

35. 消除滚珠丝杠螺母副间隙的方法中，常用的是(　　)。

  A. 单螺母调隙式　　　　B. 双螺母调隙式

  C. 弹性挡圈调隙式　　　D. 过盈滚珠调隙式

36. 只要能满足零件的经济精度要求，无论何种生产类型，都应首先考虑采用(　　)装配。

  A. 调整装配法　　　　B. 选配装配法

  C. 修配装配法　　　　D. 互换装配法

37. 刚性转子在工作中不会遇到(　　)。

  A. 平速涡动　B. 临界转速　C. 剧烈振动

38. 转子振动烈度与振动位移双幅值之间的关系是(　　)。

  A. $v_f = S\omega/2\sqrt{2}$　　B. $v_f = S\omega/2$　　C. $v_f = \dfrac{2\sqrt{2}}{S\omega}$

39. 振动烈度标准中的品质段 C 表示为机械运行已有(　　)。

  A. 优级水平　　　B. 良好水平　　　C. 一定故障

40. 测量轴振动的方法是采用(　　)传感器。

  A. 加速度　　　　B. 速度　　　　C. 位移

41. 传感器与轴表面间的距离通常调整为(　　)mm。

A. 0.5~1 B. 1~1.5 C. 1.5~2.0

42. 速度传感器所测量的轴承振动，是相对于大地的振动，即（　　）。

A. 绝对振动 B. 机械振动 C. 相对振动

43. 挠性转子在临界转速以下运转时，转子可看作（　　）。

A. 挠性转子 B. 刚性转子 C. 弹性转子

44. 凡转子在一阶临界转速或以上进行平衡，便属于挠性转子的（　　）。

A. 静平衡 B. 动平衡 C. 高速动平衡

45. 椭圆形和可倾瓦等轴承形式的出现，主要是为了解决滑动轴承在高速下，可能发生的（　　）问题。

A. 工作温度 B. 耐磨性 C. 油膜振荡

46. 可倾瓦轴承的各瓦块背部的曲率半径均（　　）轴承体内孔曲率半径，以保证瓦块的自由摆动。

A. 大于 B. 等于 C. 小于

47. 可倾瓦轴承由于每个瓦块都能偏转而产生油膜压力，故其抑振性能与椭圆轴承相比（　　）。

A. 更好 B. 一样 C. 更差

48. 高速旋转机械采用的推力轴承形式以（　　）居多。

A. 径向推力滚柱轴承 B. 推力滚动轴承 C. 扇形推力块

49. 高速旋转下的径向轴承其内孔精加工尽量采用（　　）。

A. 手工刮削 B. 精车 C. 研磨

50. 齿式联轴器的内齿在轴向有一定的游动量，以保证两轴都有各自的（　　）余地。

A. 存油空隙 B. 受力变形 C. 热胀冷缩

51. T4163型坐标镗床的进给运动是通过转动手轮变速的，若同时（　　）可使进给增速。

A. 拨近摩擦锥体和被动锥体
B. 拨远摩擦锥体和被动锥体
C. 拨近摩擦锥体及拨远被动锥体
D. 拨远摩擦锥体及拨近被动锥体

52. T4163型坐标镗床微量调节主轴升降时，是通过手轮→锥齿轮副→蜗杆副→（　　）→齿轮齿条→主轴齿轮来实现的。

A. 牙嵌离合器 B. 片式摩擦离合器
C. 胀环式离合器 D. 钢球离合器

53. T4163型坐标镗床坐标床面部件安装时应检查坐标定位精度，通常每移动（　　）读数一次。

A. 1000mm　　B. 100mm　　C. 10mm　　D. 1mm

54. T4163型坐标镗床检验坐标精度时，室温应保持在(　　)，在该温度的保温时间不少于(　　)，包括工具恒温在内。

　　A. (20±0.25)℃；2h　　　　B. (20±0.5)℃；2h
　　C. (20±0.25)℃；4h　　　　D. (20±0.5)℃；4h

55. T4163型坐标镗床检验工作台移动的坐标精度时，应在(　　)距台面(　　)高度上放置标准刻线尺。

　　A. 工作台面中间；250mm　　B. 工作台左端；150mm
　　C. 工作台右端；250mm　　　D. 工作台面中间；100mm

56. T4163型坐标镗床检验万能转台的游标盘和刻度盘精度时，通常在转台上固定一个(　　)。

　　A. 角度规　　B. 象限仪　　C. 显微仪　　D. 标准尺

57. T4163型坐标镗床万能转台的游标盘和刻度盘精度检验时，公差值为(　　)。

　　A. 1′　　B. 0.5′　　C. 10″　　D. 1″

58. Y7131型齿轮磨床被磨削齿轮的最大螺旋角为(　　)。

　　A. ±30°　　B. 30°～45°　　C. ±45°　　D. ±25°

59. Y7131型齿轮磨床砂轮架滑座每分钟最大冲程数为(　　)。

　　A. 50　　B. 100　　C. 200　　D. 280

60. Y7131型齿轮磨床联系工件回转和工件移动的内传动为(　　)运动。

　　A. 砂轮旋转　　　　　　B. 砂轮架滑座往复
　　C. 工件滚切　　　　　　D. 工件进给

61. Y7131型齿轮磨床砂轮的最大行程距是(　　)。

　　A. 200mm　　B. 120mm　　C. 400mm　　D. 500mm

62. Y7131型齿轮磨床回转制动器的作用是(　　)。

　　A. 消除各传动零件间隙　　B. 增加传动阻力
　　C. 锁定传动机构　　　　　D. 减少传动阻力

63. Y7131型齿轮磨床调整齿轮箱安全离合器时，滚切交换齿轮应按(　　)滚切直径调整。

　　A. 最大　　B. 最小　　C. 平均　　D. 中间

64. Y7131型齿轮磨床齿轮箱安全离合器的反向摩擦力为(　　)。

　　A. 10～20N　　B. 20～30N　　C. 40～50N　　D. 50～60N

65. Y7131型齿轮磨床分度机构完成分度运动后，由(　　)操纵工作台反向，机床工作循环又重新开始。

　　A. 行星机构　　　　　　B. 旗式操纵机构

C. 差动机构 D. 带传动机构

66. Y7131 型齿轮磨床分度机构中机动分度时，长短爪落入定位盘位置是依靠( )实现的。

A. 惯性力 B. 弹簧力 C. 液压推力 D. 气动推力

67. Y7131 型齿轮磨床滑座部件的滑板设置了由挂耳、链条及偏心凸轮和等拉力弹簧组成的机构，其作用是( )。

A. 固定滑板 B. 锁紧滑板 C. 平衡滑板

68. Y7131 型齿轮磨床工件立柱上尾座套筒锥孔与标准塞规的接触面积为( )以上。

A. 55% B. 60% C. 75% D. 70%

69. 作业指导讲义中有利于学员拓展思路，进行系统思考的基本要求属于( )要求。

A. 系统性 B. 科学性 C. 实践性 D. 条理性

70. 编写作业指导讲义时，为了达到因材施教的目的，应注意搜集( )的资料。

A. 通俗易懂 B. 相应程度 C. 现行标准 D. 适合学员

71. 作业指导时边讲解边操作的方法称为( )。

A. 准备 B. 演示 C. 讲授 D. 辅导

72. 在进行分度头装配作业指导时，应向学员讲授分度头( )。

A. 分度计算方法 B. 结构和传动系统
C. 分度原理 D. 种类和型号

73. 在进行圆盘凸轮划线作业指导时，需要进行计算讲授的内容是( )。

A. 升高量和升高率 B. 从动杆
C. 滚轮直径 D. 基圆直径

74. 在圆柱凸轮划线作业指导时，引导学员寻找划线数据的图样是( )。

A. 零件立体图 B. 零件表面坐标展开图
C. 滚轮结构图 D. 铣刀几何角度图

75. 分度头蜗杆副啮合间隙调整作业指导时，应引导学员利用( )结构进行调整。

A. 偏心套 B. 斜齿轮 C. 锥销 D. 钢摩擦轮

76. 在检测铣床主轴与工作台位置精度的作业指导时，应讲述立式铣床主轴与工作台面不垂直，铣削平面会产生( )的弊病。

A. 倾斜 B. 粗糙 C. 凹陷 D. 振纹

77. 在进行铣床工作台丝杠安装轴线间隙作业指导时，应提示学员注意防止调整位置变动的零件是( )。

A. 止动垫片　　B. 刻度盘　　C. 镶条　　D. 螺母

78. 在用光学平直仪测量导轨直线度作业指导时，若学员计算测得的求减读数分别为 -15、+12，则直线度误差为（　　）。

A. -3　　B. 3　　C. 27　　D. -27

（二）多项选择题

1. 装配尺寸链的计算方法有极值法、概率法、修配法和调整法四种。按极值法得到各组成环标准公差等级最小，约为（　　），能保证产品100%合格。按概率法得到各组成环的标准公差等级较小，约为（　　），能保证产品99.73%。按修配法得到各组成环的标准公差等级较大，约为（　　）。

A. IT8　　B. IT9　　C. IT11　　D. IT12　　E. IT10

2. 静压导轨装配对导轨刮研精度的要求是导轨全长度上的直线度和平面误差为：高精度和精密机床为（　　）mm，普通及大型机床为（　　）mm。高精度机床导轨在每25mm×25mm面积上的接触点不少于（　　）点，精密机床不少于（　　）点，普通机床不少于（　　）点。

A. 0.01　　B. 0.02　　C. 0.03　　D. 24
E. 20　　F. 16　　G. 12

3. 静压导轨的供油必须经过二次过滤，其过滤精度为：中、小型机床为（　　）μm，重型机床为（　　）μm。

A. 50~100　　B. 1~2　　C. 3~10　　D. 10~20

4. 塑料涂层导轨粘接后，一般在室温下固化（　　）h 以上。通常粘结剂用为（　　）g/m²，粘接层厚度约为（　　）mm，接触压力为（　　）MPa。

A. 12　　B. 24　　C. 200　　D. 500
E. 0.1　　F. 1　　G. 0.05~0.1　　H. 0.5~1

5. 滚珠丝杠副的传动效率较高一般可达（　　），比常规的丝杠螺母副提高了（　　）倍。因此消耗功率只相当于常规丝杠螺母副的（　　）。

A. 0.92~0.96　　　　B. 0.70~0.80
C. 5~10　　　　　　D. 3~4
E. 1/5~1/6　　　　　F. 1/4~1/3

6. 转子转速升高到一定数值时，振动的（　　）总要滞后（　　）某一相位角。

A. 高点　　B. 低点　　C. 重点　　D. 中点

7. 转子在起动后的运转中，其转速与负荷，必须遵照由（　　）速到（　　）速、由（　　）负荷到（　　）负荷的基本规则逐步进行。

A. 空　　B. 高　　C. 低　　D. 满

8. 无论新旧转子，其轴颈的（　　）和（　　）误差都应尽量小，一般要求控制在( )mm 以内。

A. 同轴度   B. 椭圆度   C. 圆柱度   D. 圆度

E. 0.05   F. 0.02   G. 0.002

9. 转子的弯曲值一般不得超过( )mm，弯曲值超过上述范围，应采取( )方法予以校正。

A. 0.5   B. 0.02～0.03   C. 0.2～0.3

D. 重做动平衡   E. 校直

10. 安装固定式联轴器时，务必使两轴严格对中。否则由于两轴的相对倾斜或不同轴，将在被连接的轴和轴承中引起( )而造成严重磨损，甚至发生( )。

A. 摩擦   B. 附加载荷   C. 油膜振荡   D. 振动

11. 高速旋转机械的联轴器，其内外圆的( )误差，端面与轴心线的( )误差，都要求控制得十分精确，误差要求一般在( )mm 以内。

A. 圆度   B. 同轴度

C. 径向圆跳动   D. 垂直度

E. 0.2   F. 0.02

G. 0.05

12. 滑动轴承选用何种润滑油，取决于( )，转子的转速、工作温度等。一般说，载荷大，速度低，温度高时宜用( )的润滑油。

A. 轴承的类型   B. 轴承的宽度   C. 轴承的载荷

D. 粘度较小   E. 粘度较大

13. 大型机床床身的拼接顺序是将床身的( )段首先吊装到基础调整垫铁上，初步找正安装水平，再按次序将( )段、( )段、( )段、( )段吊装拼接。

A. 第一   B. 第二   C. 第三

D. 第四   E. 第五

14. 大型机床在调整垫铁找平时，应使每个调整垫铁的纵、横向水平位置误差控制在( )以内。两对面和相邻调垫铁在同一平面内的误差，控制在( )以内，所有垫铁尽可能在同一个水平面内。

A. 0.1mm/1000mm   B. 0.2mm/1000mm

C. 0.3mm/1000mm   D. 0.5mm/1000mm

15. 当转子转速达到一阶临界转速时，振动高点滞后于重点的相位角 α 等于( )。当转子转速高于一阶临界转速时，振动高点滞后角 α 大于( )，转速再升高时，滞后角 α 可接近于( )。

A. 45°   B. 90°   C. 120°

D. 180°   E. 270°

16. 磨床的主要振动是受迫振动,引起受迫振动的原因主要是由于( )、( )、( )和间隙较大等。
    A. 主轴不平衡   B. 电动机质量不好
    C. 联轴器未对中   D. 砂轮不平衡
    E. 轴承支承刚度差

17. 用振动位移值来评定机械振动水平时,是按照转速的高低来规定允许的振幅。转速( ),允许振幅( );转速( ),允许的振幅( )。
    A. 高   B. 低   C. 大   D. 小

18. 作为评定机械的振动水平时的测点位置,总是在( )和( )两个方面。
    A. 机座   B. 基础   C. 轴承   D. 轴

19. 当转子出现半速涡动后,对一般转子其振幅不会很大,对于挠性转子而言,当转速高于一阶临界转速( )倍之后,半速涡动的频率与一阶临界转速频率重合,从而将立即产生( ),振动幅度剧烈增加,这就是油膜振荡。
    A. 5   B. 3   C. 2
    D. 抖动   E. 自振扩大   F. 共振放大

20. 研究表明,( )的轴最易发生油膜振荡,( )的轴则不易发生振荡。
    A. 低速重载   B. 低速轻载   C. 高速轻载   D. 高速重载

21. T4163型坐标镗床的主要技术规格中比普通镗床精度要求较高的项目是( )。
    A. 最大加工直径   B. 工作台荷重
    C. 主轴转速   D. 机床坐标精度
    E. 机床工作精度

22. T4163型坐标镗床的主轴变速由( )实现。
    A. 调速电动机   B. 带传动
    C. 蜗杆副传动   D. 变速齿轮箱
    E. 行星轮机构

23. T4163型坐标镗床主轴微量升降时,通过( )使主轴齿轮获得微量调节。
    A. 手轮   B. 锥齿轮副
    C. 蜗杆副   D. 胀环式离合器
    E. 齿轮齿条

24. T4163型坐标镗床的工作精度取决于( )精度。

A. 蜗杆副　　　　　　　　B. 齿轮齿条机构
C. 刻线尺制造　　　　　　D. 刻线尺安装
E. 光学装置制造　　　　　F. 光学装置安装

25. T4163型坐标镗床刻线尺定位调整使用的测量工具有(　　)。
A. 千分尺　　　　　　　　B. 游标卡尺
C. 假刻线尺　　　　　　　D. 反光镜垫板
E. 指示表　　　　　　　　F. 磁性表架及垫板

26. T4163型坐标镗床滑板蜗杆副组装调整的技术要求包括(　　)。
A. 齿侧间隙　　　　　　　B. 齿高方向接触面积
C. 齿宽方向接触面积　　　D. 蜗轮孔径
E. 蜗杆中径

27. T4163型坐标镗床主轴轴承组装时,轴承应保证(　　)。
A. 尺寸一致性在0.001mm以内
B. 同类尺寸滚柱对称分布
C. 滚柱转动灵活
D. 滚柱表面无划痕
E. 成套选配过盈量
F. 安装锁紧圈后滚柱应稍有阻尼

28. T4163型坐标镗床立柱部分的总装质量影响(　　)。
A. 加工后各孔的表面粗糙度值
B. 加工后各孔的同轴度误差
C. 加工后各孔的平行度误差
D. 加工后各孔对基准的垂直度误差
E. 加工后各孔的形状精度误差
F. 加工后各孔的孔径尺寸

29. Y7131型齿轮磨床用于磨削(　　)。
A. 渐开线锥齿轮　　　　　B. 摆线圆柱齿轮
C. 渐开线齿条　　　　　　D. 渐开线圆柱直齿轮
E. 渐开线圆柱螺旋齿轮　　F. 摆线内齿轮

30. Y7131型齿轮磨床工件立柱装配调整时,若尾座与工作台回转中心同轴度超差,可通过(　　)进行调整。
A. 调整轴承间隙　　　　　B. 调整镶条间隙
C. 修刮立柱底面　　　　　D. 重铰锥销孔
E. 调整齿条间隙

31. 作业指导讲义的基本要求是(　　)。

A. 系统性　　B. 科学性　　C. 实践性　　D. 条理性
E. 应用性　　F. 理论性　　G. 标准性

32. 作业指导讲义的正文基本内容有(　　)。
A. 所有知识技能点　　B. 重要概念　　C. 分析方法
D. 知识难点　　E. 例题分析　　F. 作业总结　　G. 作业提示

33. 作业指导的基本方法是(　　)。
A. 通俗化　　B. 演示　　C. 指导　　D. 准备
E. 标准化　　F. 形象化　　G. 讲授

34. 分度头装配作业指导的主要步骤是(　　)的装配。
A. 蜗杆组件　B. 蜗轮　　C. 侧轴箱组件　D. 回转体部件
E. 分度盘　　F. 刻度盘　　G. 主轴组件　　H. 总装配

35. 分度头分度机构啮合精度调整作业指导的要点是(　　)。
A. 蜗轮装配　　　　　　B. 蜗杆轴向间隙调整
C. 蜗杆副啮合间隙调整　D. 脱落机构和手柄装配
E. 蜗杆装配　　　　　　F. 主轴径向间隙调整
G. 主轴轴向间隙调整

36. 在铣床主轴间隙调整作业指导中相关的轴承有(　　)。
A. 圆锥滚子轴承　　　　B. 单列球轴承
C. 双列向心短圆柱滚子轴承　D. 向心推力球轴承
E. 滑动轴承　　　　　　F. 静压轴承
G. 调心球轴承

37. 调整铣床工作台丝杠轴向间隙作业指导时有关的零件是(　　)。
A. 丝杠　　B. 垫块　　C. 刻度盘　　D. 刻度盘螺母
E. 调整螺母　F. 止动垫圈　G. 推力轴承

38. 作业指导效果评价依据的测定内容主要是(　　)。
A. 作业过程能力　　　　B. 理论知识
C. 技能等级　　　　　　D. 计算与相关能力
E. 工件加工质量　　　　F. 作业差错
G. 计算结果

39. 作业指导效果评价时对被指导者综合测定的内容包括(　　)等。
A. 管理能力　　　　　　B. 独立作业能力
C. 实施重点和难点操作的能力　D. 质量问题原因分析能力
E. 解决质量问题能力　　F. 组织能力
G. 提问应答能力

40. 对作业指导环境等的分析主要包括(　　)等方面。

A. 气候　　　　　　　　　B. 噪声
C. 场地布置　　　　　　　D. 加工预制件质量
E. 装配零件质量　　　　　F. 相关用具质量
G. 检具精度

三、简答题

1. 机械产品装配的生产类型有哪几种？
2. 试述单件小批量生产的基本特征。
3. 试述装配工作内容中清洗工作的目的和方法。
4. 装配中的配作是指哪些作业？
5. 机械产品装配调整结束后，应根据有关技术标准和规定，对产品进行较全面的检验和试验工作，这些工作的具体内容有哪些？
6. 装配尺寸链的计算方法有哪几种？
7. 试述分组选配法的特点。
8. 何谓导轨的油膜刚度 J？它有什么作用？
9. 塑料涂层导轨在加工时，为何要粘贴密封条？
10. 如何实现塑料涂层导轨的重新注射成型？
11. 试述滚珠丝杠副的传动原理。
12. 滚珠丝杠副传动有些什么特点？
13. 简述对红套装配工作有什么要求？
14. 数控机床主轴轴承的预紧有什么意义？
15. 简述挠性转子动平衡的过程及精度要求。
16. 为什么可倾瓦轴承有更好的稳定性？
17. 为什么要进行轴系找中？
18. 什么是蜗杆副的静态综合测量法？
19. 大型床身刮削时应注意哪些问题？
20. 简述大型机床床身拼接工艺。
21. 简述大型机床蜗杆蜗条副对加工工件的影响。
22. 因转子原因造成旋转机械产生不正常振动的原因有哪些？
23. 什么是转子的临界转速？
24. 防止和消除机床振动的工艺方法有哪些？
25. 如何测量轴的振动？
26. 旋转机械产生油膜振荡时，可采取哪些措施消除？
27. 如何测量噪声？
28. 降低机械噪声的一般方法有哪些？

29. 简述作业指导讲义的使用注意事项。
30. 简述作业指导的基本方法和辅导操作的要点。
31. 简述作业指导效果评价的测定内容和基本方法。

四、计算题

1. 如图 1a 所示的齿轮组件,轴固定在箱体上,齿轮在轴上回转,要求装配后的轴向间隙为 0.10~0.35mm,已知各组成零件的尺寸分别为:$L_1 = 30_{-0.06}^{0}$ mm,$L_2 = L_5 = 5_{-0.04}^{0}$ mm,$L_4 = 3_{-0.05}^{0}$ mm,求组成环 L_3 的极限尺寸?

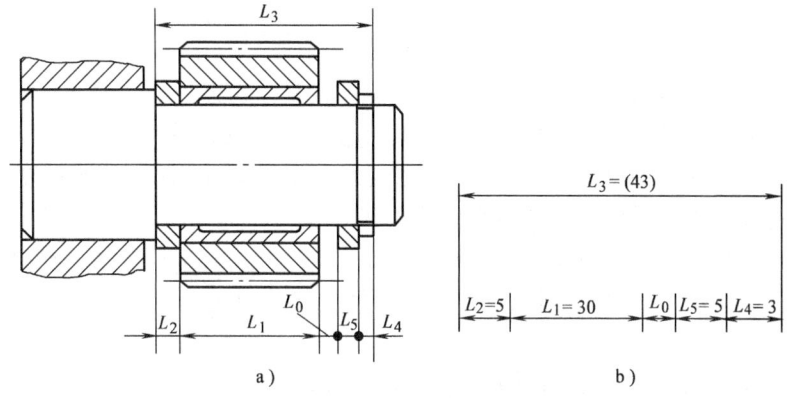

图 1 齿轮部件装配尺寸链

2. 如图 2 所示,轴颈直径为 $\phi 50$mm,要加工一椭圆形轴承与其相配,圆度误差(椭圆度)$m = 1/2$,中分面垫片厚度为 0.08mm,问轴承内孔应加工多大?

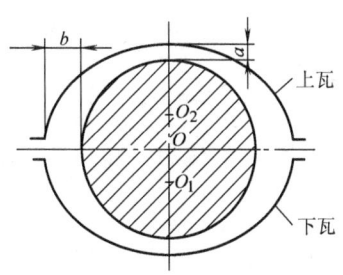

图 2 椭圆轴承示意图

3. 某机组用联轴器连接两个转子,轴系找中轴心线偏差示意图如图 3 所示,测得数据如下:

0°时,$B_1' = 0.05$mm,$B_1'' = 0.02$mm,$A_1 = 0$;

90°时,$B_2' = 0.04$mm,$B_2'' = 0.01$mm,$A_2 = 0.04$mm;

180°时，$B_3' = 0.03\,\text{mm}$，$B_3'' = 0.01\,\text{mm}$，$A_3 = 0.01\,\text{mm}$；
270°时，$B_4' = 0.02\,\text{mm}$，$B_4'' = 0.03\,\text{mm}$，$A_4 = 0.03\,\text{mm}$。
试求出1、2两处轴承的垂直方向的调整量。

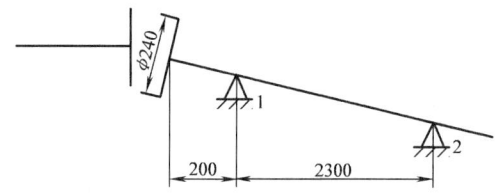

图3 轴系找中轴心线偏差示意图

4. 一轴颈直径为 $\phi40\,\text{mm}$，欲加工一椭圆轴承与其相配。中分面之间垫片厚度为 $0.06\,\text{mm}$，轴内孔尺寸为 $\phi40.12\,\text{mm}$，试求椭圆轴承的圆度为多少？

5. 某旋转机械转速为 3000 r/min，其支承系统为柔性支承，测得其振动位移的双振幅值为 0.025 mm，计算其振动烈度为多少？

6. 某汽轮发电机转速为 3000 r/min，其支承为柔性支承，要求达到良好的运行水平，求其允许的双振幅值为多少？（根据达到良好的运行水平的双振幅值查表得 $v_f \leq 7.1\,\text{mm/s}$）

7. 某发动机噪声，测得其声压为 2Pa，问其声压级为多少分贝？

8. 测得某机床噪声为 80dB，问该噪声声压为多少？

9. 如图4所示，某轴套配合要求过盈量为 0.20mm，轴的锥度为 1/10，则轴向套进的尺寸为多少？

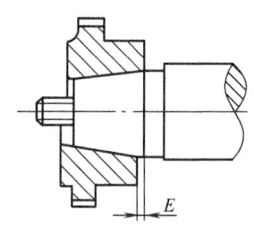

图4 锥形孔联轴器的套装

技能要求试题

一、制作三角合套

1. 考件图样(图5)
2. 准备要求
1)熟悉考件图样。
2)检查毛坯是否与考件相符合。
3)工具、量具、夹具的准备。
4)所使用的设备检查(主要是电气和机械传动部分)。
5)划线用具的准备。
6)划线。
3. 考核内容

(1)考核要求

1)采用锯、锉、钻等工艺方法制作。加工后应达到图样要求的尺寸精度和几何精度。以阳件为基准,阴件配作,配合互换间隙为:平面间隙≤0.08mm;曲面间隙≤0.1mm。ϕ50mm孔的精度为$\phi(50\pm0.1)$mm;同轴度公差为ϕ0.15mm;平行度公差为0.06mm;圆跳动公差为0.05mm;圆弧尺寸精度为$R(8\pm0.02)$mm;角度为60°±1′;ϕ10mm孔精度为$H7(^{0.015}_{0})$;表面粗糙度Ra1.6μm。

2)不准用砂布或风磨机打光加工表面。

3)图样中未注公差按GB/T 1804—2000标准IT12~IT14规定的要求加工。

(2)工时定额 6h。

(3)安全文明生产要求

1)正确执行安全技术操作规程。

2)应按企业有关文明生产的规定,做到工作场地整洁、工件、工具、量具摆放整齐。

4. 配分、评分标准(表1)

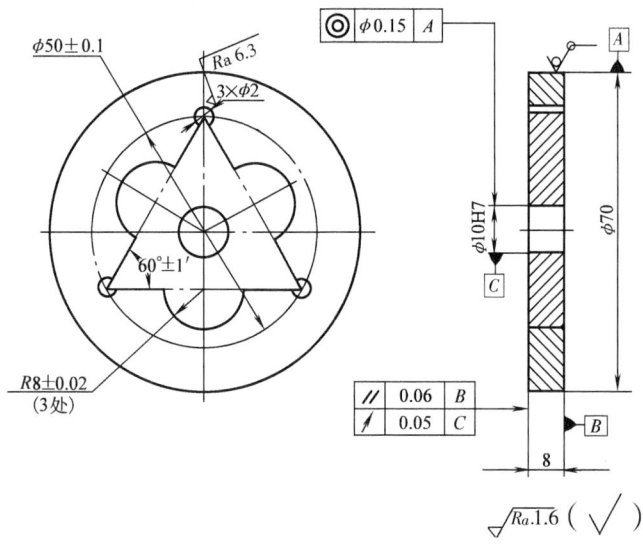

材料:45钢

技术要求

以阳件为基准,阴件配作,配合互换间隙为平面部分小于等于0.08mm,曲面部分小于等于0.1mm。

图5 三角样板合套图

表1 制作三角样板合套评分表

考核项目	考核内容	考核要求	配分	评分标准	扣分	得分
主要项目	平面间隙	≤0.08mm	21	间隙大于1.6mm不得分		
	曲面间隙	≤0.1mm(3处)	18	间隙大于0.2mm不得分		
	φ50mm孔精度	φ(50±0.1)mm	9	超差不得分		
	同轴度公差	φ0.15mm	6	超差不得分		
一般项目	平行度公差	0.06mm	4	超差不得分		
	圆跳动公差	0.05mm	4	超差不得分		
	φ10mm孔精度	φ10H7	3	超差不得分		
	半径尺寸精度	R(8±0.02)mm(3处)	12	超差不得分		
	角度精度	60°±1′(3处)	9	超差不得分		
	表面粗糙度	$Ra1.6\mu m$(19处)	14	超差不得分		

(续)

考核项目	考核内容	考核要求	配分	评分标准	扣分	得分
安全及文明生产	1. 按国家颁发的有关法规或行业（企业）的规定 2. 按行业（企业）自定的有关规定			扣分不超过10分		
工时定额	6h			根据超工时定额情况扣分		

二、制作燕尾样板镶配件

1. 考件图样（图6）
2. 准备要求
1) 熟悉考件图样。
2) 检查毛坯是否与考件相符合。
3) 工具、量具、夹具的准备。
4) 所使用的设备检查（主要是电气和机械传动部分）。
5) 划线用具的准备。
6) 划线。
3. 考核内容
（1）考核要求
1) 本件采用锯、錾、锉、钻等工艺进行制作。曲面配合以件2为基准，件1配作，燕尾配合以件1为基准，件2配作。配合互换间隙为：平面部分≤0.04mm；曲面部分≤0.08mm。尺寸精度要求为：(12 ± 0.05)mm；$4 \times R6_{-0.05}^{0}$mm；(70 ± 0.05)mm（2处）；$15_{-0.02}^{0}$mm；(16 ± 0.04)mm（4处）；几何精度为：垂直度公差<0.02mm；角度为60°±4′（2处）。表面粗糙度要求为$Ra1.6\mu m$（30处）。
2) 不准用砂布或风磨机打光加工表面。
3) 图样中未注公差按GB/T 1804—2000标准IT12～IT14规定的要求加工。
（2）工时定额　6.5h
（3）安全文明生产要求
1) 正确执行安全技术操作规程。
2) 应按企业有关文明生产的规定，做到工作场地整洁、工件、工具、量具摆放整齐。

4. 配分、评分标准(参照表1)

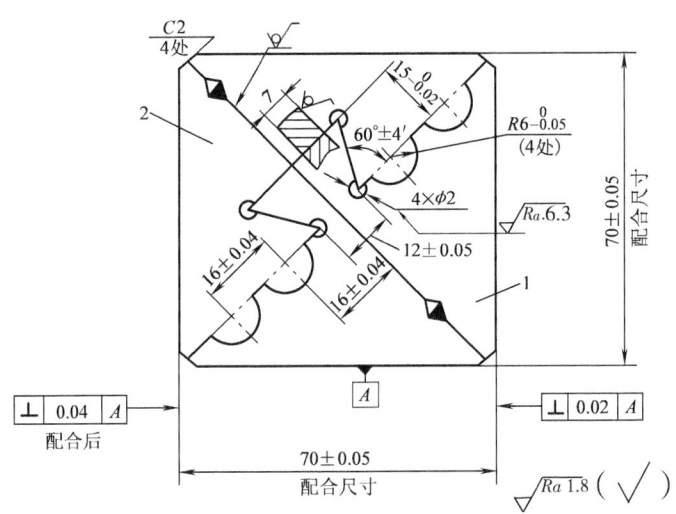

材料：45钢

技 术 要 求

曲面配合以件2为基准，件1配作，燕尾配合以件1为基准，件2配作。
配合互换间隙：平面部分小于等于0.04mm，曲面部分小于等于0.08mm。

图6 燕尾样板镶配件

三、内方变位配

1. 考件图样(图7a)

2. 准备要求

1) 熟悉考件图样。

2) 检查毛坯(图7b、c)是否与考件相符合。

3) 工具、量具、夹具的准备。

4) 所使用的设备检查(主要是电气和机械传动部分)。

5) 划线用具的准备。

6) 划线。

3. 考核内容

(1) 考核要求

1) 采用锯、錾、锉、钻等工艺方法制作。加工后应达到图样要求的尺寸精

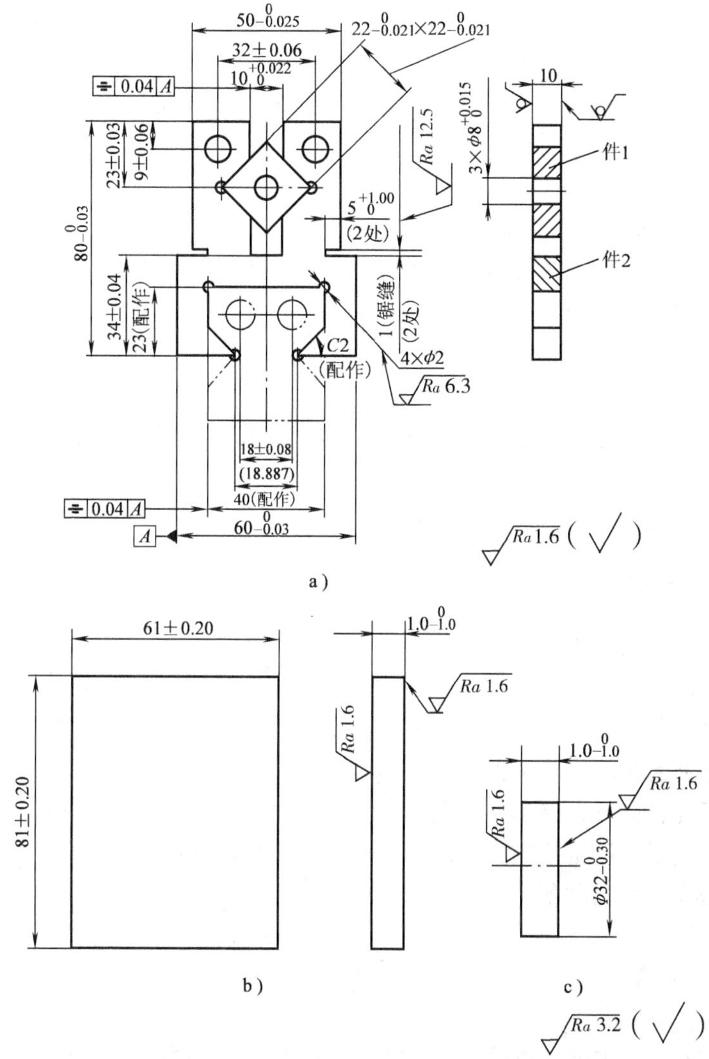

材料：45 钢

图 7　内方变位配图

a）内方变位配　b）件 2 毛坯图　c）件 1 毛坯图

度和几何精度。件 1、件 2 制作均以孔为基准,按图上部配合(翻转 180°配合)间隙为 0.04mm;按图锯开锯缝,下部配合(翻转 180°配合)间隙为 0.04mm。尺寸精度要求有:$50_{-0.025}^{0}$mm;(32 ± 0.06)mm;$10_{0}^{+0.022}$mm;(23 ± 0.03)mm;(9 ± 0.06)mm;$80_{-0.03}^{0}$mm;(34 ± 0.04)mm;(18 ± 0.08)mm;$60_{-0.03}^{0}$mm;$22_{-0.021}^{0} \times 22_{-0.021}^{0}$mm;$3 \times \phi 8_{0}^{+0.015}$mm 等。形状和位置要求为:上部方块和方孔的对称度不大于 0.04mm;下部的对称度不大于 0.04mm,表面粗糙度值为 $Ra1.6\mu m$($4 \times \phi 2$ 为 $Ra6.3\mu m$)。

2)不准用砂布或风磨机打光加工表面。

3)图样中未注公差按 GB/T 1804—2000 标准 IT12～IT14 规定的要求加工。

(2)工时定额 6.5h。

(3)安全文明生产要求

1)正确执行安全技术操作规程。

2)应按企业有关文明生产的规定,做到工作场地整洁,工件、工具、量具摆放整齐。

4. 配合、评分标准(参照表 1)

四、桥形对配

1. 考件图样(图 8)

2. 准备要求

1)熟悉考件图样。

2)检查毛坯是否与考件相符合。

3)工具、量具、夹具的准备。

4)所使用的设备检查(主要是电气和机械传动部分)。

5)划线用具的准备。

6)划线。

3. 考核内容

(1)考核要求

1)本考件采用锯、锉、钻、铰等工艺制作。加工后应达到图样要求的尺寸精度和几何精度。尺寸精度要求为:$70_{-0.03}^{0}$mm;$24_{-0.021}^{0}$mm;(16 ± 0.06)mm;(25 ± 0.02)mm(2 处);(13 ± 0.06)mm(2 处);$13_{-0.018}^{0}$mm(2 处);(10 ± 0.04)mm;$\phi 10_{0}^{+0.015}$mm;$45° \pm 4'$(4 处);$94_{-0.054}^{0}$mm(2 处);$40_{-0.039}^{0}$mm;(12 ± 0.08)mm(2 处);$\phi 10_{0}^{+0.015}$mm(2 处);$80_{-0.08}^{0}$mm;(40 ± 0.08)mm;(50 ± 0.08)mm。配合间隙≤0.04mm;外形错位≤0.04mm。表面粗糙度 $Ra1.6\mu m$(19 处)。

2)不准用砂布或风磨机打光加工表面。

3)图样中未注公差按 GB/T 1804—2000 标准 IT12～IT14 规定的要求加工。

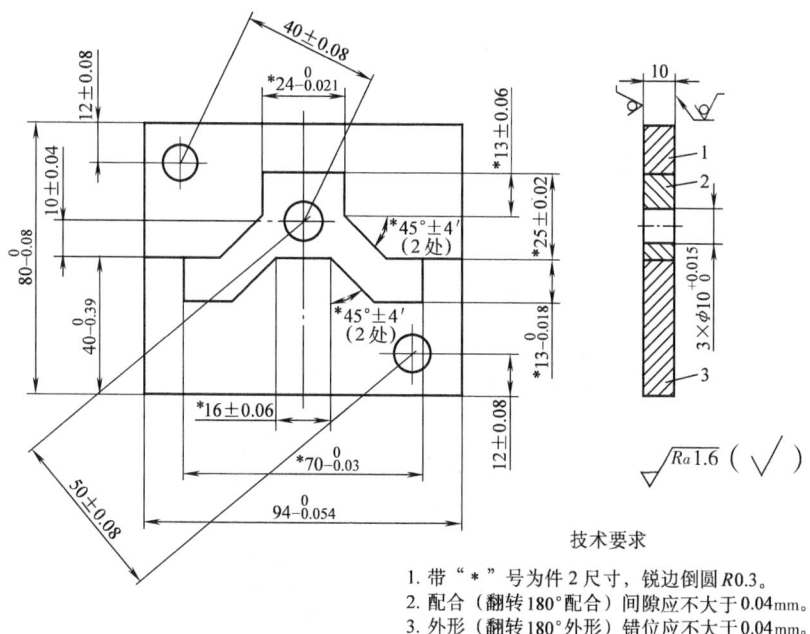

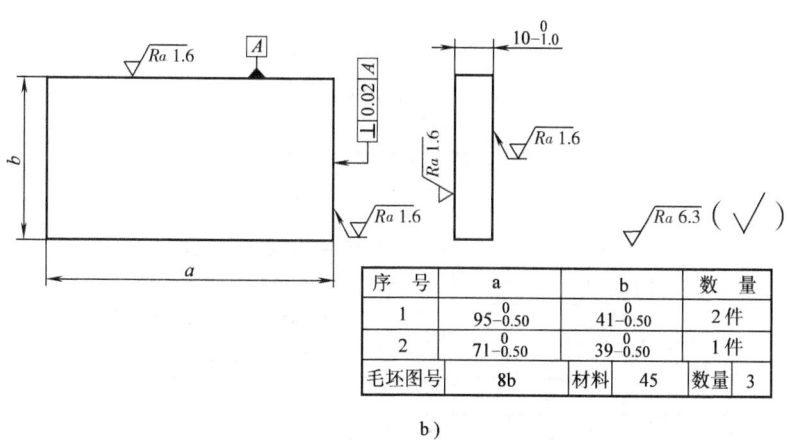

图 8 桥形对配图

a) 桥形对配图 b) 毛坯图

(2) 工时定额 6h。

(3) 安全文明生产要求

1) 正确执行安全技术操作规程。

2) 应按企业有关文明生产的规定,做到工作场地整洁、工件、工具、量具摆放整齐。

4. 配分、评分标准(参照表1)

五、六方四组合

1. 考件图样(图9)

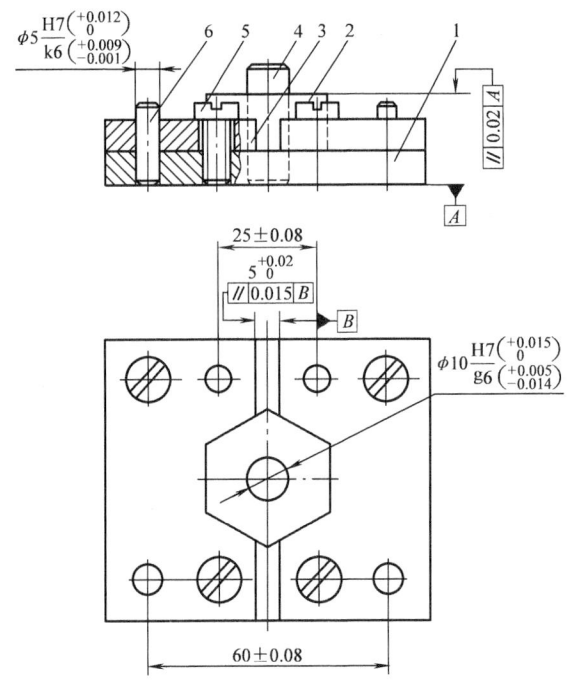

图9 六方四组合图
a) 组合图

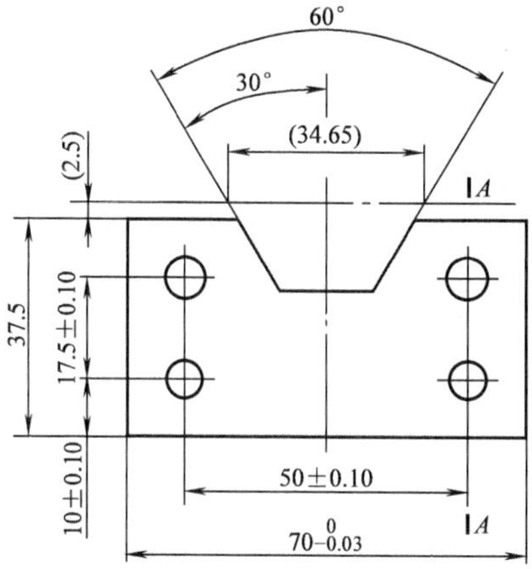

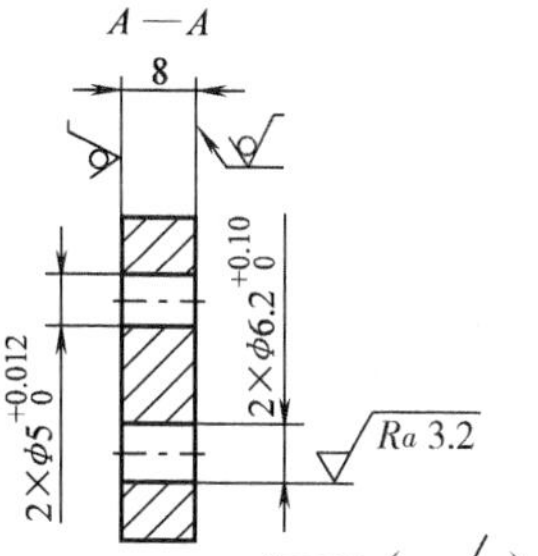

两件

Ra1.6 (√)

技术要求

1. 配合面按件5配作。
2. 锐边倒圆R0.3。

b）

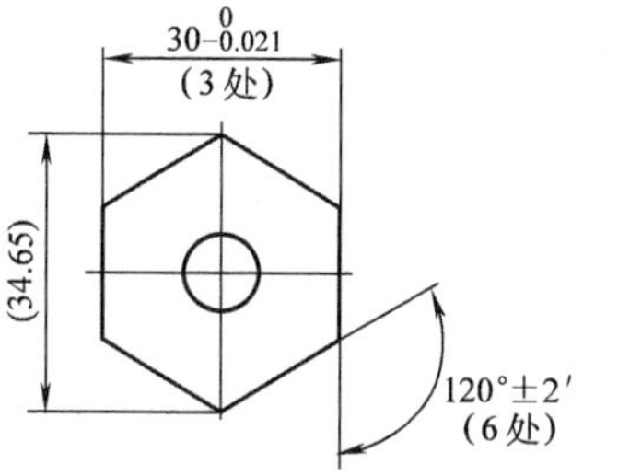

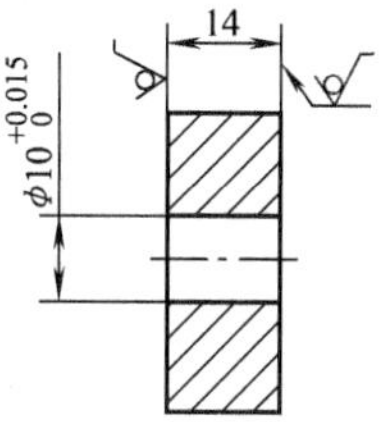

锐边倒圆R0.3。

Ra1.6 (√)

c）

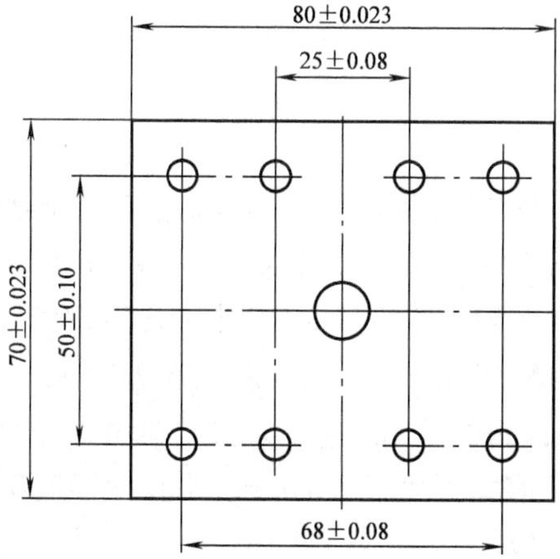

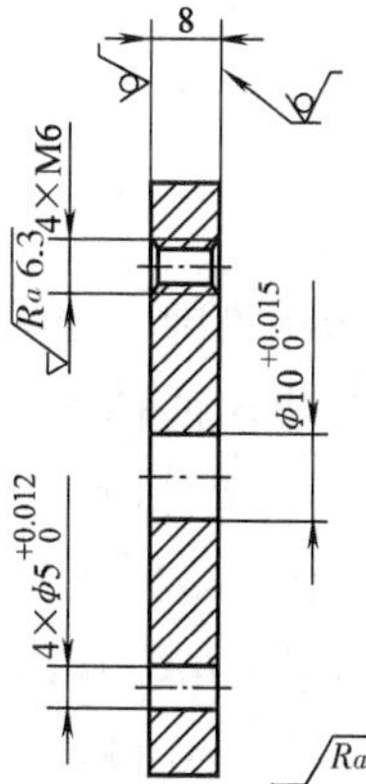

Ra1.6 (√)

锐边倒圆R0.3。

d）

图9 六方四组合图(续)

b)、c)、d) 零件图

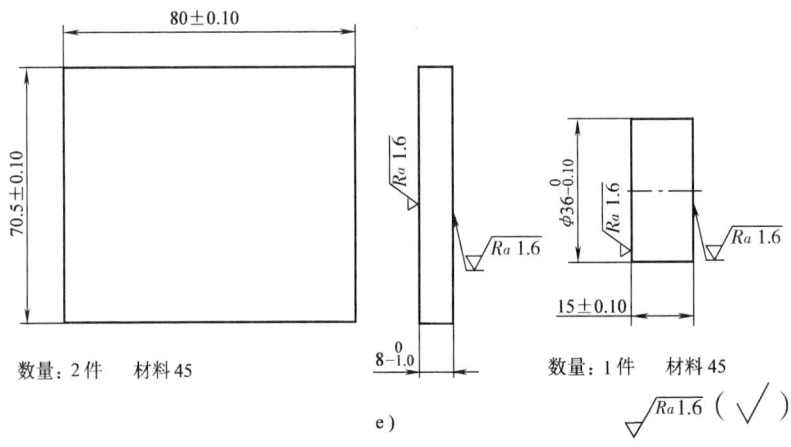

图9 六方四组合图(续)
e) 毛坯图

2. 准备要求

1) 熟悉考件图样。
2) 检查毛坯是否与考件相符合。
3) 工具、量具、夹具的准备。
4) 所使用的设备检查(主要是电气和机械传动部分)。
5) 划线用具的准备。
6) 划线。

3. 考核内容

(1) 考核要求

1) 本考件采用锯削、锉削、钻、铰及攻螺纹等工艺制作。加工后应达到图样要求的尺寸精度和几何精度。尺寸精度要求为:$30_{-0.021}^{0}$ mm(3处);$120°\pm2'$(6处);$\phi10_{0}^{+0.015}$ mm;$70_{-0.03}^{0}$ mm(2件);(50 ± 0.10) mm(2件);(10 ± 0.10) mm(2件);(17.5 ± 0.10) mm(2件);$2\times\phi5_{0}^{+0.012}$ mm(2件);$2\times\phi6.2_{0}^{+0.10}$ mm(2件);(80 ± 0.023) mm;(70 ± 0.023) mm;$\phi10_{0}^{+0.015}$ mm;$4\times\phi5_{0}^{+0.012}$ mm;$5_{0}^{+0.02}$ mm;(25 ± 0.08) mm;(60 ± 0.08) mm。配合间隙不大于0.03mm。平行度误差0.015mm和0.02mm。表面粗糙度值为$Ra1.6\mu$m(13处)。

2) 不准用砂布或风磨机打光加工表面。
3) 图样中未注公差按GB/T 1804—2000标准IT12~IT14规定的要求加工。

(2) 工时定额 6.5h。

(3) 安全文明生产要求

1) 正确执行安全技术操作规程。
2) 应按企业有关文明生产的规定，做到工作场地整洁，工件、工具、量具摆放整齐。

4. 配分、评分标准(参照表1)

六、六方V形组合制作

1. 考件图样(图10)

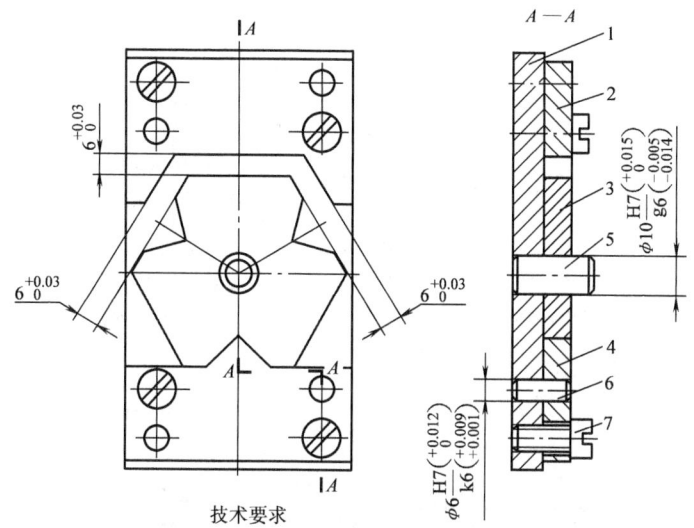

技术要求
1. 件3转位三次与件4配合间隙0.03mm。
2. 件3转位三次与件2配合空隙$6^{+0.03}_{0}$mm。

7	开槽圆柱头螺钉	4		GB/T65-2000、M6×16
6	圆柱销	4		GB/T119.1-2000、φ6×16
5	圆柱销	1		GB/T119.1-2000、φ10×20
4	下板	1	10e	45
3	中板	1	10d	45
2	上板	1	10c	45
1	底板	1	10b	45
件号	名称	数量	图号	材料　　备注

a)

图10 六方V形组合
a) 组合图

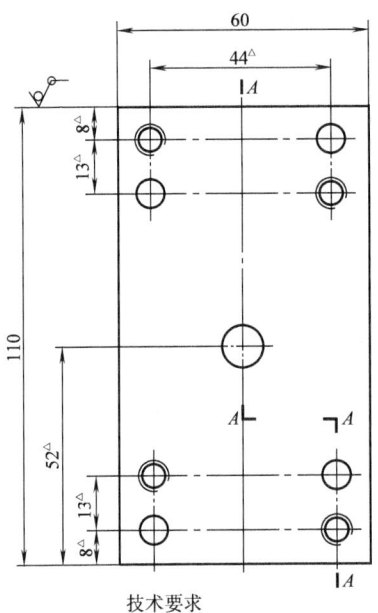

b)

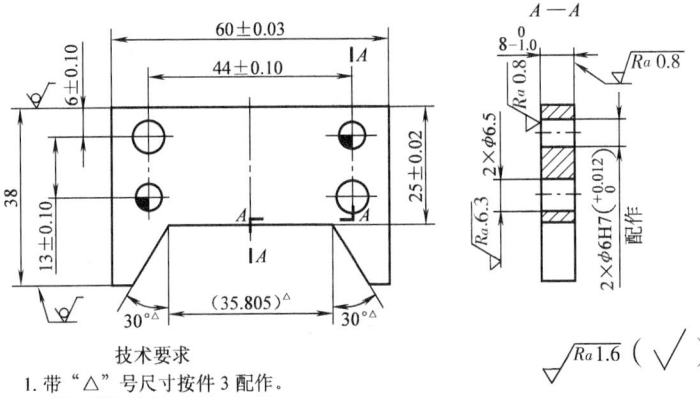

c)

图 10 六方 V 形组合(续)
b)、c) 零件图

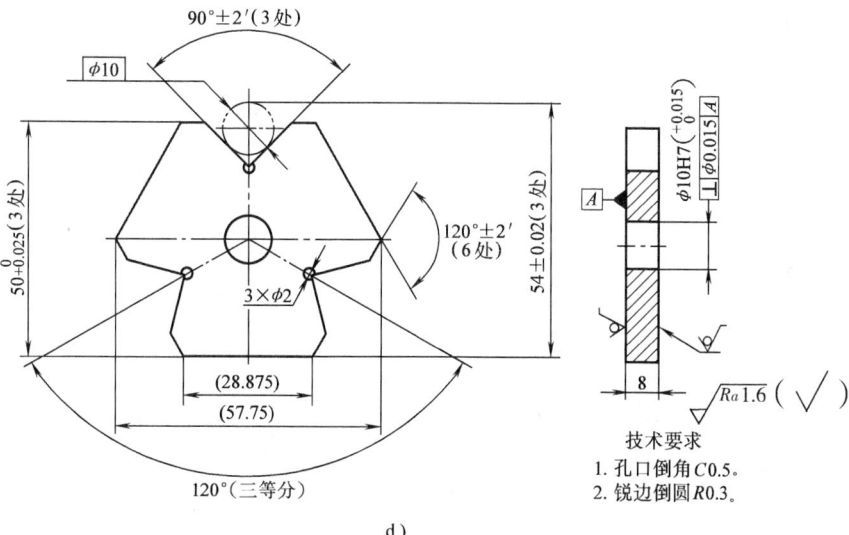

d)

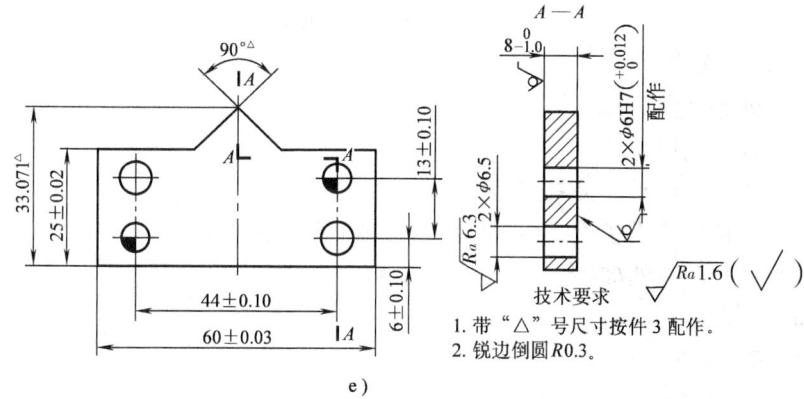

e)

图 10 六方 V 形组合(续)

d)、e) 零件图

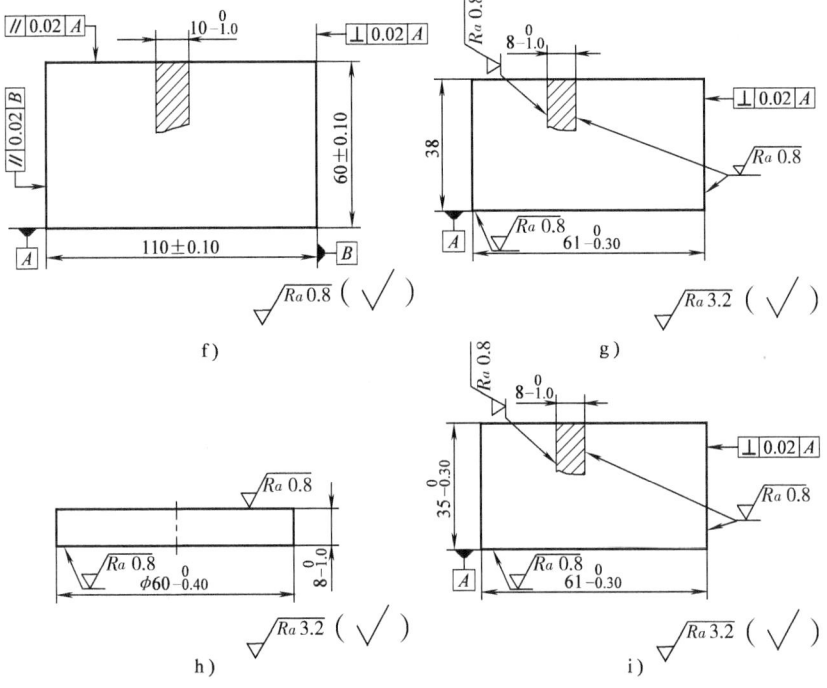

图 10 六方 V 形组合(续)

f)、g)、h)、i) 毛坯图

2. 准备要求

1) 熟悉考件图样。

2) 检查毛坯是否与考件相符合。

3) 工具、量具、夹具的准备。

4) 所使用的设备检查(主要是电气和机械传动部分)。

5) 划线用具的准备。

6) 划线。

3. 考核内容

(1) 考核要求

1) 本件采用锯、錾、锉、钻、铰、攻螺纹等工艺制作。加工后应达到图样要求的尺寸精度和几何精度。要求件 3 转位装配三次与件 4 的配合间隙均达到 0.03mm 以下;件 3 与件 2 的配合空隙均达到 $6_{0}^{+0.03}$ mm。其尺寸精度要求为:$50_{-0.025}^{0}$ mm(3 处);120°±2′(6 处);90°±2′(3 处);(54±0.02)mm(3 处);$\phi 10H7(_{0}^{+0.015})$ mm;(60±0.03)mm;(25±0.02)mm;2×$\phi 6H7(_{0}^{+0.012})$ mm;(25±0.02)mm(2 处)。形位精度要求为垂直度不大于 $\phi 0.015$ mm(A、B)。表面粗糙度要求达到 $Ra1.6\mu$m,其余尺寸按图样要求公差制作,也不得超差。

2) 不准用砂布或风磨机打光加工表面。
3) 图样中未注公差按 GB/T 1804—2000 标准 IT12～IT14 规定的要求加工。
（2）工时定额　7h。
（3）安全文明生产要求
1) 正确执行安全技术操作规程。
2) 应按企业有关文明生产的规定，做到工作场地整洁，工件、工具、量具摆放整齐。
4. 配分、评分标准（参照表1）

七、圆弧角度四组合制作

1. 考件图样（图11）

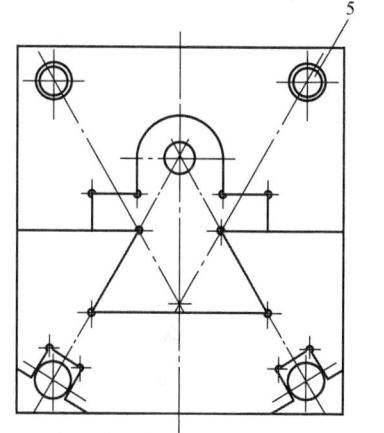
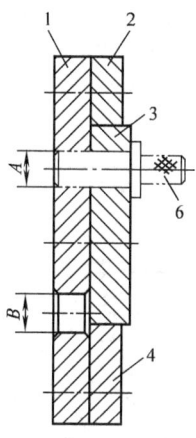

技术要求
1. 第一次将件6插入A孔配合间隙应不大于0.05mm。
2. 第二次将件3翻转180°，配合间隙应不大于0.05mm。
3. 第三次将件2、3、4旋转180°，件6插入B孔，配合间隙应不大于0.05mm。
4. 第四次将件3翻转180°，配合间隙应不大于0.05mm。

件号	名称	数量	图号	材料	备注
6	定位销	2	11g	45	
5	圆柱销	4	11f	45	
4	燕尾板	1	11d	45	
3	圆弧燕尾板	1	11c	45	
2	圆弧板	1	11d	45	
1	定位板	1	11b	45	

a)

图11　圆弧角度四组合
a) 组合图

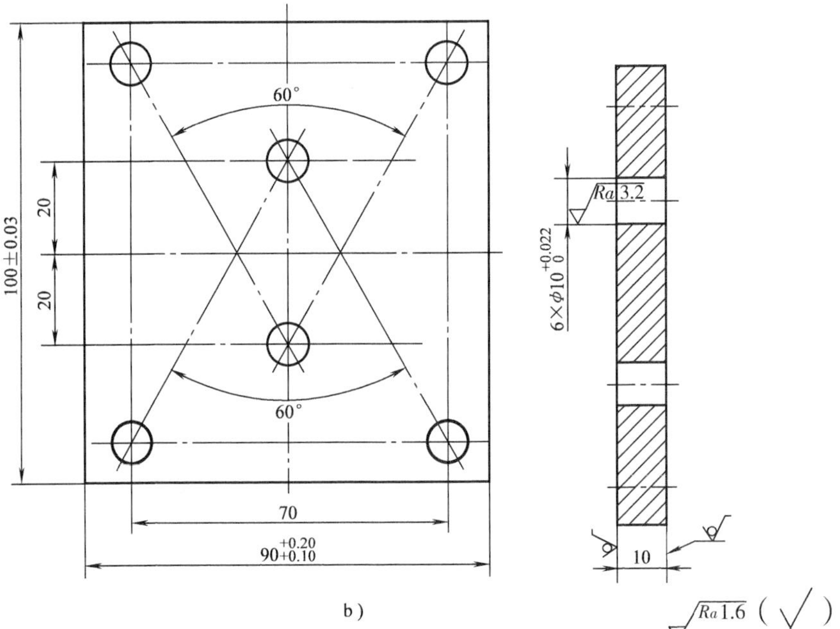

图 11 圆弧角度四组合(续)
b)、c) 零件图

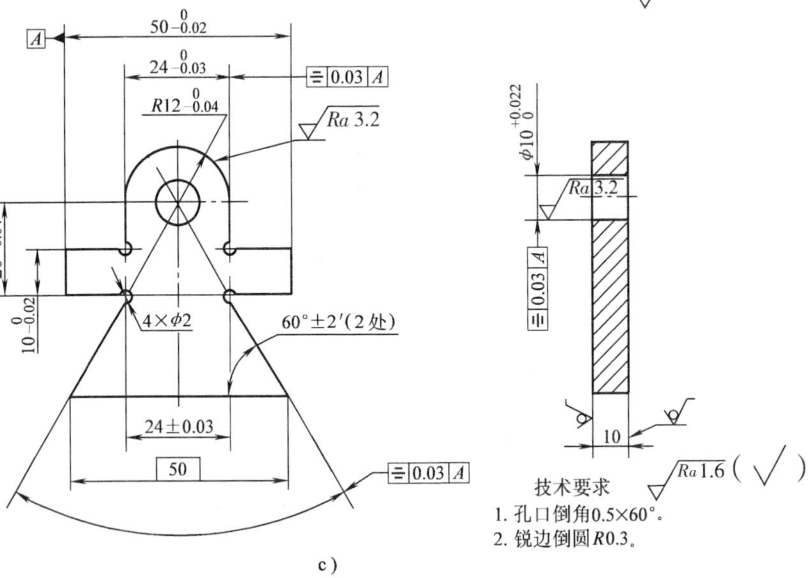

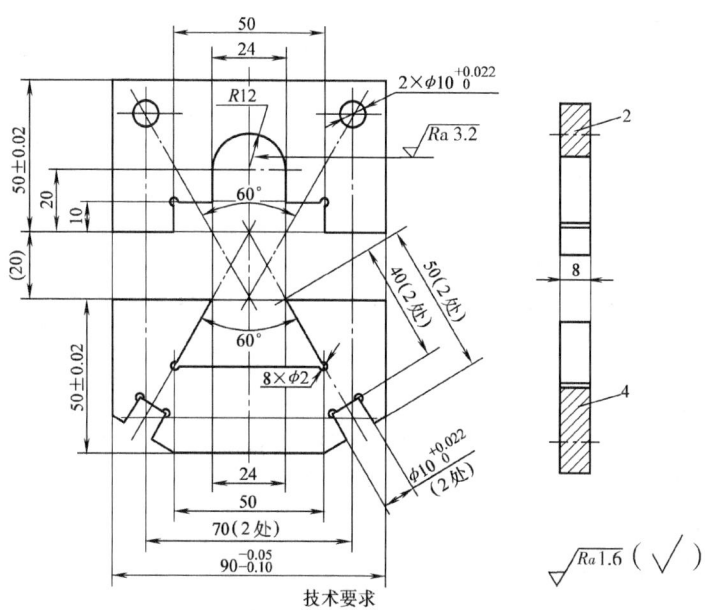

技术要求
1. 孔口倒角 C0.5，锐边倒圆 R0.3。
2. 所有型腔位置按件3配作，保证总图要求。

d)

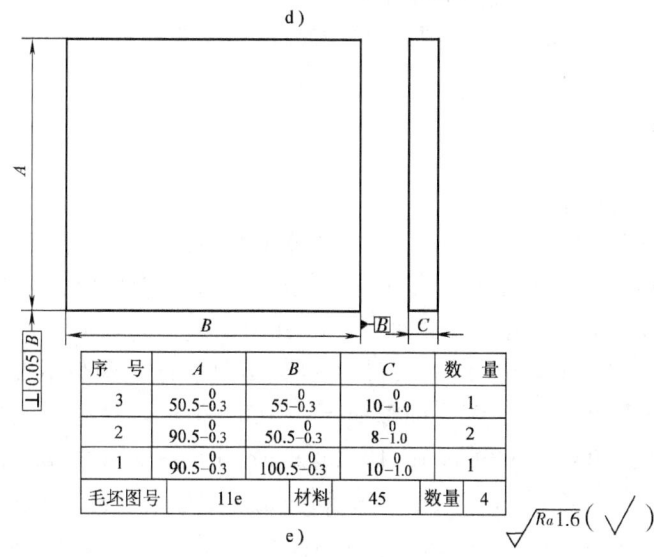

序号	A	B	C	数量
3	$50.5_{-0.3}^{0}$	$55_{-0.3}^{0}$	$10_{-1.0}^{0}$	1
2	$90.5_{-0.3}^{0}$	$50.5_{-0.3}^{0}$	$8_{-1.0}^{0}$	2
1	$90.5_{-0.3}^{0}$	$100.5_{-0.3}^{0}$	$10_{-1.0}^{0}$	1
毛坯图号	11e	材料	45	数量 4

e)

图 11　圆弧角度四组合（续）
d)、e) 零件图

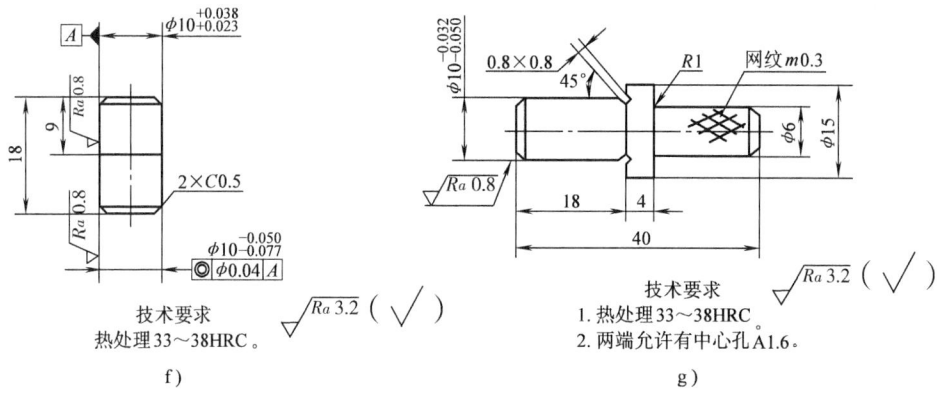

图 11 圆弧角度四组合（续）
f)、g) 零件图

2. 准备要求

1) 熟悉考件图样。
2) 检查毛坯是否与考件相符合。
3) 工具、量具、夹具的准备。
4) 使用的设备检查（主要是电气和机械传动部分）。
5) 划线用具的准备。
6) 划线。

3. 考核内容

(1) 考核要求

1) 本件采用锯、錾、锉、钻、铰等工艺方法制作。加工后应达到图样要求的尺寸精度和几何精度。组合后的要求为：第一次将件6插入 A 孔配合间隙应不大于 0.05 mm；第二次将件3翻转 $180°$，配合间隙应不大于 0.05 mm；第三次将件2、3、4旋转 $180°$，将件6插入 B 孔，配合间隙不大于 0.05 mm；第四次将件3翻转 $180°$，配合间隙应不大于 0.05 mm。尺寸精度为：$50_{-0.02}^{0}$ mm；$24_{-0.03}^{0}$ mm；(24 ± 0.03) mm；$10_{-0.02}^{0}$ mm；$60°\pm2'$（2处）；$R12_{-0.04}^{0}$ mm；$\phi10_{0}^{+0.022}$ mm；(50 ± 0.02) mm；$90_{-0.10}^{-0.05}$ mm；$\phi10_{0}^{+0.022}$ mm（2处）；$10_{0}^{+0.022}$ mm（2处）；(100 ± 0.03) mm；$90_{+0.10}^{+0.20}$ mm；$\phi10_{0}^{+0.022}$ mm（6处）。形状公差：对称度不大于 0.03 mm。表面粗糙度 $Ra1.6$ μm（12处）；$Ra3.2$ μm（3处）。

2) 不准用砂布或风磨机打光加工表面。
3) 图样中未注公差按 GB/T 1804—2000 标准 IT12～IT14 规定的要求加工。

(2) 工时定额　7h。

（3）安全文明生产要求

1）正确执行安全技术操作规程。

2）应按企业有关文明生产的规定，做到工作场地整洁，工件、工具、量具摆放整齐。

4. 配分、评分标准(参照表1)

八、形腔滑配(高级技师)

1. 考件图样(图12)

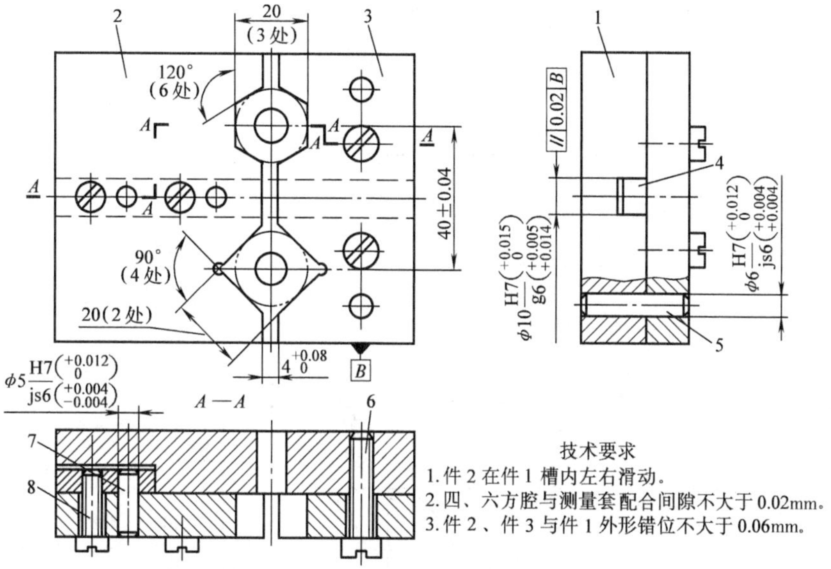

技术要求

1.件2在件1槽内左右滑动。

2.四、六方腔与测量套配合间隙不大于0.02mm。

3.件2、件3与件1外形错位不大于0.06mm。

8	开槽圆柱头螺钉	2			GB/T65—2000、M5×18
7	圆 柱 销	2			GB/T119.1—2000、ϕ5×18
6	开槽圆柱头螺钉	2			GB/T65—2000、M6×30
5	圆 柱 销	2			GB/T119.1—2000、ϕ6×30
4	平 键	1	12e	45	
3	固 定 板	1	12d	45	
2	滑 动 板	1	12c	45	
1	底 板	1	12b	45	
件号	名 称	数量	图号	材料	备注

a）

图12 形腔滑配

a）组合图

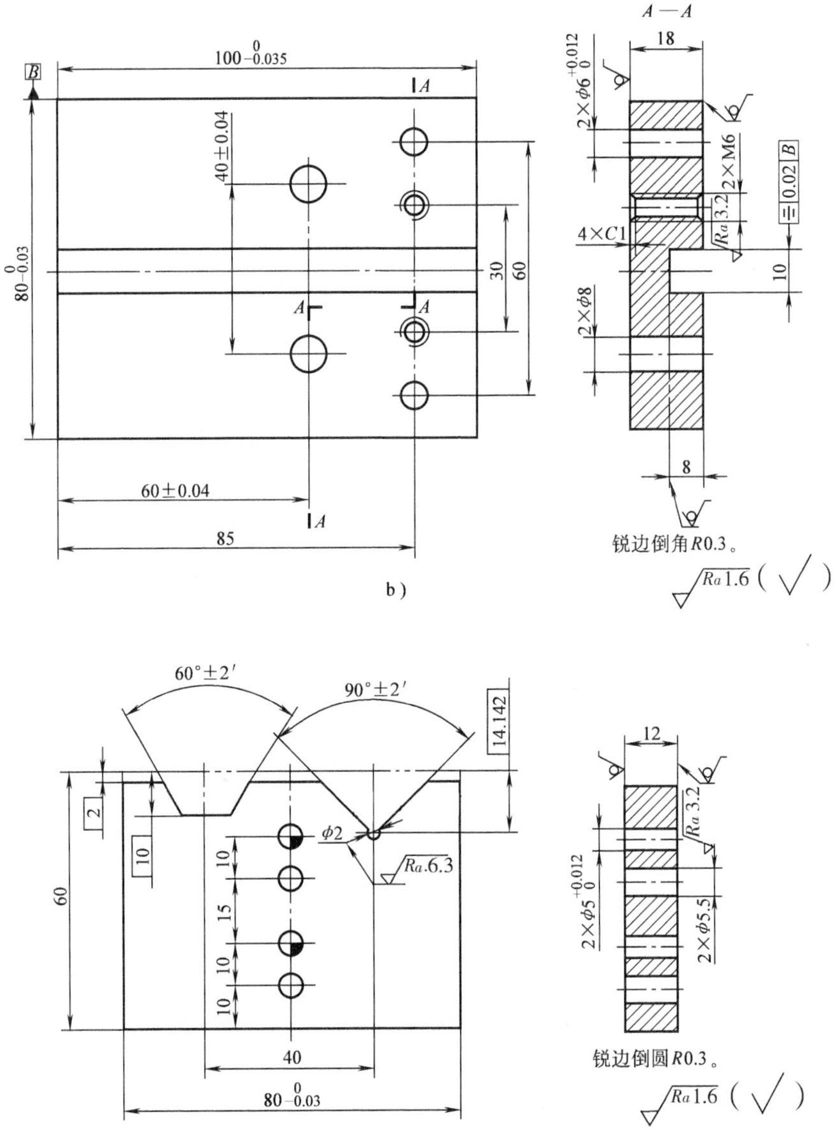

图 12 形腔滑配(续)
b)、c) 零件图

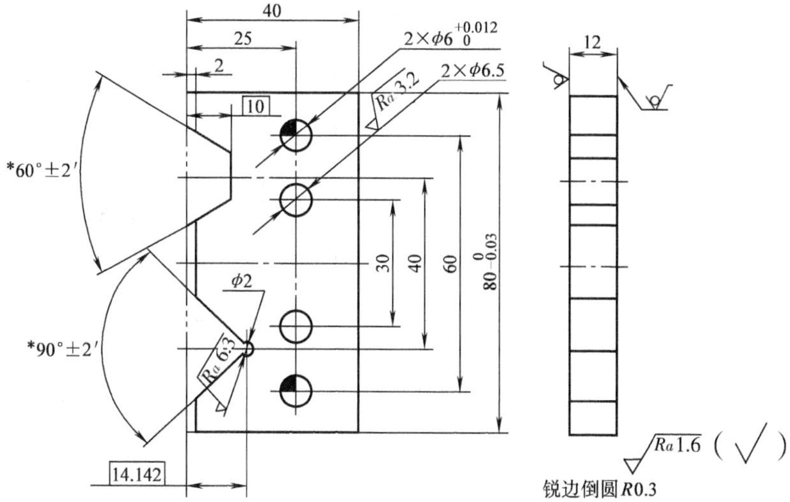

试 题 库

d)

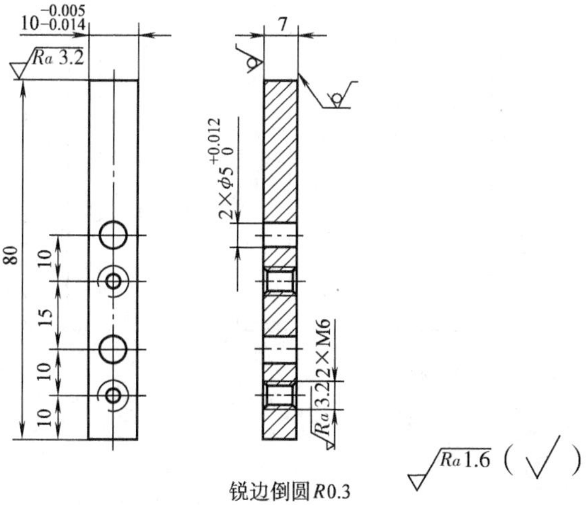

e)

图 12 形腔滑配(续)

d)、e) 零件图

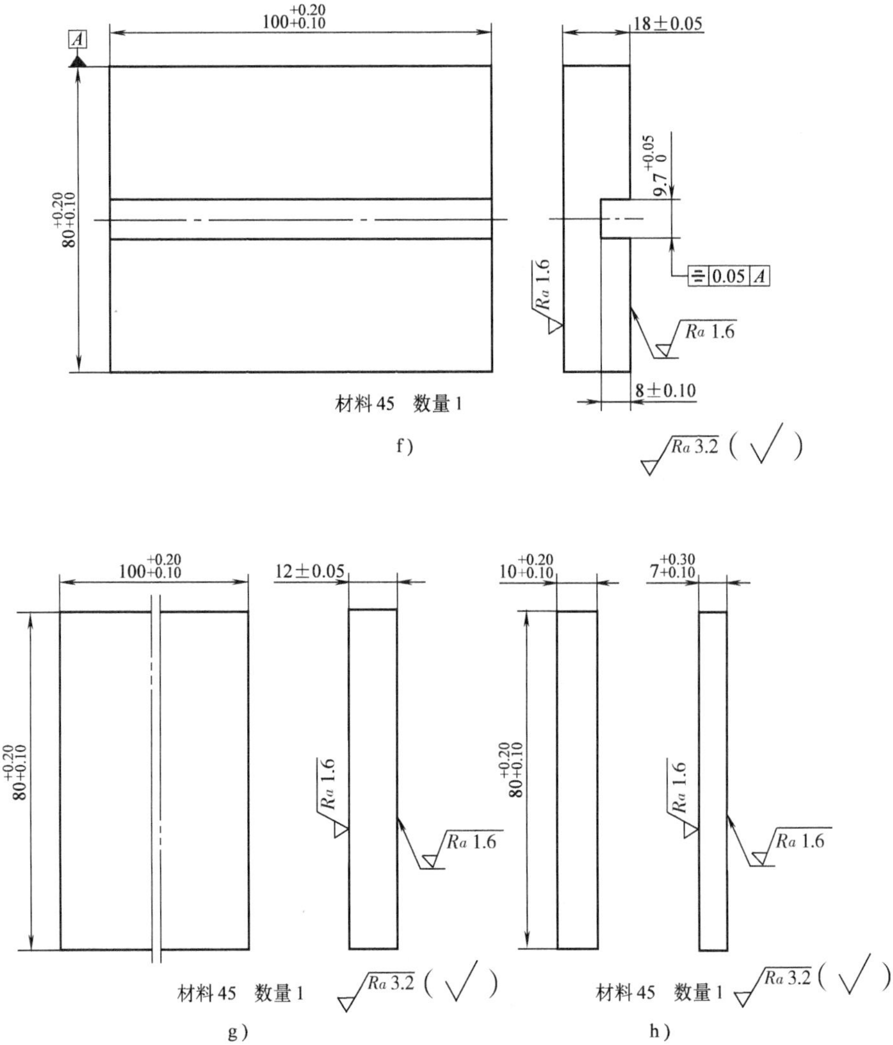

图 12 形腔滑配（续）

f)、g)、h) 毛坯图

2. 准备要求

1) 熟悉考件图样。

2) 检查毛坯是否与考件相符合。

3) 工具、量具、夹具的准备。

4) 所使用的设备检查（主要是电气和机械传动部分）。

5) 划线用具的准备。

6) 划线。

3. 考核内容

(1) 考核要求

1) 本件采用锯、錾、锉、钻、铰、车、磨等工艺制作。加工后应达到图样要求的尺寸精度和几何精度。其装配要求为件 2 在件 1 槽内左右滑动；四、六方腔与测量套配合间隙不大于 0.02mm；件 2、件 3 与件 1 外形错位不大于 0.06mm。零件的尺寸精度为：$100_{-0.035}^{0}$ mm；$80_{-0.03}^{0}$ mm；$10_{0}^{+0.015}$ mm；(60 ± 0.04) mm；(40 ± 0.04) mm；$2 \times \phi 6_{0}^{+0.012}$ mm；$90° \pm 2'$；$60° \pm 2'$；$10_{-0.014}^{-0.005}$ mm；$4_{0}^{+0.03}$ mm。对称度公差为 0.02mm；平行度公差为 0.02mm；表面粗糙度值为 $Ra1.6\mu m$(共 15 处)。

2) 不准用砂布或风磨机打光加工表面。

3) 图样中未注公差按 GB/T 1804—2000 标准 IT12～IT14 规定的要求加工。

(2) 工时定额　7h。

(3) 安全文明生产要求

1) 正确执行安全技术操作规程。

2) 应按企业有关文明生产的规定，做到工作场地整洁，工件、工具、量具摆放整齐。

4. 配分、评分标准(参照表 1)

九、燕尾组合件制作(高级技师)

1. 考件图样(图 13)

2. 准备要求

1) 熟悉考件图样。

2) 检查毛坯是否与考件相符合。

3) 工具、量具、夹具的准备。

4) 所使用的设备检查(主要是电气和机械传动部分)。

5) 划线用具的准备。

6) 划线。

3. 考核内容

(1) 考核要求

1) 本件采用锯、錾、锉、钻、铰等工艺方法制作。加工后应达到图样要求的尺寸精度和几何精度。装配后要求：件 4 燕尾型面按件 2 加工(翻转 180°)，件 3 两件定位销插入件 1 底板孔内，各型面配合间隙不大于 0.04mm；按图组合后件 4 两个 90°V 形槽型面与件 5 圆柱销间隙不大于 0.02mm。件 2 尺寸精度要

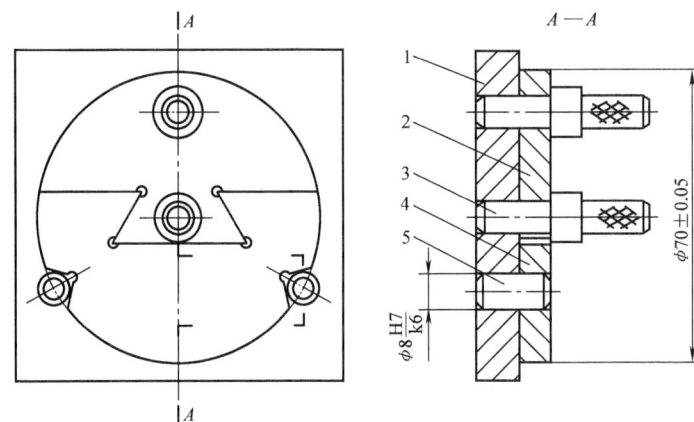

技术要求

1. 件4燕尾型面按件2加工(翻转180°)，件3两件定位销插入件1底板孔内，各型面配合间隙不大于0.04mm。
2. 按图组合后，件4两个90°V形槽型面与件5圆柱销间隙不大于0.02mm。

5	圆 柱 销		2		GB/T119.1-2000、φ8×18
4	下 燕 尾 板	13d	1	45	
3	定 位 销	13e	2	45	预制件
2	上 燕 尾 板	13c	1	45	
1	底 板	13b	1	45	
件号	名 称	图号	数量	材料	备 注

a)

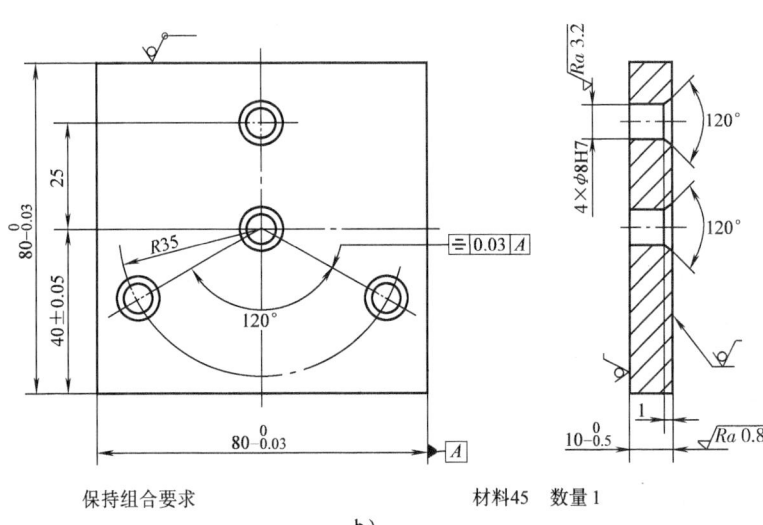

保持组合要求　　　　　　　　　　　　　材料45　数量1

b)

图13　燕尾组合件

a) 组合图　b) 零件图

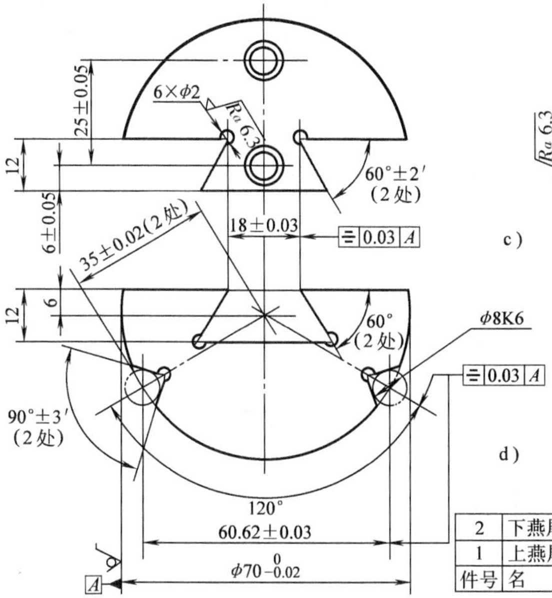

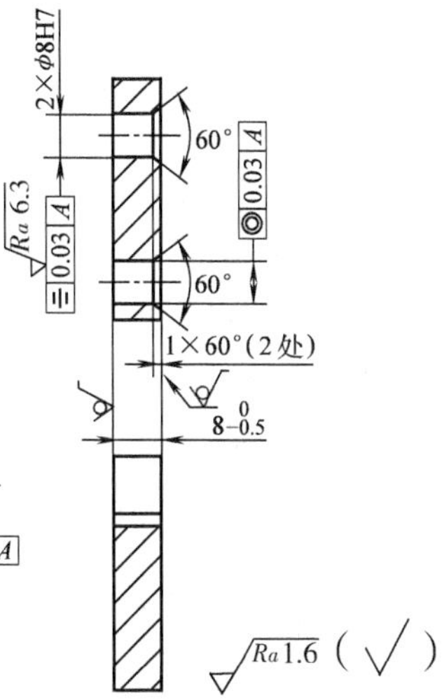

c)

d)

保持组合要求

2	下燕尾板	13d	45	1	
1	上燕尾板	13c	45	1	
件号	名　称	图号	材料	数量	备注

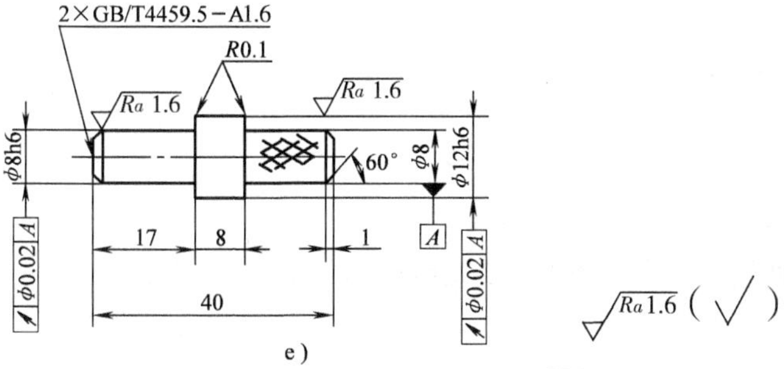

e)

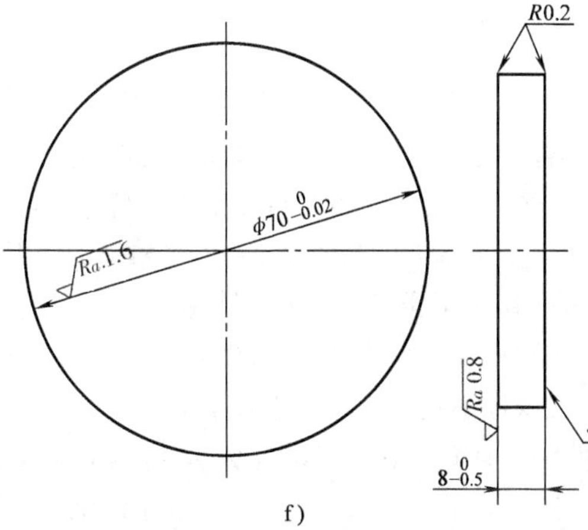

f)

图 13　燕尾组合件(续)

c)、d)、e) 零件图　f) 燕尾槽毛坯图求：(18±0.03)mm；60°±2'(2处)；(25±0.05)mm；(6±0.05)mm；2×φ8H7($^{0.015}_{0}$)mm。件2的几何公差为：同轴度小于0.03mm；对称度(2处)小于0.03mm。件4的要求：(35±0.02)mm(2处)；(60.62±0.03)mm；90°±3'(2处)；对称度(2处)小于0.03mm。件1的要求：φ8H7($^{0.015}_{0}$)mm(4处)；对称度(2处)小于0.03mm。表面粗糙度按零件图要求。

2）不准用砂布或风磨机打光加工表面。

3）图样中未注公差按 GB/T 1804—2000 标准 IT12~IT14 规定的要求加工。

(2) 工时定额　8h。

(3) 安全文明生产要求

1）正确执行安全技术操作规程。

2）应按企业有关文明生产的规定，做到工作场地整洁，工件、工具、量具摆放整齐。

4. 配分、评分标准(参照表1)

十、测具制作(高级技师)

1. 考件图样(图14)

2. 准备要求

1）熟悉考件图样。

2）检查毛坯是否与考件相符合。

3）工具、量具、夹具的准备。

4）所使用的设备检查(主要是电气和机械传动部分)。

5）划线用具的准备。

6）划线。

3. 考核内容

(1) 考核要求

1）本件采用锯、錾、锉、钻、铰等工艺方法制造。加工后应达到图样要求的尺寸精度和几何精度。装配要求：件1、5型面按件4配作，组合后插入件3两件(翻转180°)型面间隙不大于0.04mm；件6四件圆柱面相应与各槽型面(翻转180°)间隙不大于0.02mm。各件的尺寸精度和几何公差要求为：件4，$44^{0}_{-0.02}$mm；(38±0.03)mm；(20±0.03)mm；(14±0.02)mm；$16^{0}_{-0.02}$mm；60°±4'(2处)；(30±0.05)mm；$R30^{0}_{-0.04}$mm；$R8^{0}_{-0.02}$mm；2×φ8H7；燕尾的对称度小于0.02mm(4处)；销孔对称度小于0.03mm(1处)。件1，$10^{+0.02}_{0}$mm(2处)；90°±4'；对称度小于0.03mm(3处)。件2，(38±0.1)mm(2处)；(35±0.05)mm(2处)；2×φ8H7；4×φ10H7；对称度小于0.03mm(3处)。表面粗糙度按零件图要求加工。

2）不准用砂布或风磨机打光加工表面。

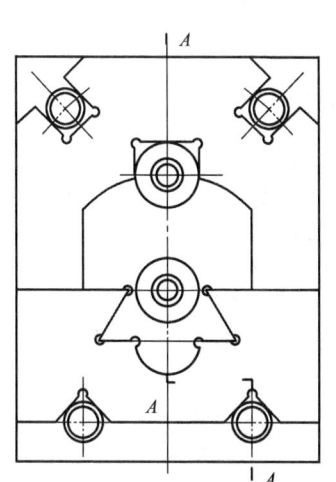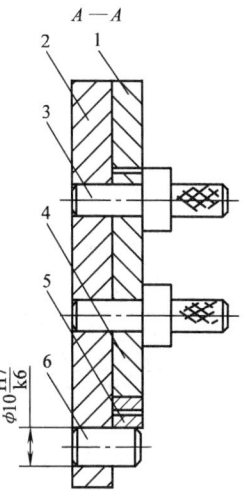

技术要求

1. 件 1,5 型面按件 4 配件,组合后插入件 3 两件(翻转 180°)型面间隙不大于 0.04mm。
2. 件 6 四件圆柱面相应与各槽型面(翻转 180°)间隙不大于 0.02mm。

6	圆柱销	4	GB/T119.1—2000	
5	下型板	1	14c	45
4	基准件	1	14f	45
3	定位销	2	14e	45
2	底 板	1	14d	45
1	上型板	1	14b	45
件号	名 称	数量	图 号	材料

a)

图 14 测具

a)组合图

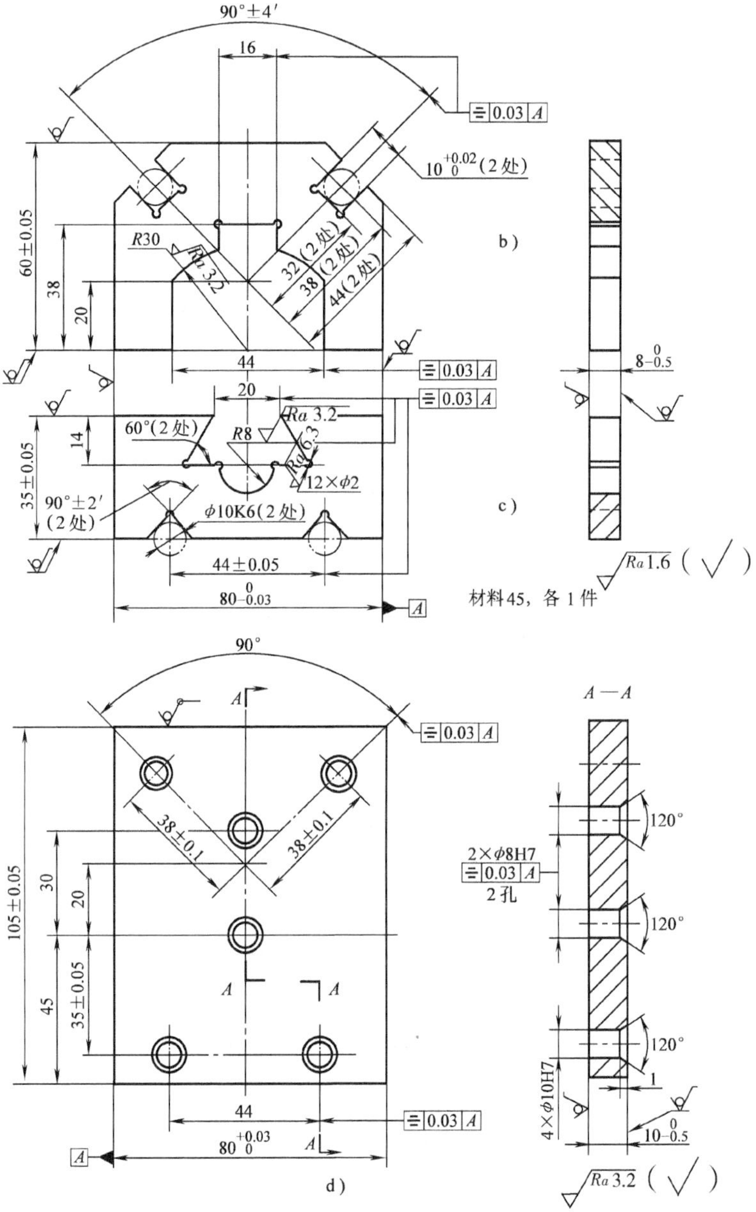

图 14　测具(续)
b)、c)、d) 零件图

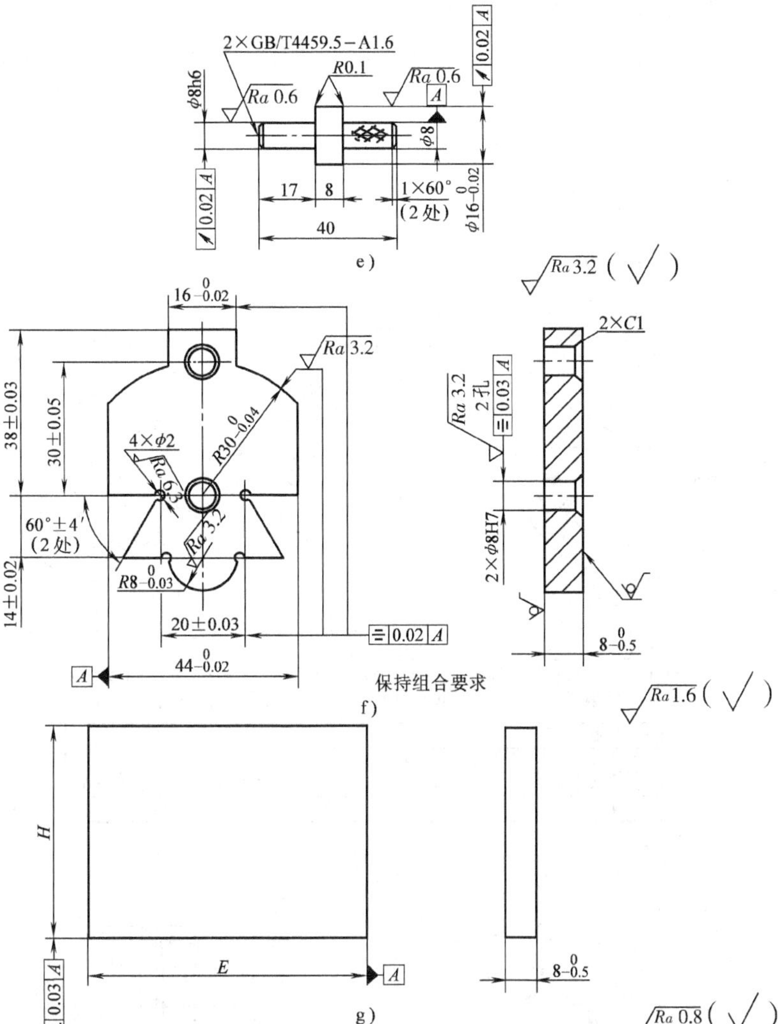

底板毛坯尺寸：(105±0.05)×$80^{+0.03}_{0}$×$10^{0}_{-0.05}$

件号	$E^{+0.03}_{0}$	$H^{+0.05}_{0}$	名 称
1	80	60	上型板
4	44	61	基准件
5	80	35	下型板
毛坯图号 14b、c、f	材料 45	数量	各 1

图 14 测具(续)

e)、f) 零件图 g) 毛坯图

3）图样中未注公差按 GB/T 1804—2000 标准 IT12 ~ IT14 规定的要求加工。

(2）工时定额 12h。

(3）安全文明生产要求

1) 正确执行安全技术操作规程。
2) 应按企业有关文明生产的规定，做到工作场地整洁，工件、工具、量具摆放整齐。

4. 配分、评分标准(参照表1)

十一、扇形板组合件制作(高级技师)

1. 考件图样(图15)

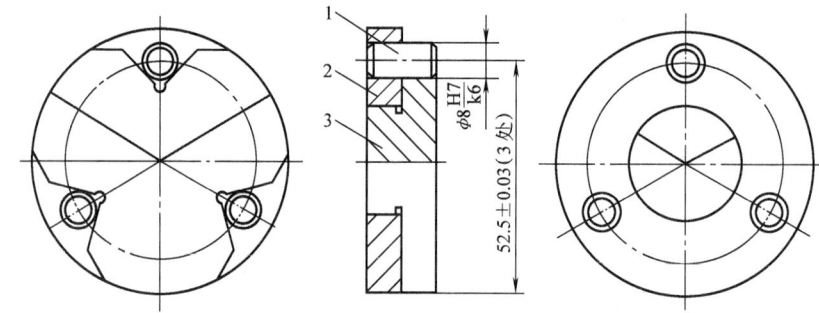

技术要求
1. 件3 三件扇形板结合面间隙不大于0.02mm。
2. 件3 三件扇形板互换位置后保证在 90°槽型面与件 1 圆柱销间隙不大于 0.03mm。
3. 件3 三件扇形板组合后其定位外圆 φ25 放在件 2 孔内间隙不大于 0.04mm。

3	扇形板	15c	45	3	
2	底　板	15b	45	1	
1	圆柱销		45	3	GB/T119.1—2000、φ8k6×18
序号	名　称	图号	材料	数量	备　注

a)

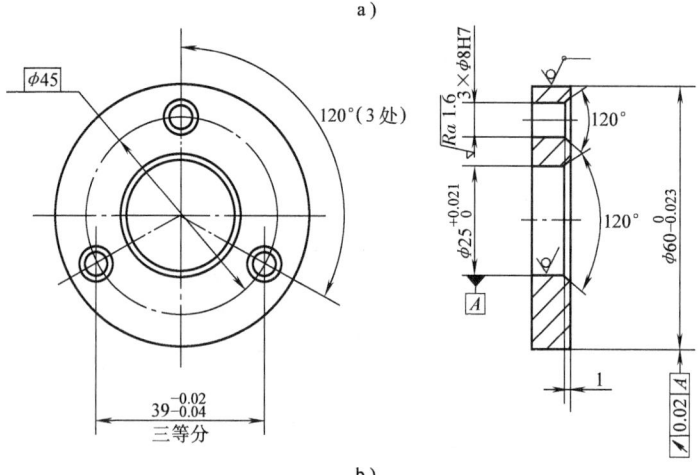

b)

图15　扇形板组合件
a) 组合图　b) 零件图

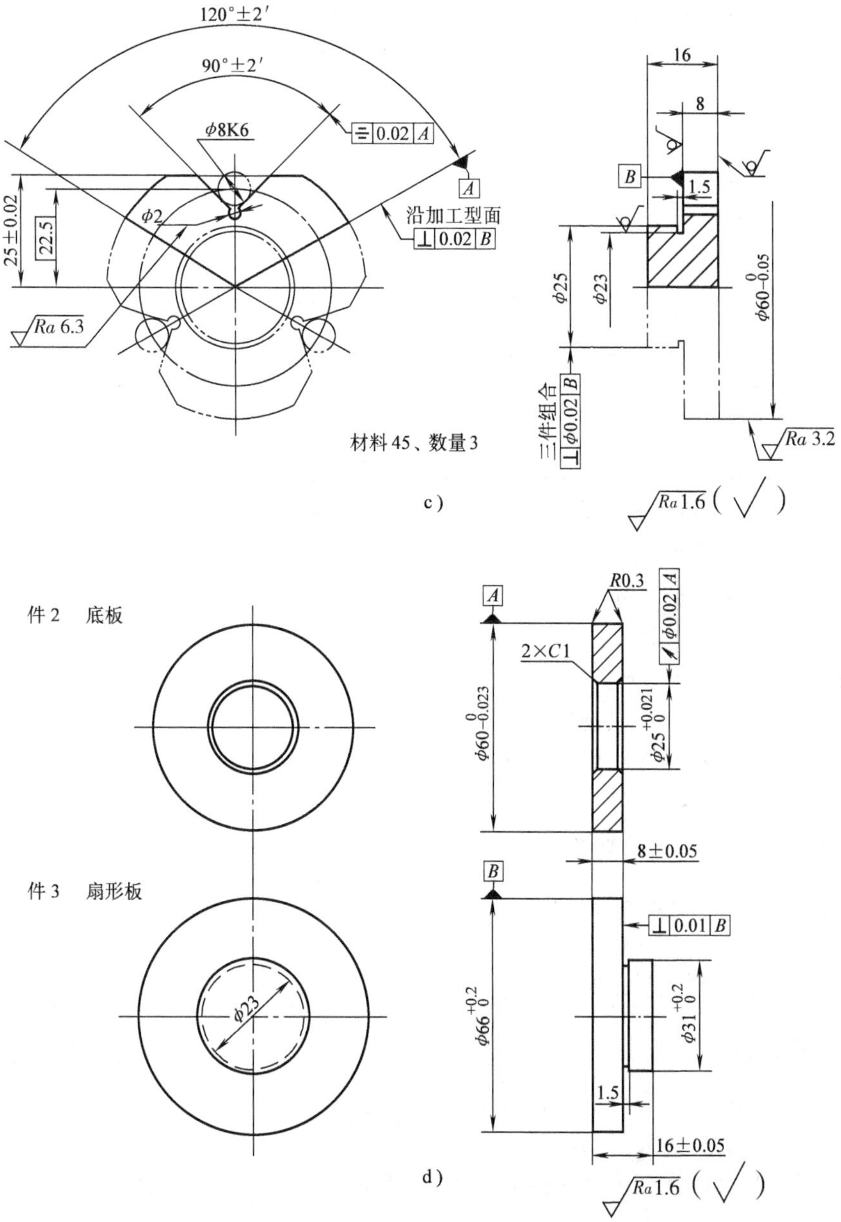

图 15　扇形板组合件（续）
c）零件图　d）毛坯图

2. 准备要求

1）熟悉考件图样。

2）检查毛坯是否与考件相符合。

3)工具、量具、夹具的准备。

4)所使用的设备检查(主要是电气和机械传动部分)。

5)划线用具的准备。

6)划线。

3. 考核内容

(1) 考核要求

1)本件采用锯、錾、锉、钻、铰、车等工艺方法制作。加工后应达到图样要求的尺寸精度和几何精度。装配要求：件3三件扇形板结合面间隙不大于0.02mm；件3三件扇形板互换位置后保证在90°槽型面与件1圆柱销间隙不大于0.03mm；件3三件扇形板组合后其定位外圆φ25mm放在件2孔内间隙不大于0.04mm。各件的尺寸精度和几何公差要求如下：件3，(25±0.02)mm；90°±2′；120°±2′；$\phi 60_{-0.05}^{\ 0}$mm；垂直度要求均小于0.02mm。件2，$39_{-0.04}^{-0.02}$mm；φ8H7；(52.5±0.03)mm。表面粗糙度按各件的图样要求。

2)不准用砂布或风磨机打光加工表面。

3)图样中未注公差按 GB/T 1804—2000 标准 IT12～IT14 规定的要求加工。

(2) 工时定额 8h。

(3) 安全文明生产要求

1)正确执行安全技术操作规程。

2)应按企业有关文明生产的规定，做到工作场地整洁，工件、工具、量具摆放整齐。

4. 配分、评分标准(参照表1)

十二、模腔镶块制作(高级技师)

1. 考件图样(图16)

2. 准备要求

1)熟悉考件图样。

2)检查毛坯是否与考件相符合。

3)工具、量具、夹具的准备。

4)使用的设备检查(主要是电气和机械传动部分)。

5)划线用具的准备。

6)划线。

3. 考核内容

(1) 考核要求

1)本件的考核要求为：总的要求是双斜面 P 要达到表面粗糙度 Ra0.8μm；平面度不大于0.03mm。具体要求如下：

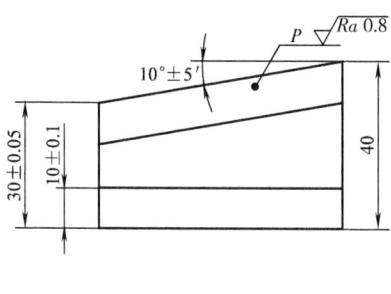
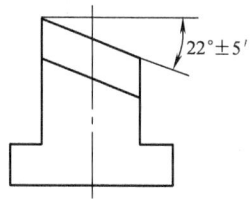
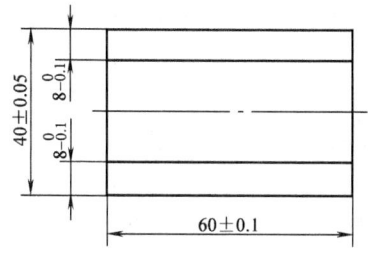

技术要求
1. P面 $\sqrt{Ra\,0.8}$ 双斜面，平面度误差不大于 0.03mm。
2. 将毛坯单件采用钳加工方法达到规定尺寸及技术要求。

a)

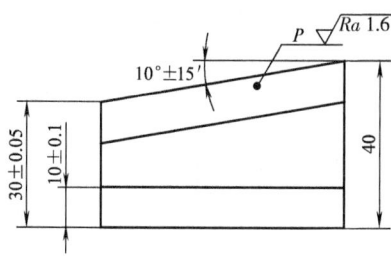
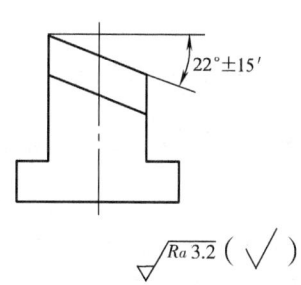
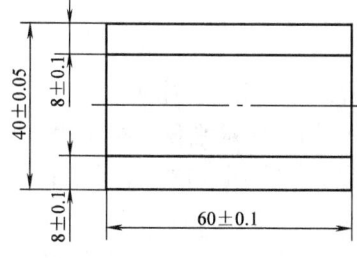

技术要求
1. 10°±15′与22°±15′所形成的 P 面 $\sqrt{Ra\,1.6}$ 双斜面，放钳工加工量 0.8～1.5mm，同时保证(30±0.05)mm尺寸有相似的钳工再加工余量。
2. 加工时间：车加工 30min，铣加工 5h30min。

b)

图 16　模腔镶块制作图
a) 零件图　b) 毛坯图

① 模腔镶块：10°±5′；22°±5′；(30±0.05)mm；Ra0.8μm；平面度不大于0.03mm。以上满分为30分，计入总成绩。

② 模腔镶块毛坯件加工，按图16b要求进行，车削加工(60±0.1)mm，工时为30min；铣削加工(40±0.05)mm；(8±0.1)mm(2处)；(10±0.1)mm(2处)；表面粗糙度Ra1.6μm；P面留再加工余量0.8~1.5mm。以上满分为10分，计入总成绩。

③ 设计夹具一副：设计一副加工P面的平面磨削用夹具。必须根据加工要求，设计一个能将斜面调整为水平或垂直位置的夹具底座，此底座根据实际情况可设计为单斜面或双斜面；在夹具的适当位置，设计对刀块或测量块，以便加工时能控制斜面的位置尺寸。并将运算过程附上；夹具设计质量要求精确合理、装卸方便、安全可靠、轻巧牢固、经济适用五个方面。评分标准为，优秀60分~50分，一般45分~35分，较差30分以下，计入总分。工时为16h。

2) 不准用砂布或风磨机打光加工表面。

3) 图样中未注公差按GB/T 1804—2000标准IT12~IT14规定的要求加工。

(2) 安全文明生产要求

1) 正确执行安全技术操作规程。

2) 应按企业有关文明生产的规定，做到工作场地整洁，工件、工具、量具摆放整齐。

4. 配分、评分标准(参照表1)

十三、数控机床精度与功能检验（高级技师）

1. 项目要求

1) 数控车床和铣床的部分几何精度检验。

2) 数控铣床的部分功能检测。

2. 准备要求

(1) 机床设备　准备FANUC 0i系统数控卧式车床和立式铣床。

(2) 检测工具　准备常用测量工具和仪器，如精密水平仪、指示表、表架、平尺、直角尺、标准检验棒、可调量块、等高量块、专用心轴、钢球等；部分功能检验的加工预制件。

(3) 设备预检　由考评员预先按考核要求检测机床的精度，并做好各项精度检测数据记录；预先检测铣床的功能。

(4) 熟悉机床　应考人员在考核人员的现场督察下，一般安排15~30min熟悉考核所使用数控机床的基本操作。

3. 考核内容

(1) 考核项目

1）能使用现有的检测工具进行数控车床和数控铣床部分几何精度检验项目的精度检测，考核记录的检测结果与预测的数据偏差在 0.01mm 范围之内。检测项目与允许误差见表 2。

2）能编制简单的测试程序，检测数控立式铣床的部分功能（表 2）。

（2）考核时间

1）几何精度检验：数控车床（0.75h）；数控铣床（0.75h）。

2）数控铣床部分功能检测：0.5h。

（3）安全文明生产

1）正确执行安全技术操作规程。

2）按企业现场文明生产规定作业，做到作业场地整洁、工件、工量刀具使用和摆放规范、整齐、合理。

表 2 数控机床几何精度检测考核要求

序号	检验项目			检验工具	允许误差/mm
1	数控车床几何精度	床身导轨面的平行度	山形外侧	指示表、表架等	0.02
			山形内侧		0.02
2		往复工作台 Z 轴方向运动与尾座中心线的平行度	垂直平面内	标准心轴 指示表、表架等	0.02/100
			水平平面内		0.02/100
3		主轴与尾座中心线之间的高度偏差		标准心轴 指示表、表架等	0.03
4		尾座回转径向圆跳动		标准顶尖 指示表、表架等	0.02
5	数控铣床几何精度	工作台面的平面度		精密水平仪、指示表、平尺、可调量块、等高量块等	0.08/全长
6		靠近主轴端部主轴锥孔轴线的径向圆跳动		指示表、标准检验棒等	0.01
		距主轴端部 100mm 处主轴锥孔轴线的径向圆跳动			0.02
7		Y—Z 平面内主轴套筒垂直移动对工作台面的垂直度		指示表、表架、平尺、直角尺、等高量块等	0.05/300
		X—Z 平面内主轴套筒垂直移动对工作台面的垂直度			
8	数控铣床功能	YZ 轴联动		按图样编制测试程序；适用量具	按数控机床系统技术规格
9		平面螺旋加工			
10		子程序加工			

（4）考核配分、评分标准（参考） 见表3、表4。

表3 考核总评分表

序号	项目	内容	配分	评分标准	考核记录	扣分	得分
1	数控机床操作技术	数控车床	4	发现一处不符合要求扣2分			
		数控铣床	4				
2	正确选用检测工具	工具选择	5	发现一处不符合要求扣2分			
		使用规范	10				
3	精度检测作业质量	检测方法	20	发现一处不符合要求扣5分			
		检测误差	20				
4	功能检测作业质量	检测程序	15				
		检测结果	15				
5	文明安全技术	安全规程	4	发现一处不符合要求扣2分，发生重大事故本考核作零分计			
		作业场地	3				
6	合计		100				

表4 数控机床几何精度检测考核评分表

序号		检验项目		配分	扣分	得分
1	数控车床	床身导轨面的平行度	山形外侧	3		
			山形内侧	3		
2		往复工作台Z轴方向运动与尾座中心线的平行度	垂直平面内	3		
			水平平面内	3		
3		主轴与尾座中心线之间的高度偏差		5		
4		尾座回转径向圆跳动		4		
5	数控铣床	工作台面的平面度		4		
6		靠近主轴端部主轴锥孔轴线的径向圆跳动		3		
		距主轴端部100mm处主轴锥孔轴线的径向圆跳动		4		
7		Y—Z平面内主轴套筒垂直移动对工作台面的垂直度		4		
		X—Z平面内主轴套筒垂直移动对工作台面的垂直度		4		
8	数控铣床功能	YZ轴联动		10		
9		平面螺旋加工		10		
10		子程序加工		10		
	合计			70		

注：本考核内容可结合数控机床工作精度检测（按说明书要求）和操作加工等内容综合进行。

十四、作业指导能力与生产管理能力考核

1. 项目要求

1）对中级钳工作业指导的讲义、过程及其效果进行评价。

2）对生产管理中的工时定额管理进行核定和测算（也可考核生产计划编制、生产能力平衡等内容）。

2. 准备要求

（1）作业指导项目　准备作业指导的项目内容，一般准备三个项目，由监考人员预先随机抽取确定。

（2）作业指导讲义、设备和器具　在确定作业指导项目后，准备好指导用的讲义，并形成书面材料。准备教授的场所、指导演示的设备和有关器具等。

（3）工时定额管理　准备工时定额计算的标准，图样和有关工艺资料等，便携式计算机等工具及文具用品。

3. 考核内容

（1）考核项目

1）能按讲义和作业指导的内容进行指导前的讲授、演示、辅导等。

2）能发现被指导者作业中的问题，并能予以辅导解决。

3）被指导者的作业完成后符合加工或装配的要求。

4）确定测算工时定额的加工零件的工时定额，并进行测算过程的记录和结果的分解，如基本时间、辅助时间等。安排10个工序加工。

（2）考核时间　6h。

1）作业指导4h：讲授1h，演示1h，指导2h。

2）工时定额2h：现场测时0.5h，测算核定1.5h。

（3）安全文明生产和工作

1）正确执行安全技术操作规程。

2）按企业现场文明生产规定作业，做到作业指导场地整洁、工件、工量刀具使用和摆放规范、整齐、合理。

（4）考核评分（参照表5）

表5　作业指导与生产管理能力考核评分表

序号	项目	内容	配分	评分标准	考核记录	扣分	得分
1	作业指导讲义	编写能力	6	发现一处不符合要求扣1分，至扣完分项配分为止			
		编写内容	6				
2	讲授、演示能力	讲授能力	10	发现一处不符合要求扣1分，至扣完分项配分为止			
		演示能力	10				

（续）

序号	项目	内容	配分	评分标准	考核记录	扣分	得分
3	辅导、释疑能力	辅导能力	15	发现一处不符合要求扣2分，至扣完分项配分为止			
		释疑能力	15				
4	时间定额测定能力	测定能力	15	按标准进行核对，不符合的扣除分项得分			
		计算能力	15				
5	文明安全技术	安全规程	4	发现一处不符合要求扣2分，发生重大事故本考核作零分计			
		作业场地	4				
6	合计		100				

模拟试卷样例

一、判断题(对画√,错画×;每小题1.5分,共30分)

1. 制备研具的材料硬度一般比工件材料高,硬度的一致性好,并有一定的磨料嵌入性和浸含性。( )
2. 特种加工可以完成各种难加工材料的加工,但不能进行精密、细微、复杂零件的加工。( )
3. 装配精度主要由零部件的加工精度来确定。( )
4. 分组装配法的配合精度取决于零件本身的精度。( )
5. 静压导轨的工作原理是使导轨处于液体摩擦状态。( )
6. 油膜厚度与油膜刚度成正比。( )
7. 红套装配是在孔与轴有一定过盈量的情况下,把孔加热胀大,然后将轴套入胀大的孔中。( )
8. 挠性转子是工作转速高于临界转速以上的转子。( )
9. 工作台环形圆导轨修刮时,应在V形导轨面两工作表面均匀刮去同等的金属。( )
10. 挠性转子的高速动平衡,必须在真空舱内进行。( )
11. 滑动轴承选用润滑油牌号的原则是,高速低载时,用低粘度的油;低速重载时用高粘度的油。( )
12. 转子有一阶、二阶、三阶……等一系列临界转速,其中一阶临界转速最低。( )
13. 在噪声的测量评定中,一般都用A声级,即用dB(A)表示。( )
14. T4163型坐标镗床刻线尺的调整是通过假刻线尺进行的。( )
15. T4163型坐标镗床的主轴锥孔一般应预先进行修磨,以保证锥孔与主轴的回转精度。( )
16. Y7131型齿轮磨床的加工方法是以滚切运动方式进行的。( )
17. Y7131型齿轮磨床工作主柱装配时,若尾座中心与工作台回转中心的同轴度超差,应通过修刮主柱底面及重铰销孔进行调整。( )
18. Y7131型齿轮磨床磨具装配时,应按精度要求的一致性成对选择两组轴承,并成对进行预加负荷调整。( )
19. 作业指导不需要讲授,一般只需要示范即可。( )

20. 在指导使用光学平直仪检测大型机床导轨直线度时,应提示学员注意平直仪读数的正负规则。 (   )

二、选择题(将正确答案的序号填入括号内;每小题 2 分,共 30 分)

(一) 单项选择题

1. 数控机床确定机床主轴转速的指令是(   )。
   A. F   B. T   C. S   D. M

2. 对于开式静压导轨如压力升到一定值,台面仍然浮不起的原因是(   )。
   A. 油泵规格不符   B. 节流阀堵塞或管路有漏油
   C. 导轨面之间卡死

3. 应用电极丝(线状工具电极)与工件作规定的相对运动,实现工件的电火花加工方式称为(   )。
   A. 电火花成形   B. 电火花包络加工
   C. 电火花磨削   D. 电火花切割

4. 多段拼接床身接合面与导轨的垂直度要求较高,其公差为 0.03mm/1000mm,且要求相互接合两端面的误差方向应(   )。
   A. 一致   B. 相反   C. 无明确规定

5. 机床在切削过程中产生的内激振动力而使系统产生的振动称为(   )。
   A. 受迫振动   B. 自激振动   C. 自由振动   D. 切削振动

6. T4163 型坐标镗床微量调节主轴升降时,是通过手轮→锥齿轮副→蜗杆副→(   )→齿轮齿条→主轴齿轮来实现的。
   A. 牙嵌离合器   B. 片式摩擦离合器
   C. 胀环式离合器   D. 钢球离合器

7. Y7131 型齿轮磨床被磨削齿轮的最大螺旋角为(   )。
   A. ±30°   B. 30°~45°   C. ±45°   D. ±25°

8. Y7131 型齿轮磨床分度机构中机动分度时,长短爪落入定位盘位置是依靠(   )实现的。
   A. 惯性力   B. 弹簧力   C. 液压推力   D. 气动推力

9. 编写作业指导讲义时,为了达到因材施教的目的,应注意搜集(   )的资料。
   A. 通俗易懂   B. 相应程度   C. 现行标准   D. 适合学员

10. 在检测铣床主轴与工作台位置精度的作业指导时,应讲述立式铣床主轴与工作台面不垂直、铣削平面会产生(   )的弊病。
    A. 倾斜   B. 粗糙   C. 凹陷   D. 振纹

（二）多项选择题

1. 装配尺寸链的计算方法有极值法、概率法、修配法和调整法四种。按极值法得到各组成环标准公差等级最小，约为（　　），能保证产品100%合格。按概率法得到各组成环的标准公差等级较小，约为（　　），能保证产品99.73%合格。按修配法得到各组成环的标准公差等级较大，约为（　　）。

A. IT8　　　B. IT9　　　C. IT11　　　D. IT12
E. IT10

2. 塑料涂层导轨粘接后，一般在室温下固化（　　）h 以上。通常粘结剂用为（　　）g/m^2，粘接层厚度约为（　　）mm，接触压力为（　　）MPa。

A. 12　　　B. 24　　　C. 200　　　D. 500
E. 0.1　　　F. 1　　　G. 0.05～0.1　　　H. 0.5～1

3. 研究表明，（　　）的轴最易发生油膜振荡，（　　）的轴则不易发生振荡。

A. 低速重载　　B. 低速轻载　　C. 高速轻载　　D. 高速重载

4. T4163型坐标镗床立柱部分的总装质量影响（　　）。

A. 加工后各孔的表面粗糙度值
B. 加工后各孔的同轴度误差
C. 加工后各孔的平行度误差
D. 加工后各孔对基准的垂直度误差
E. 加工后各孔的形状精度误差
F. 加工后各孔的孔径尺寸

5. Y7131型齿轮磨床用于磨削（　　）。

A. 渐开线锥齿轮　　　　　　B. 摆线圆柱齿轮
C. 渐开线齿条　　　　　　　D. 渐开线圆柱直齿轮
E. 渐开线圆柱螺旋齿轮　　　F. 摆线内齿轮

三、简答题（每小题4分,共20分）

1. 试述装配工作内容中清洗工作的目的和方法。
2. 何谓油膜刚度J？它有什么作用？
3. 为什么要进行轴系找中？
4. 降低机械噪声的一般方法有哪些？
5. 数控机床编程有哪些基本步骤？

四、计算题（共20分）

1. 某机组用联轴器连接两个转子，轴系找中轴心线偏差示意图如图3所示，测得数据如下：

0°时，$B_1' = 0.05$mm，$B_1'' = 0.02$mm，$A_1 = 0$；

90°时，$B_2' = 0.04$mm，$B_2'' = 0.01$mm，$A_2 = 0.04$mm；

180°时，$B_3' = 0.03$mm，$B_3'' = 0.01$mm，$A_3 = 0.01$mm；

270°时，$B_4' = 0.02$mm，$B_4'' = 0.03$mm，$A_4 = 0.03$mm。

试求出1、2两轴承的垂直方向的调整量？（本题8分）

2. 某旋转机械转速为3000r/min，其支承系统为柔性支承，测得其振动位移的双振幅值为0.025mm，计算其振动烈度为多少？（本题6分）

3. 如图4所示，某轴套配合要求过盈量为0.20mm，轴的锥度为1/10，则轴向套进的尺寸为多少？（本题6分）

答案部分

知识要求试题答案

一、判断题

1. ×	2. ×	3. √	4. √	5. ×	6. √	7. √	8. √	9. √
10. √	11. ×	12. √	13. ×	14. √	15. √	16. √	17. ×	18. ×
19. √	20. √	21. ×	22. √	23. ×	24. √	25. ×	26. √	27. √
28. √	29. ×	30. ×	31. √	32. √	33. √	34. ×	35. √	36. √
37. √	38. √	39. ×	40. ×	41. √	42. √	43. ×	44. ×	45. √
46. ×	47. √	48. √	49. √	50. √	51. ×	52. √	53. √	54. √
55. ×	56. √	57. ×	58. √	59. √	60. √	61. √	62. ×	63. ×
64. √	65. ×	66. ×	67. √	68. ×	69. √	70. ×	71. √	72. √
73. ×	74. √	75. ×	76. √	77. ×	78. √	79. ×	80. ×	81. √
82. ×	83. ×	84. √	85. ×	86. ×	87. √	88. √	89. ×	90. ×
91. ×	92. ×	93. √	94. √	95. ×	96. √	97. √	98. ×	99. √
100. √								

二、选择题

(一) 单项选择题

1. C	2. C	3. A	4. C	5. B	6. C	7. C	8. B	9. B
10. B	11. A	12. D	13. B	14. A	15. D	16. A	17. B	18. B
19. C	20. A	21. C	22. D	23. D	24. A	25. C	26. B	27. B
28. D	29. A	30. B	31. A	32. C	33. A	34. B	35. B	36. D
37. B	38. A	39. C	40. C	41. B	42. A	43. B	44. C	45. C
46. C	47. A	48. C	49. C	50. C	51. D	52. C	53. C	54. B
55. A	56. B	57. D	58. C	59. D	60. C	61. B	62. A	63. B

64. D 65. B 66. A 67. C 68. C 69. A 70. D 71. B 72. B
73. A 74. B 75. A 76. C 77. A 78. C

（二）多项选择题

1. B、E、C 2. A、B、E、F、G 3. C、D 4. B、D、E、G
5. A、D、F 6. A、C 7. C、B、A、D 8. C、D、F 9. B、E
10. B、D 11. B、D、F 12. C、E 13. B、C、D、A 14. A、C
15. B、B、D 16. B、D、E 17. B、C、A、D 18. C、D 19. C、F
20. C、D 21. D、E 22. A、B、D 23. A、B、D
24. C、D、F 25. C、D、F 26. A、B、C 27. A、B、C、D、E
28. C、D 29. D、E 30. C、D 31. C、D、E
32. A、B、C、D、E、F、G 33. B、C、G 34. A、C、D、G、H
35. C、F、G 36. A、C、D 37. A、B、C、D、E
38. A、D、E 39. B、C、D、E、G 40. A、B、C、D、E、F、G

三、简答题

1. 答：有三种：即大批量生产、成批生产和单件小批生产。

2. 答：单件小批生产的产品种类、规格经常变换，不定期重复，生产周期一般较长。

3. 答：清洗的目的是去除零件表面或部件中的油污灰尘及杂质。清洗的方法有擦洗、浸洗、喷洗和超声清洗等。

4. 答：装配中的配作通常指配刮、配研、配磨、配钻和配铰等工作。

5. 答：检验和试验项目内容，如金属切削机床：有机床几何精度的检验、空运转试验、负荷试验和工作精度试验等。

6. 答：装配尺寸链的计算方法有极值法、概率法、修配法和调整法四种。

7. 答：分组选配法的特点是：经分组选配后的零件配合精度高；因零件制造公差放大，所以加工成本降低；增加了对零件测量分组工作量，并需要加强对零件的储存和运输的管理，可能造成半成品和零件的积压。

8. 答：导轨的油膜刚度 J，是指工作台在载荷作用下，导轨间隙产生单位变化所能承受载荷的大小。油膜刚度高，即导轨受很大载荷时位移也很小。

9. 答：为了防止涂层材料在注射成型过程中会从导轨两侧间隙中流失，同时保证塑料涂层导轨具有一定的厚度，所以要在导轨两侧粘贴密封条。

10. 答：首先用錾子清除已磨损的涂层导轨，根据导轨基体原齿槽面的损坏情况，必要时重新加工齿槽和支承边。齿槽面加工时应尽量粗糙些（$Ra12.5 \sim 6.3\mu m$），以增加对涂层材料的附着力。另外一种方法是对已清除了塑料的导轨基体进行喷砂处理，砂粒直径为 $0.25 \sim 0.5mm$，同样可达到较好的效果。

11. 答：滚珠丝杠副是回转运动与直线运动相互转换的新型传动机构。其传动原理是：丝杠和螺母都加工有圆弧形螺旋槽，当它们装在一起时，就形成了螺旋线滚道。在滚道内装满滚珠，当丝杠相对于螺母旋转时，两者发生轴向位移，而滚珠则沿着滚道流动，螺母的螺旋槽两端有回珠管，使滚珠能周而复始地循环运动。管道两端还起着挡珠的作用，防止滚珠沿着滚道流出，从而形成闭合回路。

12. 答：滚珠丝杠副的传动特点有：①传动效率高；②传动转矩小；③有可逆性；④磨损小；⑤制造工艺复杂；⑥不能自锁；⑦给予适当预紧后，能提高定位精度和重复定位精度。

13. 答：对红套装配工作的要求有两点：一是红套后的连接件要有足够的强度，其各表面间均应保持良好的位置精度和尺寸精度；二是在红套装配的整个操作过程中，对零件的尺寸、形状、毛刺、过渡圆角半径、倒棱等应严格注意。套合后若有角度、方向要求的，则需事前作好角度定位夹具。加热与冷却，既要合理控制温度和时间，又要密切注意安全。

14. 答：对精密机械特别是数控机床的主轴均应消除轴承的游隙，其目的是为了提高回转精度，增加轴承组合的刚性，提高切削零件的表面质量，减少振动和噪声。

15. 答：挠性转子的动平衡是在较高的转速下进行的，必须使用高速的动平衡机，并在真空舱内进行，操作人员在控制室内操纵。根据动平衡机显示的数据加置平衡重块的工作，必须在转子完全停止后，方可打开真空舱入内操作。转子再次运转前，要封闭舱门抽真空，达到规定的真空度后方可起动。如此循环多次，直到达到平衡精度为止。

挠性转子的动平衡精度，要求动平衡机轴承上的振动速度小于 1.12mm/s。

16. 答：可倾瓦轴承在工作时，轴颈带动油液挤入轴与轴瓦间隙，并迫使轴瓦绕球头摆动，从而形成油楔。由于每个瓦块都能偏转而产生油膜压力，故轴承具有更好的稳定性。

17. 答：联轴器所连接的两轴，由于制造及安装误差等原因，两轴轴心线不能保证严格对中，轴系对中不良，会造成高速旋转机械的振动，轴系严重对中不良，还会使机械产生油膜振荡，从而影响机械运转的稳定性。为了保证高速旋转机械工作的稳定性和振动要求，必须进行轴系找中。

18. 答：蜗杆副的静态综合测量法是指蜗杆副装入机器后，按规定技术要求，调整好各部分的间隙和径向圆跳动。用测量仪器测出蜗杆准确回转一周时，蜗轮实际转过的角度对理论正确值的偏差，然后通过一定的计算得出蜗杆副分度误差的一种方法。

19. 答：①应尽量在原来的基础上进行；②保持立柱、横梁等在不拆除的状态；③应考虑季节气温差异时导轨热胀冷缩的影响。

20. 答：①刮削接合面；②拼接各段床身；③刮削 V 形导轨面；④刮削平导轨。

21. 答：大型机床蜗杆蜗条副在工作中，由于存在侧隙，当侧隙过大时，会使工作台产生爬行的弊病（对工件的加工质量带来严重影响，尤其是影响工件的表面粗糙度）。

22. 答：①转子不平衡量过大；②转子上结构件松动；③转子有缺陷或损坏；④转子与静止部分发生摩擦或碰撞。

23. 答：与转子固有振动频率相对的转速，称为转子的临界转速。

24. 答：减小产生振动的激振力，即减小受迫振动时的外激振力或自激振动时的内激振力；增大振动系统的刚度或阻尼；提高振动系统的固有频率或改变激振频率，使两者相距较远。

25. 答：测量轴振动采用位移传感器，测量时，传感器端部与轴表面之间要有 1～1.5mm 的距离。距离太大会超出传感器的测量范围，太小则传感器端部容易损坏。

26. 答：①增大轴承电压；②增大轴承间隙比；③提高润滑油温度。

27. 答：测量噪声，通常使用声级计。使用声级计时，微声器安装在声级计的最前端，如被测声音不是来自一个方向，为了改善微声器的全方向性，可将电容微声器的正常保护栅旋下，而旋上无规入射校正器。

28. 答：①降低齿轮传动的噪声；②降低轴承的噪声；③降低带传动的噪声；④降低联轴器的噪声；⑤降低箱壁和罩壳振动的噪声。

29. 答：1）注意讲义与培训教材的衔接。使用讲义注意与按鉴定标准编写的培训教材衔接，讲解的内容应与有关教材基本相同，不宜增加和减少内容，但可以适当增加一些实例，使讲义具有较强的实践性。

2）注意讲义与作业指导的衔接。通常使用讲义后，需要对学员进行一定的实训予以配合，因此，讲义使用时，应注意与实训作业指导的衔接，以免脱节造成学员的学习困难。

3）注意讲义内容的选用。讲义的篇幅略大于作业指导的内容，因此，可以对讲义内容进行选用，挑选比较重要的内容进行讲解、示范。

4）注意讲义使用信息的收集和处理。讲义在使用过程中，会发现很多疏漏之处，还有许多学员会提出各种知识技能问题，从各个侧面反映出讲义的不足之处，应注意收集和汇总这些信息，并应主动对讲义的意见进行分析处理。处理的方式通常有删除不必要的内容、更正不完全或不正确的部分和内容、改善和提高需要优化的内容。

30. 答：作业指导包括讲授、演示和辅导三个基本方法。辅导操作应掌握以

下要点:

1) 集中精力,注意观察被指导者的动作是否规范,以便及时指正,避免事故发生。

2) 掌握关键环节的辅导,不要代替被指导者进行作业,但可以做部分关键动作的操作示范。

3) 注意操作提示的及时性和准确性,辅导时做到:一般操作不吹毛求疵,重点操作严格要求,使辅导突出重点,解决难点,引导被指导者纠正主要技能缺陷。

4) 引导被指导者思考作业不规范的后果,对质量缺陷,应结合作业和现场分析,辅导被指导者寻找原因,提示改善的措施。

31. 答:1) 作业过程能力的测定。作业过程能力测定是指对被指导者作业过程中关键环节掌握程度的测定。操作过程能力测定预先应制定一个衡量标准,衡量标准可以确定几个关键操作环节或动作,即将这些环节或动作作为衡量标准的要素或标志,若达到这些要素或标志,应视为合格或更高的评价。其中要素具有梯度要求的,可将能力分为几个等级。

2) 计算等相关能力测定。钳工的加工估算比较多,在独立操作中,被指导者的计算速度和结果的准确性,比较集中地反映了知识运用的基本能力。例如,分度手柄的转数计算、交换齿轮传动比和齿数计算等,均可作为计算能力的测定依据。一些常用数据表的使用也可以作为计算能力测定的一部分依据。计算能力的评定等级常可按计算速度(在规定时间内得出结果)和结果的准确性作为两项要素和标志。

3) 工件的加工质量测定。根据图样对被指导者加工的工件进行检验是加工质量测定的主要内容。记录测量得出的对应技术要求的各项实际数据,然后按预定的权分评定工件得分。评分表应有评分项目、扣分标准、检验手段、允许使用工具和操作手段等限定条件细则,而且应在指导操作前让双方都了解这些要求。

4) 综合测定。包括作业指导过程中的提问应答、独立完成操作的能力、实施重点和难点操作的能力,以及质量问题的原因分析和解决质量问题的能力等。指导者应对被指导者的作业过程作适当的记录,以便作业指导完成后,整理记录得出综合性评价。

四、计算题

1. 解 ① 绘出尺寸链图由图 1b 可知
$$L_3 = L_2 + L_1 + L_0 + L_5 + L_4$$
因 L_0 为间隙,则 $L_3 = 5\text{mm} + 30\text{mm} + 5\text{mm} + 3\text{mm} = 43\text{mm}$
② 计算封闭环基本尺寸:

根据 $L_0 = \sum_{i=1}^{m} \xi_i I_i = L_3 - L_1 - L_5 - L_4 - L_2$

$= 43\,\text{mm} - 30\,\text{mm} - 5\,\text{mm} - 3\,\text{mm} - 5\,\text{mm} = 0$

因要求装配后的轴向间隙为 0.10~0.35mm，故

$$L_0 = 0^{+0.35}_{+0.10}$$

③ 计算封闭环中间偏差

$$\Delta_0 = \frac{1}{2}(0.35 + 0.10)\,\text{mm} = 0.225\,\text{mm}$$

④ 计算各组成环相应的中间偏差

$$\Delta_1 = \frac{-0.06}{2}\,\text{mm} = -0.03\,\text{mm}$$

$$\Delta_2 = \frac{-0.04}{2}\,\text{mm} = -0.02\,\text{mm}$$

$$\Delta_3 = \frac{-0.05}{2}\,\text{mm} = -0.025\,\text{mm}$$

$$\Delta_4 = \frac{-0.04}{2}\,\text{mm} = -0.02\,\text{mm}$$

⑤ 计算组成环 L_3 的中间偏差

$$\Delta_0 = \sum_{i=1}^{m} \xi_i \Delta_i = \Delta_3 - \Delta_1 - \Delta_2 - \Delta_4 - \Delta_5$$

$\Delta_3 = \Delta_0 + \Delta_1 + \Delta_2 + \Delta_4 + \Delta_5$

$= 0.225\,\text{mm} + (-0.03)\,\text{mm} + (-0.02)\,\text{mm} + (-0.025)\,\text{mm} + (-0.02)\,\text{mm}$

$= 0.13\,\text{mm}$

⑥ 计算组成环 L_3 的极值公差

$$T_{0L} = \sum_{i=1}^{m} |\xi_i| T_i = T_1 + T_2 + T_3 + T_4 + T_5$$

$T_3 = T_{0L} - T_1 - T_2 - T_4 - T_5$

$= 0.25\,\text{mm} - 0.06\,\text{mm} - 0.04\,\text{mm} - 0.05\,\text{mm} - 0.04\,\text{mm}$

$= 0.06\,\text{mm}$

⑦ 计算组成环 L_3 的极限偏差

$$\text{ES}_3 = \Delta_3 + \frac{1}{2}T_3 = 0.13\,\text{mm} + \frac{1}{2} \times 0.06\,\text{mm} = 0.16\,\text{mm}$$

$$\text{EI}_3 = \Delta_3 - \frac{1}{2}T_3 = 0.13\,\text{mm} - \frac{1}{2} \times 0.06\,\text{mm} = 0.10\,\text{mm}$$

于是得 $L_3 = 43^{+0.16}_{+0.10}\,\text{mm}$

答 组成环的极限尺寸为 $L_3 = 43^{+0.16}_{+0.10}\,\text{mm}$

答案部分

2. 解 由图2可知
$$b = 0.04 + a \tag{1}$$
根据 $m = 1 - \dfrac{a}{b} = \dfrac{1}{2}$ 可得
$$b = 2a \tag{2}$$
解 由式(1)、(2)得
$$b = 0.08\text{mm}$$
轴承的孔直径为
$$D = 50\text{mm} + 2b\text{mm} = 50\text{mm} + 0.16\text{mm}$$
$$= 50.16\text{mm}$$

答 轴承内孔应加工到 $\phi 50.16\text{mm}$。

3. 解 由图3 $B_1 = \dfrac{B_1' + B_3''}{2} = \dfrac{0.05\text{mm} + 0.01\text{mm}}{2} = 0.03\text{mm}$

$$B_3 = \dfrac{B_3' + B_1''}{2} = \dfrac{0.03\text{mm} + 0.02\text{mm}}{2} = 0.025\text{mm}$$

$$b = B_1 - B_3 = 0.03\text{mm} - 0.025\text{mm} = 0.005\text{mm}$$

$$a = \dfrac{A_1 - A_3}{2} = \dfrac{0 - 0.01\text{mm}}{2} = -0.005\text{mm}$$

$$y_1 = \dfrac{bL_1}{D} = \dfrac{0.005\text{mm} \times 200\text{mm}}{240\text{mm}} = 0.004\text{mm}$$

1处轴承处调整量为 $y_1 + a = 0.004\text{mm} - 0.005\text{mm} = -0.001\text{mm}$

$$y_2 = \dfrac{b(L_1 + L_2)}{D} = \dfrac{0.005\text{mm}(200\text{mm} + 2300\text{mm})}{240\text{mm}} = 0.052\text{mm}$$

2处轴承处调整量为 $y_2 + a = 0.052\text{mm} - 0.005\text{mm} = 0.047\text{mm}$

4. 解 半径侧间隙 $b = (40.12\text{mm} - 40\text{mm}) \div 2$
$$= 0.06\text{mm}$$

半径顶间隙 $a = \dfrac{(40.12\text{mm} - 40\text{mm} - 0.06\text{mm})}{2}$
$$= 0.03\text{mm}$$

圆度误差 $m = 1 - \dfrac{a}{b} = 1 - \dfrac{0.03\text{mm}}{0.06\text{mm}} = \dfrac{1}{2}$

答 该椭圆轴承的圆度为 $\frac{1}{2}$。

5. 解 $v_f = \dfrac{S\omega}{2\sqrt{2}} = \dfrac{0.025\text{mm} \times 2\pi \times \dfrac{3000}{60\text{s}}}{2\sqrt{2}} = 2.78\text{mm/s}$

答 其振动烈度为 2.78mm/s。

6. 解 $S = \dfrac{2\sqrt{2}v_f}{\omega} = \dfrac{2\sqrt{2} \times 7.1\text{mm/s}}{2\pi \times \dfrac{3000}{60\text{s}}} = 0.064\text{mm}$

答 其允许的双振幅值为 0.064mm。

7. 解 $L_p = 20\lg\dfrac{p}{p_0} = 20\lg\dfrac{2\text{Pa}}{2 \times 10^{-5}\text{Pa}} = 20 \times 5 = 100\text{dB}$

答 该发动机噪声为 100dB。

8. 解 $L_p = 80\text{dB}$

$$\lg\dfrac{p}{p_0} = 4, \quad \dfrac{p}{p_0} = 10^4$$

$$p = p_0 \times 10^4 = 2 \times 10^{-5}\text{Pa} \times 10^4 = 2 \times 10^{-1}\text{Pa} = 0.2\text{Pa}$$

答 该机床噪声声压为 0.2Pa。

9. 解 因为对于圆柱形内孔，通常采用加热法使内孔胀大，然后将轴装入，待套冷却后即可获得所要求的过盈量。对于内孔为圆锥形的联轴器，同样可用加热法使内孔胀大，但套装在锥形轴头上时，应比冷态时多套进一段轴向尺寸 E，如图 4 所示，以保证冷却后获得所要求的过盈量。E 的数值可根据锥度和要求的过盈量算得，其计算为

$$E = \dfrac{\Delta d}{C}$$

式中 E——轴向套进的尺寸(mm)；
Δd——要求的直径过盈量(mm)；
C——锥度。

由此本题

$$E = \dfrac{\Delta d}{C} = \dfrac{0.20\text{mm}}{\dfrac{1}{10}} = 2\text{mm}$$

答 应套进的尺寸为 2mm。

模拟试卷样例答案

一、判断题

1. × 2. × 3. √ 4. × 5. √ 6. × 7. √ 8. √ 9. ×
10. √ 11. √ 12. √ 13. √ 14. √ 15. × 16. √ 17. √ 18. √
19. × 20. √

二、选择题

（一）单项选择题

1. C 2. B 3. D 4. B 5. B 6. C 7. C 8. A 9. D 10. C

（二）多项选择题

1. BEC 2. BDEG 3. CD 4. BCD 5. DE

三、简答题

1. 见题库简答题 3 答案。

2. 见题库简答题 8 答案。

3. 见题库简答题 17 答案。

4. 见题库简答题 28 答案。

5. 答：数控机床编程有以下基本步骤：

1）零件图样分析和工艺处理是对零件图样进行分析，确定加工方案等。

2）数学处理是根据零件的几何尺寸、加工路线，计算刀具中心运动轨迹，以获得刀位数据。在手工编程中，数学计算由人工借助计算工具完成，采用 CAD/CAM 系统，计算工作由计算机软件完成。

3）编写程序单是程序编制人员按照数控系统规定的程序格式，逐段编写零件加工程序代码，或者由 CAD/CAM 系统通过后置处理自动生成。

4）输入数控程序是将编制的程序输入数控系统。

5）程序检验和修改是指在程序输入数控系统后，需经过试运行和试切削校核后，才可进行正式加工。在试运行中发现工件不符合加工图样技术要求时，可修改程序或采取尺寸补偿等具体措施。

6）制作控制介质。将某些已进行程序校核并合格备用的零件加工程序，存放在控制介质中。

四、计算题

1. 见试题库知识要求试题计算题 3 答案。
2. 见试题库知识要求试题计算题 5 答案。
3. 见试题库知识要求试题计算题 9 答案。

钳工需学习下列课程

初级：机械识图、机械基础（初级）、电工常识、钳工（初级）

中级：机械制图、机械基础（中级）、钳工（中级）

高级：机械基础（高级）、钳工（高级）

技师和高级技师：液气压传动、数控技术与 AutoCAD 应用、机床夹具设计与制造、测量与机械零件测绘、钳工（技师、高级技师）

国家职业资格培训教材

丛书介绍：深受读者喜爱的经典培训教材，依据最新国家职业标准，按初级、中级、高级、技师（含高级技师）分册编写，以技能培训为主线，理论与技能有机结合，书末有配套的试题库和答案。所有教材均免费提供PPT电子教案，部分教材配有VCD实景操作光盘（注：标注★的图书配有VCD实景操作光盘）。

读者对象：本套教材是各级职业技能鉴定培训机构、企业培训部门、再就业和农民工培训机构的理想教材，也可作为技工学校、职业高中、各种短训班的专业课教材。

- ◆ 机械识图
- ◆ 机械制图
- ◆ 金属材料及热处理知识
- ◆ 公差配合与测量
- ◆ 机械基础（初级、中级、高级）
- ◆ 液气压传动
- ◆ 数控技术与 AutoCAD 应用
- ◆ 机床夹具设计与制造
- ◆ 测量与机械零件测绘
- ◆ 管理与论文写作
- ◆ 钳工常识
- ◆ 电工常识
- ◆ 电工识图
- ◆ 电工基础
- ◆ 电子技术基础
- ◆ 建筑识图
- ◆ 建筑装饰材料
- ◆ 车工（初级★、中级、高级、技师和高级技师）
- ◆ 铣工（初级★、中级、高级、技师和高级技师）
- ◆ 磨工（初级、中级、高级、技师和高级技师）
- ◆ 钳工（初级★、中级、高级、技师和高级技师）
- ◆ 机修钳工（初级、中级、高级、技师和高级技师）
- ◆ 锻造工（初级、中级、高级、技师和高级技师）
- ◆ 模具工（中级、高级、技师和高级技师）
- ◆ 数控车工（中级★、高级★、技师和高级技师）
- ◆ 数控铣工/加工中心操作工（中

级★、高级★、技师和高级技师）
- ◆ 铸造工（初级、中级、高级、技师和高级技师）
- ◆ 冷作钣金工（初级、中级、高级、技师和高级技师）
- ◆ 焊工（初级★、中级★、高级★、技师和高级技师★）
- ◆ 热处理工（初级、中级、高级、技师和高级技师）
- ◆ 涂装工（初级、中级、高级、技师和高级技师）
- ◆ 电镀工（初级、中级、高级、技师和高级技师）
- ◆ 锅炉操作工（初级、中级、高级、技师和高级技师）
- ◆ 数控机床维修工（中级、高级和技师）
- ◆ 汽车驾驶员（初级、中级、高级、技师）
- ◆ 汽车修理工（初级★、中级、高级、技师和高级技师）
- ◆ 摩托车维修工（初级、中级、高级）
- ◆ 制冷设备维修工（初级、中级、高级、技师和高级技师）
- ◆ 电气设备安装工（初级、中级、高级、技师和高级技师）
- ◆ 值班电工（初级、中级、高级、技师和高级技师）
- ◆ 维修电工（初级★、中级★、高级、技师和高级技师）
- ◆ 家用电器产品维修工（初级、中级、高级）
- ◆ 家用电子产品维修工（初级、中级、高级、技师和高级技师）
- ◆ 可编程序控制系统设计师（一级、二级、三级、四级）
- ◆ 无损检测员（基础知识、超声波探伤、射线探伤、磁粉探伤）
- ◆ 化学检验工（初级、中级、高级、技师和高级技师）
- ◆ 食品检验工（初级、中级、高级、技师和高级技师）
- ◆ 制图员（土建）
- ◆ 起重工（初级、中级、高级、技师）
- ◆ 测量放线工（初级、中级、高级、技师和高级技师）
- ◆ 架子工（初级、中级、高级）
- ◆ 混凝土工（初级、中级、高级）
- ◆ 钢筋工（初级、中级、高级、技师）
- ◆ 管工（初级、中级、高级、技师和高级技师）
- ◆ 木工（初级、中级、高级、技师）
- ◆ 砌筑工（初级、中级、高级、技师）
- ◆ 中央空调系统操作员（初级、中级、高级、技师）
- ◆ 物业管理员（物业管理基础、物业管理员、助理物业管理师、物业管理师）
- ◆ 物流师（助理物流师、物流师、高级物流师）
- ◆ 室内装饰设计员（室内装饰设计员、室内装饰设计师、高级室内装饰设计师）
- ◆ 电切削工（初级、中级、高级、技师和高级技师）
- ◆ 汽车装配工

◆ 电梯安装工　　　　　　　◆ 电梯维修工

变压器行业特有工种国家职业资格培训教程

丛书介绍：由相关国家职业标准的制定者——机械工业职业技能鉴定指导中心组织编写，是配套用于国家职业技能鉴定的指定教材，覆盖变压器行业5个特有工种，共10种。

读者对象：可作为相关企业培训部门、各级职业技能鉴定培训机构的鉴定培训教材，也可作为变压器行业从业人员学习、考证用书，还可作为技工学校、职业高中、各种短训班的教材。

◆ 变压器基础知识
◆ 绕组制造工（基础知识）
◆ 绕组制造工（初级 中级 高级技能）
◆ 绕组制造工（技师 高级技师技能）
◆ 干式变压器装配工（初级、中级、高级技能）
◆ 变压器装配工（初级、中级、高级、技师、高级技师技能）
◆ 变压器试验工（初级、中级、高级、技师、高级技师技能）
◆ 互感器装配工（初级、中级、高级、技师、高级技师技能）
◆ 绝缘制品件装配工（初级、中级、高级、技师、高级技师技能）
◆ 铁心叠装工（初级、中级、高级、技师、高级技师技能）

国家职业资格培训教材——理论鉴定培训系列

丛书介绍：以国家职业技能标准为依据，按机电行业主要职业（工种）的中级、高级理论鉴定考核要求编写，着眼于理论知识的培训。

读者对象：可作为各级职业技能鉴定培训机构、企业培训部门的培训教材，也可作为职业技术院校、技工院校、各种短训班的专业课教材，还可作为个人的学习用书。

◆ 车工（中级）鉴定培训教材
◆ 车工（高级）鉴定培训教材
◆ 铣工（中级）鉴定培训教材
◆ 铣工（高级）鉴定培训教材
◆ 磨工（中级）鉴定培训教材
◆ 磨工（高级）鉴定培训教材
◆ 钳工（中级）鉴定培训教材
◆ 钳工（高级）鉴定培训教材
◆ 机修钳工（中级）鉴定培训教材
◆ 机修钳工（高级）鉴定培训教材
◆ 焊工（中级）鉴定培训教材
◆ 焊工（高级）鉴定培训教材

- ◆ 热处理工（中级）鉴定培训教材
- ◆ 热处理工（高级）鉴定培训教材
- ◆ 铸造工（中级）鉴定培训教材
- ◆ 铸造工（高级）鉴定培训教材
- ◆ 电镀工（中级）鉴定培训教材
- ◆ 电镀工（高级）鉴定培训教材
- ◆ 维修电工（中级）鉴定培训教材
- ◆ 维修电工（高级）鉴定培训教材
- ◆ 汽车修理工（中级）鉴定培训教材
- ◆ 汽车修理工（高级）鉴定培训教材
- ◆ 涂装工（中级）鉴定培训教材
- ◆ 涂装工（高级）鉴定培训教材
- ◆ 制冷设备维修工（中级）鉴定培训教材
- ◆ 制冷设备维修工（高级）鉴定培训教材

国家职业资格培训教材——操作技能鉴定实战详解系列

丛书介绍：用于国家职业技能鉴定操作技能考试前的强化训练。特色：
- ● 重点突出，具有针对性——依据技能考核鉴定点设计，目的明确。
- ● 内容全面，具有典型性——图样、评分表、准备清单，完整齐全。
- ● 解析详细，具有实用性——工艺分析、操作步骤和重点解析详细。
- ● 练考结合，具有实战性——单项训练题、综合训练题，步步提升。

读者对象：可作为各级职业技能鉴定培训机构、企业培训部门的考前培训教材，也可供职业技能鉴定部门在鉴定命题时参考，也可作为读者考前复习和自测使用的复习用书，还可作为职业技术院校、技工院校、各种短训班的专业课教材。

- ◆ 车工（中级）操作技能鉴定实战详解
- ◆ 车工（高级）操作技能鉴定实战详解
- ◆ 车工（技师、高级技师）操作技能鉴定实战详解
- ◆ 铣工（中级）操作技能鉴定实战详解
- ◆ 铣工（高级）操作技能鉴定实战详解
- ◆ 钳工（中级）操作技能鉴定实战详解
- ◆ 钳工（高级）操作技能鉴定实战详解
- ◆ 钳工（技师、高级技师）操作技能鉴定实战详解
- ◆ 数控车工（中级）操作技能鉴定实战详解
- ◆ 数控车工（高级）操作技能鉴定实战详解
- ◆ 数控车工（技师、高级技师）操作技能鉴定实战详解
- ◆ 数控铣工/加工中心操作工（中级）操作技能鉴定实战详解
- ◆ 数控铣工/加工中心操作工（高级）操作技能鉴定实战详解
- ◆ 数控铣工/加工中心操作工（技师、高级技师）操作技能鉴定实战详解

- ◆ 焊工（中级）操作技能鉴定实战详解
- ◆ 焊工（高级）操作技能鉴定实战详解
- ◆ 焊工（技师、高级技师）操作技能鉴定实战详解
- ◆ 维修电工（中级）操作技能鉴定实战详解
- ◆ 维修电工（高级）操作技能鉴定实战详解
- ◆ 维修电工（技师、高级技师）操作技能鉴定实战详解
- ◆ 汽车修理工（中级）操作技能鉴定实战详解
- ◆ 汽车修理工（高级）操作技能鉴定实战详解

技能鉴定考核试题库

丛书介绍：根据各职业（工种）鉴定考核要求分级编写，试题针对性、通用性、实用性强。

读者对象：可作为企业培训部门、各级职业技能鉴定机构、再就业培训机构培训考核用书，也可供技工学校、职业高中、各种短训班培训考核使用，还可作为个人读者学习自测用书。

- ◆ 机械识图与制图鉴定考核试题库
- ◆ 机械基础技能鉴定考核试题库
- ◆ 电工基础技能鉴定考核试题库
- ◆ 车工职业技能鉴定考核试题库
- ◆ 铣工职业技能鉴定考核试题库
- ◆ 磨工职业技能鉴定考核试题库
- ◆ 数控车工职业技能鉴定考核试题库
- ◆ 数控铣工/加工中心操作工职业技能鉴定考核试题库
- ◆ 模具工职业技能鉴定考核试题库
- ◆ 钳工职业技能鉴定考核试题库
- ◆ 机修钳工职业技能鉴定考核试题库
- ◆ 汽车修理工职业技能鉴定考核试题库
- ◆ 制冷设备维修工职业技能鉴定考核试题库
- ◆ 维修电工职业技能鉴定考核试题库
- ◆ 铸造工职业技能鉴定考核试题库
- ◆ 焊工职业技能鉴定考核试题库
- ◆ 冷作钣金工职业技能鉴定考核试题库
- ◆ 热处理工职业技能鉴定考核试题库
- ◆ 涂装工职业技能鉴定考核试题库

机电类技师培训教材

丛书介绍：以国家职业标准中对各工种技师的要求为依据，以便于培训为前提，紧扣职业技能鉴定培训要求编写。加强了高难度生产加工，复杂设备的安装、调试和维修，技术质量难题的分析和解决，复杂工艺的编制，故障诊断与排

除以及论文写作和答辩的内容。书中均配有培训目标、复习思考题、培训内容、试题库、答案、技能鉴定模拟试卷样例。

读者对象：可作为职业技能鉴定培训机构、企业培训部门、技师学院培训鉴定教材，也可供读者自学及考前复习和自测使用。

- ◆ 公共基础知识
- ◆ 电工与电子技术
- ◆ 机械制图与零件测绘
- ◆ 金属材料与加工工艺
- ◆ 机械基础与现代制造技术
- ◆ 技师论文写作、点评、答辩指导
- ◆ 车工技师鉴定培训教材
- ◆ 铣工技师鉴定培训教材
- ◆ 钳工技师鉴定培训教材
- ◆ 焊工技师鉴定培训教材
- ◆ 电工技师鉴定培训教材
- ◆ 铸造工技师鉴定培训教材
- ◆ 涂装工技师鉴定培训教材
- ◆ 模具工技师鉴定培训教材
- ◆ 机修钳工技师鉴定培训教材
- ◆ 热处理工技师鉴定培训教材
- ◆ 维修电工技师鉴定培训教材
- ◆ 数控车工技师鉴定培训教材
- ◆ 数控铣工技师鉴定培训教材
- ◆ 冷作钣金工技师鉴定培训教材
- ◆ 汽车修理工技师鉴定培训教材
- ◆ 制冷设备维修工技师鉴定培训教材

特种作业人员安全技术培训考核教材

丛书介绍：依据《特种作业人员安全技术培训大纲及考核标准》编写，内容包含法律法规、安全培训、案例分析、考核复习题及答案。

读者对象：可用作各级各类安全生产培训部门、企业培训部门、培训机构安全生产培训和考核的教材，也可作为各类企事业单位安全管理和相关技术人员的参考书。

- ◆ 起重机司索指挥作业
- ◆ 企业内机动车辆驾驶员
- ◆ 起重机司机
- ◆ 金属焊接与切割作业
- ◆ 电工作业
- ◆ 压力容器操作
- ◆ 锅炉司炉作业
- ◆ 电梯作业
- ◆ 制冷与空调作业
- ◆ 登高作业

读者信息反馈表

亲爱的读者：

您好！感谢您购买《钳工(技师、高级技师) 第2版》(胡家富 徐彬 主编)一书。为了更好地为您服务，我们希望了解您的需求以及对我社教材的意见和建议，愿这小小的表格在我们之间架起一座沟通的桥梁。另外，如果您在培训中选用了本教材，我们将免费为您提供与本教材配套的电子课件。

姓 名		所在单位名称	
性 别		所从事工作(或专业)	
通信地址		邮 编	
办公电话		移动电话	
E-mail		QQ	
1. 您选择图书时主要考虑的因素(在相应项后面画√) 出版社( ) 内容( ) 价格( ) 其他：_____ 2. 您选择我们图书的途径(在相应项后面画√) 书目( ) 书店( ) 网站( ) 朋友推介( ) 其他：_____			
希望我们与您经常保持联系的方式： □ 电子邮件信息 □ 定期邮寄书目 □ 通过编辑联络 □ 定期电话咨询			
您关注(或需要)哪些类图书和教材：			
您对本书的意见和建议(欢迎您指出本书的疏漏之处)：			
您近期的著书计划：			

请联系我们——

地　　址　北京市西城区百万庄大街22号　机械工业出版社技能教育分社
邮　　编　100037
社长电话　(010)88379083　88379080
传　　真　(010)68329397
营销编辑　(010)88379534　88379535

免费电子课件索取方式：

网上下载　www.cmpedu.com
邮箱索取　jnfs@cmpbook.com